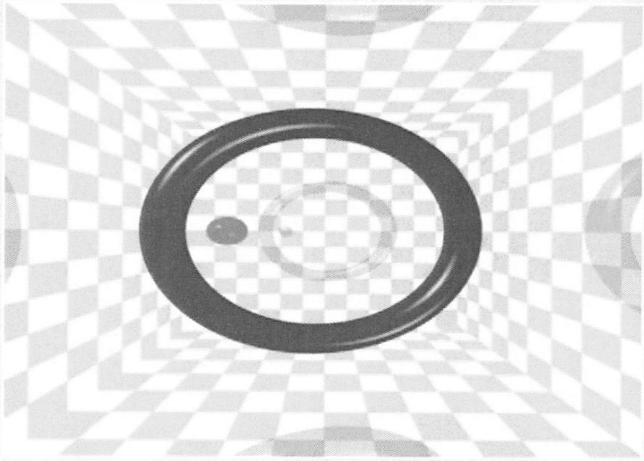

图 9-25　透明场景

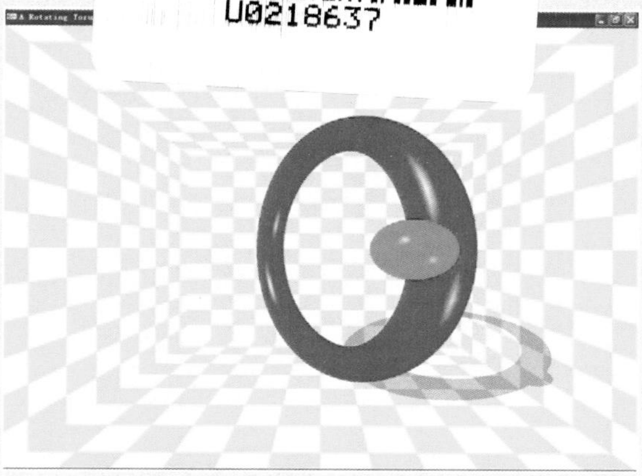

图 9-29　生成的阴影场景效果

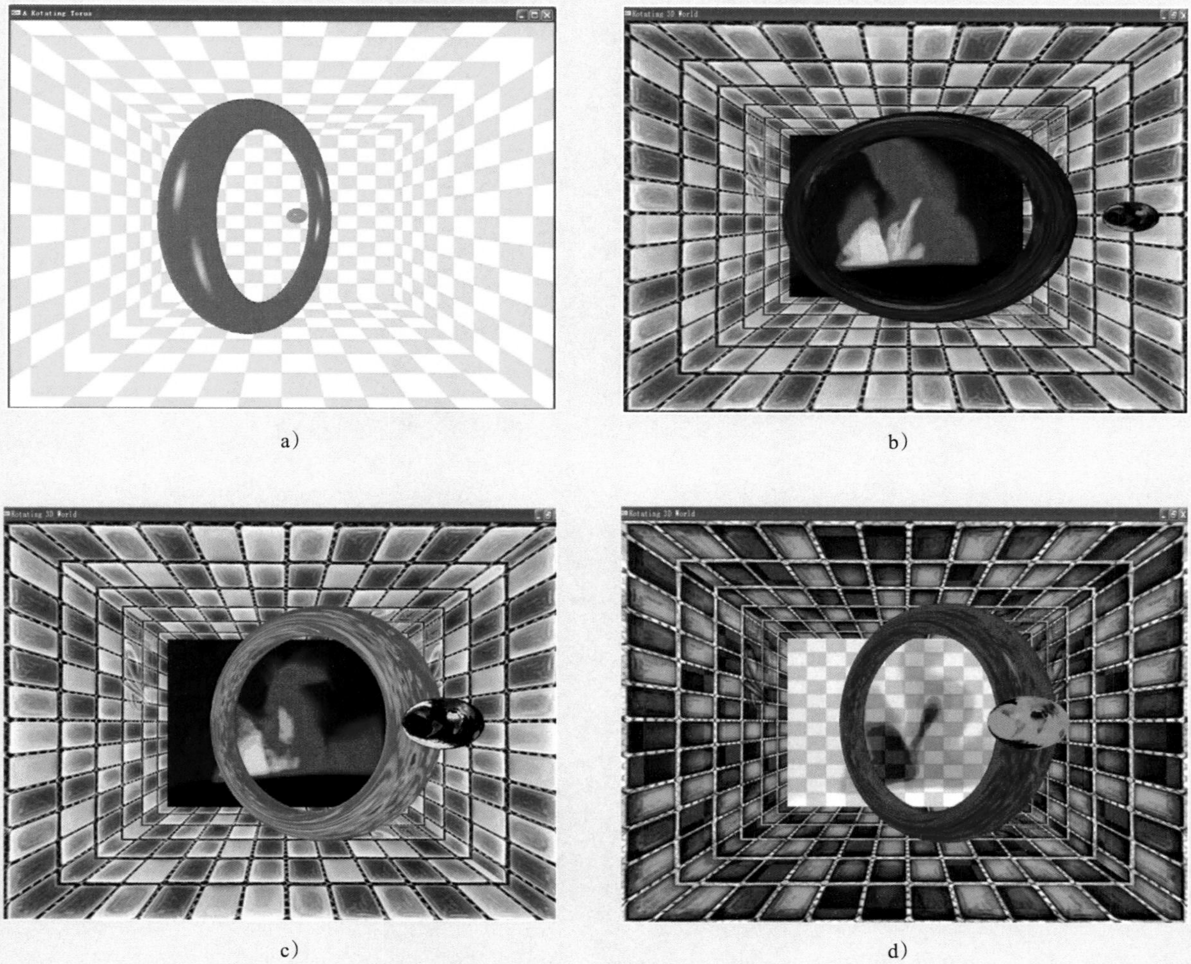

图 9-34　场景的光照和纹理效果

图 11-10　Julia 集

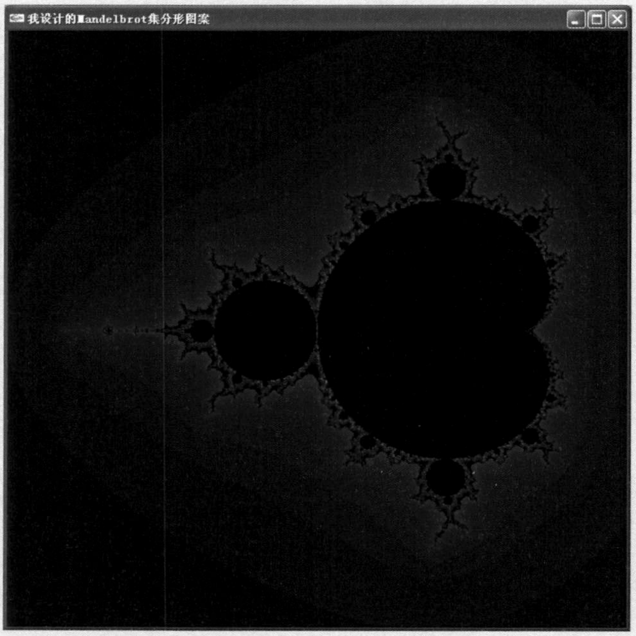

图 11-11　Mandelbrot 集

实验图 17-2　多结点样条纹理曲面的各种绘制效果

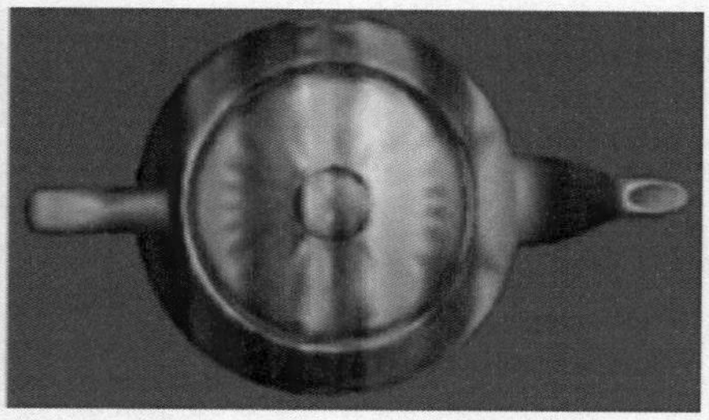

图 7-28　茶壶的旋转变换

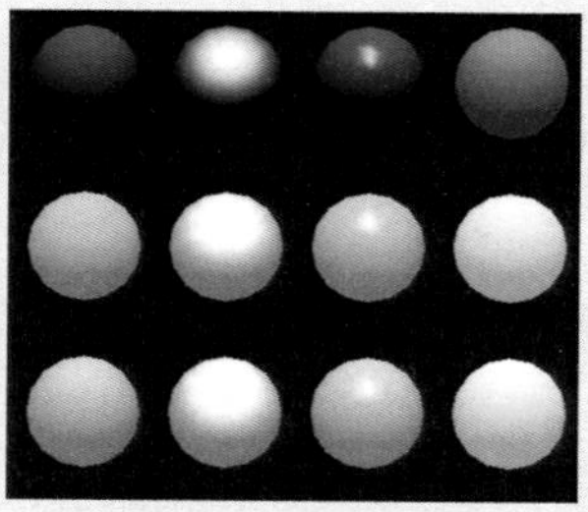

图 9-14　镜面反射效果

a)

b)

c

d)

图 9-16　场景的不同光照效果

a)

b)

图 9-19　铲车的显示

a）光滑效果　　b）恒定效果

图 9-20　球环物体着色模式效果比较

a）光滑效果　　b）恒定效果

图 9-21　立方体着色模式效果比较

图 9-22　雾气效果

高等院校计算机教材系列

COMPUTER GRAPHICS
PRINCIPLES AND PRACTICES

计算机图形学及其实践教程

黄静 编著

机械工业出版社
CHINA MACHINE PRESS

图书在版编目（CIP）数据

计算机图形学及其实践教程 / 黄静编著．—北京：机械工业出版社，2015.5（2024.5 重印）
（高等院校计算机教材系列）

ISBN 978-7-111-50384-2

Ⅰ. 计…　Ⅱ. 黄…　Ⅲ. 计算机图形学 – 高等学校 – 教材　Ⅳ. TP391.41

中国版本图书馆 CIP 数据核字（2015）第 112205 号

本书分教程和实验两部分，全面地介绍了计算机图形学的基础知识，强调课程的理论教学与实践内容并重。教程部分共分 11 章，主要内容包括：绪论、计算机图形系统组成、OpenGL 编程基础、基本图元的生成、OpenGL 中基本图元的绘制、图形用户界面与交互技术、图形变换、三维观察与投影变换、真实感图形绘制、曲线曲面造型、三维形体的表示等。在实践环节，配备 17 个实验进行知识块训练，锻炼读者解决问题的能力。

本书可作为高校本科生计算机及其相关专业必修或选修课的教材或参考书，还可作为社会各界人士计算机图形学入门的自学教材。

出版发行：机械工业出版社（北京市西城区百万庄大街 22 号　邮政编码：100037）

责任编辑：佘　洁　　责任校对：殷　虹

印　　刷：北京建宏印刷有限公司　　版　　次：2024 年 5 月第 1 版第 9 次印刷

开　　本：185mm×260mm　1/16　　印　　张：25　　插页：2

书　　号：ISBN 978-7-111-50384-2　　定　　价：49.00 元

客服电话：（010）88361066　68326294

序　一

“计算机图形学”课程涉及很多数学基础和三维空间概念，具有很强的应用价值。图形学的算法抽象难懂，需要空间想象能力。同时，该课程的实践性很强，抽象的算法需要用计算机来实现，数据和图形要用计算机显示出来，所编制的程序需要实现人机交互。

根据多年的教学经验，黄静教授在书中很好地将理论和实际结合起来，通过大量实例，既加深了学生对理论的理解，又能够使学生学以致用，提高了学生的学习兴趣和编程能力。因此，本书无疑是理论与实际高度结合的计算机图形学的一本好教材。

全书分为 11 章，系统阐述了图形学的基本图元算法、图形交互技术、图形变换、真实感图形生成、曲线曲面造型和三维形体表示技术。书中对图形学基础算法做了一些删减，仅保留了必要的、重要的核心理论。例如基本图元的生成介绍了 DDA 算法、Bresenham 算法等，删去了椭圆的生成算法。又如隐藏线消除算法中选择现有图形标准库常用的深度缓冲算法做重点讲解，其他算法一笔带过。

本书的重心转移到 3D 真实感图形技术上，着重介绍纹理映射、光照明模型、雾的效应、透明的设置和阴影的生成，让学生和最新的真实感图形技术保持零距离接触，激发学生的学习兴趣。

教材强化了上机实践部分，给出了 17 个计算机图形学实验，涵盖 OpenGL 基本图形绘制、基本图元算法的验证、图形的交互实现、二维裁剪算法验证、3D 基本编程、3D 漫游世界、光照明模型、纹理映射、雾的效果、透明效果、阴影实现、曲线曲面造型设计等。黄静老师善于通过案例来进行实验教学，将理论知识融于每一个实验案例中，每个案例完整生动，寓教于乐，有助于激发学生的学习兴趣。例如在进行 2D 图形变换实验时，设计了一个太阳系的案例，实现太阳、地球、月球自转，地球围绕太阳公转，月球围绕地球公转，从而加深学生对复合旋转变换的理解。线段裁剪算法实验单元首先设计了鼠标画线段小程序，让学生通过鼠标在屏幕上任意画出一条条直线段，然后加上线段裁剪算法，一步步改写，实现在屏幕上绘制一个任意大小的矩形窗口，而原来鼠标绘制的线段被矩形窗口裁剪，窗口之内的线段保留，窗口之外的线段抛弃，从而使抽象算法在屏幕上得以形象化。在 3D 图形实验阶段，首先通过线框模型让学生了解 3D 物体的空间造型；然后对比 3D 太阳系和 2D 太阳系，帮助学生了解 2D 和 3D 图形的区别；紧接着通过 3D 机器人行走实验让学生进一步理解 3D 图形变换的用途；通过模仿游戏中的漫游，让学生掌握 3D 场景视点的变换和键盘鼠标的交互；然后在漫游的线框场景基础上逐步加上光照材质、雾、透明、阴影和纹理的效果，让学生体验线框模型和真实感图形的区别。曲线曲面造型实验单元除了经典的 Bézier 曲线曲面造型实现外，还特地增加了多结点样条曲线曲面造型实现。Bézier 曲线曲面是逼近的方法，多结点样条方法为插值的方法，这样可以让学生更加深刻地理解逼近和插值的区别。曲面造型能让学生看到曲面的控制点表示、线框架构表示、设计图案表示和图片纹理表示等几种不同形式，提升空间想象能力。

整个实验环节由简单到复杂、由 2D 到 3D、由静止到互动，循序渐进，学生可以根据自己的能力，不断扩展实验的范围和难度，发挥创造性，更加直观地了解计算机图形学的理论知识。

黄静教授 2002 ~ 2005 年在澳门科技大学攻读博士学位，自 2005 年博士毕业后一直在北京师范大学珠海分校信息技术学院从事计算机图形学教学工作。在教学过程中，她根据学生的实际情况，参考国内外多本教材，反复试验，改进教学内容和方法。十年磨一剑，经过十年的努力，她终于结合自己的教学经验编写了本书，可喜可贺！我相信本书将在同类学校计算机图形学课程的教学中得到广泛的应用，并受到学生的欢迎！

澳门科技大学　唐泽圣教授

2015 年 5 月 20 日

序　二

我跟黄静老师相识是通过她的学生。我一直在珠海金山软件西山居游戏工作室从事游戏引擎的开发工作。游戏引擎开发程序员一直是很稀缺的人才，我们一直依靠和学校合作，定向培养的方式来获得人才。主要原因在于游戏图形技术变化很快，而传统的计算机课程和教学都比较基础，离实用很远。根据我们这些来自企业的实际需求，黄静老师在学校期间教授计算机图形学相关知识的同时，学生跟着黄静老师做图形学相关项目，学生的项目实践能力得到了培养与提高。我们在学生大二、大三就开始介入教学过程，也派出过资深开发专家讲课，通过这些共同的努力，黄静老师几年来为西山居工作室培养了一批学生，其中一些学生成为金山公司的游戏开发骨干。

现在黄静老师通过几年的努力编写了计算机图形学教材，这部教材实践性和可读性很强，既有扎实的理论知识，又有生动有趣的实验，建议推广使用。

金山西山居游戏开发公司助理总裁　杨林

2015 年 5 月 13 日

前　言

本书全面地介绍了计算机图形学的基础知识，强调课程的理论教学与实践内容并重，配套有实验内容。编写本书的目的是让学生了解计算机图形学技术的发展、应用和最新成果，掌握计算机图形学的核心理论和算法，使学生具有基本 2D 和 3D 图形程序的空间造型、基本图形编程能力和实践应用能力。

本书根据作者多年的教学实践经验编写而成，在内容安排和课程实验的配置上充分考虑了教师的教学计划与学生的接受理解能力。全书共分 11 章。第 1 章绪论，介绍计算机图形学及其相关概念，计算机图形学的发展、应用及相关技术；第 2 章计算机图形系统组成，包括计算机图形系统的体系结构、硬件设备以及图形软件及其标准；第 3 章 OpenGL 编程基础，首先叙述了 OpenGL 的一些基本概念，然后通过简单实例介绍 OpenGL 编程的基本知识；第 4 章基本图元的生成，包括点、直线、圆的生成算法，多边形的填充算法，字符生成和光栅图形的反走样算法；第 5 章 OpenGL 中基本图元的绘制，介绍了点、直线、多边形、圆、字符绘制方法以及反走样的实现；第 6 章图形用户界面与交互技术，首先对人机交互技术与图形用户界面做了系统叙述，然后详细描述了 OpenGL 交互与动画技术的实现，包括键盘和鼠标交互、时间动画等技术；第 7 章图形变换，包括二维几何变换及组合变换、二维观察流程、二维直线裁剪算法及其实现、三维几何变换及组合变换、OpenGL 三维图形变换及其实例；第 8 章三维观察与投影变换，包括三维观察流程、投影变换、平行投影与透视投影、三维裁剪以及 OpenGL 三维观察实现；第 9 章真实感图形绘制，叙述了颜色模型、光照基础知识、Phong 光照模型、消隐技术、OpenGL 的简单光照实现；第 10 章曲线曲面造型，首先叙述了曲线曲面基础知识，然后分别对 Bézier、B 样条、NURBS 和多结点样条曲线曲面的定义及性质做了详细介绍，并对这几种曲线曲面造型算法进行了比较，最后讲述了 OpenGL 曲线曲面绘制方法；第 11 章三维形体的表示，对现有几种三维形体造型方法及其应用场合做了阐述，给出了 OpenGL 分形和粒子系统的实现方法。

本书具有如下特点：

1）精选内容、突出主线。计算机图形学在发展过程中不断推陈出新，为适应教学，本书增添了成熟的新内容，强调核心算法，对部分图形学算法进行取舍，重心向 3D 真实感图形技术偏移。

2）强调交互和动画技术。交互与动画是计算机图形学的重要环节。本书不仅介绍了交互和动画技术的理论知识，在实验环节还设有专门的交互和动画实验，并且几乎每个实验都有交互和动画部分。

3）与 OpenGL 编程技术结合，设有配套实验。加强实践教学，配套极富特色的实验单元。所有配套实验单元均是笔者自主设计，每个实验单元都是一个完整案例。例如鼠标画线、太阳系、3D 机器人、漫游场景、线段窗口裁剪、雾透明与阴影、曲线曲面造型等。整个实验穿插验证性、设计性和综合性，由浅至深、由易到难、由简单到交互、由 2D 到 3D，循序渐进。

4）本书图文并茂，强调“用图说话”，浅显易懂，并配有彩页突显效果。

5）书中案例的所有代码均通过 Windows7/Windows8、OpenGL 库和 Microsoft Visual Studio 2010 C++ 编译环境测试，主要分 Win32 窗口项目和控制台程序两种类型，可以登录机工网站（www.cmpedu.com）下载。

本书由黄静教授编写，陈嘉同学进行了部分校对工作。在编写过程中，得到了北京师范大学珠海分校质量工程项目及信息技术学院史兰芳老师的大力支持。同时，作为笔者攻读博士期间的导师，澳门科技大学唐泽圣教授和齐东旭教授在研究学习方面给予了巨大帮助。其中，唐泽圣教授亲自为本书写序，并对本书的编写给出了非常中肯的意见；齐东旭教授为本书提供了多结点样条曲线曲面造型的理论知识和相关参考文献。感谢澳门科技大学资讯科技学院的蔡占川副教授、梁延研助理教授和叶奔同学（毕业于北京师范大学珠海分校，现于澳门科技大学攻读博士学位）的帮助。此外，感谢金山西山居杨林助理总裁对本书的关注和支持。

本书在编写过程中借鉴了国内外许多专家、学者的观点，参考了许多相关教材、专著、网络资料，在此向有关作者表示衷心的感谢。

由于编者水平有限且时间仓促，本书难免有不足和错误之处，请各位专家、读者批评指正。

作者

2015 年 5 月

教学建议

教学章节	教学要求	课时
第 1 章 绪论	了解计算机图形学的概念、研究内容、应用和当前的热点	2
第 2 章 计算机图形系统组成	掌握计算机图形系统的构成和基本概念，并掌握图形输入输出设备的发展	2
第 3 章 OpenGL 编程基础	掌握 OpenGL 编程基础	2
	上机操作： 实验一　OpenGL 图形编程入门	2
第 4 章 基本图元的生成	掌握直线的 DDA 算法及 Bresenham 算法和中点 Bresenham 画圆算法	2
	掌握多边形扫描转换算法和种子填充算法	2
	掌握光栅图形的反走样 了解边缘填充算法、字符的生成	2
	上机操作： 实验五　基本图元的生成算法	2
第 5 章 OpenGL 中基本图元的绘制	掌握 OpenGL 基本图元的绘制方法并上机实现	2
	上机操作： 实验一　OpenGL 图形编程入门	2
第 6 章 图形用户界面与交互技术	掌握图形用户界面与交互动画技术并上机实现	2
	上机操作： 实验二　OpenGL 的简单动画 实验三　OpenGL 的键盘交互绘制 实验四　OpenGL 的鼠标交互绘制	6
第 7 章 图形变换	理解和掌握图形变换以及运用图形变换实现简单的图形程序，掌握二维观察流程、二维裁剪算法并上机实现 重点掌握二维和三维几何变换、二维和三维组合变换、OpenGL 几何变换函数、OpenGL 二维观察函数以及二维观察流程 掌握齐次坐标、二维观察流水线、二维裁剪算法 了解多边形裁剪、曲线裁剪、文字裁剪 本章难点是二维裁剪算法	6
	上机操作： 实验六　2D 图形变换 实验七　2D 太阳系绘制 实验八　线段裁剪算法	6

（续）

教学章节	教学要求	课时
第 8 章 三维观察与投影变换	掌握三维观察流水线、投影变换、三维坐标系概念并上机实现 重点掌握三维观察坐标系参数、投影变换、正交投影、透视投影、OpenGL 三维观察函数 掌握三维观察流水线、世界坐标系到观察坐标系的变换、视口变换和三维屏幕坐标系 了解斜投影、三维裁剪算法 本章难点是世界坐标系到观察坐标系的变换	4
	上机操作： 实验九　3D 编程基础 实验十　3D 机器人 实验十一　交互的 3D 漫游世界	6
第 9 章 真实感图形绘制	理解和掌握影响真实感图形生成的因素，运用简单光照模型和纹理映射的方法进行真实感图形的绘制	2
	上机操作： 实验十二　简单光照和材质 实验十三　雾、透明和阴影 实验十四　3DS 格式的模型显示 实验十五　纹理映射	8
第 10 章 曲线曲面造型	理解和掌握常用曲线曲面表示方法和性质，掌握曲线曲面绘制的方法 重点掌握 Bézier 曲线曲面、B 样条曲线曲面、OpenGL 中曲线曲面绘制 掌握曲线曲面基础知识、NURBS 曲线曲面、多结点样条曲线曲面 本章难点是多结点样条曲线曲面	6
	上机操作： 实验十六　Bézier 曲线曲面绘制 实验十七　多结点样条曲线曲面绘制	4
第 11 章 三维形体的表示	理解和掌握三维形体的一般表示方法	2

说明：

1）实践环节课时根据理论课时等量配置，共计 72 学时。

2）教师可根据自己的教学要求酌情删减。

目　　录

第1章　绪　　论

图形图像技术在现代社会中扮演着重要的角色。21 世纪是数字多媒体的时代，也是一个大量运用图形和图像传达信息的时代。计算机技术的进步推动了图形图像技术的飞速发展，以图形开发和图像处理为基础的可视化技术通过大众媒体、计算机及其网络得以快速传播。人类主要通过视觉、触觉、听觉和嗅觉等感觉器官感知外部世界，据统计其中约 80%的信息由视觉获取，“百闻不如一见”、“一图胜千语”这些成语就是非常形象的说法。因此，旨在研究用计算机来显示、生成和处理图形信息的计算机图形学便成为一个非常活跃的研究领域。

1.1　计算机图形学及其相关概念

计算机图形学（computer graphics）是一门研究怎样利用计算机来显示、生成和处理图形的学科。世界各国的专家学者对“图形学”有着各自不同的定义。国际标准化组织（ISO）将其定义为“计算机图形学是研究通过计算机将数据转换成图形，并在专门显示设备上显示的相关原理、方法和技术”。电气与电子工程师协会（IEEE）将其定义为“计算机图形学是利用计算机产生图形化图像的艺术和科学”。德国的 Wolfgang K. Giloi 给出的定义是“计算机图形学由数据结构、图形算法和语言构成”。

计算机图形学的研究对象是图形。在狭义的概念中，我们通常把位图（bitmap）看作图像（image），把矢量图（vectorgraph）看作图形（graphic）。位图通常使用点阵法来表示，即用具有灰度或颜色信息的点阵来表示图形，它强调图形由哪些点组成，这些点具有什么灰度或色彩。矢量图通常使用参数法来表示，即以计算机中所记录图形的形状参数与属性参数来表示图形。形状参数可以是对形状的方程系数、线段的起点和终点等几何属性的描述；属性参数则描述灰度、色彩、线型等非几何属性。图 1-1 表示了位图与矢量图的区别，位图在图像放大到一定比例后会出现“马赛克”效应，而矢量图放大后仍然保持原有图形的清晰度。在广义的概念中，图形可以看作在人的视觉系统中形成视觉印象的任何对象。它既包括了各种照片、图片、图案、图像以及图形实体，也包括了由函数式、代数方程和表达式所描述的图形。构成图形的要素可以分为两类：一类是刻画形状的点、线、面、体等几何要素；另一类是反映物体本身固有属性，如表面属性或材质的明暗、灰度、色彩（颜色信息）等非几何要素。例如，一幅黑白照片上的图像是由不同灰度的点构成的，方程 $x^2+y^2=r^2$ 所确定的图形是由具有一定颜色信息并满足该方程的点所构成的。计算机图形学中所研究的图形可以看作广义概念下的图形，并可理解为“从客观世界物体中抽象出来的带有颜色信息及形状信息的图和形”。

a）位图放大　　b）矢量图放大

图 1-1　位图与矢量图的区别

随着人们对图形概念认识的深入，图形图像处理技术也逐步出现分化。目前，与图形图像处理相关的学科有计算几何（computing geometry)、计算机图形学、数字图像处理（digital image processing)、计算机视觉（computer vision）和模式识别（pattern recognition）等学科。这些相关学科间的关系如图 1-2 所示，从图中我们可以看出计算几何研究的是空间图形图像几何信息的计算机表示、分析和修改等问题。计算机图形学试图将参数形式的数据描述转换为（逼真的）图形或图像，数字图像处理着重强调在图像之间进行变换，旨在对图像进行各种加工以改善图像的某些属性，以便能够对图像做进一步处理。模式识别则分析图像数据，并有可能得出一些有意义的参数和数据，而人们可以根据这些数据进行判断和识别。计算机视觉是用摄影机和计算机代替人眼对目标进行识别、跟踪和测量等，并进一步进行数字图像处理和数据分析，使用计算机来模拟人的视觉。

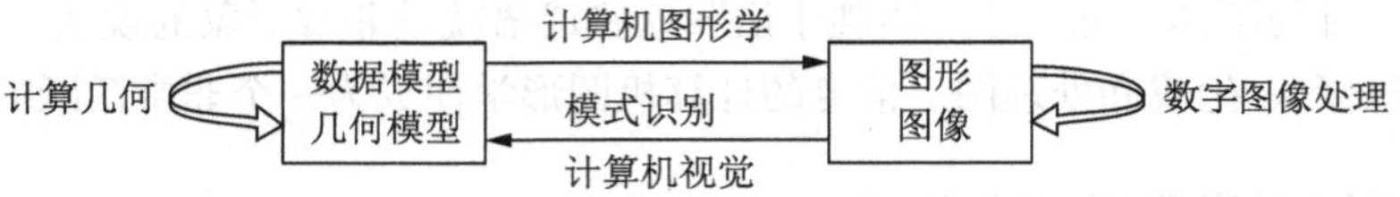

图 1-2　计算机图形学相关学科的关系

近年来，随着多媒体技术、计算机动画、虚拟现实技术的迅速发展，计算几何、计算机图形学、数字图像处理和模式识别的结合日益紧密、互相渗透，反过来也促进了学科本身的发展。

1.2　计算机图形学的发展

计算机图形学自 20 世纪 50 年代以来，先后经历了酝酿期、萌芽期、发展期、普及期和提高增长期等几个阶段，逐步发展成为以图形硬件设备、图形学算法和图形软件系统为研究内容的综合学科。计算机图形学的发展与计算机软件与硬件的发展密不可分，它们是相辅相成、相互促进的。

1. 酝酿期（20 世纪 50 年代）

1950 年，第一台图形显示器作为美国麻省理工学院（MIT）旋风 I 号（Whirlwind I）计算机的附件诞生了。该显示器用一个类似于示波器的阴极射线管（CRT）来显示一些简单的图形。1958 年美国 Calcomp 公司由联机的数字记录仪发展成滚筒式绘图仪（见图 1-3），GerBer 公司将数控机床发展成为平板式绘图仪。在整个 20 世纪 50 年代只有电子管计算机，它用机器语言编程，主要应用于科学计算，为这些计算机配置的图形设备仅具有输出功能。计算机图形学处于准备和酝酿时期，并称为“被动式”图形学。到 20 世纪 50 年代末，MIT 的林肯实验室在“旋风”计算机上开发 SAGE 空中防御体系，第一次使用了具有指挥和控制功能的 CRT 显示器，操作者可以用笔在屏幕上指出被确定的目标。与此同时，类似的技术在设计和生产过程中也陆续得到了应用，它预示着交互式计算机图形学的诞生。

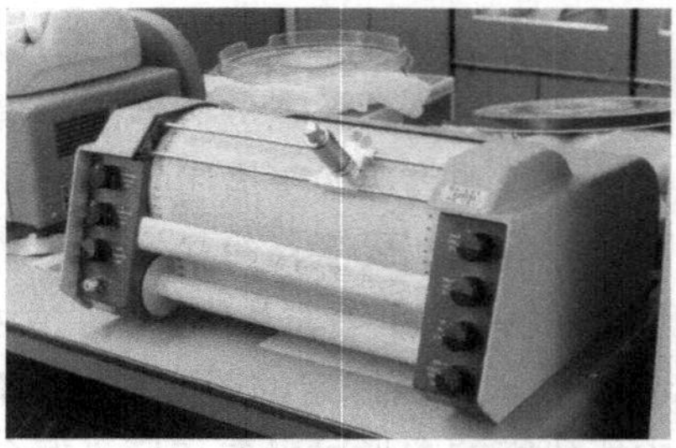

图 1-3　Calcomp 公司的滚筒绘图仪

2. 萌芽期（20 世纪 60 年代）

1962 年，林肯实验室的 Ivan E. Sutherland（见图 1-4）发表了一篇题为“Sketchpad：一

个人机交互通信的图形系统”的博士论文，他在论文中首次使用了计算机图形学（computer graphics）这个术语，证明了交互计算机图形学是一个可行的、有用的研究领域，从而确定了计算机图形学作为一个崭新的科学分支的独立地位。他在论文中所提出的一些基本概念和技术，如交互技术、分层存储符号的数据结构等至今还广为应用。1964 年 MIT 的教授 Steven A. Coons 提出了被后人称为“超限插值”的新思想，通过插值四条任意的边界曲线来构造曲面。同在 20 世纪 60 年代早期，法国雷诺汽车公司的工程师 Pierre Bézier 发展了一套被后人称为“ Bézier 曲线、曲面”的理论，成功地用于几何外形设计，并开发了用于汽车外形设计的 UNISURF 系统。Coons 方法和 Bézier 方法是计算机辅助几何设计最早的开创性工作。值得一提的是，计算机图形学的最高奖是以 Coons 的名字命名的，而获得第一届（1983 年）和第二届（1985 年）Steven A Coons 奖的恰好是 Ivan E. Sutherland 和 Pierre Bézier，这也算是计算机图形学的一段佳话。

图 1-4 Ivan E. Sutherland

3. 发展期（20 世纪 70 年代）

20 世纪 70 年代是计算机图形学发展过程中一个重要的历史时期。由于光栅显示器的产生，在 60 年代就已萌芽的光栅图形学算法迅速发展起来，区域填充、裁剪、消隐等基本图形概念及其相应算法纷纷诞生，图形学进入第一个兴盛的时期，并开始出现实用的 CAD 图形系统，图 1-5 为光栅显示器扫描示意图。又因为通用、与设备无关的图形软件的发展，图形软件功能的标准化问题被提了出来。1974 年，美国国家标准学会（ANSI）在 ACM SIGGRAPH 的“与机器无关的图形技术”工作会议上，提出了制定有关标准的基本规则。此后 ACM 专门成立了一个图形标准化委员会，并开始制定有关标准。该委员会于 1977 年、1979 年先后制定和修改了“核心图形系统”（core graphics system）。ISO 随后又发布了计算机图形接口（Computer Graphics Interface，CGI）、计算机图形元文件（Computer Graphics Metafile，CGM）标准、图形核心系统（Graphics Kernel System，GKS）、面向程序员的层次交互图形标准（Programmer’s Hierarchical Interactive Graphics Standard，PHIGS）等。这些标准的制定对计算机图形学的推广、应用、资源信息共享起到了重要作用。

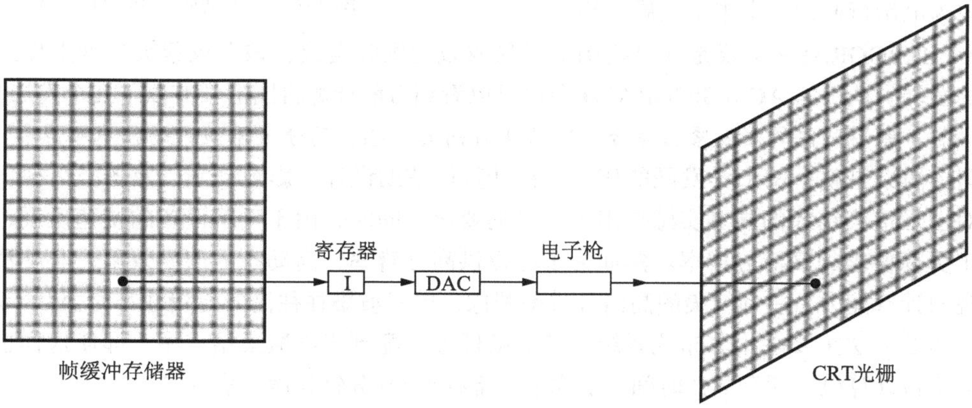

图 1-5 光栅扫描器显示方式

20 世纪 70 年代，计算机图形学另外两个重要进展是真实感图形学和实体造型技术的产生。1970 年 Bouknight 提出了第一个光反射模型，1971 年 Gourand 提出“漫反射模型＋插值”的思想，被称为“ Gourand 明暗处理”。1975 年 Phong 提出了著名的简单光照模型——Phong 模型。这些可以算是真实感图形学最早的开创性工作。另外，从 1973 年开始，相继出现了英国剑桥大学 CAD 小组的 Build 系统、美国罗切斯特大学的 PADL-1 系统等实体造型系统。

4. 普及期（20 世纪 80 年代）

1980 年 Whitted 提出了一个光透视模型——Whitted 模型，并第一次给出光线跟踪算法的范例，图 1-6 给出了一个 Whitted 模型绘制效果；1984 年，美国康奈尔大学和日本广岛大学的学者分别将热辐射工程中的辐射度方法引入计算机图形学，用辐射度方法成功地模拟了理想漫反射表面间的多重漫反射效果；光线跟踪算法和辐射度算法的提出标志着真实感图形的显示算法已逐渐成熟。从 20 世纪 80 年代中期以来，超大规模集成电路的发展为图形学的飞速发展奠定了物质基础。计算机运算能力的提高、图形处理速度的加快使得图形学的各个研究方向都得到充分发展，图形学已广泛应用于动画、科学计算可视化、CAD/CAM、影视娱乐等各个领域。

图 1-6 Whitted 模型绘制效果

5. 提高增长期（20 世纪 90 年代以后）

进入 20 世纪 90 年代后，计算机图形学的主要应用领域包括计算机辅助设计与加工，影视动漫，军事仿真，医学图像处理，气象、地质、财经和电磁等的科学可视化等。计算机图形学在这些领域都获得成功运用，特别是在迅猛发展的动漫产业中，为社会带来了可观的经济效益。动漫产业是目前各国优先发展的绿色产业，具有高科技、高投入与高产出等特点。2009 年美国 Pixar 所拍摄的三维动画片《怪物史莱克Ⅱ》和科幻 3D 电影《阿凡达》在票房上都获得了空前的成功，如图 1-7 所示，3D 电影已成为电影行业的一个未来发展趋势。

图 1-7 三维动画片和 3D 电影

ACM SIGGRAPH 会议是计算机图形学最权威的国际会议，该会议很大程度上促进了图形学的发展。从历届 ACM SIGGRAPH 会议可以看到目前计算机图形学有以下几个发展趋势。

（1）与图形硬件的发展紧密结合，突破实时高真实感、高分辨率渲染的技术难点

图形渲染是整个图形学发展的核心。在计算机辅助设计、影视动漫以及各类可视化应用中都对图形渲染结果的高真实感提出了很高的要求。同时，由于显示设备的快速发展，人们也提出更高要求的高清分辨率。然而为了能提供高分辨率、高动态的渲染效果，必须消耗非常可观的计算能力。一帧精美的高清分辨率图像，单机渲染往往需要耗费数小时至数十小时。为此，传统方法主要采用分布式系统，将渲染任务分配到集群渲染结点中。即使这样也需要使用上千台计算机，耗费数月时间才能完成一部标准 90 分钟长度的影片渲染。

近 10 年来，基于 GPU 的图形硬件技术得以迅速发展。根据最新的图形学研究，采用 GPU 技术可以充分利用计算指令和数据的并行性，已可在单个工作站上实现百倍于基于 CPU

方法的渲染速度。因此，如何充分利用 GPU 的计算特性，并结合分布式集群技术解决以上这些难题，从而来构造低功耗的渲染服务是计算机图形学的未来发展趋势之一。

（2）研究和谐自然的三维模型建模方法

三维模型建模方法是计算机图形学的重要基础，是生成精美的三维场景和逼真动态效果的前提。然而，由于传统三维模型建模方法，主要源于 CAD 中基于参数式调整的形状构造方法，所以建模效率低而学习门槛高，不利于普及和让非专业用户使用。而随着计算机图形技术的普及和发展，各类用户都提出了高效的三维建模需求，因此研究和谐自然的三维模型建模方法是目前发展的一个重要趋势。

与此相关的一个问题是基于规则的过程式建模方法。目前由于 Google Earth 等数字地图信息系统的广泛应用，地图之上的建筑物信息三维建模等问题也随之提出。为此，研究者希望通过激光扫描或者视频等获取方式获得相关信息后能迅速地重建相关三维模型信息。

（3）利用日益增长的计算性能，实现具有高度物理真实感的动态模拟

高度物理真实感的动态模拟，包括对各种形变、水、气、云、烟雾、燃烧、爆炸、撕裂、老化等物理现象的真实模拟，是计算机图形学一直试图达到的目标。这一技术是各类动态仿真应用的核心技术，可以极大地提高虚拟现实系统的沉浸感。然而，高度物理真实性模拟主要受限于目前计算机的处理能力和存储容量限制，不能处理很高精度的模拟，也无法做到很高的响应速度。所幸的是，GPU 技术带来了革新这一技术的可能。充分利用 GPU 硬件内部的并行性，研究者开始普遍关注基于 GPU 的各类图形显示算法。

（4）研究多种高精度数据获取与处理技术，增强图形技术的表现

对于实现真实感强的画面与逼真动态效果，一种有效的解决途径是采用各种高精度手段获取所需的几何、纹理以及动态信息。为此，研究者正在考虑获取各个尺度上的信息。小到通过研制特殊装置捕获与处理物体表面的微结构、纹理属性和反射属性，或采用一组摄像机来获取演员的几何形体与动态，大到采用激光扫描获取整幢建筑物的三维数据。因此，基于数据驱动的方法、与机器学习相交叉的图形学方法是最近的研究热点。

（5）计算机图形学与图像视频处理技术的结合

家用数字照相机和摄像机的日益普及，使数字图像与视频数据处理成为计算机研究中的热点问题。而计算机图形学技术恰好可以与这些图像处理、视觉方法相融合，以直接地生成风格化的画面，实现基于图像三维建模或直接基于视频和图像数据来生成动画序列。计算机图形学正向地生成图像方法和计算机视觉中逆向地从图像中恢复各种信息方法相结合，可以带来无可限量的想象空间和构造出很多视觉特效，最终可用于增强现实、数字地图、虚拟博物馆展示等多种应用。

（6）从追求绝对的真实感向强调图形的表意性转变

计算机图形学在追求真实感方向的研究已进入一个发展平台期，基本上各种真实感特效在不计较计算代价的前提下均能较好地重现。然而，人们创造和生成图片的终极目标不仅仅是展现真实的世界，更重要的是表达所需要传达的信息。例如，在一个所需要描绘的场景中每个对象和元素都有其相关需要传达的信息，可根据重要度不同采用不同的绘制策略来进行分层渲染再加以融合，最终合成具有一定表意性的图像。为此，研究者已经开始研究如何与图像处理、人工智能、心理认知等领域相结合，探索合适表意性图形生成的方法。而这一技术趋势的兴起，实际上延续了已有的非真实感绘制研究中的若干进展，必将在未来有更多的发展。

1.3 计算机图形学的应用

计算机图形学是计算机技术与图形图像处理技术的发展汇合而产生的结果，它有着非常广泛的应用领域。

1. 图形用户界面 (GUI)

GUI 的广泛应用是当今计算机发展的重大成就之一，它极大地方便了非专业用户的使用。人们从此不再需要死记硬背大量的命令，取而代之的是可通过窗口、菜单、按键等方式来方便地进行操作。各种计算机软件都需要设计用户界面，图形用户界面的应用促进了计算机图形学的发展。图 1-8 显示了各种图形用户界面。

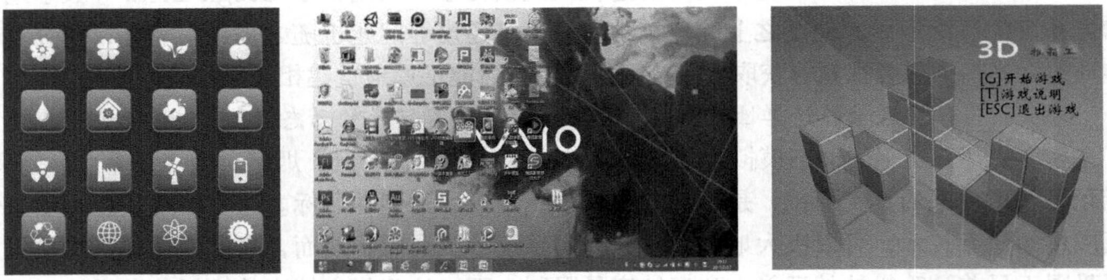

a) 手机桌面　　b）Windows 桌面　　c）游戏画面

图 1-8　图形用户界面

2. 计算机辅助设计与制造（CAD/CAM）

计算机辅助设计（CAD）与计算机辅助制造（CAM）是计算机图形学应用最广泛、最活跃的领域之一。图 1-9 分别展示了采用计算机辅助设计技术制作的一张建筑效果图和机械绘图。

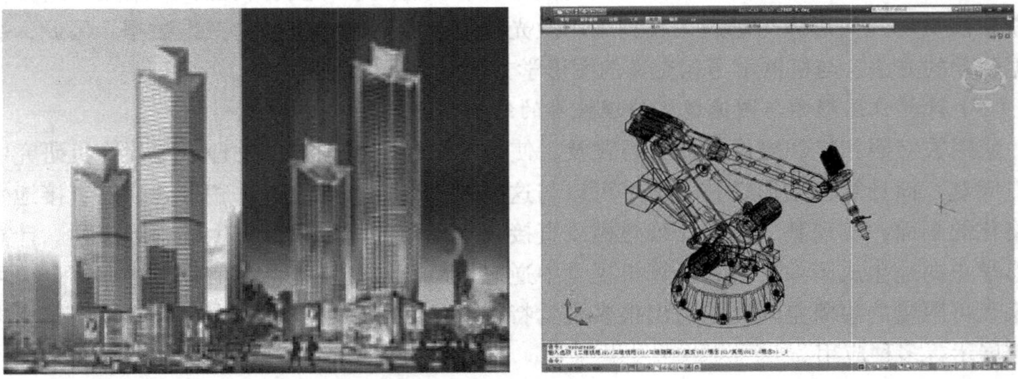

图 1-9　建筑 CAD 与机械 CAD 绘图

就目前流行的大多数 CAD 软件来看，主要功能是支持产品的后续阶段——工程图的绘制和输出，产品设计功能相对薄弱。AutoCAD 是美国 Autodesk 企业开发的一个交互式绘图软件，用于二维及三维设计绘图，是目前世界上应用最广泛的 CAD 软件。

3. 计算机辅助教学 (CAI)

计算机辅助教学（Computer Aided Instruction，CAI）是集图、文、声、像为一体，通过直观生动的形象来刺激学生的多种感官参与认知活动，能调动学生的学习积极性，使学生成为学习的主体，从而提高课堂教学效率的教学辅助手段，图 1-10 为运用 CAI 手段进行教学的现场实例。目前，作为现代教育范畴的计算机辅助教学，已经从认知阶段发展到大范围应用阶段。尤其从 20 世纪 90 年代以来，随着多媒体技术、网络应用技术、超文本技术、Internet 和通信技术的迅速发展，CAI 的研究和应用也向深度和广度发展。

图 1-10　计算机辅助教学

4. 办公自动化和电子出版技术

办公自动化是随着计算机科学发展而提出来的新概念。办公自动化英文全称为 Office Automation，缩写为 OA。办公自动化系统一般指实现办公室内事务性业务的自动化系统。而办公自动化则包含更广泛的意义，包括网络化的大规模信息处理系统，凡是在传统的办公室中采用各种新技术、新机器、新设备从事办公业务，都属于办公自动化的领域，图 1-11 为部分办公自动化产品。

图 1-11　办公自动化产品

电子出版技术实现将传统的纸质出版物以电子化的形式出版。通常，它以光盘或网络读物的形式展示出来，供人们阅读。

图、声、文结合的数字媒体技术和图形显示技术在办公自动化和电子出版技术中得到应用普及。随着计算机图形图像技术的发展，这种普及率将会越来越高，进而改变传统的办公和出版方式。

5. 科学计算可视化

随着科学技术的迅猛发展和数据量的与日俱增，人们对数据的分析和处理变得越来越困难，人们难以从“数据海洋”中找到最有用的数据，找到数据的变换规律，提取数据最本质的特征。但是，如果能将这些数据以图形的形式表示出来，常常令问题迎刃而解。1986 年，美国科学基金（National Science Foundation，NSF）专门召开了一次研讨会，会上提出了“科学计算可视化”（Visualization in Scientific Computing，ViSC）的概念。其后第二年，美国计算机成像专业委员会向 NSF 提交了科学计算可视化的研究报告，ViSC 就迅速发展起来了。现在，科学计算可视化已广泛应用于医学、流体力学、有限元分析和气象分析等领域。例如音乐可视化包括音乐分析、信息检索、表演分析、音乐教学、音乐认知、情感表达、游戏娱乐。基于不同的应用，会有不同的系统设计方案。图 1-12 显示的是把一段音乐图形可视化的一个实例。

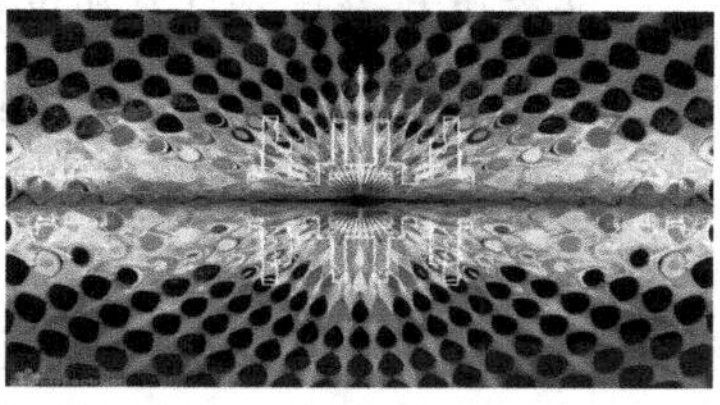

图 1-12　音乐可视化

6. 医疗诊断

医学上往往结合图像处理和计算机图形学来进行医学图像分析与处理、建模、研究物理功能等。近 20 多年来，医学影像已成为医学技术中发展最快的领域之一，使临床医生对人体内部病变部位的观察更直接、更清晰，确诊率也更高。20 世纪 70 年代初，XCT 的发明曾引发了医学影像领域的一场革命，与此同时，核共振成像、超声成像、数字射线照相术、发射型计算机成像和核素成像等也逐步发展。计算机和医学图像处理技术作为这些成像技术的发展基础，带动现代医学诊断产生深刻的变革，彩色超声波、彩色胃镜、CT、核磁共振成像仪等医学成像技术已广泛应用于临床，图 1-13 显示的是一张核磁共振图像。实践证明，计算机图像显示还能协助诊断和治疗癌症，可显著提高诊断准确度及治疗效果。另外，虚拟胃窥镜、3D 数字人体技术也在进一步发展之中。

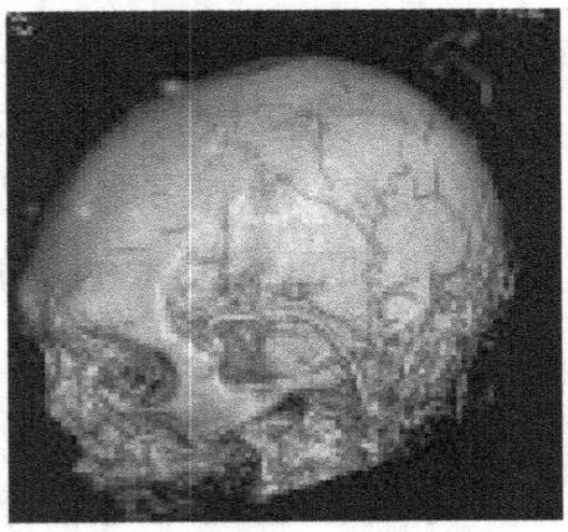

图 1-13　核磁共振图像

7. 地理信息系统

地理信息系统（Geographics Information System，GIS）是一种用于采集、模拟、处理、检索、分析和表达地理空间数据的计算机信息系统，是社会经济与环境保护协同持续发展中信息集成和分析的先进工具。地理信息系统技术源于机械制图。地理信息系统（GIS）技术与遥感（RS）、全球定位系统（GPS）技术一起已成功地应用于包括资源管理、自动制图、设施管理、城市和区域的规划、人口和商业管理、运输、石油和天然气、军事等九大类别的一百多个领域。在美国及发达国家，地理信息系统的应用遍及环境保护、资源保护、灾害预测、投资评价、城市规划建设、政府管理等众多领域。近年来，随着我国建设的迅速发展，地理信息系统得到加速应用，在城市规划管理、交通运输、测绘、环保、农业、制图等领域发挥了重要的作用并取得了良好的经济效益和效益。

通常来说，GIS 处理和分析来自于卫星遥感图像、航空图片、各类地图、全球定位系统、地表野外勘察调查记录、统计表格和历史文献资料等方面的地理信息，并采用图形符号化的方式表达各种地理特征和现象间的关系，因此地理信息系统势必运用到大量的图形图像技术。图 1-14 显示了地理信息系统中的地形分析案例。

图 1-14　地形分析案例

8. 计算机艺术

计算机艺术是在计算机图形学的应用发展影响下产生的。20 世纪 60 年代中期，用计算机显示和绘制图形技术已经兴起，有人试验用计算机绘制造型复杂的艺术性图案或绘画等初见成效；但另一方面用计算机绘画需要掌握有关数学、计算机编程等专门知识和技巧，需要花费较长的时间设计绘画程序，而且调试和修改也费时费力，因此发展缓慢。后来，在图形显示技术中广泛采用了光笔，使计算机具有人—机交互功能，可以对图形信息的处理过程进行实时的人工干预和修改，即时得到处理的结果，这就促进了计算机在动画、音乐、舞蹈等艺术领域的应用。

图 1-15 表示了计算机绘画效果的一个案例。

9. 娱乐游戏

计算机图形图像技术经过四十多年的发展，逐步成为蕴藏着巨大商机的热门领域，计算机三维技术则是这个领域中一门重要技术并逐渐成为影视特技、计算机三维动画、影视广告设计、电子游戏、虚拟现实、互联网视频信息处理等技术中的一个重要组成部分，而且其应用领域还在不断拓宽，正在改变着电影和影视广告设计行业的整个前后期制作和传播流程。计算机三维技术由于其高效、自由的特点，在国际影视制作舞台上得到了空前高速的发展。

计算机三维技术在游戏制作方面也有巨大而深远的影响。由二维游戏逐步进入三维游戏的世界，其娱乐性、交互性也由于计算机三维技术的参与而得到很大的提升。图 1-16 显示了风靡全世界的游戏“魔兽世界”的一个画面。

图 1-15　计算机艺术

图 1-16　魔兽世界游戏

随着计算机三维技术在影视特效和动画制作方面应用的不断深入，计算机三维技术对于影视广告设计和影视栏目包装等影像作品的影响也越来越大。它能创造传统手法无法获取的镜头运动、角色动画或奇幻场景及一些令人惊叹的视觉特效，实现了科学技术和艺术的完美结合。其变幻无穷的表现力及高效的工作方式，彻底地将专业人员从大量的摄录实景、繁琐的剪辑过程和昂贵的设备中解放出来，为创意的发挥开辟了崭新的天地。

10. 虚拟现实

虚拟现实（Virtual Reality，VR）是近年来出现的高新技术，也称灵境技术或人工环境。虚拟现实是利用计算机模拟产生一个三维空间的虚拟世界，提供使用者关于视觉、听觉、触觉等感官的模拟，让使用者如同身临其境一般，可以及时、没有限制地观察三维空间内的事物。

图 1-17　虚拟现实场合

VR 是一项综合集成技术，涉及计算机图形学、人机交互技术、传感技术、人工智能等领域，它用计算机生成逼真的三维视、听、嗅觉等感觉，使人作为参与者通过适当装置自然地对虚拟世界进行体验和交互。使用者进行位置移动时，计算机可以立即进行复杂的运算，将精确的 3D 世界影像传回而产生临场感。

图 1-17 显示了虚拟现实技术的一个应用案例，人们带上立体眼镜，身处特定位置，感受着计算机从视觉、听觉等各方面模拟现实的虚拟世界。

1.4　计算机图形学的相关技术

1.4.1　OpenGL 技术

OpenGL 是近几年发展起来的一个性能卓越的三维图形标准，它是在 SGI 等多家世界闻名的计算机公司的倡导下，以 SGI 的 GL 三维图形库为基础制定的一个通用共享的开放式三维图形标准。目前，包括微软、SGI、IBM、HP 等大公司都采用了 OpenGL 作为三维图形标准，许多软件厂商也纷纷以 OpenGL 为基础开发自己的产品，其中比较著名的产品包括动画制作软件 Soft Image 和 3D Studio MAX、仿真软件 Open Inventor、VR 软件 World Tool Kit、CAM 软件 ProEngineer、GIS 软件 ARC/INFO 等。值得一提的是，随着微软公司在 Windows 操作系统中提供了 OpenGL 标准及 OpenGL 三维图形加速卡的推出，OpenGL 将在微机中有广泛地应用，同时也为广大用户提供了在微机上使用以前只能在高性能图形工作站上运行的各种软件的机会。

OpenGL 实际上是一个开放的三维图形软件包，它独立于窗口系统和操作系统，以它为基础开发的应用程序可以十分方便地在各种平台间移植；OpenGL 可以与 Visual C++ 紧密结合，便于实现机械手的有关计算和图形算法，可保证算法的正确性和可靠性；OpenGL 使用简便，效率高。它具有多个功能，即建模、变换、颜色模式、光照材质、纹理映射、双缓冲。

1.4.2 DirectX 技术

DirectX 并不是一个单纯的图形 API，它是由微软公司开发的用途广泛的 API，它包含有 Direct Graphics(Direct 3D+Direct Draw)、Direct Input、Direct Play、Direct Sound、Direct Show、Direct Setup、Direct Media Objects 等多个组件，它提供了一整套的多媒体接口方案。只是其在 3D 图形方面的优秀表现，让它在其他方面的成果显得黯淡无光。DirectX 开发之初是为了弥补 Windows 3.1 系统对图形、声音处理能力的不足，而今它已发展成为对整个多媒体系统都有决定性影响的接口。

熟悉 Windows 游戏编程的人不会不知道 DirectX。DirectX 主要应用于游戏软件的开发。Windows 平台的出现给游戏软件的发展带来了极大的契机，开发基于 Windows 界面的游戏已成为各游戏软件开发商的首选。目前 DirectX 已由最初的 1.0 发展到 11.0。

1.4.3 Web3D 技术

近年来随着网络传输效率的提高，一些新的网络技术得以应用发展，以 3D 图形生成和传输为基础的网络三维技术（即 Web3D 技术）便是代表。Web3D 技术以其特有的形象化展示、强大的交互及其模拟等功能，增强了网络教学的真实体验而备受关注。

Web3D 可以简单地看成是 Web 技术和 3D 技术相结合的产物，是互联网上实现 3D 图形技术的总称。从技术的亲缘关系来看，Web3D 技术源于虚拟现实技术中的 VRML 分支。1997 年，VRML 协会正式更名为 Web3D 协会，并制定了新的国际标准 VRML97。至此，Web3D 的专用缩写被人们所认识（这也是常常把 Web3D 与虚拟现实联系在一起的原因）。

2004 年被 ISO 审批通过的由 Web3D 协会发布的新一代国际标准——X3D，标志着 Web3D 进入了一个新的发展阶段。由于 X3D 把 VRML 的功能封装到一个可扩展的核心之中，能够提供标准 VRML97 浏览器的全部功能，且有向前兼容的技术特征。此外，X3D 使用 XML 语法，从而实现了与流式媒体 MPEG-4 的 3D 内容的融合。再者，X3D 是可扩展的，任何开发者都可以根据自己的需求扩展其功能。因此，X3D 标准受到业界广泛支持。

X3D 标准使更多的 Internet 设备实现生成、传输、浏览 3D 对象成为可能，无论是

Web 客户端还是高性能的广播级工作站用户，都能够享受基于 X3D 所带来的技术优势。而且，在 X3D 基本框架下，保证了不同厂家所开发的软件的互操作性，结束互联网 3D 图形标准混乱的局面。目前，Web3D 技术已经发展成为一个技术群，成为网络 3D 应用的独立研究领域，也是网络教学资源和有效的学习环境设计和开发中受到普遍关注的技术。

本章小结

计算机图形学是研究怎样利用计算机来显示、生成和处理图形的相关原理、方法和技术的一门学科。计算机图形学的研究对象是图形。在狭义的概念中，我们通常把位图看作图像，把矢量图看作图形。位图通常使用点阵法来表示，即用具有灰度或颜色信息的点阵来表示图形，它强调图形由哪些点组成，这些点具有什么灰度或色彩。矢量图通常使用参数法来表示，即以计算机中所记录图形的形状参数与属性参数来表示图形。形状参数可以是形状的方程系数、线段的起点和终点对等几何属性的描述；属性参数则描述灰度、色彩、线型等非几何属性。在广义的概念中，图形可以看作是在人的视觉系统中形成视觉印象的任何对象。它既包括了各种照片、图片、图案、图像以及图形实体，也包括了由函数式、代数方程和表达式所描述的图形。计算机图形学的应用领域非常广泛，包括工业产品的设计、航空航天、电子、建筑、影视、游戏娱乐、广告设计、地理信息系统、教学、医疗等领域。计算机图形学的相关开发技术包括 OpenGL、DirectX、Web3D 等。

习题 1

1. 什么是计算机图形学？
2. 日常生活中对于计算机图形学技术有哪些应用？
3. 位图与矢量图有什么区别？
4. 查阅有关计算机图形学的最新技术资料。
5. 学习计算机图形学知识有什么用处？需要哪些基础知识？

第 2 章　计算机图形系统组成

随着计算机图形技术的发展，计算机图形系统得到了广泛的应用。本章将探讨计算机图形系统的功能和结构，并对部分硬件设备（包括图形显示、输入、输出设备）进行简要介绍。

2.1　概述

2.1.1　计算机图形系统的功能

计算机图形系统由计算机图形硬件和计算机图形软件组成，它的基本任务是利用计算机生成、处理和显示图形。一个交互式计算机图形系统应具有计算、存储、交互、输入和输出 5 种功能，如图 2-1 所示。

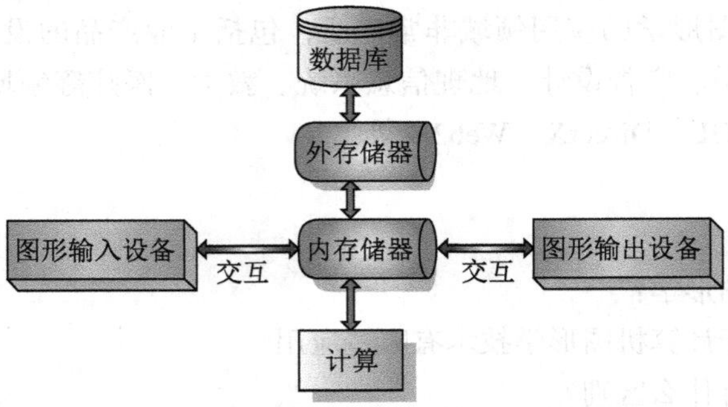

图 2-1　计算机图形系统的基本功能图

1）计算（computing）功能。涉及形体设计和分析方法的程序库，描述形体的图形数据库。数据库中应有坐标的平移、旋转、投影、透视等几何变换程序库，曲线、曲面生成和图形相互关系的检测库等。

2）存储（storage）功能。在计算机内存储器和外存储器中，应能存放各种形体的几何数据及形体之间相互关系，可实现对有关数据的实时检索以及保存对图形的删除、增加、修改等信息。

3）输入（input）功能。由图形输入设备将所设计的图形形体的几何参数和各种绘图命令输入图形系统中。

4）输出（output）功能。计算机图形系统应有文字、图形、图像信息输出功能。在显示屏幕上显示设计过程当前的状态以及经过图形编辑后的结果。同时还能通过绘图仪、打印机等设备实现硬拷贝输出，以便长期保存。

5）交互（interactive）功能。可通过显示器或其他人–机交互设备直接进行人–机通信，对计算结果和图形，可利用定位、拾取等手段进行修改，同时对设计者或操作员执行的错误给予必要的提示和帮助。

以上 5 种功能是计算机图形系统所具备的最基本功能，至于每一项功能的具体能力则因系统的不同而有所区别。

2.1.2 计算机图形系统的结构

根据基本功能的要求，一个交互式计算机图形系统的结构如图 2-2 所示。可以看到，它由计算机图形硬件和计算机图形软件两部分组成。

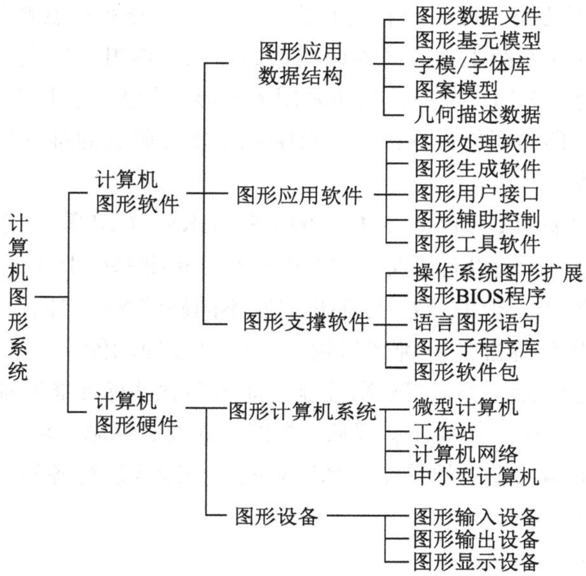

图 2-2 计算机图形系统的结构

1. 计算机图形软件

计算机图形软件分为图形应用数据结构、图形应用软件和图形支撑软件三部分。这三者都处于计算机系统之内而与外部的图形设备进行连接。三者之间彼此相互联系、互相调用、互相支持，形成计算机图形系统的整个软件部分。

（1）图形应用数据结构

图形应用数据结构实际上对应一组图形数据文件，其中存放着将要生成的图形对象的全部信息。这些信息包括：定义物体的所有组成部分的形状和大小的几何信息；与图形有关的拓扑信息；与这个物体图形显示相关的所有属性信息，如颜色、亮度、线型、纹理、填充图案、字符样式等；还包括非几何数据信息，如图形的标记与表示、标题说明等。这些数据以图形文件的形式存放于计算机中，根据不同的系统硬件和结构组织成不同的数据结构，或者形成一种通用的或专用的数据集。它们正确地表达了物体的性质、结构和行为，构成了物体的模型。计算机图形系统根据这类信息的详细描述生成对应的图形，并完成这些图形的操作和处理。所以，图形应用数据结构是生成图形的数据基础。

（2）图形应用软件

图形应用软件是解决某种应用问题的图形软件，是计算机图形系统中的核心部分，它包括各种图形生成和处理技术。图形应用软件从图形应用数据结构中获取物体的几何模型和属性等，按照应用要求进行各种处理（裁剪、消隐、变换、填充等），然后根据从图形输入设备经图形支撑软件送来的命令、控制信号、参数和数据，完成命令分析、处理和交互式操作，构成或修改被处理物体的模型，形成更新后的图形数据文件并保存。图形应用软件中包括若干辅助性操作，如性能模拟、分析计算、后处理、用户接口、系统维护、菜单提示以及维护等，从而构成一个功能完整的图形软件系统环境。

（3）图形支撑软件

一般而言，图形支撑软件由一组公用的图形子程序组成。它扩展了系统中原有高级语言和操作系统的图形处理功能，可以把它们看成是计算机操作系统在图形处理功能上的扩展。标准图形支撑软件在操作系统上建立了面向图形的输入、输出、生成、修改等功能命令、系统调用和定义标准，而且对用户透明，与所采用的图形设备无关，同时具有高级语言的接口。采用标准图形支持软件即图形软件标准，不仅降低了软件研制的难度和费用，也便于应用软件在不同系统间的移植。

在采用了图形软件标准，如 OpenGL、PHIGS、GKS、CGI 等之后，图形应用软件的开发得到如下三方面好处：①与设备无关，即在图形软件标准基础上开发的各种图形应用软件，不必关心具体设备的物理性能和参数，它们可以在不同硬件系统之间方便地进行移植和运行；②与应用无关，图形软件标准的各种图形输入、输出处理功能，考虑了多种应用的不同要求，因此具有很好的适应性；③具有较高性能，即图形软件标准能够提供多种图形输出原语（Graphics Output Primitives），如线段、圆弧、折线、曲线、标志、填充区域、图像、文字等，能处理各种类型的图形输入设备的操作，允许对图形分段或进行各种变换。因此应用程序能以较高的起点进行开发。

2. 计算机图形硬件

计算机图形硬件包括图形计算机系统和图形设备两类。图形计算机系统的硬件性能与一般计算机系统相比，要求主机性能更高、速度更快、存储容量更大、外设种类更齐全。目前，面向图形应用的计算机系统包括微型计算机、工作站、计算机网络和中小型计算机等。

微型计算机采用开放式体系结构。其中 CPU 以 Intel 和 AMD 公司提供的为主，操作系统以微软公司的 Windows 为主，厂商以 IBM、Dell、Acer 和联想公司为主。微型计算机系统体积小、价格低廉、用户界面友好，是一种普及型的图形计算机系统。

工作站是具有高速的科学计算、丰富的图形处理、灵活的窗口及网络管理功能的交互式计算机系统，不仅可用于办公自动化、文字处理和文本编辑等领域，更主要的是用于工程和产品的设计与绘图、工业模拟和艺术模拟。主要厂商有 HP、IBM、SGI 等。

中小型计算机是一类高级的、大规模计算机工作环境，一般在特定的部门、单位和应用领域采用。它是建立大型信息系统的重要环境，这种环境中信息和数据的处理量很大，要求机器有极高的处理速度和极大的存储容量。这类平台以其强大的处理能力、集中控制和管理能力、海量数据存储能力，而在计算机中占有一席之地，具有强大的竞争力。一般情况下，图形系统在这类平台上作为一种图形子系统来独立运行和工作。

2.2 图形显示与观察设备

显示器是显示设备的一个组成部分，它的发展推动了显示技术的发展。下面分别来做介绍。

1. 阴极射线管显示器

历史上 CRT 显示器经历了多个发展阶段，出现过各种不同类型的 CRT 显示器，如存储管式显示器，随机扫描显示器（又称矢量显示器），但是这些显示器的缺点是很明显的，图形表现能力也很弱。20 世纪 70 年代开始出现的刷新式光栅扫描显示器是图形显示技术走向成熟的一个标志，尤其是彩色光栅扫描显示器的出现将人们带入一个多彩的世界。

因为阴极射线管最广为人知的用途是用于构造显示系统，所以俗称显像管，如图 2-3 所示，阴极射线管中的加热灯丝使得金属阴极发射大量电子，电子飞出去多少受栅极所加电压控制。电子枪发出的电子，经过聚焦系统和加速系统产生高速聚焦的电子束，再经过磁偏转系统到达荧光屏的特定位置，轰击荧光屏表面的荧光物质，在荧光屏上产生足够小的光点，光点称为像素 (pixel)，从而产生可见图形。

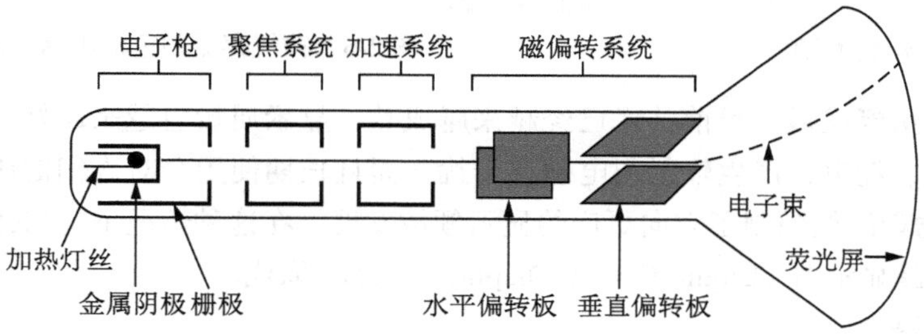

图 2-3 阴极射线管示意图

要保持荧光屏上有稳定的图像就必须不断地发射电子束。刷新一次指电子束从上到下将荧光屏扫描一次，其扫描过程如图 2-4 所示。只有刷新频率高到一定值后，图像才能稳定显示。大约达到每秒 60 帧即 60Hz 时，人眼才能感觉不到屏幕闪烁，要使人眼觉得舒服一般必须达到 85Hz 以上的刷新频率。

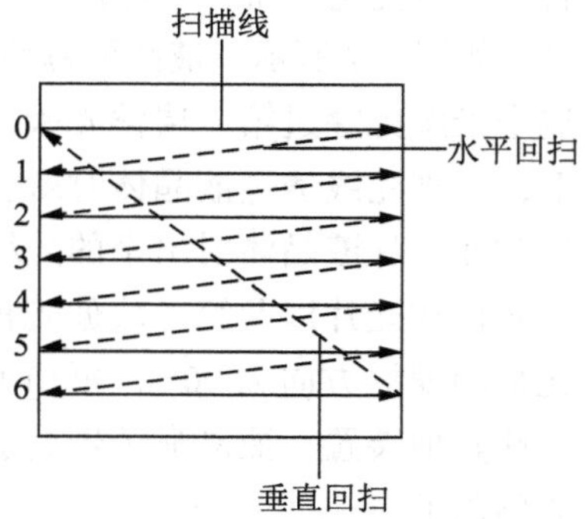

图 2-4 光栅扫描示意图

阴极射线管可以利用能够发射不同颜色的荧光粉的组合来产生彩色图形。彩色 CRT 显示器的荧光屏上涂有三种荧光物质，它们分别能发出红、绿、蓝三种颜色的光。红、绿、蓝三支电子枪装在同一管颈中，电子枪发射这三束电子来激发这三种物质，中间通过一个控制栅格来决定三束电子到达的位置。根据屏幕上荧光点的排列不同，控制栅格也就不一样。普通的显示器一般用三角形的排列方式，这种显像管被称为荫罩式显像管。它的工作原理如图 2-5 所示。三束电子经过荫罩的选择，分别到达三个荧光点的位置。通过调节电子枪发射的电子束中所含电子的多少，可以控制击中的相应荧光点的亮度，因此以不同的强度击中荧光点，就能够在像素点上生成极其丰富的颜色。如将红、绿两个电子枪关了，屏幕上就只显示蓝色了。图 2-6 是一个具有 24 位的帧缓冲存储器，红、绿、蓝各 8 个位面，其值经数 / 模转换控制红、绿、蓝电子枪的强度，每支电子枪的强度有 256（8 位）个等级，则能显示 256 × 256 × 256=16 兆种颜色，16 兆种颜色也称作（24 位）真彩色。

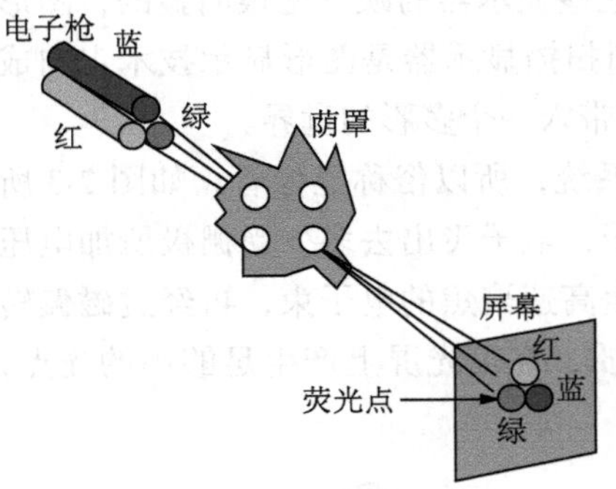

图 2-5 彩色 CRT

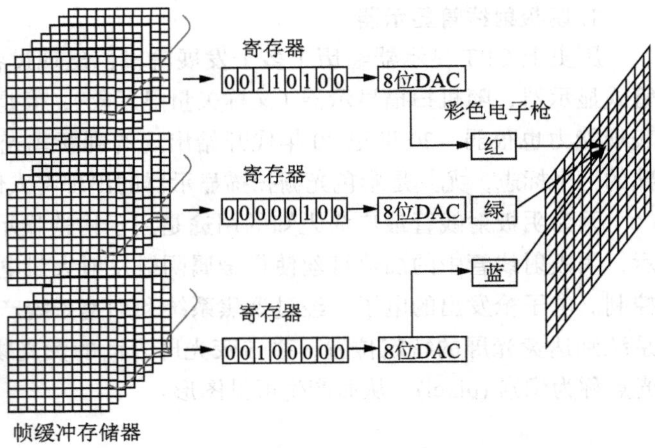

图 2-6 帧缓存器颜色输出示意图

CRT 显示器历经发展，目前技术已经越来越成熟，显示质量也越来越好，但由于阴极射线管显示器笨重、耗电，产生辐射与电磁波干扰，而且长期使用会对人们健康产生不良影响且 CRT 固有的物理结构限制了它向更广的显示领域发展。在这种情况下，CRT 显示器逐渐被轻巧、省电的液晶显示器（Liquid Crystal Display，LCD）取代。

2. 液晶显示器

液晶是一种介于液体和固体之间的特殊物质，它具有液体的流态性质和固体的光学性质。当液晶受到电压的影响时，就会改变它的物理性质而发生形变，此时通过它的光的折射角度就会发生变化，而产生色彩。

如图 2-7 所示，液晶屏幕后面有一个背光，这个光源先穿过第一层偏光板，再来到液晶体上，而当光线透过液晶体时就会产生光线的色泽改变，从液晶体射出来的光线还必须经过一块彩色滤光片以及第二块偏光板。由于两块偏光板的偏振方向成 90°，再加上电压的变化和一些其他装置，液晶显示器就能显示我们想要的颜色了。

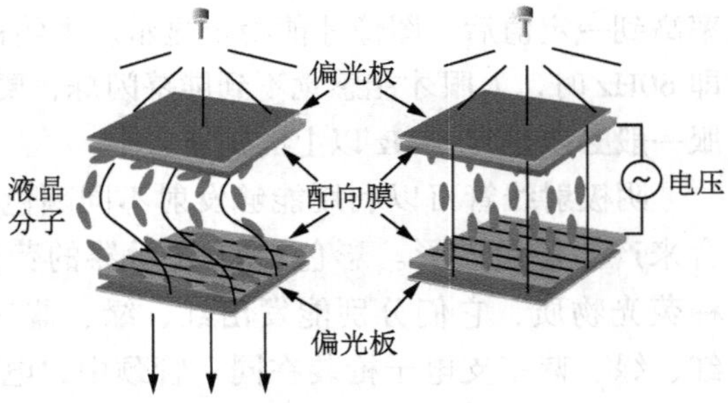

图 2-7 液晶分子转动示意图

液晶显示器可由以下两个基本技术指标来衡量：

（1）可视角度

由于液晶的成像原理是通过光的折射而不是像 CRT 那样由荧光点直接发光，所以在不同的角度看液晶显示屏必然会有不同的效果。当视线与屏幕中心法向成一定角度时，人们就不能清晰地看到屏幕图像，而那个能看到清晰图像的最大角度被我们称为可视角度。一般所说的可视角度是指左右两边的最大角度相加。工业上有 CR10、CR5 两种标准来判断液晶显示器的可视角度。

（2）点距和分辨率

液晶屏幕的点距就是两个液晶颗粒（光点）之间的距离，一般 0.28 ～ 0.32 mm 就能得到较好的显示效果。

分辨率在液晶显示器中的含义与 CRT 中的并不完全一样。通常所说的液晶显示器的分辨率是指其真实分辨率，比如 1024×768 的含义就是指该液晶显示器含有 1024×768 个液晶颗粒。只有在真实分辨率下液晶显示器才能得到最佳的显示效果。其他较低的分辨率只能通过缩放仿真来显示，效果并不好。而 CRT 显示器如果在 1024×768 的分辨率下能清晰显示的话，那么其他如 800×600、640×480 都能很好地显示。

液晶显示器由于它外观轻便，不会产生 CRT 那样的因为刷新频率低而出现的闪烁现象，而且工作电压低，功耗小，节约能源，没有电磁辐射，对人体健康没有任何影响等优点，已经替代 CRT 显示器成为主流。

3. 等离子显示器

与传统的 CRT 显像管结构相比，等离子显示器（Plasma Display Panel，PDP），具有分辨率高、屏幕大、超薄、色彩丰富鲜艳等特点，如图 2-8 所示为等离子显示器外观。虽然目前 PDP 的价格还非常高，尚不普及，但是由于它自身具备的一些特点，使它未来可能成为一种重要的显示输出设备，占据大屏幕显示市场。

图 2-8 等离子显示器

PDP 的基本显示原理如下：显示屏上排列了上千个密封的小低压气体室（一般都是氙气和氖气的混合物），电流激发气体时使其发出肉眼看不见的紫外光，这种紫外光碰击后面玻璃上的红、绿、蓝三色荧光体，使其发出我们在显示器上所看到的可见光。换句话说，利用惰性气体（Ne、He、Xe 等）放电时所产生的紫外光来激发彩色荧光粉发光，然后将这种光转换成人眼可见的光。等离子显示器采用等离子管作为发光元器件，大量的等离子管排列在一起构成屏幕，每个等离子对应的小室内都充有氖氙气体。在等离子管电极间加上高压后，封在两层玻璃之间的等离子管小室中的气体会产生紫外光并激发平板显示屏上的红、绿、蓝三原色荧光粉发出可见光。每个等离子管作为一个像素，由这些像素的明暗和颜色变化组合产生各种灰度和彩色的图像，与显像管发光很相似。

由于 PDP 各个发光单元的结构完全相同，因此不会出现显像管常见的图像几何畸变。PDP 屏幕的亮度十分均匀，且不会受磁场的影响，具有更好的环境适应能力。另外，PDP 屏幕不存在聚焦的问题，不会产生显像管的色彩漂移现象，表面平直使大屏幕边角处的失真和色纯度变化得到彻底改善。PDP 显示有亮度高、色彩还原性好、灰度丰富、对迅速变化的画面响应速度快等优点，可以在明亮的环境下欣赏大画面电视节目。

4. 3D 显示器

3D 显示器一直被公认为显示技术发展的终极梦想，多年来有许多企业和研究机构从事这方面的研究。日本、欧美、韩国等发达国家和地区早于 20 世纪 80 年代就纷纷涉足立体显示技术的研发，于 90 年代开始陆续获得不同程度的研究成果，现已开发出须佩戴立体眼镜和无须佩戴立体眼镜的两大立体显示技术体系。如图 2-9 所示为 3D 显示器示意图。

图 2-9 3D 显示器

传统的 3D 电影在荧幕上有两组图像（来源于在拍摄时的互成角度的两台摄影机），观众必须戴上偏光镜才能消除重影（让一只眼只接受一组图像），形成视差并建立立体感。

利用自动立体显示（AutoStereoscopic）技术，即所谓的“真 3D 技术”，你就不用戴上眼镜来观看立体影像了。这种技术利用所谓的“视差栅栏”，使两只眼睛分别接受不同的图像，来形成立体效果。

平面显示器要形成立体感的影像，必须至少提供两组相位不同的图像。带有视差栅栏的显示器提供了两组图像，而两组图像之间存在 90° 的相位差。

显然，这是一个十分诱人的技术，绝对是未来的一个趋势，目前大品牌的计算机公司纷纷推出 3D 显示器，其已逐步进入家庭普及的行列。

5. 投影机

目前市场主流的投影机为 LCD 投影机，如图 2-10 所示。LCD 投影机的技术是透射式投影技术，投影画面色彩还原真实鲜艳、色彩饱和度高、光利用效率很高。LCD 投影机比用相同瓦数光源灯的 DLP 投影机有更高的 ANSI 流明光输出。它的缺点是黑色层次表现不是很好，对比度一般都在 500 ：1 左右徘徊，从投影画面的像素结构可以明显看到。

根据投影机的应用环境分类，主要分为家庭影院型、便携商务型、教育会议型、主流工程型、专业剧院型五类。

6. 立体眼镜

一般两眼观察物体时很自然地会产生立体感，这是由于人的两眼之间有一定的距离。当观察物体时，左右眼各自从不同角度观察，形成两眼视觉上的差异，反映到大脑中便产生远近感和层次感的三度空间立体影像。

立体眼镜是利用人类左眼与右眼影像视角间距的视差，因而产生有三度空间感的三维效果，如图 2-11 所示。

7. 立体相机

立体相机是一种双镜头或多镜头相机，这样可以使相机模拟人的双目视觉观察系统，利用两个镜头同时拍摄图像时形成两幅图像之间的视差可以计算出图像的深度信息，进一步得到该图像的三维信息，如图 2-12 所示。这种技术也称为立体影像技术。

图 2-10　投影机

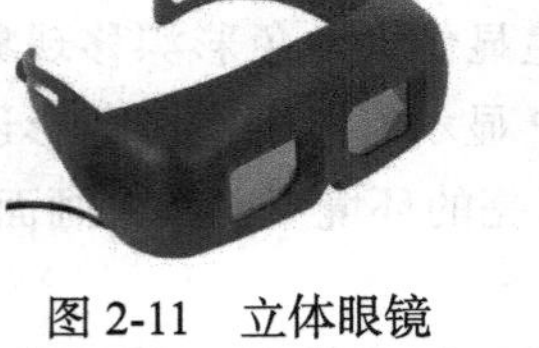

图 2-11　立体眼镜

图 2-12　立体相机

但随着计算机科技的飞速进步，配合数字照相机 (digital camera) 的使用，实物式立体影像的技术与应用有突破性的发展。今天利用数字相机的任何使用者，无论有无拍摄立体照片的经验，皆可轻易地在数分钟之内完成一张立体照片的拍摄，并在计算机屏幕上观看到栩栩如生的立体影像。

8. 多通道立体环幕系统

多通道环幕（立体）投影系统是指采用多台投影机组合而成的多通道大屏幕展示系统，它比普通的标准投影系统具备更大的显示尺寸、更宽的视野、更多的显示内容、更高的显示分辨率，以及更具冲击力和沉浸感的视觉效果，一般用于虚拟仿真、系统控制和科学研究，近来开始向科博馆、展览展示、工业设计、教育培训、会议中心等专业领域发展。其中，院校和科博馆是该技术的最大应用场所。图 2-13 是一个双通道立体环幕系统示意图，系统配有 4 台投影机，一个环幕。右边两台投影机分别投向左边环幕并形成一定视差，而左边两台投影机分别投向右边环幕形成一定视差，这样通过形成的视差可构成立体影像，而左右环幕拼接在一起构成双通道完整影像。观看影像时还需佩戴偏振立体眼镜才能看立体效果。图 2-14 是深圳中视典数码公司一个多通道立体环幕展示系统的实例。

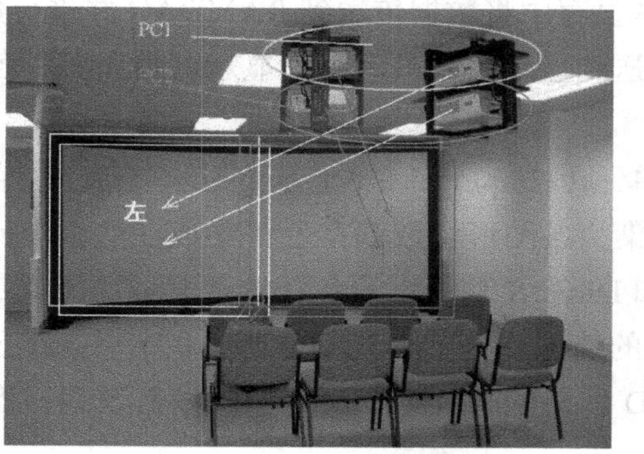

图 2-13　双通道立体环幕投影系统

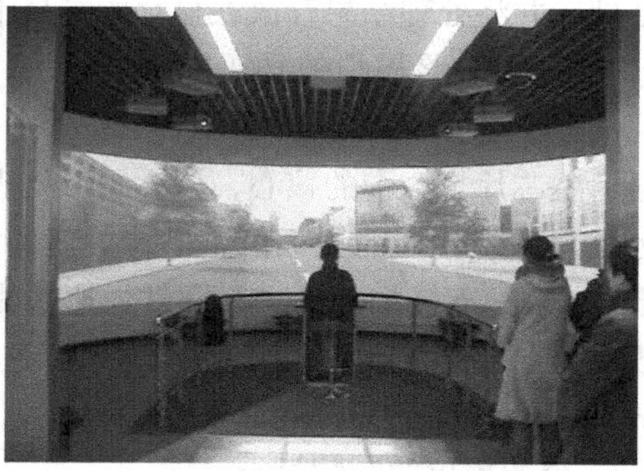

图 2-14　多通道立体环幕投影系统

9. 立体影院

立体电影即利用人双眼的视角差和会聚功能制作的可产生立体效果的电影。放映这种电影时两幅画面重叠在银幕上，通过特制眼镜或幕前辐射状半锥形透镜光栅，使观众左眼看到从左视角拍摄的画面，右眼看到从右视角拍摄的画面，通过双眼的会聚功能合成立体视觉影像。

3D 立体影院即在普通投影数字电影基础上，在片源制作时，片源画面使用左右眼错位 2 路显示，每通道投影画面使用两台投影机投射相关画面，通过偏振镜片与偏振眼镜，片源左右眼画面分别对应投射到观众左右眼球，从而产生立体临场效果。3D 立体影院主要由片源播放设备、多通道融合处理设备、投影机（左右通道数 ×2）、投影弧幕、偏振镜片、偏振影片、音响、立体环幕等其他设备构成。

4D 影院是相对 3D 立体影院而言的，就是在 3D 立体影院基础上加上观众周边环境的各种特效。环境特效一般是指闪电模拟、下雨模拟、降雪模拟、烟雾模拟、泡泡模拟、降热水滴、振动、喷雾模拟、喷气、喷雾、扫腿、耳风、耳音、刮风等其中的多项。因此 4D 影院的设备是在 3D 立体设备基础上，增加特效座椅以及其他特效辅助设备，如图 2-15 所示。

a) 3D 电影院

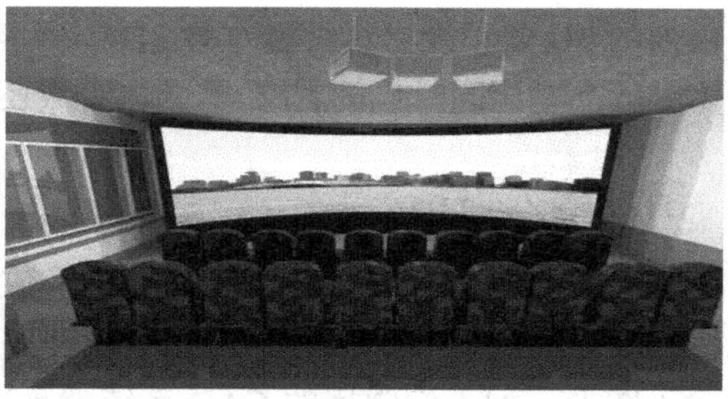

b) 4D 电影院

图 2-15　立体影院

10. 显示适配器

一个光栅显示系统离不开显示适配器，显示适配器（俗称显卡）是图形系统结构的重要元件，是连接计算机和显示终端的纽带。显示适配器的作用是控制显示器的显示方式。在显示器里也有控制电路，但起主要作用的是显卡。一个显示适配器的主要配件有显示主芯片、显示缓存（简称显存）和数字 / 模拟转换器（RAMDAC），如图 2-16 所示。显卡的作用是在 CPU 的控制下，将主机送来的显示数据通过总线传送到显卡上的主芯片，然后显示主芯片对数据进行处理，并将处理结果存放在显存中。显卡从显存中将数据传送到 RAMDAC 并进行数 / 模转换。RAMDAC 将模拟信号通过 VGA 接口输送到显示器，最后再由显示器输出各种各样的图像。

显示主芯片是显卡的核心，俗称图形处理单元（ Graphical Processing Unit, GPU），它的主要任务是对系统输入的视频信息进行构建和渲染，各图形函数基本上都集成在这里。比如现在许多 3D 卡都支持的 OpenGL 硬件加速功能和 DirectX 功能以及各种纹理渲染功能就是在这里实现的。显卡主芯片的能力直接决定了显卡的能力。例如，人们常听说的 nVIDIA 公司的 GeForce 显卡系列、Quadro 显卡系列以及 AMD 公司的 AMD Radeon HD 显卡系列。图 2-17 是 Nvidia 公司推出的一款显卡。

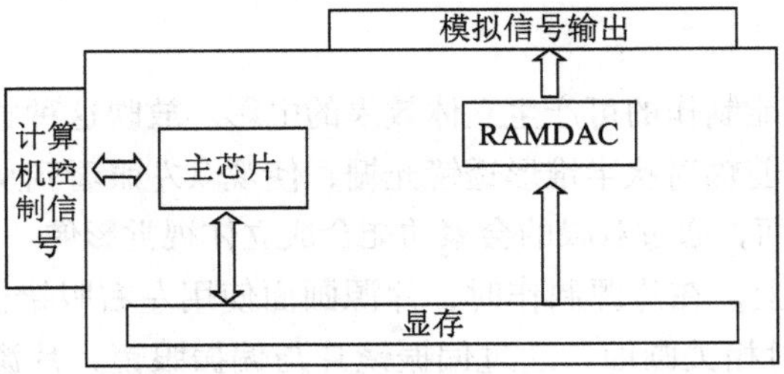

图 2-16 显示适配器结构示意图

图 2-17 显卡

显存用来存储将要显示的图形信息以及保存图形运算的中间数据，它与显示主芯片的关系就像计算机的内存与 CPU 一样密不可分。显存的大小和速度直接影响着主芯片性能的发挥，简单地说当然是越大越好、越快越好。

RAMDAC 即数字 / 模拟转换器。在视频处理中，它的作用就是把二进制的数字转换成为与显示器相适应的模拟信号。

随着电子技术的发展，显卡技术含量越来越高，功能越来越强，能完成大部分图形处理功能，这样就大大减轻了 CPU 的负担，提高了显示能力和显示速度。许多专业的图形卡已经具有很强的 3D 处理能力，而且这些 3D 图形卡也渐渐地走向个人计算机。一些专业显卡具有的晶体管数甚至比同时代的 CPU 的晶体管数还多。

2.3 图形输入设备

在一个图形系统上，有许多装置可用于数据输入。最常用的图形输入设备就是基本的计算机输入设备——键盘和鼠标。人们一般利用一些图形软件通过键盘和鼠标直接在屏幕上定位和输入图形，如人们常用的 CAD 系统就是通过鼠标和键盘命令生产各种工程图的。此外，还有操纵杆、跟踪球、空间球、触摸笔、触摸屏、集成输入板、扫描仪、数字化仪、数据手套等输入设备。

1. 键盘

键盘是常用的图形输入设备（参见图 2-18），可用于屏幕坐标的输入、菜单选择、图形功能选择，以及输入非图形数据，如辅助图形显示的图片标记等。现在键盘的技术非常成熟，常用的包括普通键盘、带手写输入板的键盘和无线键盘等。

2. 鼠标

鼠标也是最常用的图形输入设备（参见图 2-19），通常用于图形定位、选取等图形操作。鼠标技术经过近四十年的发展已经非常成熟，目前常用的鼠标包括有线鼠标和无线鼠标。

图 2-18　键盘

图 2-19　鼠标

3. 操纵杆、跟踪球和空间球

操纵杆是由一个手柄通过一个球形轴承半固定在底座上，在手柄运动时带动一对电位器或电脉冲产生器产生位置信号，控制屏幕上光标的坐标，一般用于游戏和虚拟现实系统中。操纵杆将纯粹的物理动作（手部的运动）完完全全地转换成数学形式（一连串 0 和 1 所组成的计算机语言），当你真正投入游戏时会丝毫察觉不出其中的转换，觉得自己完全置身于虚拟世界中。跟踪球和空间球是根据球在不同方向受到的推或拉的压力来实现定位和选择的，从而控制屏幕上光标的坐标，在游戏、虚拟现实系统、动画和 CAD 等应用中一般用作三维定位设备和选取设备。图 2-20 是操作杆、跟踪球和空间球的一些实例。

4. 触摸屏系统

触摸屏也叫触摸板（touch panel）作为一种新型的输入设备，是目前最方便、最自然的一种人机交互方式。图 2-21 为触摸屏。相对键盘而言，触摸屏操作更方便，适用人群更广，而且触摸屏具有坚固耐用、反应速度快、节省空间、易于交流等许多优点。触摸屏应用范围非常广泛，在银行、办证大厅等公共信息场所，我们都可以看到触摸屏的应用实例。

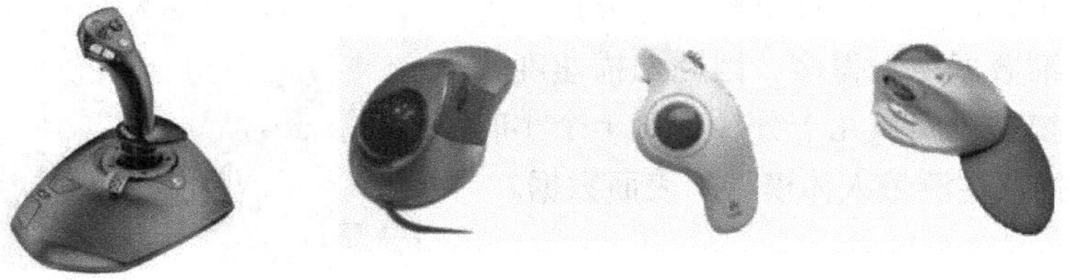

图 2-20　操纵杆

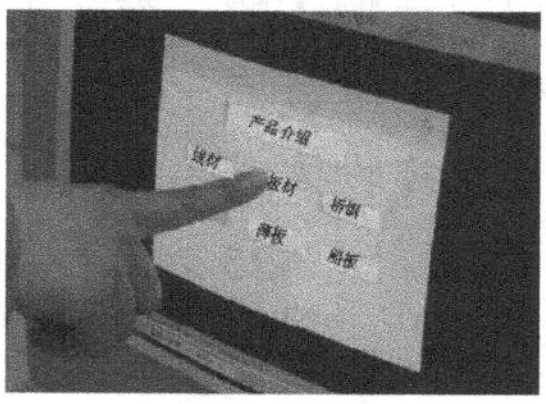

图 2-21　触摸屏

5. 集成输入板

图 2-22 表示一种集成输入板。集成输入板将使用者的手的影像映射到屏幕上，使用者通过屏幕上的虚拟手来操作窗体上的对象。集成输入板因而以一件设备完成了通常 5 件设备（键盘、鼠标、书写板、触摸板和触摸屏）的所有输入功能。

集成输入板的根本意义在人机界面上的变革和创新。它开创的“动态图形用户界面”（Dynamic Graphical User Interface，DGUI）结合了触摸技术和传统图形界面的优势，是真正意义上的“自然用户界面”。这种人机交互界面的变革又将带来一系列计算机软硬件的变革。

6. 图形扫描仪

从专业工具变为家用计算机外设的最典型代表要数图形扫描仪。图形扫描仪是直接把图形和图像扫描到计算机中以像素信息进行存储的设备。

近几年来由于技术的成熟以及国内厂商的崛起，扫描仪性能不断上扬，价格持续走低，同时还能与复印、打印功能集成在一起成为多功能机，真正走进了千家万户。图 2-23 和图 2-24 分别表示普通平板扫描仪和手持式扫描仪，普通平板扫描仪扫描面积比手持的大，但没有手持的灵活。

图 2-22　集成输入板

图 2-23　平板扫描仪

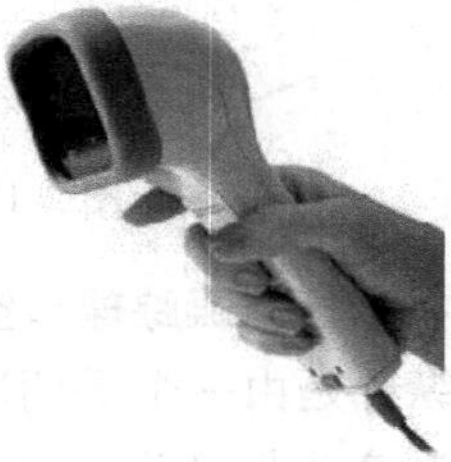
图 2-24　手持扫描仪

在图形输入设备中还有一个特殊的领域，那就是真实物体的三维信息的输入。在实际的生产过程中许多零件和样板要进行大规模的生产就必须在计算机中生成三维实体模型，而这个模型有时要通过已有的实物零件得到，这时候就需要一种设备来采集实物表面各个点的位置信息。一般的方法是通过三维扫描仪（3D 扫描仪）来实现。三维扫描仪不是我们市场上见到的有实物扫描能力的平板扫描仪，其结构原理也与传统的扫描仪完全不同，其生成的文件并不是我们常见的图像文件，而是能够精确描述物体三维结构的一系列坐标数据，输入 3DS Max 中即可完整地还原出物体的 3D 模型。从结构来讲，这类扫描仪分为机械和激光两种，机械式是依靠一个机械臂触摸物体的表面，以获得物体的三维数据，而激光式由激光代替机械臂完成这个工作。三维数据比常见图像的二维数据庞大得多，因此扫描速度较慢，视物体大小和精度高低，扫描时间从几十分钟到几十个小时不等。图 2-25 表示一种 3D 扫描仪在测量人体模特的表面数据。

图 2-25　三维扫描仪

7. 数字化仪

数字化仪是一种把图形转变成计算机能接收的数字形式的专用设备，其基本工作原理是采用电磁感应技术，它通常由电磁感应数据板、游标触笔和相应的电子电路组成。数据板中布满了金属栅格，当触笔在数据板上移动时，其正下方的金属栅格上就会产生相应的感应电流。根据已产生电流的金属栅格的位置，就可以判断出触笔当前的几何位置，按动按钮，数字化仪则将此时对应的命令符号和该点的位置坐标值排列成有序的一组信息，然后通过接口（多用串行接口）传送到主计算机。许多数字化仪提供了多种压感电流，用不同的压力就会有不同的信息传向计算机。再说得简单通俗一些，数字化仪就是一块超大面积的手写板，用户可以通过用专门的电磁感应压感笔或光笔在上面写或者画图形，并传输给计算机系统。这对于计算机艺术家来说尤其有用，他们可以通过控制笔的压力来产生不同风格的笔画。现在非常流行的汉字手写系统就是一种数字化仪，可见数字化仪已经由一种专业工具变为一种普通的计算机外设。如图 2-26 所示是几种常见的数字化仪。

在许多专业应用领域中，用户需要绘制大面积的图纸，仅靠 CAD 系统是无法完全完成图纸绘制的，在精度上也会有较大的偏差，因此必须通过数字化仪来满足用户的需求。高精度的数字化仪适用于地质、测绘等行业。普通的数字化仪适用于工程、机械、服装设计等行业。

图 2-26 数字化仪

8. 数据手套

数据手套通过传感器和天线获得和发送手指的位置和方向的信息，设有弯曲传感器，弯曲传感器由柔性电路板、力敏元件、弹性封装材料组成，通过导线连接至信号处理电路；在柔性电路板上设有至少两根导线，以力敏材料包覆于大部分柔性电路板上，再在力敏材料上包覆一层弹性封装材料，柔性电路板留一端在外，以导线与外电路连接。把人手姿态准确实时地传递给虚拟环境，而且能够把与虚拟物体的接触信息反馈给操作者；使操作者以更加直接、自然、有效的方式与虚拟世界进行交互，大大增强了互动性和沉浸感；并为操作者提供了一种通用、直接的人机交互方式，特别适用于需要多自由度手模型对虚拟物体进行复杂操作的虚拟现实系统。

数据手套本身不提供与空间位置相关的信息，必须与位置跟踪设备连用。图 2-27 显示各种外形的数据手套。

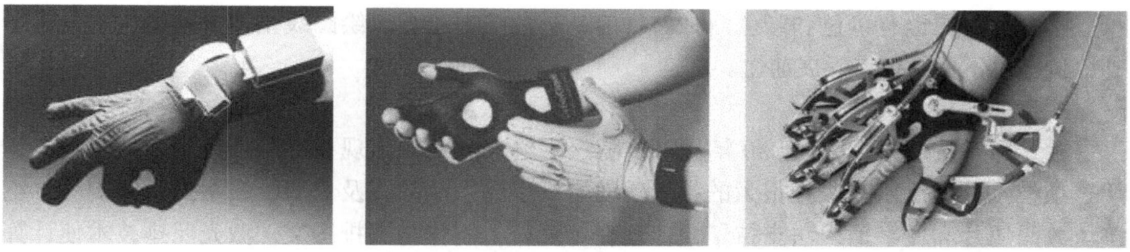

图 2-27 数据手套

2.4 图形输出设备

显示器是图形输出必要设备之一，显示在屏幕的图形还可以输出到图形硬拷贝机上，形成图形的硬拷贝。常见的图形输出设备除前面已重点介绍的观察显示设备外，还有打印机、绘图仪和激光照相排版设备等。

1. 打印机

打印机即将绘制的图形输出到纸张或其他媒体上的设备。根据打印机原理，市面上较常见的打印机大致分为喷墨打印机、激光打印机和针式打印机。与其他类型的打印机相比，激光打印机具有较为显著的几个优点，包括打印速度快、打印品质好、工作噪声小等。而且随着价格的不断下调，现在已经广泛应用于办公自动化（OA）和各种计算机辅助设计（CAD）

系统领域。

图 2-28 分别显示了激光打印机、喷墨打印机和针式打印机。

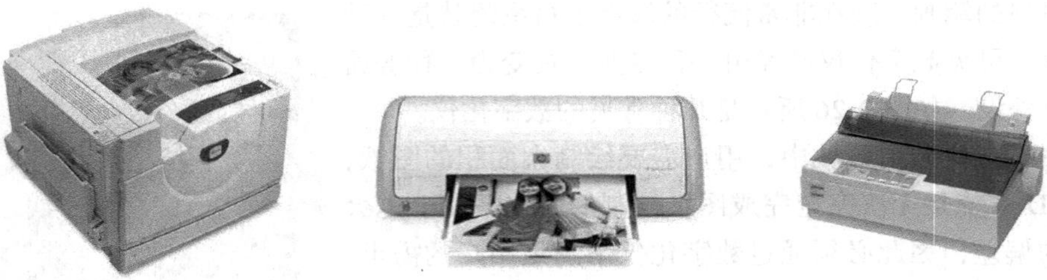

a）激光打印机　　b）喷墨打印机　　c）针式打印机

图 2-28　打印机

2. 绘图仪

绘图仪是一种优秀的输出设备。与打印机不同，打印机是用来打印文字和简单的图形的。要想精确地绘图，如绘制工程中的各种图纸，就不能用打印机，只能用专业的绘图设备——绘图仪了。

在计算机辅助设计（CAD）与计算机辅助制造（CAM）中，绘图仪是必不可少的，它能将图形准确地绘制在图纸上并输出，供工程技术人员参考。

从原理上分类，绘图仪可分为笔式、喷墨式、热敏式、静电式等；而从结构上分，又可以分为平台式和滚筒式两种。平台式绘图仪的工作原理是，在计算机信号的控制下，笔或喷墨头沿 X、Y 方向移动，而纸在平面上不动从而进行绘图。滚筒式绘图仪的工作原理是，笔或喷墨头沿 X 方向移动，纸沿 Y 方向移动，这样可以绘制较长的图样。图 2-29 分别显示的是滚筒式绘图仪和平板式绘图仪。

绘图仪绘图也有单色和彩色两种。目前，彩色喷墨绘图仪绘图线型多，速度快，分辨率高，价格也不贵，很有发展前途。

3. 激光照相排版设备

激光照排技术是 20 世纪 80 年代末伴随汉字输入方案的出现在中国推广开来的。最先运用这项技术的是汉字排版量很大的报社，随着汉字输入法的普及，传统铅字排版印刷基本绝迹。数码照片和文字输入法支持了快速地在计算机上制作与编排图文，激光照排技术使计算机里的图文生成到胶片上，为印刷提供了可供晒版的胶片，大大地缩短了制作周期，提高了响应信息的速度。如图 2-30 所示是一种激光照排设备。

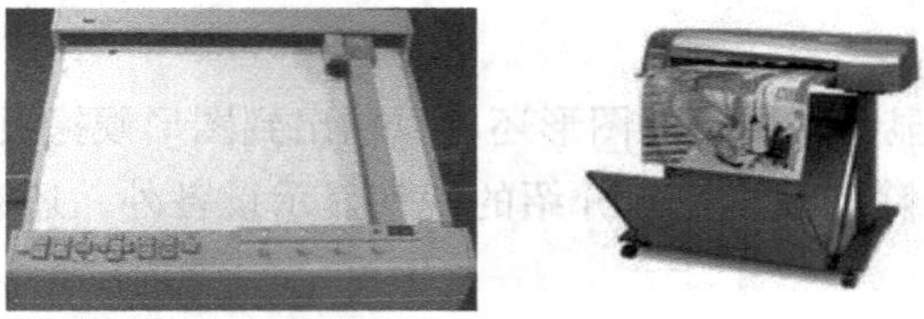

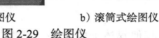

a）平板式绘图仪　　b）滚筒式绘图仪

图 2-29　绘图仪

图 2-30　激光照相排版设备

2.5　图形软件及其标准

计算机图形软件多种多样，它们大致可分为三类：一类是扩充某种高级语言，使其具有图形生成和处理功能，如 Turbo Pascal、Turbo C、Basic、Autolisp 都具有图形生成、处理功能和各自使用的子程序库；第二类是按国际标准或公司标准，用某种语言开发的图形子程序库如 GKS、CGI、PHIGS、PostScript 和 MS-Windows SDK，这些图形子程序库功能丰富、通用性强，不依赖于具体设备与系统，与多种语言均有接口，在此基础上开发的图形应用软件不仅性能好，而且易于移植；第三类是专用的图形系统，对某一类型的设备配置专用的图形生成语言，专用系统功能可做得更强，且执行速度快、效率高，但系统的开发工作量大、移植性差。

图形输入输出设备种类繁多，性能参数差别很大，而图形应用程序种类越来越多，开发成本越来越高。为了降低开发应用程序的成本，使程序具有可移植性，软件的标准化是非常重要的一环。图形软件标准是指系统的各界面之间进行数据传递和通信的接口标准，称为图形界面标准，一般可分为三个层面，一是图形应用程序与图形软件包之间的接口标准，二是图形软件包与硬件设备之间的接口标准，三是图形程序之间的数据交换接口标准。作为图形软件标准，其特点主要体现在可移植性方面，即应用程序在不同系统间的可移植性、应用程序与图形设备的无关性，以及图形数据本身的可移植性，从而使得编程人员可容易地为不同系统编制图形程序。

20 世纪 70 年代后期，计算机图形在工程、控制、科学管理方面应用逐渐广泛。人们要求图形软件向着通用、与设备无关的方向发展，因此提出了图形软件标准化的问题。

1974 年，美国国家标准局（ANSI）举行的 ACM SIGGRAPH“与机器无关的图形技术”工作会议，提出了制定有关计算机图形标准的基本规则。美国计算机协会（ACM）成立了图形标准化委员会，开始了图形标准的制定和审批工作。

1977 年，美国计算机协会图形标准化委员会（ACM GSPC）提出“核心图形系统”（Core Graphics System）；1979 年又提出修改后第二版；同年德国工业标准提出了“图形核心系统”（Graphical Kernel System，GKS）。

1985 年 GKS 成为第一个计算机图形国际标准。1987 年国际标准化组织（ISO）宣布 CGM（Computer Graphics Metafile）为国际标准，至此 CGM 成为第二个国际图形标准。

1. Direct 3D

Direct 3D 是微软公司专为 PC 游戏开发的 API，可绕过图形显示接口直接进行支持该 API 的各种硬件底层操作，大大提高了游戏的运行速度。但由于要考虑与各方面的兼容性，在执行效率上未见得最优。

最初的 Direct 3D 与传统三维领域专业级的 OpenGL 是没法比的。但借助微软 DirectX SDK 工具包在外围程序员中的传播，Direct 3D 很快成为令大家刮目相看的 3D API。Direct 3D 主要应用于娱乐软件之中。从硬件角度看，主要支持 Direct 3D 的显卡往往不是专业显卡；而从软件上看，Direct 3D 可以算是目前最普遍的 API 函数了。可以说，正是 Direct 3D 的不断完善才使 DirectX 有了今天。也正是 Direct 3D 的功劳，才加速了 3D 图形处理应用的日益普及。

随着 DirectX 加入了 3DNOW! 函数，Direct 3D 真正成为一个比较完善，能够不断充实的 3D API。

2. OpenGL

OpenGL是由SGI公司开发的能够在Windows、Android、iOS、MacOs、OS/2以及UNIX上应用的API。

OpenGL的前身是SGI公司为其图形工作站开发的IRIS GL。IRIS GL是一个工业标准的3D图形软件接口，功能虽然强大但是移植性不好，后来根据用户的反馈和希望移植到开发系统的愿望，SGI公司便在IRIS GL的基础上开发了OpenGL。随后又与微软公司共同开发了Windows NT版本的OpenGL，从而使一些原来必须在高档图形工作站上运行的大型3D图形处理软件，如用于制作电影《侏罗纪公园》而大名鼎鼎的Softimage 3D也可以在微机上运用。

OpenGL是与硬件无关的软件接口，可以在不同的平台之间进行移植，因此可以获得非常广泛的应用。OpenGL具有网络功能，这对于制作大型3D图形、动画来说非常有用。例如《侏罗纪公园》等电影的计算机特技画面就是通过应用OpenGL的网络功能，使120多台图形工作站共同工作来完成的。

由于OpenGL是3D图形的底层图形库，没有提供几何实体图元，不能直接用以描述场景。但是，通过一些转换程序可以很方便地将AutoCAD、3DS等3D图形设计软件制作的DFX和3DS模型文件转换成OpenGL的顶点数组。

3. Glide

Glide是3Dfx公司为Voodoo系列3D加速卡设计的专用3D API，它可以最大限度地发挥Voodoo系列芯片的3D图形处理功能，由于不考虑兼容性，其工作效率远比OpenGL和Direct 3D高，所以Glide是各3D游戏开发商优先选用的3D API。不过这样一来就使得许多精美的3D游戏在刚推出时，只支持3Dfx公司的Voodoo系列3D加速卡，而其他类型的3D加速卡则要等待其生产厂商提供该游戏的补丁程序。

Glide是一个完整的三维图形环境。开发者可以使用其最高层的API产生和操作三维对象，对文件进行三维数据的读写操作，为游戏设计者提供了一个与设备无关的API。Glide支持立即模式和驻留模式，其立即模式与OpenGL相同，都需要向绘制处理器提供画图命令，立即模式提供细致的控制。在驻留模式中，面向对象的编程结构为显示和操作提供场景几何数据，可以将场景几何数据存储到一个对象数据库中，使得对对象的读写更容易，并可以通过对数据结构的缓存来实现快速显示或硬件加速。由于Glide的面向对象特征，无须掌握三维对象内部结构的知识就可以执行这些操作，它允许用户以一种公用的三维元文件格式读写三维图像，这种格式不仅存储每个对象的几何数据，也存储其光照和纹理数据。Glide提供了大量的基本对象，如线、球、圆锥等，可以利用这些基本对象快速建造一个场景的原型。它还提供了一个接口以实现对对象的可视编辑。Glide的体系结构是可扩展的，这样就可以利用第三方绘制器或者获得对硬件加速器的访问能力。

4. Heidi

在开发3D图形应用的许多方面，Heidi扮演着协调动作的重要角色，它是由Autodesk公司提出来的规格。Autodesk是目前全球CAD / CAM工业领域中拥有用户量最多的软件公司，Heidi就是Autodesk在CAD、动画及可视化软件领域中最重要的主流支撑应用软件接口。

Heidi是一个纯粹的立即模式接口，主要适用于应用开发。著名的3D程序软件（如3D Studio MAX/VIZ、AutoCAD 12/13/14）、经济建模、商业图形演示和机械设计等都采用了

Heidi 图形接口。与 OpenGL 相比，Heidi 还只是一种原始对象接口，功能请求单一化，依靠使用标准界面或者直接利用特定的 3D 芯片进行硬件加速。如果没有硬件的密切配合，在对大型的高质量、高分辨率、高刷新率的图形进行操作时，显示效果会受到很大的影响。Heidi 的突出特点是灵活多变，这要归功于 Plugins（插入式结构）和内部定义的 Heidi 接口。

目前，采用 Heidi 系统的应用程序包括 3D Studio MAX、AutoCAD 等软件。

本章小结

本章主要介绍了计算机图形系统的结构及其组成，分析了计算机图形软件和计算机图形硬件的构成。对于计算机图形硬件，重点介绍了图形显示与观察设备，以及图形输入设备、图形输出设备等。对于计算机图形软件，重点介绍了目前常用的一些标准。

习题 2

1. 名词解释：像素、分辨率、光栅扫描、刷新频率、点距、帧缓存、颜色灰度值。

2. 一个交互式计算机图形系统必须具备哪几种功能？其结构如何？

3. 简述显示适配器的工作原理，并列举市场上一款显示适配器的特点及其相应的参数说明。

4. 简述荫罩式彩色阴极射线管的结构与特点。

5. 列举你所知道的图形输入设备与输出设备。

6. 图形软件标准有何特点？目前主要有哪些图形软件标准？

7. 考虑两个不同的光栅系统，分辨率依次为 1024×768 和 1280×1024，如果每个像素存储 24 位，这两个系统各需要多大的帧缓存？如果每个像素存储 32 位呢？

8. 如果每秒能传输 10^5 位，每像素有 12 位，装入 1024×768 的帧缓存需要多长时间？如果每像素有 24 位，装入 1280×1024 的帧缓存需要多长时间？

9. 考虑 1024×768 和 1280×1024 的两个光栅系统。若刷新频率为每秒 60 帧，在各系统中每秒能访问多少像素？各系统访问每像素的时间是多少？

10. 假设真彩色（每像素 24 位）系统有 512×512 的帧缓存，那么可以使用多少种不同的颜色选择（亮度等级）？在任意时刻可以显示多少种不同的颜色？

第3章 OpenGL编程基础

3.1 OpenGL 简介

OpenGL（Open Graphics Library，开放的图形程序接口）是近几年发展起来的一个性能卓越的二维和三维图形软件标准。它源于SGI公司为其图形工作站开发的IRIS GL，在跨平台移植过程中发展成为OpenGL。SGI公司在1992年7月发布OpenGL1.0版，后成为工业标准，由成立于1992年的独立财团OpenGL Architecture Review Board（即OpenGL体系结构审查委员会，简称ARB）控制。SGI等ARB成员以投票方式产生标准，并制成规范文档公布，各软硬件厂商据此开发自己系统上的实现。只有通过了ARB规范全部测试的实现才能称为OpenGL。1995年12月ARB批准了1.1版本，最新版规范是2010年3月10日正式公布的OpenGL 4.0版本。

OpenGL的最大特点是硬件的无关性和可移植性，独立于硬件和窗口系统，能够运行在当前各种流行的操作系统上，如Mac OS、UNIX、WindowsXP/2003/2007、Linux、BeOS等，并且很容易从一个平台移植到另一个平台。许多计算机公司已把OpenGL集成到各种窗口和操作系统中，其中操作系统包括UNIX、Windows等；各种流行的编程语言如C、C++、Fortran、Ada、Java等也都能够调用OpenGL的库函数。OpenGL还能在网络环境下以客户端/服务器模式工作，是专业图形处理、科学计算等高端应用领域的标准图形库。

目前，ARB成员包括许多软件厂商也纷纷以OpenGL为基础开发自己的产品，其中比较著名的产品包括动画制作软件Soft Image和3D Studio MAX、仿真软件Open Inventor、VR软件World Tool Kit、CAM软件ProEngineer、GIS软件ARC/INFO等。OpenGL是目前用于开发可移植的、可交互的2D和3D图形应用程序的首选环境，也是目前应用最广泛的工业界计算机图形标准。

OpenGL不是一种编程语言，而是一种API（Application Programming Interface，应用程序编程接口）。当我们说某个程序是基于OpenGL或者说它是一个OpenGL程序时，意思是说它是用某种编程语言如C或C++编写的，其中调用了一个或多个OpenGL库函数。作为一种API，OpenGL遵循C语言的调用约定。

作为图像硬件的软件接口，OpenGL由几百个指令或函数组成。这些函数使得编程人员能够指定对象并对其操作，建立三维模型，生成高质量、色彩丰富的三维物体，从而进行三维实时交互。与其他图像程序设计接口不同，OpenGL提供了十分清楚明了的图像函数，因此初级程序设计员也能利用OpenGL的图像处理能力和1670万种色彩的调色板很快地设计出三维图像和三维交互软件。

OpenGL是一套底层三维图像API，之所以称为底层API，是因为它没有提供几何实体图元，不能直接用以描述场景。OpenGL不需要研发者把三维物体模型的数据写成固定的数据格式，这样研发者不但能够直接使用自己的数据，而且能够利用其他不同格式的数据源。通过一些转换程序，能够很方便地将 AutoCAD、3DS Max 等图像设计软件制作的 DFX 和 3DS 模型文档转换成 OpenGL 的顶点数据。这种灵活性极大地节省了研发者的时间，提高了软件研发效益。

它在低端应用上的主要竞争对手是 Direct3D（简称 D3D），该图形库是以 COM 接口形式提供的，所以较为复杂，另外微软公司拥有该库版权，目前只在 Windows 平台上可用。D3D 的优势在速度上，但现在低价显卡都能提供很好的 OpenGL 硬件加速，所以做 3D 产品使用 Direct3D 已没有特别的必要。

如图 3-1 所示是 OpenGL 实例应用的几个例子。

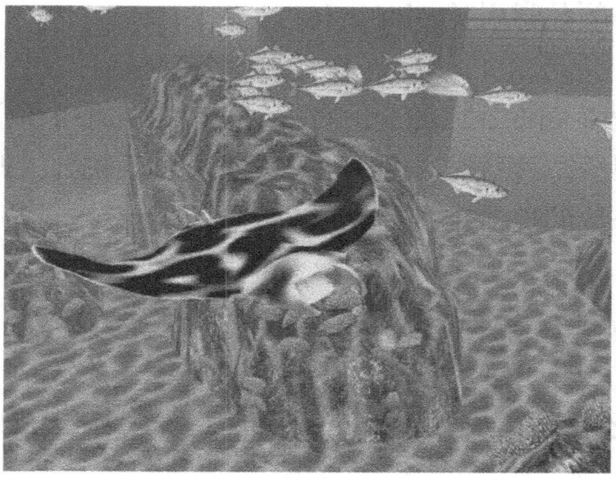

a）虚拟海洋

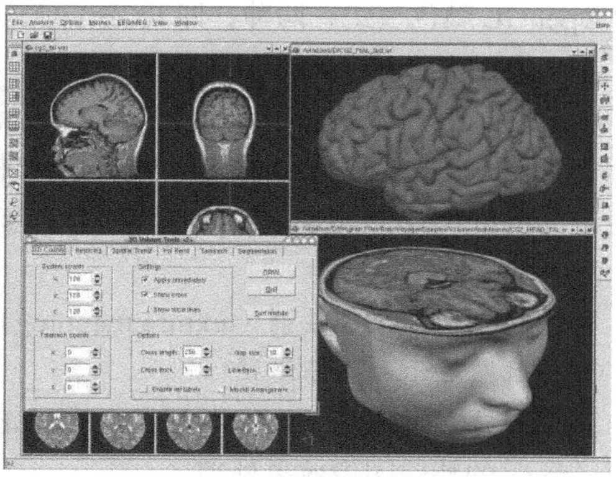

b）医学图像人脑剖面

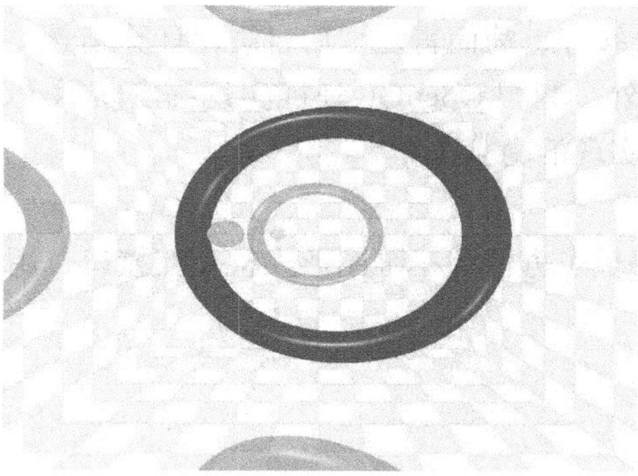

c）透明雾化效果

d）场景渲染效果

图 3-1　OpenGL 应用实例

3.2　OpenGL 的功能

OpenGL 能够对整个三维模型进行渲染着色，从而能绘制与客观世界十分相似的三维景象。另外，OpenGL 还可以进行三维交互、动作模拟等。具体的功能主要包含以下内容。

（1）建模

OpenGL 图形库除了提供基本的点、线、多边形的绘制函数外，还提供了复杂的三维物体（如球、锥、多面体、茶壶等）以及复杂曲线和曲面（如 Bézier、Nurbs 等曲线或曲面）绘制函数。

（2）图形变换

OpenGL 图形库的变换包括基本变换和投影变换。基本变换有平移、旋转、比例、镜像四种变换，投影变换有平行投影（又称正射投影）和透视投影两种变换。其变换方法与机器人运动学中的坐标变换方法完全一致，有利于减少算法的运行时间，提高三维图形的显示速度。

（3）模型观察

建立三维模型之后，OpenGL 设置了一些函数观察所建立的三维模型。观察三维模型是通过一系列的图形坐标变换，然后对整个三维场景进行投影变换、视窗变换以进行裁剪，最后可得到整个三维场景在屏幕上显示的图像。

（4）颜色模式设置

OpenGL 颜色模式有两种，即 RGBA 模式和颜色索引（color index）。

（5）光照和材质设置

OpenGL 光有辐射光（emitted light）、环境光（ambient light）、漫反射光（diffuse light）和镜面光（specular light）。材质是用光反射率来表示。场景（scene）中物体最终反映到人眼的颜色是光的红、绿、蓝分量与材质红、绿、蓝分量的反射率相乘后形成的颜色。

（6）纹理映射

利用 OpenGL 纹理映射（texture mapping）功能可以十分逼真地表达物体表面细节。

（7）位图显示和图像增强

除了基本的拷贝和像素读写外，OpenGL 还提供融合（blending）、反走样（antialiasing）和雾（fog）的特殊图像效果处理。

（8）双缓存动画

双缓存（double buffering）即前台缓存和后台缓存，简而言之，后台缓存计算场景、生成画面，前台缓存显示后台缓存已画好的画面。此外，利用 OpenGL 还能实现深度暗示（depth cue）、运动模糊（motion blur）等特殊效果，从而实现消隐算法。

（9）交互技术

目前许多图形应用需要人机交互，OpenGL 提供了方便的三维图形人机交互接口，用户可以选择修改三维景观中的物体。

3.3 OpenGL 的组成

OpenGL 由若干个函数库组成，这些函数库提供了数百条图形命令函数，但其中基本函数只有一百余条。这些命令涵盖了所有基本的三维图形绘制功能。目前 OpenGL 主要包括三个函数库，它们是核心库、实用函数库和实用工具包。核心库中包含了 OpenGL 最基本的命令函数，实现建立各种各样的几何模型、进行坐标变换、产生光照效果、进行纹理映射、产生雾化效果等所有的二维和三维图形操作。实用函数库对核心库进行了部分封装，是比核心库更高一层的函数库。由于 OpenGL 是一个图形标准，是独立于任何窗口系统或操作系统的，在 OpenGL 中没有提供窗口管理和消息事件响应的函数，也没有提供鼠标和键盘读取事件的功能，所以在实用工具包中提供了一些基本的窗口管理函数、事件处理函数和简单的事件函数。GLUT 代表 OpenGL 应用工具包（OpenGL Utility Toolkit），是一个与窗口系统无关的跨平台工具包，用于隐藏不同窗口系统 API 的复杂性。除了这三个函数库之外，还包括辅助库

（以 aux 开头）、窗口库（以 glx、agl、wgl 开头）和扩展函数库等。窗口库是针对不同窗口系统的函数，扩展函数库是硬件厂商为实现硬件更新利用 OpenGL 的扩展机制开发的函数。下面逐一对这些库进行详细介绍。

1. OpenGL 核心库（简称 GL）

核心库包含有 115 个函数，函数名的前缀为 gl。这部分函数用于常规的、核心的图形处理。此函数由 gl.dll 来负责解释执行。核心库中的函数主要可以分为以下几类。

1）绘制基本几何图元的函数。如绘制图元的函数 glBegin()、glEnd()、glNormal*()、glVertex*()。

2）矩阵操作、几何变换和投影变换的函数。如矩阵入栈函数 glPushMatrix()、矩阵出栈函数 glPopMatrix()、装载矩阵函数 glLoadMatrix()、矩阵相乘函数 glMultMatrix()、当前矩阵函数 glMatrixMode() 和矩阵标准化函数 glLoadIdentity()，以及几何变换函数 glTranslate*()、glRotate*() 和 glScale*()，投影变换函数 glOrtho()、glFrustum() 和视口变换函数 glViewport() 等。

3）设置颜色、光照和材质的函数。如设置颜色模式函数 glColor*()、glIndex*()，设置光照效果的函数 glLight*()、glLightModel*() 和设置材质效果函数 glMaterial() 等。

4）显示列表函数。主要有创建、结束、生成、删除和调用显示列表的函数 glNewList()、glEndList()、glGenLists()、glCallList() 和 glDeleteLists()。

5）纹理映射函数。主要有一维纹理函数 glTexImage1D()，二维纹理函数 glTexImage2D()，设置纹理参数、纹理环境和纹理坐标的函数 glTexParameter*()、glTexEnv*() 和 glTetCoord*() 等。

6）特殊效果函数。融合函数 glBlendFunc()、反走样函数 glHint() 和雾化效果 glFog*()。

7）光栅化、像素操作函数。如像素位置函数 glRasterPos*()、线型宽度函数 glLineWidth()、多边形绘制模式函数 glPolygonMode()，读取像素函数 glReadPixel()、复制像素函数 glCopyPixel() 等。

8）选择与反馈函数。主要有渲染模式函数 glRenderMode()、选择缓存区函数 glSelectBuffer() 和反馈缓存区函数 glFeedbackBuffer() 等。

9）曲线与曲面的绘制函数。生成曲线或曲面的函数 glMap*()、glMapGrid*()，求值器函数 glEvalCoord*()、glEvalMesh*()。

10）状态设置与查询函数。主要有 glGet*()、glEnable()、glGetError() 等。

2. OpenGL 实用函数库（OpenGL Utility Library，简称 GLU）

实用函数库包含 43 个函数，函数名的前缀为 glu。OpenGL 提供了强大的但是为数不多的绘图命令，所有较复杂的绘图都必须从点、线、面开始。GLU 为了减轻繁重的编程工作，封装了 OpenGL 函数，GLU 函数通过调用核心库的函数，为开发者提供相对简单的用法来实现一些较为复杂的操作。此函数由 glu.dll 来负责解释执行。OpenGL 中的核心库和实用函数库可以在所有的 OpenGL 平台上运行。

主要包括以下几种：

1）辅助纹理贴图函数。包括 gluScaleImage()、gluBuild1Dmipmaps()、gluBuild2Dmipmaps()。

2）坐标转换和投影变换函数。定义投影方式函数 gluPerspective()、gluOrtho2D() 、gluLookAt()，拾取投影视景体函数 gluPickMatrix()，投影矩阵计算函数 gluProject() 和 gluUnProject() 等。

3）多边形镶嵌工具。包括 gluNewTess()、gluDeleteTess()、gluTessCallback()、gluBeginPolygon()、 gluTessVertex()、gluNextContour()、gluEndPolygon() 等。

4）二次曲面绘制工具。主要包括绘制球面、锥面、柱面、圆环面函数 gluNewQuadric()、gluSphere()、gluCylinder()、gluDisk()、gluPartialDisk()、gluDeleteQuadric() 等。

5）非均匀有理B样条绘制工具。主要用来定义和绘制Nurbs曲线和曲面，包括 gluNewNurbsRenderer()、gluNurbsCurve()、gluBeginSurface()、gluEndSurface()、gluBeginCurve()、gluNurbsProperty() 等函数。

6）错误反馈工具。获取出错信息的字符串 gluErrorString()。

3. OpenGL 实用工具包

实用工具包包含大约30多个函数，函数名前缀为 glut。glut 是不依赖于窗口平台的 OpenGL 工具包，目的是隐藏不同窗口平台 API 的复杂度。它们作为 aux 库功能更强的替代品，提供更为复杂的绘制功能，此函数由 glut.dll 来负责解释执行。glut 中的窗口管理函数是不依赖于运行环境的，特别适合于开发不需要复杂界面的 OpenGL 示例程序。对于有经验的程序员来说，一般先用 glut 理顺 3D 图形代码，然后再集成为完整的应用程序。

这部分函数主要包括：

1）窗口操作函数。包括窗口初始化、窗口大小、窗口位置函数 glutInit()、glutInitDisplayMode()、glutInitWindowSize()、glutInitWindowPosition() 等。

2）回调函数。响应刷新消息、键盘消息、鼠标消息、定时器函数等，如 GlutDisplayFunc()、glutPostRedisplay()、glutReshapeFunc()、glutTimerFunc()、glutKeyboardFunc()、glutMouseFunc()。

3）创建复杂的三维物体。这些与 aux 库的函数功能相同。创建网状体和实心体，如 glutSolidSphere()、glutWireSphere() 等。

4）菜单函数。创建添加菜单的函数 GlutCreateMenu()、glutSetMenu()、glutAddMenuEntry()、glutAddSubMenu() 和 glutAttachMenu()。

5）程序运行函数。如 glutMainLoop()。

4. OpenGL 辅助库

辅助库包含31个函数，函数名前缀为 aux。这部分函数提供窗口管理、输入输出处理以及绘制一些简单三维物体。此函数由 glaux.dll 来负责解释执行。aux 库在 Windows 实现有很多错误，因此很容易导致频繁的崩溃。在跨平台的编程实例和演示中，aux 库很大程度上已经被 glut 库取代。OpenGL 中的辅助库不能在所有的 OpenGL 平台上运行。

辅助库函数主要包括以下几类：

1）窗口初始化和退出函数。如 auxInitDisplayMode() 和 auxInitPosition()。

2）窗口处理和时间输入函数。如 auxReshapeFunc()、auxKeyFunc() 和 auxMouseFunc()。

3）颜色索引装入函数。如 auxSetOneColor()。

4）三维物体绘制函数。包括了网状体和实心体两种形式，如绘制立方体 auxWireCube() 和 auxSolidCube()。这里以网状体为例，如绘制长方体 auxWireBox()、环形圆纹面 auxWireTorus()、圆柱 auxWireCylinder()、二十面体 auxWireIcosahedron()、八面体 auxWireOctahedron()、四面体 auxWireTetrahedron()、十二面体 auxWireDodecahedron()、圆锥体 auxWireCone() 和茶壶 auxWireTeapot()。

5）背景过程管理函数。如 auxIdleFunc()。

6）程序运行函数。如 auxMainLoop()。

3.4 OpenGL 体系结构

一个完整窗口系统的 OpenGL 图形处理系统的结构为：最底层为图形硬件，第二层为操作系统，第三层为窗口系统，第四层为 OpenGL，第五层为应用软件，如图 3-2 所示。

OpenGL 是网络透明的，在客户端 / 服务器体系结构中，允许本地或远程调用 OpenGL。所以在网络系统中，OpenGL 在 X 窗口、Windows 或其他窗口系统下都可以以一个独立的图形窗口出现。下面以 Windows 操作系统为例具体介绍 OpenGL 运行的体系结构。

OpenGL 在 Windows 的实现是基于 Client/Server 模式的，应用程序发出 OpenGL 命令，由动态链接库 OpenGL32.DLL 接收和打包后，发送到服务器端的 WINSRV.DLL，然后由它通过 DDI 层发往视频显示驱动程序。如果系统安装了硬件加速器，则由硬件相关的 DDI 来处理。OpenGL/Windows 的体系结构如图 3-3 所示。

从程序员的角度看，在编写基于 Windows 的 OpenGL 应用程序之前必须清除两个障碍，一个是 OpenGL 本身是一个复杂的系统，这可以通过 OpenGL 库函数来学习和掌握；另一个是必须清楚地了解和掌握 Windows 与 OpenGL 的接口。

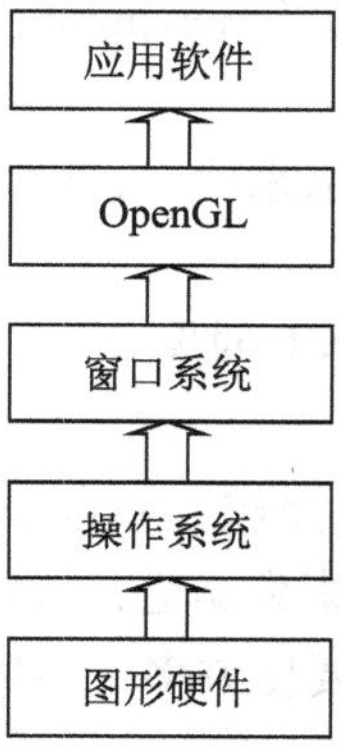

图 3-2　OpenGL 图形处理系统的层次结构

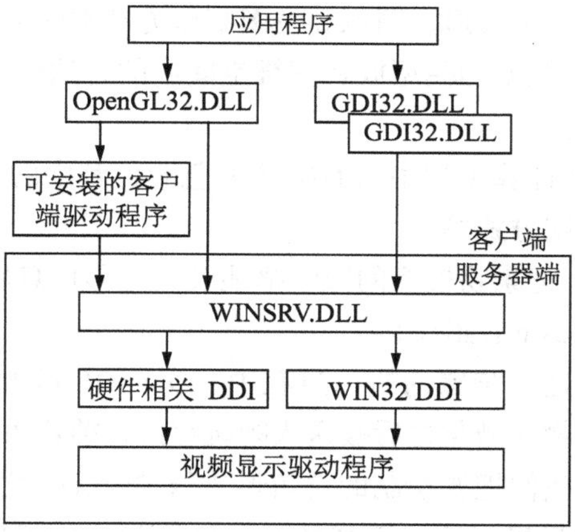

图 3-3　OpenGL/Windows 体系结构

3.5 OpenGL 工作流程

整个 OpenGL 的基本工作流程如图 3-4 所示。

其中几何顶点数据包括模型的顶点集、线集、多边形集，这些数据经过流程图的上部分，包括运算器、逐个顶点操作等；图像像素数据包括像素集、影像集、位图集等，图像像素数据的处理方式与几何顶点数据的处理方式是不同的，但它们都经过光栅化、逐个片元（fragment）处理直至把最后的光栅数据写入帧缓存区。在 OpenGL 中的所有数据包括几何顶点数据和图像像素数据都可以被存储在显示列表中或者立即得到处理。OpenGL 中，显示列表技术是一项重要的技术。

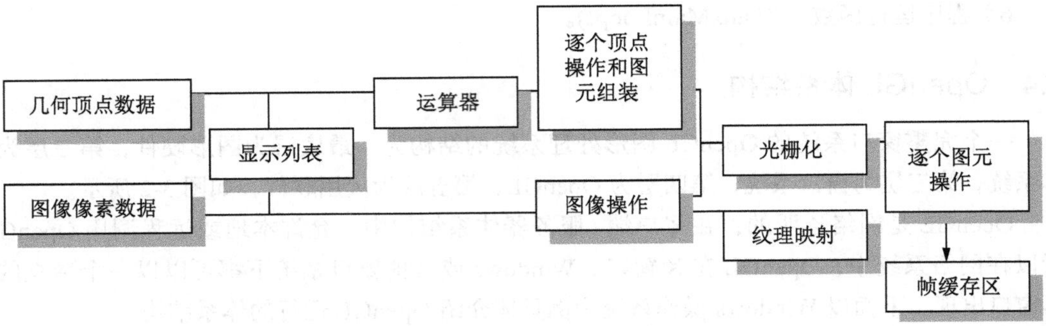

图 3-4 OpenGL 工作流程

OpenGL 要求把所有的几何图形单元都用顶点来描述，这样运算器和逐个顶点操作都可以针对每个顶点进行计算和操作，然后进行光栅化形成图形碎片；对于像素数据，像素操作结果被存储在纹理组装用的内存中，再像几何顶点操作一样光栅化形成图形片元。整个流程操作的最后，图形片元都要进行一系列的逐个片元操作，这样最后的像素值 BZ 送入帧缓存区实现图形的显示。

1）根据基本图形单元建立景物模型，并且对所建立的模型进行数学描述（OpenGL 中把点、线、多边形、图像和位图都作为基本图形单元）。

2）把景物模型放在三维空间中的合适位置，并且设置视点（viewpoint）以观察所感兴趣的景观。

3）计算模型中所有物体的色彩，其中的色彩根据应用要求来确定，同时确定光照条件、纹理贴图方式等。

4）把景物模型的数学描述及其色彩信息转换为计算机屏幕上的像素，这个过程也就是光栅化（rasterization）。

在这些步骤的执行过程中，OpenGL 可能执行其他的一些操作，如自动消隐处理等。另外，景物光栅化之后被送入帧缓存区之前还可以根据需要对像素数据进行操作。

当我们把要绘制的三角形传给 OpenGL 之后，OpenGL 还要做许多工作以完成 3D 空间到屏幕的投影。这一系列的过程被称为 OpenGL 的渲染流水线。一般地，OpenGL 的渲染流程如图 3-5 所示。

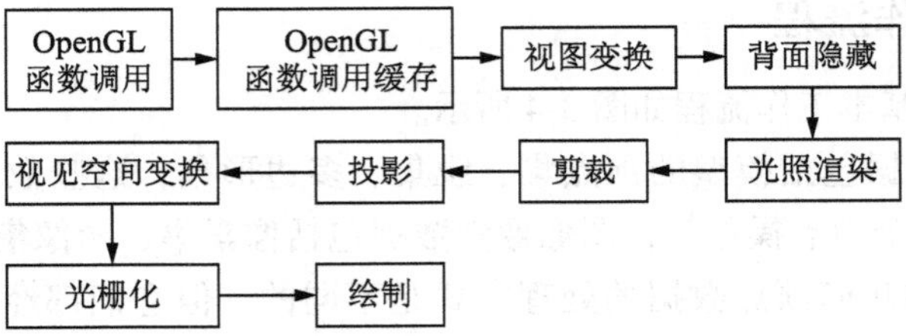

图 3-5 OpenGL 渲染流程

3.6 OpenGL 数据类型

为了更容易将 OpenGL 代码从一个平台移植到另一个平台，OpenGL 定义了它自己的数据类型，OpenGL 的数据类型定义可以与其他语言一致，但建议在 ANSI C 下最好使用以下定义的数据类型，如 GLint、GLfloat 等，具体类型见表 3-1。

表 3-1　OpenGL 函数名称中的参数类型含义

参数类型	数据类型	相应 C 语言类型	OpenGL 类型
b	8 位整数	signed char	GLbyte
s	16 位整数	short	GLshort
i	32 位整数	long	GLint,GLsizei
f	32 位浮点数	float	GLfloat,GLclampf
d	64 位浮点数	double	GLdouble,GLclampd
ub	8 位无符号整数	unsigned char	GLubyte,GLboolean
us	16 位无符号整数	unsigned short	GLushort
ui	32 位无符号整数	unsigned long	GLuint,GLenum,GLbitfield

3.7　OpenGL 函数命名约定

OpenGL 的库函数命名方式很有规律，了解这种规律后阅读和编写程序都比较容易方便。

首先，每个库函数有前缀 gl、glu、glut 或 aux，表示此函数分别属于核心库、实用函数库、实用工具包或辅助库，其后的函数名称为根段首字母大写，代表该函数相应的 OpenGL 命令，后缀是参数个数和参数类型的简写。例如，glVertex3f 函数的根命令是 Vertex，gl 前缀代表 gl 库，3f 后缀表示该函数使用 3 个浮点参数。所有的 OpenGL 函数名都采用以下格式：

<库前缀><根命令><可选的参数个数><可选的参数类型>

如图 3-6 所示为 OpenGL 函数的各个部分。这个带有后缀 3f 的函数采用了 3 个浮点参数。其他变种有采用 3 个整数、3 个双精度的等，注意有的函数参数类型前带有数字 4，4 代表透明度 alpha 值。这种把参数个数和类型添加到 OpenGL 函数结尾的约定使人更容易记住参数列表而无须查找。

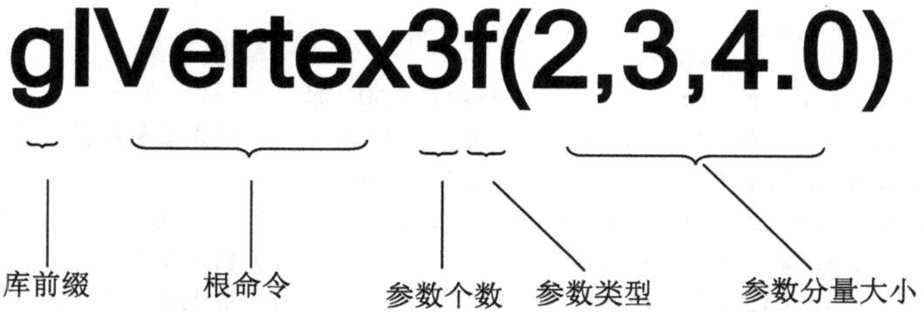

图 3-6　OpenGL 函数构成

有些 OpenGL 函数最后带一个字母 v，表示函数参数可用一个指针指向一个向量（或数组）来替代一系列单个参数值。下面两种格式都表示设置当前颜色为红色，二者等价。

方法一：

```
glColor3f(1.0,0.0,0.0);                    //括弧中直接写颜色分量参数
```

方法二：

```
float color_array[]={1.0,0.0,0.0};         //先用数组定义颜色分量参数
glColor3fv(color_array);                   //颜色函数括弧中书写颜色数组名
```

除了以上基本命名方式外，还有一种带星号“*”的表示方法，如glColor*()，它表示可以用函数的各种方式来设置当前颜色。同理，glVertex*v()表示用一个指针指向所有类型的向量来定义一系列顶点坐标值。

最后，OpenGL也定义GLvoid类型，如果用C语言编写，可以用它替代void类型。

3.8 OpenGL编程初探

3.8.1 OpenGL编程入门

下面以Windows及Visual C++为例首先介绍使用预编译库进行安装的过程。

在开始编译OpenGL程序之前，需要将OpenGL的相应库文件和头文件复制到相应的文件夹下：

1）将gult32.dll复制到Windows系统的System32文件夹下。

2）将gult32.lib复制到VC的lib文件夹下。

3）将gult.h复制到VC的include文件夹下。

下面是一个简单的OpenGL窗口程序，详细的编译调试过程可参考实验一。

```
//Simple.CPP——一个简单的OpenGL程序
#include "stdafx.h"
#include <glut.h>

int APIENTRY _tWinMain(HINSTANCE hInstance,
                     HINSTANCE hPrevInstance,
                     LPTSTR    lpCmdLine,
                     int       nCmdShow)
{
    UNREFERENCED_PARAMETER(hPrevInstance);
    UNREFERENCED_PARAMETER(lpCmdLine);

    char *argv[] = {"hello ", " "};
    int argc = 2;

    glutInit(&argc, argv);          //初始化GLUT库
    glutInitDisplayMode(GLUT_SINGLE | GLUT_RGB);  //设置显示模式（缓存区、颜色类型）
    glutInitWindowSize(500, 500); //绘图窗口大小
    glutInitWindowPosition(1024 / 2 - 250, 768 / 2 - 250); //窗口左上角在屏幕的位置
    glutCreateWindow(“hello”);                    //创建窗口，标题为"hello"
    glutDisplayFunc(display);                      //用于绘制当前窗口
    glutMainLoop();                                //表示开始运行程序，用于程序的结尾
    return 0;
}

void display(void)
{
    glClearColor(0.0f, 0.0f, 0.0f, 1.0f);         //设置清屏颜色
    glClear(GL_COLOR_BUFFER_BIT);                  //刷新颜色缓存区

    glRectf(-0.5, -0.5, 0.5, 0.5);                 //绘制边长为1的矩形
    glFlush();    //用于刷新命令队列和缓存区，使所有尚未被执行的OpenGL命令得到执行
}
```

程序创建一个标题为“Hello”的窗口，中间是绘制的一个正方形，运行结果如图 3-7 所示。

3.8.2 OpenGL 程序结构

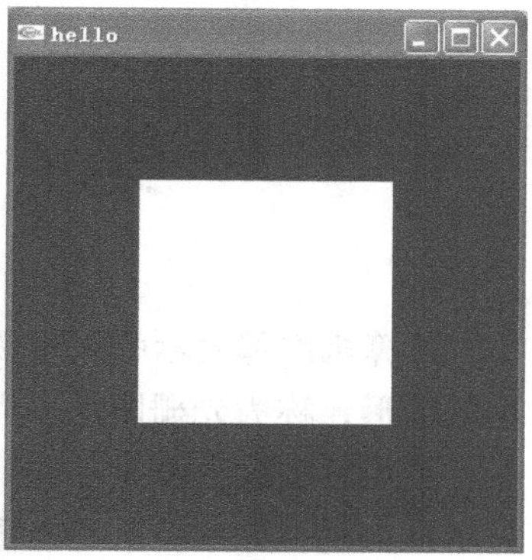

图 3-7 Simple 程序运行结果

如前所述，Simple 程序主要是绘制了一个正方形，这个程序包含了 2 个头文件、7 个 GLUT 库函数、4 个以 gl 开头的 OpenGL 核心库函数。由这个 Simple 程序可以看出，OpenGL 程序结构主要包括：①头文件（Head file），包含 OpenGL 函数原型的头文件。头文件 glut.h 中还包含了 gl.h 和 glu.h，这两个文件定义了 OpenGL 和 GLU 的库函数。如果是 Windows 应用程序，则还需要包含 Windows.h 头文件。②主程序（Main function），它是 C++ 程序的入口点，控制台模式的 C 和 C++程序总是从函数 main 开始的，在这个例子中并没有 WinMain，这是因为从控制台应用程序开始，不涉及窗口的创建和消息循环，用 Win32 可以从控制台应用程序中创建图形化窗口，这些细节被掩盖在 GLUT 库内了。Main 函数中 7 个 GLUT 库函数主要用于初始化 GLUT 库、设置显示模式包括缓存区类型和颜色类型等、创建用户窗口、渲染绘制窗口以及开始运行 GLUT 框架，使程序进入消息循环状态。③子函数（sub function），更复杂的绘制程序可以放在诸多子函数中，在这些子函数中包含一些专门的 OpenGL 函数调用，这样使程序结构化、更加易读。Simple 程序的子函数是一个名为 display 的函数，它的主要功能是绘图显示，在绘图之前要刷新和清空颜色缓存区，然后根据需要进行绘制，Simple 程序绘制的是一个左下角坐标为（-0.5, -0.5）、右上角坐标为（0.5,0.5）的正方形；绘制完成后要刷新命令队列和缓存区，使所有尚未被执行的 OpenGL 命令得到执行。

所以 OpenGL 程序的关键点主要在于如何用好 OpenGL 函数以及如何调用 OpenGL 函数。

本章小结

本章主要介绍了有关 OpenGL 编程的基础知识，包括什么是 OpenGL、OpenGL 的功能与组成、OpenGL 的体系结构与工作流程、OpenGL 的数据类型与函数命名约定，并通过一个最简单的 OpenGL 程序说明 OpenGL 程序结构，为后续深入的 OpenGL 编程讨论打下基础。

习题 3

1. 说明 OpenGL 图形标准的体系结构。
2. 说明 OpenGL 图形标准的工作流程。
3. OpenGL 函数命名约定和构成有什么特点和规律？
4. 上机调试运行本章 Simple.cpp 程序，熟悉 OpenGL 编程环境。

第 4 章　基本图元的生成

计算机内部表示的矢量图形必须呈现在显示设备上才能被我们所认识，光栅显示器上显示的图形，称为光栅图形。光栅显示器可以看作一个像素矩阵，在光栅显示器上显示的任何一个图形，实际上都是一些具有一种或多种颜色和灰度像素的集合。由于对一个具体的光栅显示器来说，像素个数是有限的，像素的颜色和灰度等级也是有限的，像素是有大小的，所以光栅图形只是近似于实际图形。如何使光栅图形最完美地逼近实际图形，便是光栅图形学要研究的内容。以后，我们提到“显示器”时，如未特别声明，均指光栅显示器。

如图 4-1 所示在屏幕上绘制一个三角形，而屏幕的像素是有限的，需要把理想的三角形线段转化为有限的最逼近原三角形的像素集合。通过确定最佳逼近图形的像素集合并用指定的颜色和灰度设置像素的过程，图形定义的物理空间将转换到显示处理的图像空间这个转换称为图形的扫描转换或光栅化。基本图元的扫描转换就是计算出落在基本图元上或充分靠近它的一串像素，并以这些像素近似替代基本图元上对应位置在屏幕上显示的过程。对于一维图形，在不考虑线宽时，用一个像素宽的直线或曲线来显示图形。二维图形的光栅化必须确定区域对应的像素集，将各个像素设置成指定的颜色和灰度，也称为区域填充。在光栅图形中，非水平和垂直的直线用像素集合表示时会呈锯齿状，这种现象称为走样 (aliasing)；用于减少或消除走样的技术称为反走样 (antialiasing)。提高显示器的空间分辨率可以减轻“走样”问题，但这是以提高设备成本为代价的。实际上，当显示器像素可以用多亮度（或灰度）显示时，可以通过调整图形上各像素的亮度来减轻“走样”问题。

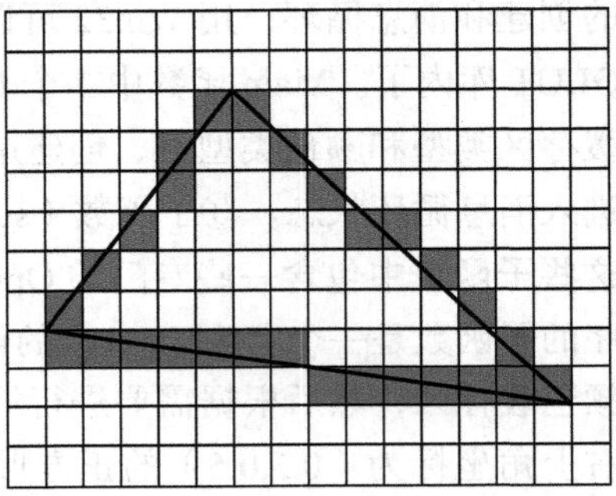

图 4-1　图形的扫描转换

图形由基本图形元素组成，图形生成方法依赖基本图形元素生成算法来实现。基本图形元素是指可以用一定的几何参数和属性参数描述的最基本的图形。通常，在二维图形系统中将基本图形元素称为图素或图元，在三维图形系统中称为体素或图元。常见的基本图形元素包括点、线、多边形、圆和椭圆、字符等。

本章将主要介绍基本图元的生成算法。

4.1　点的生成算法

点是图形中最基本的元素。直线、曲线以及其他的图元都是由点的集合构成的。在几何学中，一个点既没有大小，也没有维数，点只是表示坐标系统中的一个位置。在计算机图形学中，点是用数值坐标来进行表示的。

画点即将由应用程序提供的单个坐标位置转换成输出设备屏幕相应的位置。在光栅扫描显示器中，屏幕坐标就对应帧缓存中像素的位置。像素占屏幕的一小块面积，点的坐标指向哪里？我们假定每个整数屏幕位置对应一个像素面积的中心。屏幕坐标系如何确定？在随机扫描系统中，我们将应用程序提供的坐标值转换成偏转电压，以决定电子束定位于屏幕上的指定位置。

4.2 直线的生成算法

理想直线是无数个点构成的集合，是没有宽度的。在计算机屏幕上显示直线时，直线由有限个像素组成。程序必须在显示器所给定的有限个像素组成的矩阵中，确定一组最佳逼近该直线的像素。

回顾直线方程有：

1）点斜式：$y-y_1=k(x-x_1)$，k 表示斜率，(x_1,y_1) 表示直线上一个点的坐标。

2）斜截式：$y=kx+b$，k 表示斜率，b 表示直线在 y 轴上的截距。

3）两点式：$(y-y_1)/(x-x_1)=(y_2-y_1)/(x_2-x_1)$，$(x_1,y_1)$ 和 (x_2,y_2) 分别表示直线上任意两个已知点的坐标。

4）截距式：$x/a+y/b=1$，a 表示直线在 x 轴上的截距，b 表示直线在 y 轴上的截距。

下面我们根据直线方程推出几种常用的直线生成扫描算法。

4.2.1 DDA 算法

DDA 算法即数值微分法（Digital Differential Analyzer)，是根据直线的微分方程来计算 Δx 或 Δy 生成直线的扫描转换算法。在一个坐标轴上以单位间隔对线段取样，以决定另一个坐标轴方向上最靠近理想线段的整数值。

设过端点 $P_0(x_0, y_0)$、$P_1(x_1, y_1)$ 的直线段为 $L(P_0, P_1)$，则直线段 L 的斜率为

$$k=\frac{y_1-y_0}{x_1-x_0}$$

直线的微分方程为

$$\frac{y_1-y_0}{x_1-x_0}=\frac{\Delta y}{\Delta x}=k$$

要在显示器显示直线 L，必须确定最佳逼近直线 L 的像素集合。我们从 L 的起点 P_0 向终点 P_1 步进，如图 4-2 所示。

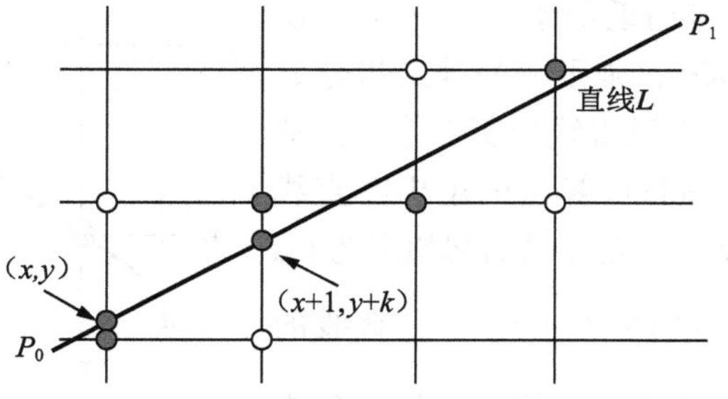

图 4-2　直线的 DDA 算法示意图

根据直线方程

若 $|k| \leqslant 1$，则 $y_i+1=mx_i+1+b=m(x_i+\Delta x)+b=y_i+m\Delta x$

$\Delta x=1, y_i+1=y_i+m$

若 $|k|>1$，则 $\Delta y=1, x_i+1=x_i+1/m$

扫描转换开始时，取直线始点 (x_0, y_0)（假定为整数）作为初始坐标，则 DDA 算法相应的伪代码程序描述如下：

```
//DDA 直线生成算法
void DDA_line(int x0, int y0, int x1, int y1,int color)
{
    int  dx = x1- x0, dy = y1-y0, i; //定义初始变量起点和终点 x 坐标差、y 坐标差和循环变量 i
    float xIncrement,yIncrement,steps, x = x0, y = y0; //定义 x 步长，y 步长，步长数，以及起始变量
    if (abs (dx) > abs (dy))    steps = abs (dx);  //斜率大于 1，步长数为 x 坐标差
    else steps = abs (dy);                         //斜率小于 1，步长数为 y 坐标差
    xIncrement = (float) (dx) /steps;                        //设置 x 步长
    yIncrement = (float) (dy) /steps;                        //设置 y 步长
    For (k =0; k<steps; k++)                       //根据步长数步进确定像素
    {
        Putpixel(round(x), round(y),color);        //确定像素位置，用 color 颜色绘制该像素
        x += xIncrement;   y += yIncrement;        //确定下一像素位置
    }
}
```

DDA 算法的优点是简单易懂，消除了算法中的乘法，缺点是有浮点数计算，并伴随浮点数相加累积误差，对长线段而言会引起像素点位置与理想位置的较大偏移。同时还需要圆整操作计算，消耗时间。

4.2.2 Bresenham 算法

如图 4-3 所示直线 AB，对于直线与每一列（即 x 坐标）相交，需要确定哪一行扫描线 y 最接近直线，从而确定该相交点最逼近的像素值。假定直线上对应像素点 (x_i,y_i) 已经被显示。下一步要确定的是在 x_{i+1} 列中是哪个像素最逼近原有直线被显示，是像素点 $P_2(x_{i+1}, y_i)$ 还是像素点 $P_1(x_{i+1}, y_{i+1})$? 下面我们根据 Bresenham 算法来确定最佳逼近像素点的坐标。

图 4-3 中，Bresenham 算法的思想是计算直线和每列像素坐标线的交点与下面的行扫描线和该列像素坐标线的交点的距离差 MP_2 的值，即图中所标 Δ_i 距离，如果该距离 Δ_i 大于或等于 $KP_2=0.5$(K 为 P_1P_2 的中点)，则下一最佳逼近像素点为 P_1 点，反之，如果该距离 Δ_i 小于 KP_2，则下一最佳逼近像素点应取 P_2 点，依此类推，直至直线的所有像素点被确定。下面我们根据 Bresenham 算法的思想在直线方程基础上做进一步推导。首先直线的起始点为 (x_0, y_0)，终点为 (x_1,y_1)，则直线的斜率 $k=\dfrac{y_1-y_0}{x_1-x_0}$，直线的斜截式方程 $y=kx+b$。为讨论方便，假定直线的斜率

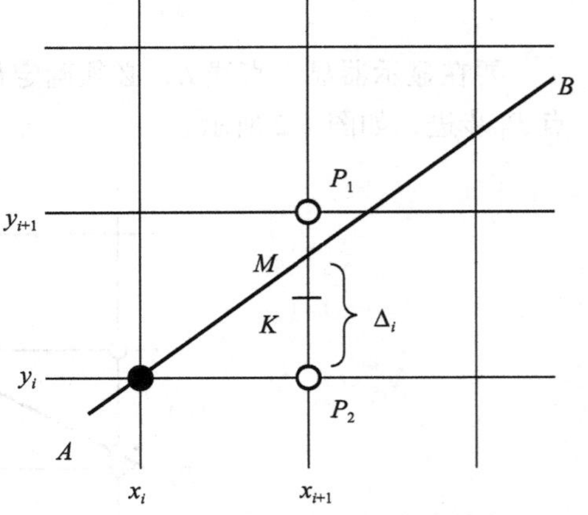

图 4-3　Bresenham 算法的几何图形

在 0 到 1 之间。设 $\Delta x=x_1-x_0, \Delta y=y_1-y_0$，则 $\Delta x>0, \Delta y\geqslant 0, \Delta x\geqslant \Delta y$，直线 x 方向的跨距大

于 y 方向的跨距。所以取 x 方向的步长为 1，则根据直线方程可得出 y 方向的步长为 k。当前直线上对应像素点 (x_i,y_i) 已经被显示，下一个需要确定的像素点为 $(x_{i+1}，y_{i+1})$，则 $x_{i+1}=x_i+1$，判别式 $w_i=\Delta_i-0.5=k(x_i+1)+b-y_i-0.5$，如果 $w_i<0$，则下一像素点为 $P_2(x_i+1,y_i)$，下一个判别式 $w_{i+1}=k(x_i+1+1)+b-y_i+1-0.5=k(x_i+1+1)+b-y_i-0.5=w_i+k$；如果判别式 $w_i\geqslant 0$，下一像素点取 $P_1(x_i+1,y_i+1)$，下一个判别式 $w_{i+1}=k(x_i+1+1)+b-y_i+1-0.5=k(x_i+1+1)+b-y_i-1-0.5=w_i+m-1$。直线的起始点为 (x_0,y_0)，起始判别式 $w_0=m(x_0+1)+b-y_0-0.5=m-0.5$，直线的终点为 (x_1,y_1)，这样我们根据递推关系，可计算出直线所需要确定的所有像素点。

为了避免浮点运算，以上判别式的计算可进行如下简化。

令 $d=2\Delta x\bullet w$，由于 $\Delta x>0$，所以 d 和 w 同号，则 $d_0=2\Delta x\bullet w_0=2\Delta x(m-0.5)=2\Delta y-\Delta x$。

若 $w_i<0$，则 $2\Delta xw_{i+1}=2\Delta x(w_i+m)$，化简得：

$$\Rightarrow d_{i+1}=d_i+2\Delta y \tag{4-1}$$

若 $w_i\geqslant 0$，则 $2\Delta xw_{i+1}=2\Delta x(w_i+m-1)$，化简得：

$$\Rightarrow d_{i+1}=d_i+2(\Delta y-\Delta x) \tag{4-2}$$

由式（4-1）和（4-2）可以得到推出 Bresenham 直线生成算法的程序伪代码如下：

```
// Bresenham 直线生成算法
void Bes_line(int x0, int y0,int  x1, int y1, int color)
  { int dx,dy,h,x,y;
    dx=abs(x0-x1);    dy=abs(y0-y1);
    h=2*dy-dx;     x=x0;y=y0;
    PutPixel(x,y,color);
   while(x<x1)
    { if (h<0)
          h+=2*dy;
        else
       {
          h+=2*(dy-dx);  y++;
        }
        PutPixel(x, y, color);
    x++;
     }
  }
```

以上 Bresenham 直线生成算法只考虑了斜率在 0 到 1 之间的情况。如果考虑其他情况，可以利用对称关系来进行考虑，请读者自行思考推导。

Bresenham 直线生成算法可以说克服了 DDA 算法的缺点，它避免了浮点运算，也没有圆整运算，消除了积累误差，提高了计算效率，在后续章节可以看到这种方法不但适合于直线的生成，对于圆和椭圆等其他基本图形的生成也同样适合，因此是计算机图形学中使用最广泛的生成算法之一。

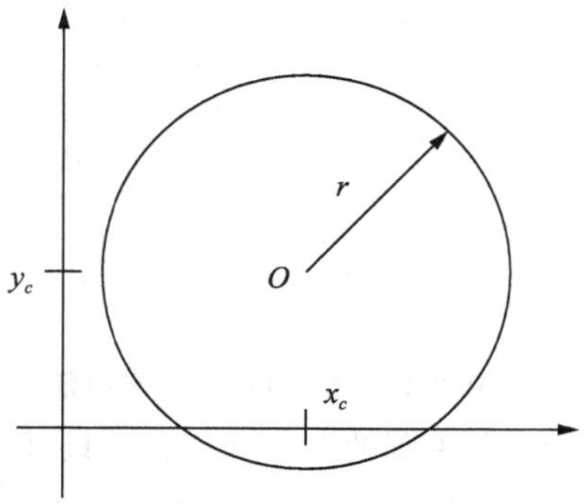

图 4-4　圆心为 (x_c,y_c) 半径为 r 的圆

4.3　圆的生成算法

圆也是重要的基本图形元素，在大多数图形软件中都包含生成圆的功能。圆被定义为到给定中心位置 (x_c,y_c) 距离为 r 的所有点的集合，如图 4-4 所示。

图 4-4 中圆的直角坐标方程可表示为

$$(x-x_c)^2+(y-y_c)^2=r^2 \tag{4-3}$$

利用这个方程，我们可以沿 x 轴从 (x_c-r) 到 (x_c+r) 以单位补偿计算对应的 y 值，从而得到圆周上各点的位置：

$$y=y_c\pm\sqrt{r^2-(x_c-x)^2} \tag{4-4}$$

但用这种方法来生成圆，需要平方运算和开平方运算，计算量较大，而且还会造成所画像素间距不一致的问题。

另一种方法是以极坐标表示圆：

$$\begin{cases}x=x_c+r\cos\theta\\y=y_c+r\sin\theta\end{cases} \tag{4-5}$$

当我们根据圆的极坐标方程以固定角度 $\Delta\theta$ 为步长来生成圆时，圆可以沿圆周以等距离点显示出来。但这种方法也需要乘法和三角函数运算，需要花费大量运算时间。

在介绍圆的常用生成算法前，我们可以先利用圆的对称性将圆周上的一个点映射为若干点，从而先使运算简化。图 4-5 表示一个圆，图中点 (x,y) 位于第 1/8 象限，利用对称关系，可将该点映射到其他 7/8 象限上，得到圆周上其他 7 个点 $(-x,y)$、(y,x)、$(y,-x)$、$(x,-y)$、$(-x,-y)$、$(-y,-x)$、$(-y,x)$。所以利用圆的对称性，我们只需要扫描计算从 x=0 到 x=y 这段圆弧就可以得到整个圆的所有像素点的位置了，圆的对称性伪代码如下：

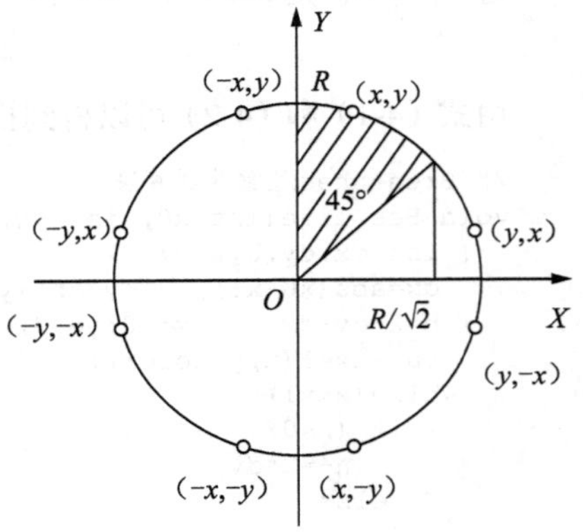

图 4-5 圆的对称性

```
// 圆的对称性
void CirPot(int x0,int y0,int x,int y,int color)
 {
      //x0,y0 为圆心位置
      //x,y 为圆上当前点的像素点位置
      // 以下画出与该点对称的 8 个像素点
      putpixel(x0+x,y0+y,color);
      putpixel(x0+x,y0-y,color);
      putpixel(x0-x,y0+y,color);
      putpixel(x0-x,y0-y,color);
      putpixel(x0+y,y0+x,color);
      putpixel(x0+y,y0-x,color);
      putpixel(x0-y,y0+x,color);
      putpixel(x0-y,y0-x,color);
}
```

中点 Bresenham 画圆算法

考虑圆的对称性，我们只画 1/8 圆弧，即考虑（0，R）到（$R/\sqrt{2},R/\sqrt{2}$）的圆弧段。如图 4-6 所示，假定 $P(x_i,y_i)$ 点为当前最佳逼近圆的像素点，那么下一个理想的候选像素点应该取 $NE(x_{i+1},y_i)$ 点还是 $E(x_{i+1},y_{i-1})$ 点呢？

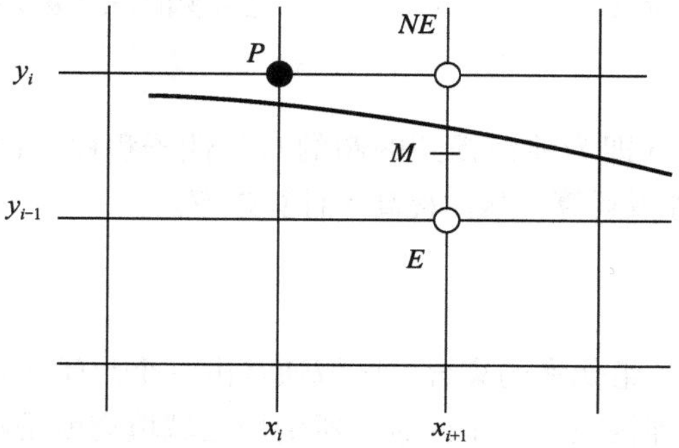

图 4-6 中点 Bresenham 画圆法

中点 Bresenham 画圆法的思想是：引入 *NE* 和 *E* 的中点 $M(x_{i+1}, y_{i-0.5})$，如果 *M* 位于圆内，则 $NE(x_{i+1}, y_i)$ 点比较接近圆，所以下一理想像素点应取 *NE* 点，反之，如果 *M* 位于圆外，则 $E(x_{i+1}, y_{i-1})$ 点比较接近圆，下一理想像素点应取 *E* 点。

为此，构造判别式

$$d=F(M)=F(x_i+1,y_i-0.5)=(x_i+1)^2+(y_i-0.5)^2-R^2 \tag{4-6}$$

若 $d<0$，取 $NE(x_i+1, y_i)$ 点，从而下一个像素的判别式为

$$\begin{aligned} d_{i+1}&= F(x_i+1+1,y_i-0.5) \\ &=(x_i+2)^2+(y_i-0.5)^2-R^2=d_i+2x_i+3 \end{aligned} \tag{4-7}$$

若 $d \geqslant 0$，取 $E(x_i+1, y_i-1)$ 点，下一个像素的判别式为

$$\begin{aligned} d_{i+1}&=F(x_i+2, y_i-1.5) \\ &=(x_i+2)^2+(y_i-1.5)^2-R^2=d_i+2(x_i-y_i)+5 \end{aligned} \tag{4-8}$$

圆的起始点为 $P_0(0, R)$，初始判别式 $d_0=F(x_0+1,y_0-0.5)=F(1, R-0.5)=1.25-R$，终止点为 $P_1(x_1,y_1)$，且 $x_1=y_1= R/\sqrt{2}$，这样基于起始条件和终止条件，根据递推关系可逐步计算出圆的所有像素点。为了避免浮点运算，需要对以上递推关系做进一步改进。

令 $h_i=d_i-0.25, x_0=0, y_0=R, h_0=d_0-0.25=1-R$

如果 $h_i<-0.25$，则 $d_i<0$，从而 $x_{i+1}=x_i+1,y_i+1=y_i,h_{i+1}=h_i+2x_i+3$

如果 $h_i \geqslant -0.25$，则 $d_i>0$，从而 $x_{i+1}=x_i+1,y_{i+1}=y_i-1,h_{i+1}=h_i+2x_i-2y_i+5$

由于 *h* 的初值 1-*R* 为整数，变化量也是整数，所以，$h<-0.25$ 等价于 $h<0$，$h_i \geqslant -0.25$ 等价于 $h>0$。

中点 Bresenham 画圆法的伪代码如下：

```
// 中点 Bresenham 画圆法
void MidPoint_Circle(int x0,int y0,double radius, int color)
//x0,y0 为圆的中心点，radius 为圆的半径，color 表示圆的颜色
     { int x, y, h ;
      x=0; y=int(radius); h=1-int(radius);
      //x,y 表示当前像素点的坐标，h 表示判别式，这里先给出初始值
      CirPot(x0,y0,x,y,color);              // 绘制初始像素点及其对称点
      while(x<y)
    {    if(h<0)
             h+=2*x+3;                       //h<0 时的递推关系
          else { h+=2*(x-y)+5;   y--; }      //h>0 时的递推关系
          x++;
```

```
        CirPot(x0,y0,x,y,color);        //绘制当前像素点及其对称点
    }
}
```

程序中的子函数 CirPot 即为前面提到的圆的对称性子程序。由以上程序可以看出中点 Bresenham 画圆法去掉了浮点运算，从而提高了计算效率。

4.4 区域填充算法

区域是指相互连通的一组像素的集合。区域通常由一个封闭的轮廓来定义，处于一个封闭轮廓线内的所有像素点即构成了一个区域。所谓用区域填充就是将区域内的像素置成区域的颜色值或图案。

区域填充可以分为两步进行，第一步先确定需要填充哪些像素；第二步确定用什么颜色值来进行填充。

对于区域填充的算法，可以大致分为：扫描转换算法、边缘填充算法和种子填充算法。

1）扫描转换算法是按扫描线的顺序确定扫描线上的某一点是否位于多边形范围之内。

2）边缘填充算法通过给边缘像素做标记来判断。

3）种子填充算法首先假定封闭多边形内某点是已知的，然后开始搜索与种子点相邻且位于多边形内的点。

4.4.1 多边形扫描转换算法

多边形按照分类可分为简单多边形和非简单多边形，如图 4-7 所示，图 4-7a 中的多边形的边没有互相交叉，这样的多边形称为简单多边形，反之则称为非简单多边形，如图 4-7b 所示。

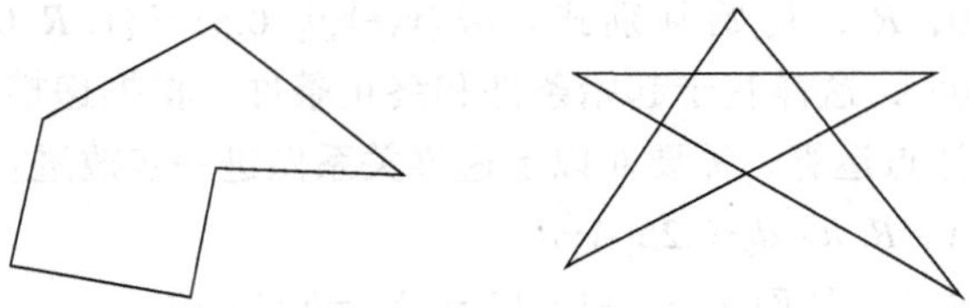

a)　　b)

图 4-7　简单多边形与非简单多边形

多边形还可分为凸多边形、凹多边形、含内环的多边形。凸多边形是指任意两顶点间的连线均在多边形内；凹多边形是指任意两顶点间的连线有不在多边形内的部分；而含内环的多边形则是指多边形内再套有多边形，多边形内的多边形也叫内环，内环之间不能相交，如图 4-8 所示。多边形扫描转换算法适合简单多边形，区域可以是凸的、凹的，还可以是含内环的。

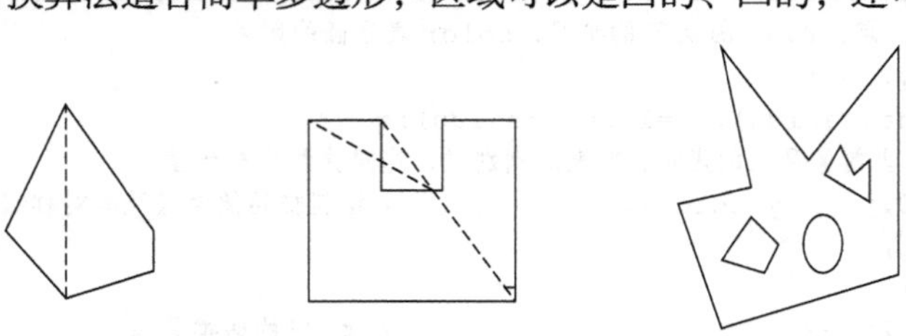

a）凸多边形　　b）凹多边形　　c）含内环的多边形

图 4-8　多边形的形状

多边形扫描转换算法的基本思想是：按照扫描线的顺序，先算出多边形区域边界与扫描线的交点，然后判断扫描线上的哪些部分在区域边界之内，并将在边界之内的像素部分予以填充，完成转换工作。对于一条扫描线，多边形的扫描转换过程可以分为 4 个步骤。

1）求交：计算扫描线与多边形各边的交点。

设多边形某条边的两端点 $P_1(x_1,y_1)$、$P_2(x_2,y_2)$，其参数方程

$$\begin{cases} x = x_1 + (x_2 - x_1)t \\ y = y_1 + (y_2 - y_1)t \end{cases} \tag{4-9}$$

扫描线 $y = y_s$ 代入，得扫描线交点坐标

$$x_s = x_1 \frac{y_2 - y_s}{y_2 - y_1} + x_2 \frac{y_s - y_1}{y_2 - y_1} \tag{4-10}$$

如果参数 $t = (y_s - y_1)/(y_2 - y_1) \leqslant 1$，则有交点，位于 P_1P_2 内。

2）排序：把所有交点按 x 值递增顺序排序。

3）交点配对：第 1 个与第 2 个，第 3 个与第 4 个……每对交点代表扫描线与多边形的一个相交区间。

4）区间着色：把相交区间内的像素即奇数交点配对所在区间置成多边形颜色，把相交区间外的像素即偶数交点配对区间置成背景色。

例如图 4-9，扫描线 6 与多边形的边界线交于四点 A、B、C、D，按 x 值递增顺序排序后仍得到的各交点的横坐标分别为 2、3.5、7、11，相交区间为［2, 3.5］、［7, 11］，这两个区间的像素置成多边形色，把相交区间外的像素置成背景色。

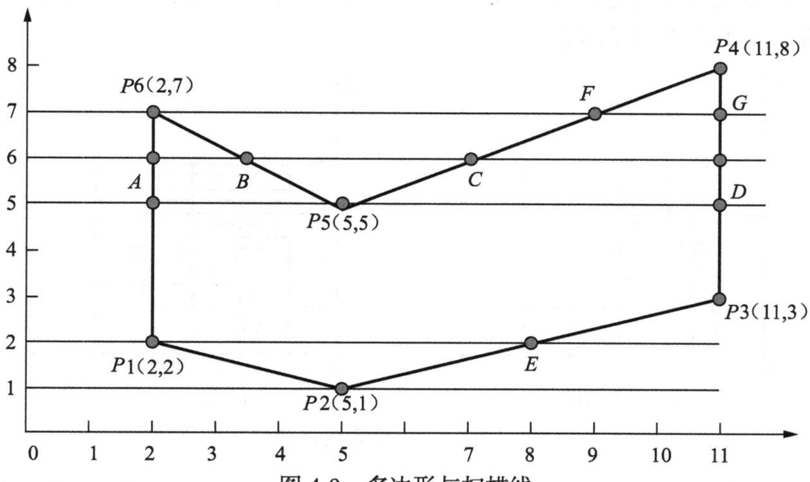

图 4-9　多边形与扫描线

注意在进行着色时，从扫描线起点到第一个交点之间以及从最后一个交点到扫描线的终点之间也应取为背景色。在填充过程中，还有两个特殊问题需要解决：一是在扫描线恰好与多边形顶点相交时交点的计数问题；二是多边形边界上像素取舍的问题。前者保证交点的正确配对，后者避免多边形填充的扩大化。

先讨论第一个问题。当扫描线与多边形顶点相交时，会导致填充结果错误。如图 4-9 所示，扫描线 2 与 P1 点相交，按前述方法得交点 2、2、8，即交点数是奇数。这将导致 [2, 8] 区间的

像素被设置为背景色的错误结果。有观察可知，当扫描线与多边形顶点相交时相同的顶点只记为一个，对于扫描线 2 可得到正确的结果。然而按这种方法计数扫描线 7 与多边形的交点为 2、9、11，交点数也为奇数。这将导致把 2 到 8 之间的像素设置为多边形颜色的错误结果。

为正确计算交点，以上情况必须区别对待。对于第一种情况，扫描线与多边形交于顶点，而与此顶点相连的两条边分别落在扫描线的两边时，交点计数为一个。对于第二种情况，与交点相连的两条边落在扫描线的同一边时，这时交点计数为零或两个，如果该交点是局部最高点，计数为零；反之，若为局部最低点，计数为两个。

以上方法还可以总结为，当扫描线与多边形顶点相交时，如果与交点相连边的 y 值单调递增和递减，交点记数为一个；如果与交点相连边的 y 值在局部形成最大值，交点计数为零，局部最小值则记数为两个。

例如，图 4-9 中：

- 扫描线 1，交点 2 个：5，5。
- 扫描线 2，交点 1+1 个：2，8。
- 扫描线 5，交点 1+2+1 个：2，5，5，11。
- 扫描线 7，交点 2+1+1 个：2，2，9，11。

第二个问题是边界像素的取舍。下面来举例说明。如图 4-10 所示，图中的方格代表一个像素，对左下角为（1,1）、右上角为 (4,3) 的矩形区域填充时，被填充面积覆盖 4 × 3=12 像素，而实际面积应为 3 × 2=6 像素，如图 4-10 a 所示；若对边界上所有像素都进行填充，则得到图 4-10b 的结果。显然这是由于对右、上两边界所有像素都进行填充而引起的。为了解决这个问题，对扫描线与多边形的相交区间采用“左闭右开，上闭下开”的原则，即只填充左下边界的像素，右上边界不予填充。

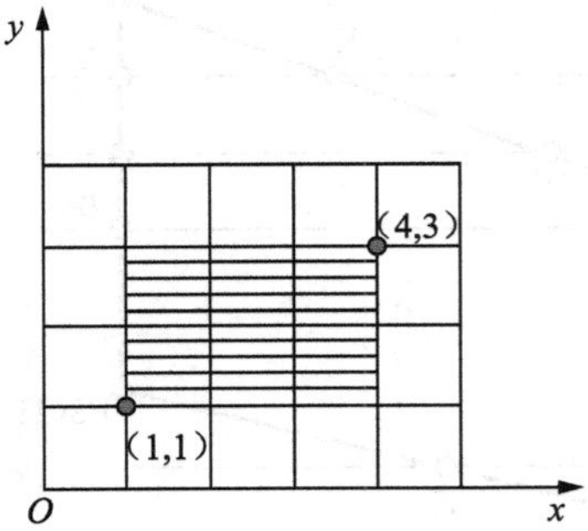

a）正确结果

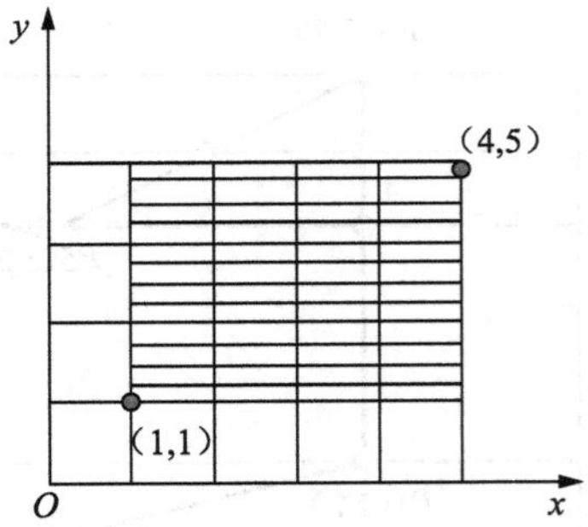

b）错误结果

图 4-10 边缘像素的填充

从以上扫描线算法看出，直接用直线方程求交点，每处理一条扫描线都要判断与边是否相交，求交公式计算繁琐、效率较低、不可取。为了提高效率，可以利用边的连贯性和扫描线的连贯性来实现快速求交，也即下面我们要介绍的采用活性边表的多边形扫描转换算法。

我们把与当前扫描线相交的边称为活性边，并把它们按与扫描线交点 x 坐标值递增的顺序存放在一个链表中，称此链表为活性边表 (Active Edge Table，AET)。活性边表的每个结点存放着对应边的有关信息，如扫描线与该边交点的 x 坐标值、边所跨的扫描线条数或较高端点的 y 坐标值等。

由于边具有连贯性，即当某条边与当前扫描线相交时，它很可能与下一条扫描线也相交；而且扫描线也具有连贯性，即当前扫描线与各边的交点顺序与下一扫描线与各边的交点顺序十分接近。因此我们不必为下一条扫描线重新构造活性边表，而只需对当前扫描线的活性边表稍做修改即可。预先求出每条扫描线与多边形的交点既费时间又需要大量的空间进行存储。利用边的相关性可以简单有效地求出扫描线与边界的交点。

如图 4-11 所示，多边形与扫描线相交，多边形边 AB 的坐标分别为 (x_1, y_1)、(x_2, y_2)，第 y_i 条扫描线与多边形某边 AB 的交点为 (x_i y_i)，其相邻的扫描线 y_{i+1} 与该边的交点 (x_{i+1}, y_{i+1}) 很容易从前一条扫描线 y_i 与该边的交点 (x_i, y_i) 递推得到：$y_{i+1} = y_i + 1$，$x_{i+1} = x_i + \Delta x$，$\Delta x = (x_2 - x_1)/(y_2 - y_1)$，即 Δx 的值为斜率的倒数。

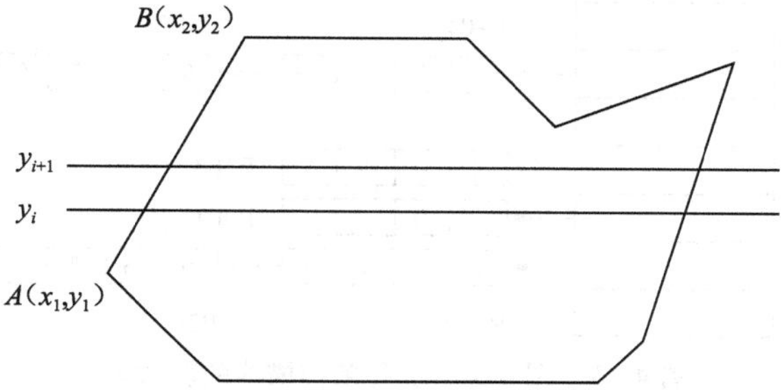

图 4-11　连贯性

以此类推，我们已知当前扫描线与多边形边的交点，就可求得该边与所有扫描线的交点。

因此 Δx 可以存放在对应边的活性边表结点中。另外还需要知道上条边何时不再与下一扫描线相交，以便及时将其从活性边表中删除。因此，活性边表中的每个结点至少应为对应边保存如下内容：

x：当前扫描线与多边形的交点。

Δx：当前扫描线到下一扫描线之间的 x 增量。

y_{max}：边所交的最高扫描线的 y 坐标值。

next：指向下一条边的指针。

图 4-12 给出了如图 4-9 所示的两条扫描线的活性边表示意图。

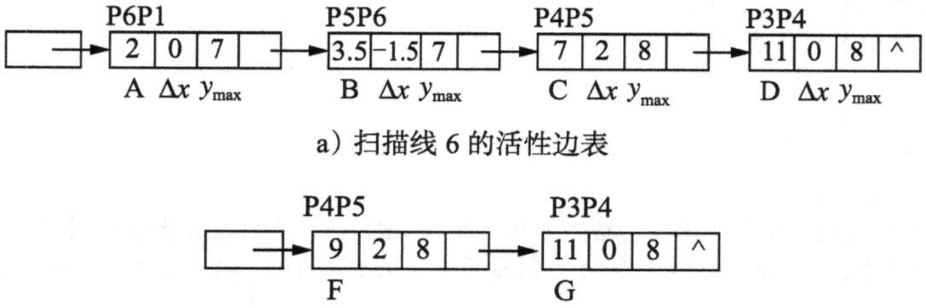

b) 扫描线 7 的活性边表

图 4-12　活性边表

在扫描转换的过程中，活性边表中活性边是不断变化的。在当前扫描线处理完之后，要将与下一条扫描线相交的边置入活性边表，而将那些不再与下一条扫描线相交的边从活性边表中删除。例如，扫描线 6 的活性边表中有四条活性边，而扫描线 7 中只有两条活性边，另外两条被删掉了。

上面的讨论说明，通过活性边表，可以充分利用边的连贯性和扫描线的连贯性，提高排序效率并减少计算量。为了方便活性边表的建立与更新，我们为每一条扫描线建立一个新边表（New Edge Table，NET），存放在该扫描线第一次出现的边表中。也就是说，若某边的较低端为y_{min}，则该边就放在扫描线y_{min}的新边表中。这样，当我们按扫描线号从小到大顺序处理扫描线时，该边在该扫描线第一次出现。新边表的每个结点存放对应边的初始信息。如该扫描线与该边的初始交点x、x的增量Δx，以及该边的最大y坐标值y_{max}。图4-9中各新边表如图4-13所示。

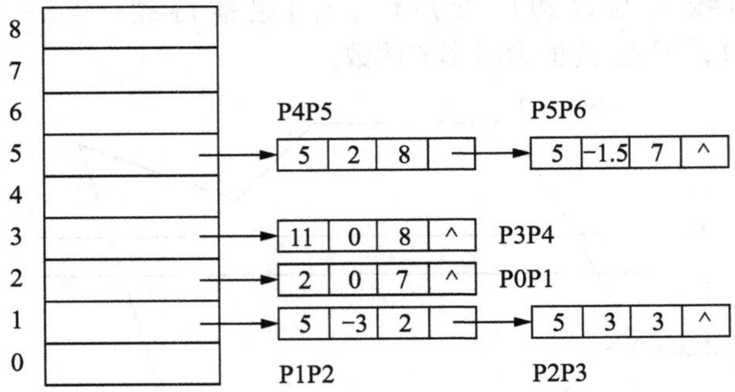

图4-13 图4-9所示各条扫描线的新边表

通过活性边表进行交点配对和区间填充就变得非常容易了。只要设定一个布尔变量b。在多边形内时，b取真；在多边形外时取假。一开始置b为假。令指针对活性边表中第一个结点到最后一个结点遍历一次。每访问一个结点，把b取反一次。若b为真，则将当前结点的x值开始到下一结点x值结束的左闭右开区间用多边形色填充。

这里实际上是利用区间的连贯性，即同一区间上的像素取同一颜色的属性，多边形外的像素取背景色，多边形内的像素则取多边形的颜色。

归纳上述讨论，我们可以写出如下多边形区域填充的伪程序：

```
//多边形区域填充伪代码:
void polyfill (polygon, color)
int color; 多边形 polygon;
{ for (各条扫描线 i )
  { 初始化新边表头指针 NET [i];
    把 ymin=i 的边放进边表 NET [i];
  }
  y = 最低扫描线号;
  初始化活性边表 AET 为空;
  for (各条扫描线 i )
   { 把新边表 NET[i] 中的边结点用插入排序法插入 AET 表，使之按 x 坐标递增顺序排列;
      遍历 AET 表，对于配对交点区间（左闭右开）上的像素 (x, y)，使用 drawpixel (x, y, color)
改写像素颜色值;
      遍历 AET 表，把 ymax=i 的结点从 AET 表中删除，并把 ymax>i 结点的 x 值递增 D x;
      若允许多边形的边自相交，则用冒泡排序法对 AET 表重新排序;
   }
} /* polyfill */
```

采用活性边表的多边形扫描转换算法和利用边的连贯性加速求交运算，避免了盲目求交，利用扫描线的连贯性避免逐点判别，且速度快、效率高。

4.4.2 边缘填充算法

活性边表算法对表的维持和排序开销很大，适合软件但不适合硬件实现。本小节将介绍另一类区域扫描转换算法，即边缘填充算法。

边缘填充算法的基本原理是：先将多边形的边界勾画出来，然后再采用与多边形扫描转换算法类似的方法在扫描线上填充各区间的像素。

边缘填充法分为两个步骤：

1）对多边形边界像素标示“边”的标志。

2）对多边形内部进行填充。填充时，对每条与多边形相交的扫描线依从左到右的顺序逐个访问扫描线上的像素。用一个布尔量来指示当前点是在多边形的内部还是外部。若在多边形内部，则布尔量值为真；反之则为假。一开始将布尔量的值设为假，当碰到被标示为边标志的像素点时，就把其值取反；对没有边标志的点，则其值保持不变。对当前像素点，若布尔量经以上操作后为真，则把该像素置为多边形的颜色，否则设为背景色。

由以上讨论得到边缘填充算法的伪代码如下：

```
//边缘填充算法的伪代码
#define TRUE 1
#define FALSE 0
 Edge_fill(polydef, color)
  多边形定义 polydef;
  int color;
   { 对多边形polydef每条边进行直线扫描转换；
     InsideFlag=FALSE;
    For(每条与多边形polydef相交的扫描线y)
      for(扫描线上每个像素x)
       {  if(像素x被标示边标志) InsideFlag=!(InsideFlag);
          if(InsideFlag!=FALSE)   putpixel(x, y, color);
          else   putpixel(x, y, backgroud);
       }
   }
```

用软件实现时，边缘填充算法与多边形扫描转换算法的执行速度几乎是相同的。但是边缘填充算法要简单得多。另外，由于在帧缓存器中应用边缘填充算法时不必建立和维护边表以及对它们进行排序，所以边缘填充算法更适合于硬件实现，这时它的执行速度比多边形扫描转换算法快一到两个数量级。

图 4-14 表示一个经过边缘填充算法的多边形例子，图 4-14a 表示先给多边形打上边的标志，图 4-14b 表示第 2 行和第 4 行经过填充后的内部效果，黑色圆点表示着多边形色，白色圆点表示着背景色。

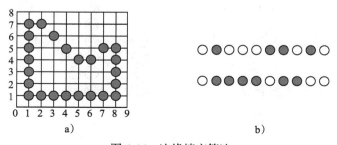

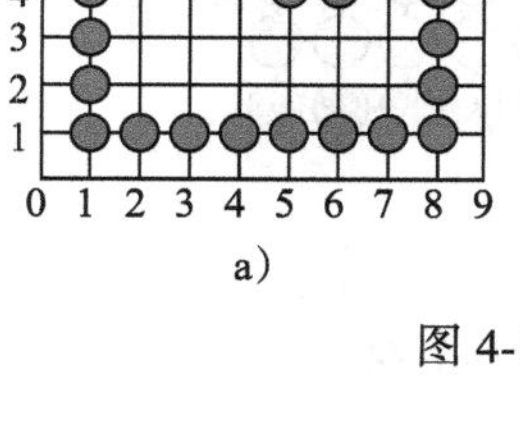

a）

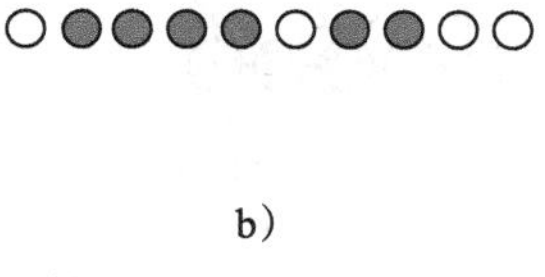

b）

图 4-14　边缘填充算法

4.4.3　种子填充算法

以上讨论的多边形扫描转换算法是按扫描线的顺序进行的，而种子填充算法采用的是不同的原理。它的基本思路是：首先假设多边形内部至少有一个像素点（种子）是已知的，然后开始搜索与之相邻的其他像素点；如果相邻点不在区域内，就达到了区域的边界；如果相邻点在区域内，则该相邻点就成为新的种子点，以此继续递归搜索。

区域可分为四向连通和八向连通两种：

1）四向连通区域指的是从区域上某一点出发，可以通过 4 个方向，即上、下、左、右移动的组合，在不越出区域的前提下，达到区域内任一像素。

2）八向连通区域指的是从区域上某一点出发，可以通过 8 个方向，即上、下、左、右、左上、左下、右上、右下 8 个方向移动的组合，在不越出区域的前提下，达到区域内任一像素。

这两类连通区域如图 4-15 所示。

种子填充算法允许从 4 个方向寻找下一个像素，称为四向算法；允许从 8 个方向搜索下一个像素的，称为八向算法。八向算法可以填充八向连通区域，也可填充四向连通区域，但四向算法只能填充四向连通区域。四向算法从图 4-16a 所示位置开始搜索，填充结果如图 4-16b 所示，最终造成右上方的区域无法填充。

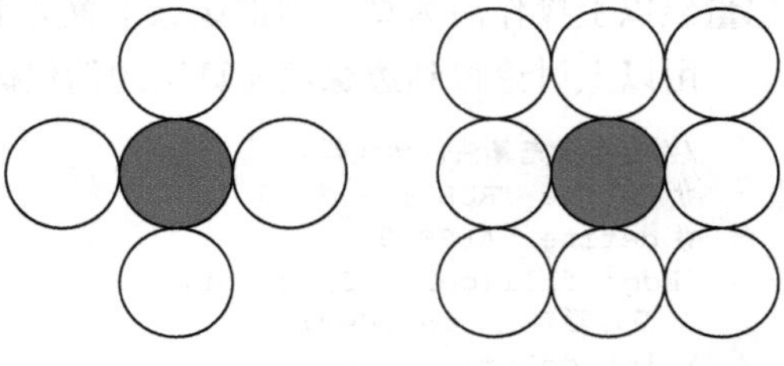

a）四向连通区域　　b）八向连通区域

图 4-15　两类连通区域示意图

```
// 四向算法搜索程序伪码
void  boundaryFill4  (int x, int y, int fillColor, int, boarderColor)
//x,y 为当前搜索点，fillColor 为填充颜色，boarderColor 为边界颜色
    {  int interiorColor;                                          // 当前像素点颜色
       getpixel (x, y, interiorColor)                              // 获取当前种子点的坐标和颜色
       if ((interiorColor != boarderColor) &&
            (interiorColor != fillColor)){
       setPixel (x,y); // set color of pixel to fillcolor.  // 用填充色填充当前种子点
       boundaryFill4 (x+1, y, fillColor, boarderColor);  // 往右继续递归搜索
       boundaryFill4 (x-1, y,  fillColor, boarderColor); // 往左继续递归搜索
       boundaryFill4 (x, y+1, fillColor, boarderColor);  // 往上继续递归搜索
       boundaryFill4 (x, y-1,  fillColor, boarderColor); // 往下继续递归搜索
     }
  }
```

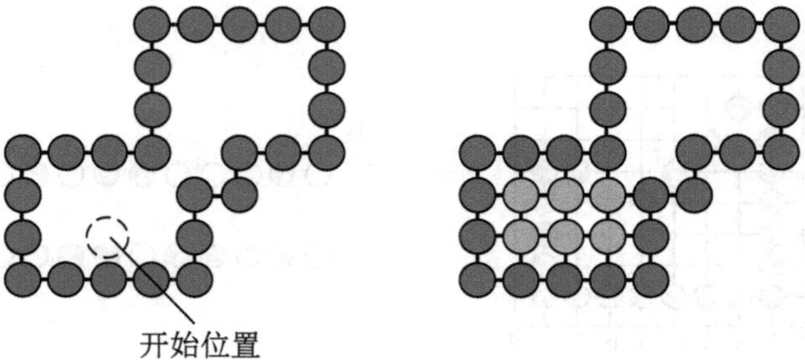

a）　　b）

图 4-16　四向算法的局限性

4.5 字符的生成

字符指数字、字母、汉字等符号。计算机中字符由一个数字编码唯一标识。国际上最流行的字符集是“美国信息交换用标准代码集”，简称 ASCII 码。它用 7 位二进制数进行编码，表示 128 个字符，包括字母、标点、运算符以及一些特殊符号。我国除采用 ASCII 码外，还另外制定了汉字编码的国家标准字符集 GB2312 — 80。该字符集分为 94 个区、94 个位，每个符号由一个区码和一个位码共同标识。区码和位码各用一个字节表示。为了能够区分 ASCII 码与汉字编码，采用字节的最高位来标识：最高位为 0 表示 ASCII 码；最高位为 1 表示汉字编码。

为了在显示器等输出设备上输出字符，系统中必须装备相应的字库。字库中存储了每个字符的形状信息，字库分为矢量和点阵两种类型。

点阵字符。在点阵字符库中，每个字符由一个位图表示。该位为 1 表示字符的笔画经过此位，对应于此位的像素应置为字符颜色。该位为 0 表示字符的笔画不经过此位，对应于此位的像素应置为背景颜色。在实际应用中有多种字体（如宋体、楷体等），每种字体又有多种大小型号，因此字库的存储空间很庞大。为了解决这个问题一般采用压缩技术，如黑白段压缩、部件压缩、轮廓字形压缩等。其中，轮廓字形法压缩比大，且能保证字符质量，是当今国际上最流行的一种方法。轮廓字形法采用直线或二 / 三次 Bézier 曲线的集合来描述一个字符的轮廓线。轮廓线构成一个或若干个封闭的平面区域。轮廓线定义加上指示横宽、竖宽、基点、基线等控制信息就构成了字符的压缩数据。

点阵字符的显示分为两步。首先从字库中将它的位图检索出来，然后将检索到的位图写到帧缓存器中。

矢量字符记录字符的笔画信息而不是点阵信息，具有存储空间小、美观、变换方便等优点。对于字符的旋转、缩放等变换，点阵字符需要对表示字符位图中的每一个像素进行变换；而矢量字符的变换只要对其笔画端点进行变换就可以了。矢量字符的显示也分为两步。首先从字库中将它的字符信息检索出来，然后取出端点坐标，对其进行适当的几何变换，再根据各端点的标志显示出字符。

图 4-17 表示字母 B 的点阵字符和矢量字符的生成示意图。

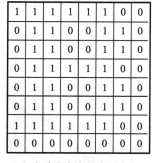

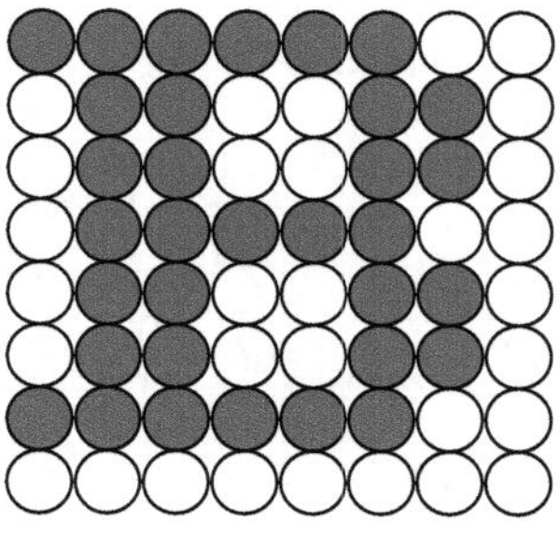

a）点阵字符

1	1	1	1	1	1	0	0
0	1	1	0	0	1	1	0
0	1	1	0	0	1	1	0
0	1	1	1	1	1	0	0
0	1	1	0	0	1	1	0
0	1	1	0	0	1	1	0
1	1	1	1	1	1	0	0
0	0	0	0	0	0	0	0

b）点阵字库中的位图表示

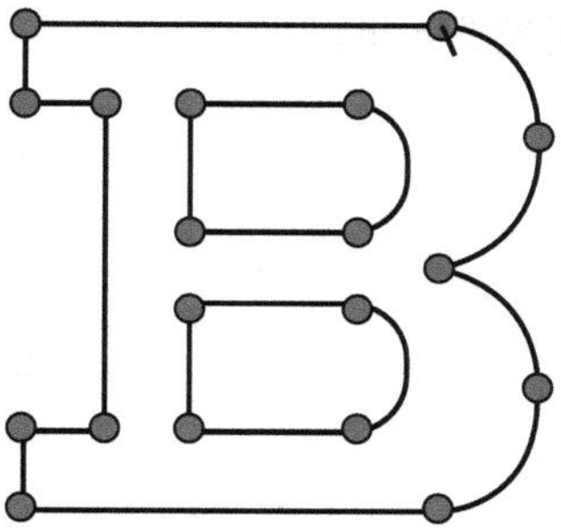

c）矢量字符

图 4-17 字符的种类

4.6 光栅图形的反走样

在光栅显示器上显示图形时，直线、圆弧和多边形等图元边界或多或少会出现台阶，或称锯齿效应。如图 4-18 所示，一条斜线绘制在有限像素的屏幕时会出现台阶现象。原因是图形信号是连续的，而在光栅显示系统中，用来表示图形的却是一个个离散的像素。这种用离散量表示连续量引起的失真现象是由低频率采样而引起的变形，我们称之为走样，用于减少或消除这种效果的技术称为反走样。

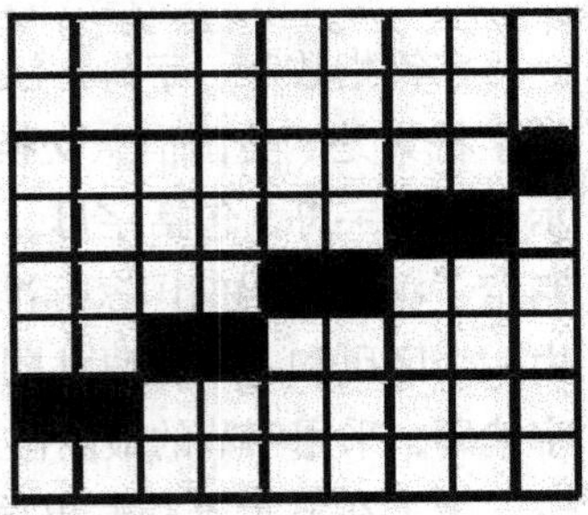

图 4-18 锯齿效应

反走样技术最直接简单的方法是增加采样频率，用更高的分辨率显示物体，如图 4-19 所示。

但这种方法受硬件条件所限，分辨率究竟能够提升到多高？因为分辨率的提高会要求更高的缓存，而在保持刷新频率不变的情况下，就需要性能更快的计算机。这不是一个完美的解决方案。

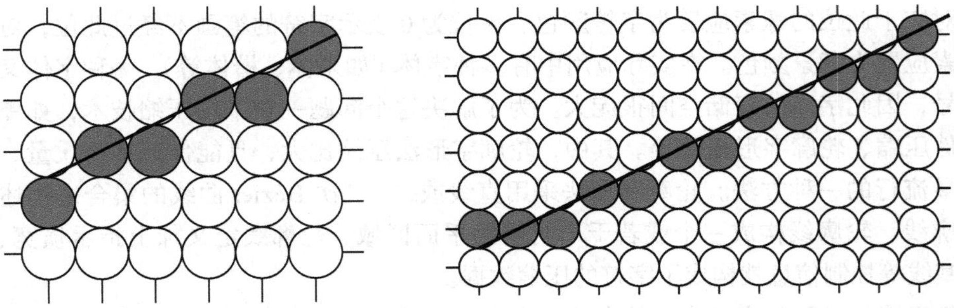

a）原分辨率 b）更高分辨率

图 4-19 提高分辨率前后比较

一种更实际有效的反走样方法是把屏幕看成由比实际更细的网络所覆盖，从而增加取样频率，然后根据这种更细的网格使用采样点来确定屏幕像素的亮度等级。我们称这种方法为过采样（Super-sampling）。过采样的实质是在高分辨率网格下采样，在低分辨率下显示。下面我们以直线段的过采样来举例说明。如图 4-20 所示，直线段过采样的基本思想是将一个像素分为若干子像素，计算有多少个子像素穿过直线路径；每个像素的亮度等级与该像素区域内穿过直线的子像素的总数成正比。锯齿（阶梯）效应可由某种程度的模糊直线路径来消除，以达到光滑效果。

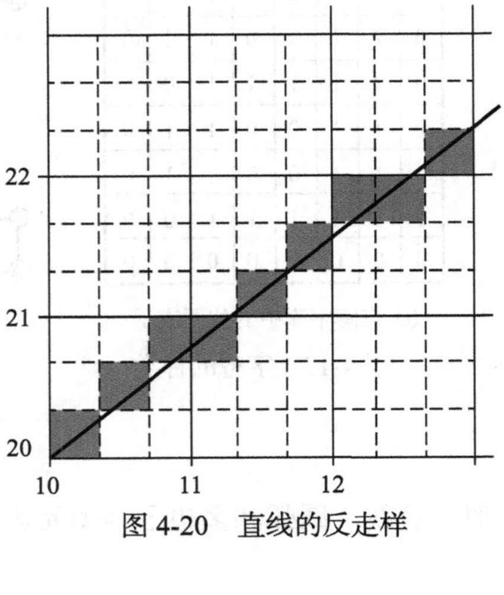

图 4-20 直线的反走样

前面所述直线段的过采样没有考虑直线的线宽。在考虑线宽的情况下，我们称其为直线段的区域过采样方法。它的基本思想为设置每个像素亮度与拥有有限宽的直线段的像素的覆盖区域成正比；将直线看成矩形。计算每个像素被矩形覆盖多少面积；覆盖面积可用过采样方法估计，即覆盖面积近似等于该像素的计数子像素，如图 4-21 所示。以上过采样思想同样适用于其他图元如圆弧、多边形等。

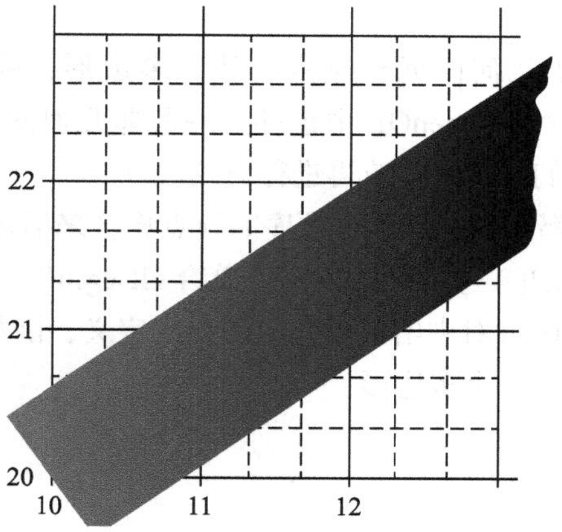

图 4-21　直线段的反走样

本章小结

基本的几何图形是构成各种复杂图形的基础。本章主要描述了基本图元的扫描转换方法，包括直线生成算法的 DDA 算法和 Bresenham 算法、圆的中点 Bresenham 生成算法、多边形的扫描转换算法、边缘填充算法和种子填充算法、字符的生成和反走样技术等。这些算法是整个计算机图形学的奠基石，只有打好基础才能继续后续讨论。

习题 4

1. 什么叫图形的扫描转换？
2. 试比较直线 Bresenham 算法与 DDA 算法的优缺点。
3. 根据图 4-9，分别画出扫描线 1、2、5 的活性边表。
4. 指出四向算法的局限性，并改写四向算法程序伪代码为八向算法程序伪代码。
5. 解释走样和反走样的概念，说明直线段反走样方法的步骤。
6. 为自己的名字设计 16×16 的字符掩模矩阵（位图）。

第 5 章　OpenGL 中基本图元的绘制

在第 4 章我们提到基本几何图元包括点、线、多边形、圆和字符等，本章主要介绍 OpenGL 中基本图元的绘制。在 OpenGL 中也存在一些非几何图元，如位图和像素等，对它们的处理方式差异很大，我们在后续章节再进行讨论。

OpenGL 中所有的图元都是由一系列有顺序的顶点集合来描述的。OpenGL 中绘制几何图元必须使用 glBegin() 和 glEnd( ) 这一对函数，传递给 glBegin() 函数的参数唯一地确定了要绘制何种几何图元，同时在该函数对中给出了几何图元的定义，函数 glEnd() 标志顶点列表的结束。例如，下面的代码绘制了一个多边形：

```
glBegin(GL_POLYGON);
    glVertex2f(0.0,0.0);
    glVertex2f(0.0,3.0);
    glVertex2f(3.0,3.0);
    glVertex2f(4.0,1.5);
    glVertex2f(3.0,0.0);
glEnd();
```

函数 glBegin(GLenum mode) 标志描述一个几何图元的顶点列表的开始，参数 mode 表示几何图元的名称。OpenGL 中的基本图元都有自己的名称，如图 5-1 所示，包括点或多个点 (GL_POINTS)、直线段 (GL_LINES)、不闭合折线条 (GL_LINE_STRIP)、闭合折线条 (GL_LINE_LOOP)、单个简单填充凸多边形 (GL_POLYGON)、三角形 (GL_TRIANGLES)、线型连续填充三角形串 (GL_TRIANGLE_STRIP)、扇形连续填充三角形串 (GL_TRIANGLE_LOOP)、四边形 (GL_GUADS)、连续填充四边形串 (GL_GUAD_STRIP) 等，这些基本的几何图元是由若干顶点定义的，后面我们还会继续讨论。

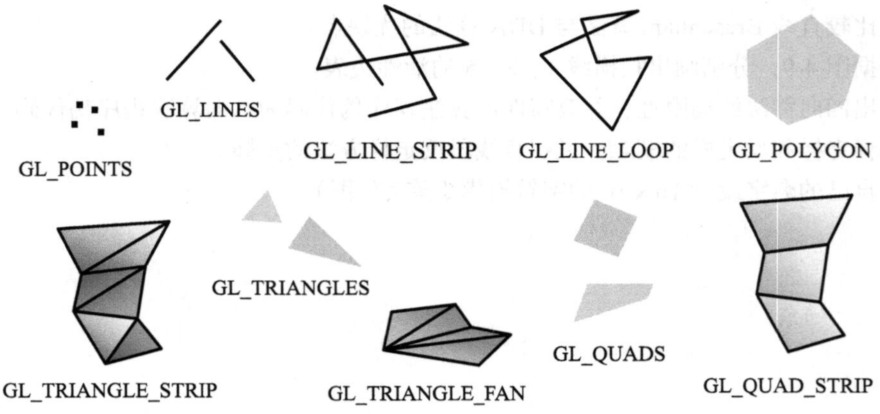

图 5-1　OpenGL 中几何图元的类型

需要指出的是：OpenGL 所定义的点、线、多边形等图元与一般数学定义存在一定的差别。一种差别源于计算机计算的限制。OpenGL 中所有浮点计算精度有限，故点、线 、多边形的坐标值存在一定的误差。另一种差别源于位图显示的限制。以这种方式显示图形，最小的显示图元是一个像素，尽管每个像素宽度很小，但它们仍然比数学上所定义的点或线宽要大得多。当用 OpenGL 进行计算时，虽然是用一系列浮点值定义点串，但每个点仍然是用单个像素显示，只是近似拟合。

5.1 点的绘制

点是最基本的图元。调用 glBegin() 时应将参数取为 GL_POINTS。每个顶点指定了一个点，位于裁剪窗口之内的点将依据点尺寸属性和当前颜色进行显示，其中点尺寸属性是借助函数 glPointSize() 来设定的。glPointSize() 函数不能放置在 glBegin() 和 glEnd() 函数对之间。可以用 glVertex{234}{sifd}[V](TYPE cords) 函数来定义一个顶点。例如："glVertex2f(2.0f,3.0f);" 表示一个二维顶点坐标；"glVertex2f(2.0f,3.0f,4.0f);" 表示一个三维顶点坐标。

下面的示例中，我们分别用 4 种颜色绘制 4 个顶点，顶点的大小为 2 个像素大小：

```
glPointSize(2.0);           // 设置点的大小
  glBegin(GL_POINTS);       // 绘制点
  glColor3f(1.0,1.0,1.0);
  glVertex2f(-0.5,-0.5);
  glColor3f(1.0,0.0,1.0);
  glVertex2f(-0.5,0.5);
  glColor3f(0.0,1.0,1.0);
  glVertex2f(0.5,0.5);
  glColor3f(1.0,1.0,0.0);
  glVertex2f(0.5,-0.5);
glEnd();
```

5.2 直线的绘制

在 glBegin() 和 glEnd() 中定义一条或多条直线时，glBegin 函数的类型参数可取以下 3 个参数值。

- GL_LINES。在 glBegin() 和 glEnd() 之间的每个连续顶点对指定了一条线段。所以，以下代码

```
glColor3f(1.0,0,0);         // 绘制红色
glBegin(GL_LINES);          // 绘制直线段
       glVertex2f(-0.5,0.5);
       glVertex2f(-0.5,-0.5);
       glColor3f(0.0,1.0,0.0);
       glVertex2f(-0.5,0.5);
       glColor3f(1.0,1.0,0.0);
       glVertex2f(0.5,-0.5);
glEnd();
```

指定了两条直线段，第 1 条起始点为 (−0.5,0.5)，终止点为 (−0.5,−0.5)，两个顶点为红色；第 2 条起始点为 (−0.5,0.5) 且颜色为绿色，终止点为 (0.5,−0.5) 且颜色为黄色。

- GL_LINES_STRIP。顶点集定义了一系列首尾相接的线段，所以，如下代码

```
glBegin(GL_LINE_STRIP);              // 绘制折线段
   glVertex2f(-0.5,-0.5);
```

```
    glVertex2f(-0.5,0.5);
    glVertex2f(0.5,0.5);
    glVertex2f(0.5,-0.5);
glEnd();
```

指定了 3 条线段，第 1 条起始点为 (−0.5,−0.5)，终止点为 (−0.5,0.5)；第 2 条起始点为 (−0.5,0.5)，终止点为 (0.5,0.5)；第 3 条起始点为 (0.5,0.5)，终止点为 (0.5,−0.5)。

- GL_LINES_LOOP。除了以 GL_LINE_STRIP 方式连接线段外，最后一个顶点还将与第一个顶点相连。所以，以下代码将形成一个折线闭环：

```
glBegin(GL_LINE_LOOP);              //// 绘制封闭直线
    glVertex2f(-0.5,-0.5);
    glVertex2f(-0.5,0.5);
    glVertex2f(0.5,0.5);
    glVertex2f(0.5,-0.5);
glEnd();
```

OpenGL 中点和直线的类型与其相应的 glBegin() 和 glEnd() 之间的顶点关系如图 5-2 所示，顶点 $P_i(i=0,1,\cdots,n)$ 的下标表示该点在 glBegin() 和 glEnd() 之间的顺序。

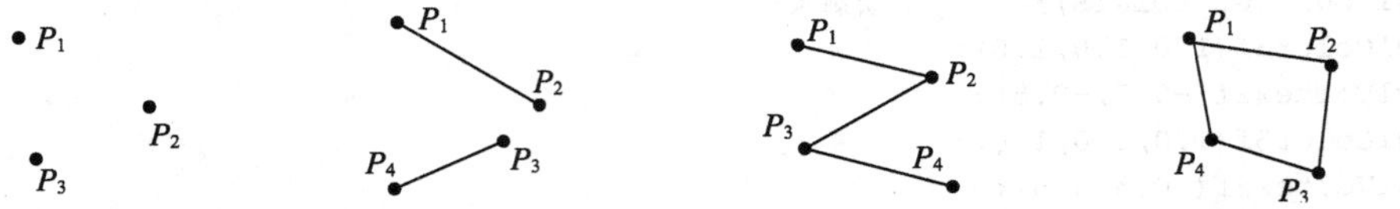

a) GL_POINTS　b) GL_LINES　c) GL_LINE_STRIP　d) GL_LINE_LOOP

图 5-2　点和直线类型

直线段的属性包括颜色、线宽以及点划模式等。

直线的线条宽度 (line width) 由函数 glLineWidth() 设置：

```
void glLineWidth(GLfloat width);
```

其中参数 width 表示线宽，单位为像素。默认宽度为 1.0。

直线的点划模式 (stipple pattern) 由 glLineStipple() 函数设置：

```
void glLineStipple(Glint factor,Glushort pattern);
```

其中参数 factor 表示线条重复因子，取值范围为 1 ～ 256。为了绘制一条完整的线段，点划模式需要重复必要的次数。pattern 为一个 16 位 (bit) 模式。从低位向高位，1 表示将直线上相应的像素画出来，0 表示不画。pattern 中的 1 和 0 的连续组将被重复绘制 factor 次。如 glLineStipple(3,0xcccc)，表示重复因子 3，模式 cccc (1100110011001100)，即先画 6 个像素不显示，6 个像素显示；其次画 6 个像素不显示，6 个像素显示；再次画 6 个像素不显示，6 个像素显示；最后画 6 个像素不显示，6 个像素显示，一个周期结束，整条线段反复重复此周期。

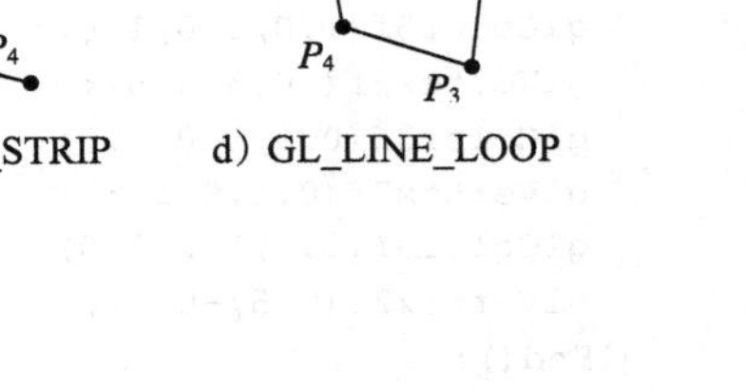

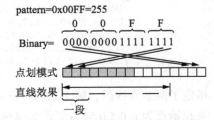

图 5-3　点划模式绘制示意图

图 5-3 表示点划模式 glLineStipple(1, 0x00ff) 绘制的效果，最后这条直线以虚线形式展示。

在 OpenGL 中很多特性需要启用才有效，如光照、隐藏面消除、纹理映射，每启用一种特性可能会使渲染过程放慢，所以如果当某种特性不再需要时应将其禁用，程序效率会更高，当然编程者可自行决定。点划模式是 OpenGL 的许多需要启用的特性之一。

```
void glEnable(GLenum feature) ;          //启用某种特性
void glDisable(GLenum feature) ;         //禁用某种特性
```

直线的点划模式通过如下方式启用：

```
glEnable(GL_LINE_STIPPLE);
```

所以在想要使用某种特性之前不要忘记首先启用该特性。如果某项特性没有被启用，即便设定了相关参数也是无效的。高性能显卡的特征之一是，许多特性都是以硬件运算方式来完成的而非软件方式。所以，启用这些特性可能并不会给程序的性能带来很大的影响。

5.3 可填充的图元绘制

在程序 Simple.cpp 中，我们用到一个矩形填充图元的例子。具有内部区域的图元都可以某种颜色或某种填充模式进行填充，可填充的图元除矩形外还包括多边形 (GL_POLYGON)、四边形 (GL_QUADS)、三角形 (GL_TRIANGLES)、三角形条 (GL_TRIANGLE_STRIP)、四边形条 (GL_QUAD_STRIP) 和三角形扇 (GL_TRIANGLE_FAN)。如前所述，它们都是由 glBegin() 和 glEnd() 之间的顶点集来定义其形状的，如图 5-4 所示，其中顶点 $P_i(i=0,1,\cdots,n)$ 的下标表示该点在 glBegin() 和 glEnd() 之间的顺序。

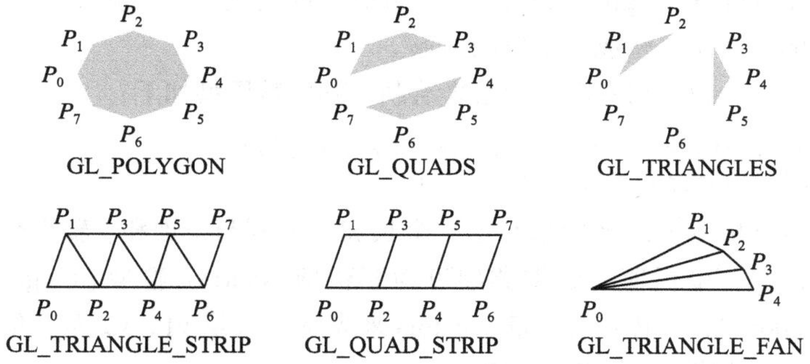

图 5-4 填充的类型与顶点的顺序

- GL_POLYGON 由 glBegin() 和 glEnd() 之间的 glVertex*() 调用序列定义一个多边形。

OpenGL 定义的多边形是由一系列线段依次连接而成的封闭区域，多边形可以是平面多边形，即所有顶点在一个平面上，也可以是空间多边形。OpenGL 规定多边形中的线段不能交叉（如图 5-5a 所示），区域内不能有空洞（如图 5-5 b 所示），也即多边形必须是凸多边形（指多边形任意非相邻两点的连线位于多边形的内部，如图 5-5c 所示），不能是凹多边形（如图 5-5d 所示），否则不能被 OpenGL 函数接受。

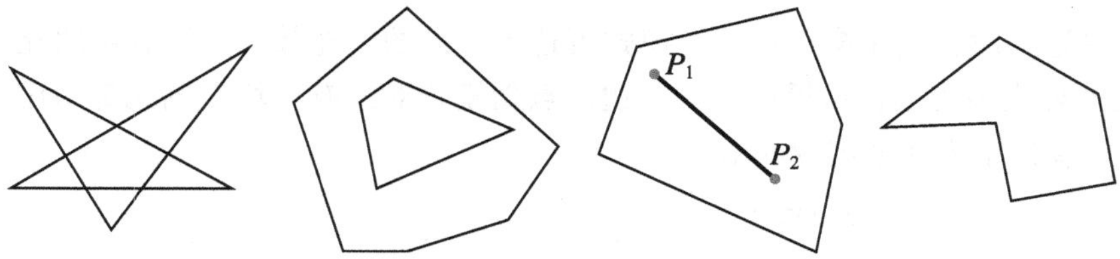

a) 交叉多边形 b) 有空洞的多边形 c) 凸多边形 d) 凹多边形

图 5-5 凸凹多边形

在实际应用中，往往需要绘制一些凹多边形，通常解决的办法是对它们进行分割，用多个三角形来代替。显然，绘制这些三角形时，有些边不应该进行绘制，否则多边形内部就会出现多余的线框。OpenGL 提供的解决办法是通过设置边标志命令 glEdgeFlag() 来控制某些边产生绘制，而另外一些边不产生绘制，这也称为边界标志线或非边界线。这个命令的定义如下：

```
void glEdgeFlag(GLboolean flag);
void glEdgeFlag(PGLboolean pflag);
```

- GL_TRIANGLES 由 glBegin() 和 glEnd() 之间每三个连续的顶点划为一组，并以三角形来表示该组。多余的顶点将被忽略。
- GL_TRIANGLE_STRIP 由 glBegin() 之后的前三个顶点定义第一个三角形。每个后续顶点都与之前的两个顶点构成一个新的三角形。所以，当第一个三角形定义好后，其余三角形只需要调用一次 glVertex*() 即可。
- GL_TRIANGLE_FAN 由 glBegin() 之后的前三个顶点定义第一个三角形。每个后续顶点都与第一个顶点和他的前一个顶点构成一个新三角形。
- GL_QUADS 由 glBegin() 和 glEnd() 之间每四个连续的顶点划为一组，并以四边形来表示该组。多余的顶点将被忽略。
- GL_QUAD_STRIP 由 glBegin() 之后的四个定点定义一个四边形。每个后续顶点对都与其之前的一对定点构成一个新四边形。

另外，矩形 (Rectangle) 用专门的函数来绘制，其函数原型如下：

```
void glRec<sifd>(type x1,type y1,type x2,type y2);
void glRec<sifd>v(type *v1, type *v2);
```

函数是用矩形对角线上的坐标来制定一个长和宽分别与 x 轴和 y 轴平行的矩形，对角线的坐标 (x_1,y_1)、(x_2,y_2)，坐标值的数据类型可为短整型 (short)、整型 (integer)、浮点型 (float) 和双精度浮点型 (double)，也可用矢量 (vector) 来表示，矢量 $v1$、$v2$ 为对角线端点矢量。给定的坐标位置可有 4 种情况，如图 5-6 所示。

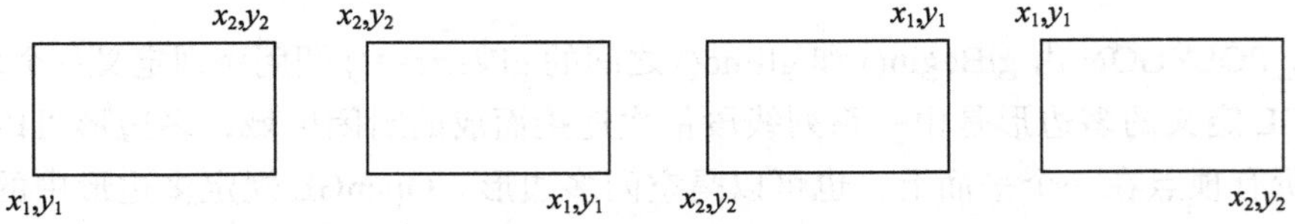

图 5-6　矩形对角线的坐标位置

5.4　多边形的绘制模式

在填充多边形时，使用多边形填充模式可达到不同的填充效果。所有可填充图元在绘制过程中都被处理成多边形，这里所说的多边形点划模式对所有可填充图元都适用。多边形点划模式首先需要以下方法来进行启用：

```
glEnable(GL_POLYGON_STIPPLE);
```

多边形点划模式由下列函数来设定：

```
void glPolygonStipple(const GLubyte *mask);
```

参数 mask 是一个指向 32 × 32 位图的指针（矩阵）。这种模式与直线的点划模式用法相同，只是维数为 2，且与窗口对齐。如果我们通过改变多边形的顶点而将其旋转，并进行重新绘制，点划模式不会跟着发生旋转。当 mask 中某位为 1 时绘制相应像素，为 0 时不用绘制，mask 可理解为由 0 和 1 构成的绘图模板。不需要时使用“ glDisable(GL_POLYGON_STIPPLE);”禁用此功能。

多边形除了点划模式外还设有绘图模式，其由以下函数来设定：

```
void glPolygonMode(GLenum face,GLenum mode);
```

参数 face 为 GL_FRONT、GL_BACK 或 GL_FRONT_AND_BACK 分别表示绘制多边形的正面、绘制反面、正反两面都绘制。

参数 mode 为 GL_POINT、GL_LINE 或 GL_FILL，分别表示绘制轮廓点式多边形、轮廓线式多边形或全填充式多边形。

在 OpenGL 中，多边形分为正面和反面，对这两个面都可以进行操作，在默认状况下，OpenGL 对多边形正反面是以相同的方式绘制的，要改变绘制状态必须调用 PolygonMode() 函数。

在正常情况下，OpenGL 中多边形的正面和反面是由绘制的多边形的顶点顺序决定的，逆时针方向绘制的面是多边形的正面，但是在 OpenGL 中使用以下函数来自定义多边形的正面：

```
void glFrontFace(GLenum mode);
```

该函数的参数 mode 指定了正面的方向。它可以是 CL_CCW 和 CL_CW，分别指定逆时针和顺时针方向为多边形的正方向。

我们还可以使用以下函数来选择性渲染多边形：

```
void glCullFace(Glenum mode);
```

该函数说明在渲染时哪些多边形在转换成屏幕坐标时要删除。参数 mode 为 GL_FRONT、GL_BACK、GL_FRONT_AND_BACK，分别表示绘制时忽略多边形的正面、反面或正反面均忽略。

该函数也需要启用才能有效：

```
glEnable(GL_CULL_FACE);          //启用 glCullFace 命令
glDisable(GL_CULL_FACE);         //禁用 glCullFace 命令
```

以下给出一个不同方式绘制多边形的例子：

```
//多边形点划模式绘制实例
#include <windows.h
#include <glut.h>

void Display(void);
void Poloygon(void);
void Reshape(int w,int h);

int main(int argc, char* argv[])
{
    glutInit(&argc,argv);
    glutInitWindowPosition(0,0);
    glutInitWindowSize(1024,768);
    glutInitDisplayMode(GLUT_DOUBLE | GLUT_RGB);
    glutCreateWindow("2D-Transformation");
```

```
    glutDisplayFunc(Display);
    glutReshapeFunc(Reshape);
    glutMainLoop();

    return 0;
}

void Display(void)
{
    glClearColor(0.0,0.0,0.0,1.0);
    glClear(GL_COLOR_BUFFER_BIT);

    glMatrixMode(GL_MODELVIEW);
    glLoadIdentity();
    Poloygon();
    glutSwapBuffers();
}

void Poloygon()
{
     GLubyte fly[]={
         0x00,0x88,0x03,0x05,0x55,0x00,0x00,0x00,
         0x03,0x88,0x31,0xC0,0x06,0xCc,0x03,0x60,
         0x04,0x60,0x46,0x20,0x04,0x30,0x0C,0x20,
         0x04,0x18,0x18,0x20,0x04,0x0C,0x30,0x20,
         0x04,0x06,0x63,0x20,0x44,0x03,0xC0,0x22,
         0x44,0xd1,0x82,0x22,0x44,0xc1,0x80,0x22,
         0x44,0xd1,0x81,0x22,0x44,0xc1,0x80,0x22,
         0x44,0xd1,0x80,0x22,0x44,0xc1,0x80,0x22,
         0x66,0xd1,0x80,0x66,0x33,0xc1,0x80,0xCC,
         0x19,0x81,0x81,0x98,0xbC,0xC1,0x83,0x30,
         0x07,0xE1,0x87,0xE0,0xb3,0x3F,0xFC,0xC0,
         0x03,0x31,0x8C,0xC0,0xb3,0x33,0xCC,0xC0,
         0x06,0x64,0x26,0x60,0x0C,0xCC,0x33,0x30,
         0x18,0xCC,0x33,0x18,0x10,0xC4,0x23,0x08,
         0x10,0x63,0xC6,0x08,0x10,0x30,0x0C,0x08,
         0x10,0x18,0x18,0x08,0x10,0x00,0x00,0x08};

         //第一个多边形采用点绘制
         glPolygonMode(GL_FRONT,GL_POINT);
         glTranslatef(10.0,10,0.0);
         DrawPolygon(cx,cy,radius);
         //第二个多边形采用线绘制

         glPolygonMode(GL_FRONT,GL_LINE);
         glTranslatef(300.0,0.0,0.0);
         DrawPolygon(cx,cy,radius);

         //第三个多边形采用填充模式绘制
         glPolygonMode(GL_FRONT,GL_FILL);
         glTranslatef(300.0,0.0,0.0);
         DrawPolygon(cx,cy,radius);

         //第四个多边形为逆时针方向，并舍弃其背面
     /*  glFrontFace(GL_CW);
```

```
        glCullFace(GL_BACK);
        glEnable(GL_CULL_FACE);
        glTranslatef(-500.0,300.0,0.0);
        DrawPolygon(n,cx,cy,radius);*/

        //第五个多边形采用点划模式绘制
        glFrontFace(GL_CCW);
        glEnable(GL_POLYGON_STIPPLE);
        glPolygonStipple(fly);
       glTranslatef(-300.0,300.0,0.0);
        DrawPolygon(cx,cy,radius);

       glDisable(GL_POLYGON_STIPPLE);
}
```

在这个程序中，共绘制了 5 个不同模式的多边形，如图 5-7 所示，第一行从左至右绘制了两个多边形，第一个被设为不可见面，因而在转为屏幕坐标时被删除，另一个采用点划模式画出。第二行共绘制 3 个多边形，分别采用点、线和填充的绘图模式绘制。

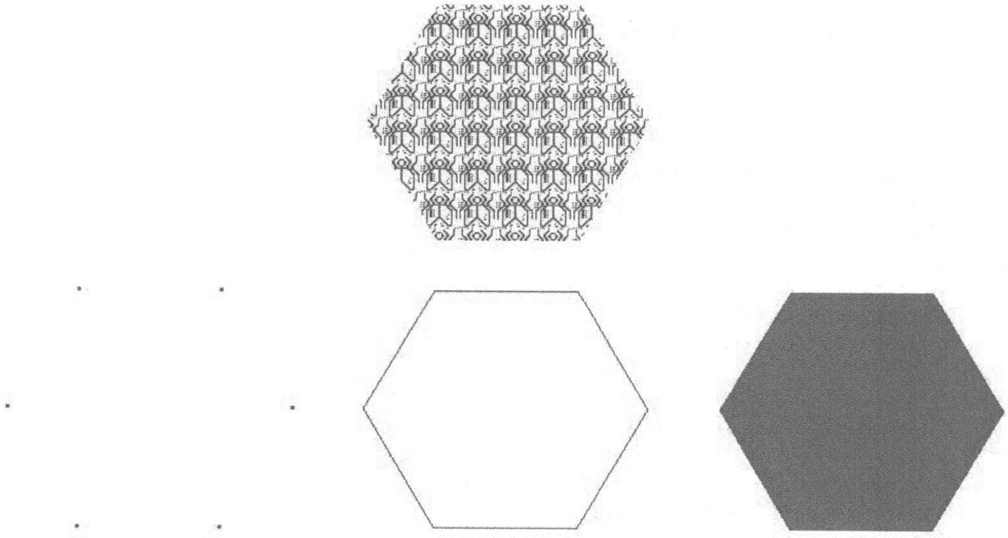

图 5-7　多边形绘制模式实例

5.5　圆和椭圆的绘制

OpenGL 中本来没有特别为绘制圆设定的专门函数，我们可借助绘制球的函数来绘制圆：

```
void glutWireSphere(Gldouble radius,Glint slices,Glint stacks);
```

该函数的本意是绘制线框球，在这里可用它来绘制二维圆，参数 radius 为圆的半径，slices 和 stacks 原本为球上的纬线数和经线数，我们可分别取 30 以上即可。注意也不要太大，那会使得生成的球的面片数太多而过度消耗系统资源。该函数绘制的圆其圆心在坐标原点，如果需要在其他位置绘制圆，则需要通过平移来实现，我们会在后续章节介绍。

椭圆的绘制也没有特别设定的专门函数，一般采取先绘制圆，再通过比例变换来实现。

以下代码分别用来在窗口中心绘制一个圆和椭圆：

```
//圆的绘制
void init(void);
void Display(void);
void Reshape(int w,int h);

int main(int argc, char* argv[])
{
    glutInit(&argc,argv);
    glutInitWindowSize(300,300);
    glutInitDisplayMode(GLUT_DOUBLE | GLUT_RGB);
    glutCreateWindow("small ellipse");
    init();
    glutDisplayFunc(Display);
    glutReshapeFunc(Reshape);
    glutMainLoop();
    return 0;
}

void init(void)
{
glClearColor(1.0,1.0,1.0,1.0);
}

void Display(void)
{
    glClear(GL_COLOR_BUFFER_BIT);
    glMatrixMode(GL_MODELVIEW);
    glLoadIdentity();
    glColor3f(1,0,0);
    glTranslatef(150,150,0);
    glutWireSphere(50,30,30);
    glutSwapBuffers();
}

void Reshape(GLsizei w,GLsizei h)
{
    glViewport(0,0,(GLsizei)w,(GLsizei)h);
    glMatrixMode(GL_PROJECTION);
    glLoadIdentity();
    gluOrtho2D(0.0,(GLsizei)w,0.0,(GLsizei)h);
}


//椭圆的绘制
void init(void);
void Display(void);
void Reshape(int w,int h);

int main(int argc, char* argv[])
{
    glutInit(&argc,argv);
    glutInitWindowSize(300,300);
    glutInitDisplayMode(GLUT_DOUBLE | GLUT_RGB);
    glutCreateWindow("small ellipse");
    init();
```

```
    glutDisplayFunc(Display);
    glutReshapeFunc(Reshape);
    glutMainLoop();
    return 0;
}

void init(void)
{
glClearColor(1.0,1.0,1.0,1.0);
}

void Display(void)
{
    glClear(GL_COLOR_BUFFER_BIT);
    glMatrixMode(GL_MODELVIEW);
    glLoadIdentity();
    glColor3f(1,0,0);
    glTranslatef(150,150,0);
    glPushMatrix();
    glScalef(2,1,1);
    glutWireSphere(50,30,30);
    glPopMatrix();
    glutSwapBuffers();
}

void Reshape(GLsizei w,GLsizei h)
{
    glViewport(0,0,(GLsizei)w,(GLsizei)h);
    glMatrixMode(GL_PROJECTION);
    glLoadIdentity();
    gluOrtho2D(0.0,(GLsizei)w,0.0,(GLsizei)h);
}
```

程序运行的效果如图 5-8 所示。

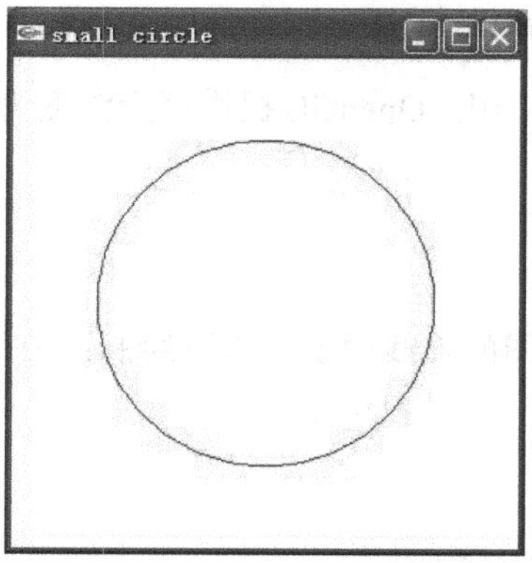

a）圆

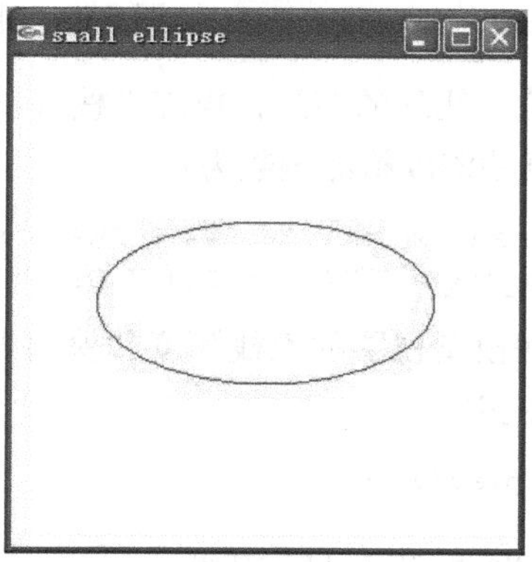

b）椭圆

图 5-8　圆和椭圆的绘制

5.6 状态的保存

OpenGL 中状态决定了图元的绘制方式。实际上我们对属性和其他状态变量所做的全部修改，都会改变当前状态。如何保存当前的状态以便后面的程序调用？ OpenGL 采取的方式是提供两种类型的堆栈，我们将当前状态保存在堆栈中，以便后期使用。

堆栈是一种先进后出的计算机数据结构。矩阵堆栈（matrix stack）可用来保存投影矩阵和模型视图矩阵。每种堆栈只能容纳相应类型的矩阵。可用函数 glPushMatrix() 和 glPopMatrix() 使矩阵入栈或出栈，其操作示意图如图 5-9 所示。所使用的矩阵由当前矩阵模式 (GL_MODELVIEW 或 GL_PROJECTION) 决定。

```
void glPushMatrix(void)
```

功能：把当前操作矩阵压入矩阵堆栈，记住当前所在的位置。

复制活动栈顶的当前矩阵并将其存入第二个栈位置。

```
void glPopMatrix(void)
```

功能：当前操作矩阵出栈，而它下面的矩阵将作为当前矩阵，返回到以前所在的位置。

破坏栈顶矩阵，栈的第二个矩阵成为当前矩阵。如果要弹出栈顶，栈内至少要有两个矩阵，否则就会出错。

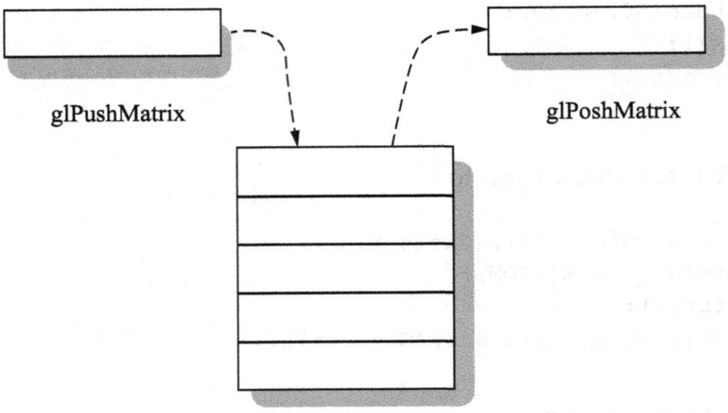

图 5-9　矩阵入栈出栈示意图

当前矩阵是位于栈顶的矩阵，矩阵堆栈可以嵌套使用。OpenGL 提供至少深度为 32 的建模观察栈。矩阵堆栈深度检测函数为：

```
glGet(GL_MAX_MODELVIEW_STACK_DEPTH);
glGet(GL_MAX_PROJECTION_STACK_DEPTH);
```

分别表示检测模型视图的堆栈深度和检测投影视图的堆栈深度。以下绘制部分的程序是一个矩阵堆栈应用实例。

```
void display(void);
{
glMatrixMode(GL_MODELVIEW);          // 设置模型视图变换
glPushMatrix;                        // 推入矩阵堆栈
glTranslatef(0,10,0);                // 沿 Y 轴向上平移 10 个单位
glutWireSphere(5,30,30);             // 画第一个圆
glPopMatrix;                         // 出栈，恢复到上次保存时的状态
glTranslatef(10,0,0);                // 沿 X 轴向右平移 10 个单位
glutWireSphere(5,30,30);             // 画第二个圆
}
```

程序运行效果如图 5-10 所示。注意，入栈和出栈操作必须成对使用；一次出栈必须与入栈对应。在层次系统中，如果这对操作没有正确的匹配，将使堆栈处于一种不可预知的状态。

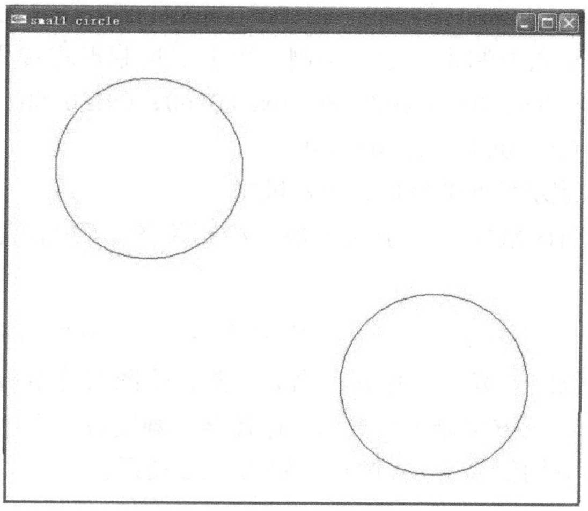

图 5-10 双圆的绘制

5.7 字符的绘制

OpenGL 中位图函数可以绘制点阵字符，GLUT 函数也提供了少量位图字体和笔划字体。与此同时，我们还可使用大多数窗口系统所提供的字体。但这样程序的移植性有可能因此而降低，但是针对不同的系统进行字体间的切换并不困难。我们可通过系统相关的函数来获取这样的字体。

下面我们分别来介绍 OpenGL 中的字符绘制函数。

1. 位图函数绘制点阵字符

点阵字符由位图表示，保存字符就是保存它的位图。一个 8×8 西文字符点阵包括 64 个点，需要 64 位二进制数（占 8 字节）表示，一个 16×16 点阵汉字需要 256 位表示，即 32 字节。英文字母“F”的 16×12 点阵如图 5-11 所示。

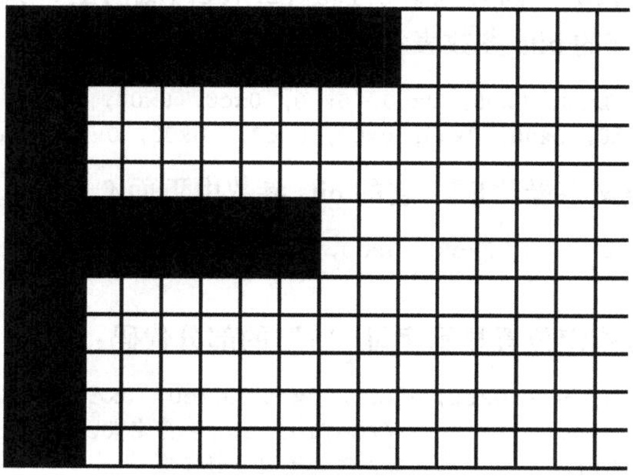

图 5-11 “F”的 16×12 点阵位图

图 5-11 中黑色位图部分用“1”表示，白色空位部分用“0”表示。整个点阵的二进制

表示为：1111111111000000，1111111111000000，1100000000000000，1100000000000000，1100000000000000，1111111100000000，1111111100000000，1100000000000000，1100000000000000，1100000000000000，1100000000000000，1100000000000000。由于二进制太长，我们一般用十六进制来标记二进制。以上二进制点阵转化为十六进制表示如下：0xff,0xc0；0xff,0xc0；0xc0,0x00；0xc0,0x00；0xc0,0x00；0xff,0x00；0xff,0x00；0xc0,0x00；0xc0,0x00；0xc0,0x00；0xc0,0x00；0xc0,0x00。

数据前面的 0x 用以表示后面的数据为十六进制。

OpenGL 提供的位图函数主要用于在屏幕上绘制位图，我们可借用此函数来绘制点阵字符：

```
void glBitmap(GLsizei w, GLsizei h, GLfloat x0, GLfloat y0,GLfloat xi, GLfloat yi, GLubyte *bits)
```

该函数用于画一个位图，宽为 w 像素，高 h 像素，位图点阵由参数 bits 提供，位图的起始位置从当前光栅位置 x、y 方向分别偏离 x_0、y_0 像素。画完后，下一个位图的起始位置距离当前光栅位置 x、y 方向分别偏离 x_i、y_i 像素，如图 5-12 所示。

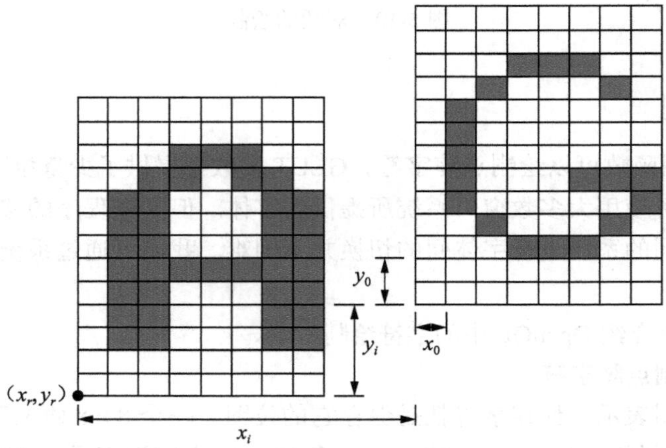

图 5-12　位图函数偏移距离示意图

图 5-12 中的（x_r,y_r）表示当前光栅的位置。位图应由底向上、从左到右开始创建。例如，前面英文字母 16×12 点阵的 bits 参数表示为：

```
GLubyte bits[24] = {0xc0, 0x00, 0xc0, 0x00, 0xc0, 0x00, 0xc0, 0x00, 0xc0, 0x00, 0xff,
0x00, 0xff, 0x00, 0xc0, 0x00, 0xc0, 0x00, 0xc0,  0x00, 0xff, 0xc0, 0xff, 0xc0};
```

一个 8×12 点阵的英文字母“F”，它的 bits 参数由下面 f_rasters 数组表示为：

```
GLubyte f_rasters[12] = { 0xc0, 0xc0, 0xc0, 0xc0, 0xc0, 0xfc, 0xfc, 0xc0, 0xc0,
0xc0, 0xff, 0xff};
```

下列程序表示在屏幕指定位置显示字母“F”的部分代码：

```
GLubyte f_rasters[12] = { 0xc0, 0xc0, 0xc0, 0xc0, 0xc0, 0xfc,   0xfc, 0xc0, 0xc0,
0xc0, 0xff, 0xff};                    //Definition 字符定义，8×12 点阵字符
glRasterPos2i(20, 20);                //确定光栅当前位置
glBitmap(8, 12, 0.0, 0.0, 14.0, 0.0, f_rasters);        //画点阵字符
```

用位图函数虽然能够显示点阵字符，但是用起来太烦琐，效率低下。

2. 位图字符函数

```
void  glutBitmapCharacter(void *font,int char)
```

该函数按照 font 指定的字体绘制字符 char，其中字符 char 由其 ASCII 码给出。例如：

```
glRasterPos2i(20, 20);                              // 光标定位于屏幕坐标 (20,20) 处
glutBitmapCharacter(GLUT_BITMAP_TIMES_ROMAN_10,'o'); // 用 times_roman 的 10 号字绘制字母 "o"
glutBitmapCharacter(GLUT_BITMAP_8_BY_13, 'k');      // 绘制一个 8×13 位的字符 "k"
```

glutBitmapCharacter 仅提供以下几种字体：

- GLUT_BITMAP_9_BY_15
- GLUT_BITMAP_8_BY_13
- GLUT_BITMAP_TIMES_ROMAN_10
- GLUT_BITMAP_TIMES_ROMAN_24

如果 GLUT 的 API 版本大于 3.0，还将提供以下这些字体：

- GLUT_BITMAP_HELVETICA_10
- GLUT_BITMAP_HELVETICA_12
- GLUT_BITMAP_HELVETICA_18

3. 矢量字符函数

矢量字符使用矢量的方向和长度来表示字符中的笔画。

OpenGL 中的矢量字符函数表示如下：

```
void  glutStrokeCharacter(void *font,int char)
```

该函数也是一样按照参数 font 指定的字体绘制字符 char，其中字符 char 由其 ASCII 码给出。例如：

```
glRasterPos2i(20, 20);                              // 定位光标
glutStrokeCharacter(GLUT_STROKE_ROMAN, 'a');        // 用矢量罗马字体绘制字母 "a"
glutStrokeCharacter(GLUT_STROKE_MONO_ROMAN,'a');    // 用矢量单色罗马字体绘制字母 "a"
```

glutStrokeCharacter 函数只有以下两种类型的字体：

- GLUT_STROKE_ROMAN
- GLUT_STROKE_MONO_ROMAN

有关中文字体绘制更详细的内容，请读者参考其他 OpenGL 编程书籍或网上资源。

5.8 反走样的实现

我们在第 4 章已经研究了光栅图像的锯齿效应和反走样技术。本节我们将介绍 OpenGL 中的反走样或者称为抗锯齿功能。

为了消除图元之间的锯齿状边缘，OpenGL 使用混合功能来混合片段的颜色，也就是把像素的目标颜色与周围像素的颜色进行混合。从本质上说，在任何图元的边缘上，像素颜色会稍微延伸到相邻的像素。

OpenGL 将反走样算法集成在反走样函数内部，可以通过软件或者硬件的形式来实现。

打开抗锯齿功能非常简单。首先，你必须启用混合功能并设置混合函数：

```
glEnable(GL_BLEND);
```

```
glBlendFunc(GL_SRS_ALPHA,GL_ONE_MINUS_SRC_ALPHA);
```

在正确启用混合功能之后，可以选择调用 glEnable 函数对点、直线或多边形（任何实心图元）进行抗锯齿处理：

```
glEnable(GL_POINT_SMOOTH);          //对点进行平滑处理
glEnable(GL_LINE_SMOOTH);           //对直线进行平滑处理
glEnable(GL_POLYGON_SMOOTH);        //对多边形进行平滑处理
```

但是，并不是所有的 OpenGL 实现都支持 GL_POLYGON_SMOOTH。在开启抗锯齿功能时，OpenGL 通过以下函数可以选择实现时是偏重于视觉质量还是速度，以适应不同类型的操作：

```
void glHint(GLenum target, Glenum mode);
```

参数 target 指定希望进行修改的图元类型，在这里有 3 个选择：GL_POINT_SMOOTH_HINT、GL_LINE_SMOOTH_HINT、GL_POLYGON_SMOOTH_HINT，分别代表是对点、直线和多边形进行修改，参数 mode 有两个选项：GL_NICEST 和 GL_FASTEST，分别表示选取的是质量还是速度。

一般来说，这几个函数要组合使用，代码参考如下：

- glEnable(GL_POINT_SMOOTH);
- glHint(GL_POINT_SMOOTH_HINT, GL_NICEST);
- glEnable(GL_LINE_SMOOTH);
- glHint(GL_LINE_SMOOTH_HINT, GL_NICEST);
- glEnable(GL_POLYGON_SMOOTH);
- glHint(GL_POLYGON_SMOOTH_HINT, GL_NICEST);

关于 OpenGL 的抗锯齿效应还有多重采样效果的处理，请读者自行参考 OpenGL 有关编程书籍。

本章小结

任何复杂的三维模型都是由基本的几何图元点、线段和多边形组成的，有了这些图元就可以建立比较复杂的模型，本章给出了在 OpenGL 中这些基本图元的绘制方法及其实例。因此，这部分内容是学习 OpenGL 编程绘制图形的基础。

习题 5

1. 编写程序，绘制基本图元，包括点、直线或可填充图元等，对点的大小、直线的线宽、点划模式、可填充图元的绘制模式进行修改，观察效果。
2. 编写程序，绘制一个用简单正多边形逐步细分逼近表示的圆。
3. 编写程序，实现对点、直线和多边形的抗锯齿功能。

第 6 章　图形用户界面与交互技术

作为计算机图形学中很重要的一项，交互式绘图与动画技术提供给用户一个较自由的图形处理环境。

6.1　概述

人机交互技术 (Human-Computer Interaction Techniques) 是指通过计算机输入、输出设备，以有效的方式实现人与计算机对话的技术。它包括机器通过输出或显示设备给人提供大量信息及提示，人通过输入设备给机器输入有关信息及提示等。人机交互技术是计算机用户界面设计中的重要内容之一。它与认知学、人机工程学、心理学等学科领域有密切的联系。

图形用户界面或图形用户接口 (Graphical User Interface，GUI) 是指采用图形方式显示的计算机操作环境。它在人机交互技术中占有非常重要的地位。与早期计算机使用的命令行界面相比，图形界面对于用户来说更为简便易用。

图形用户界面应能提供用户想要的工作环境，给用户以鼓励，使用户自信能掌握系统操作方法。图形用户界面的形式要有一定的灵活性，让用户对界面有一定的控制权，能够根据自己的意愿修改界面的图形、颜色或位置及输出信息的内容和方法。

图形用户界面在图形模式下工作，使用图标、色彩和字体表达信息及其属性，并使用统一的屏幕对话构件与用户对话，也使用数据库方法来管理对象。

追溯图形用户界面的历史发展，早在 1980 年 Three Rivers 公司推出 Perq 图形工作站就有了图形用户接口，到 1984 年苹果公司推出 Macintosh、1986 年首款用于 UNIX 的窗口系统 X Window System 发布、1992 年微软公司发布 Windows 3.1，图形用户界面不断地改进，一直到 2009 年的 Windows 7，其界面如图 6-1 所示。

图 6-1　Windows 7 用户界面

在图形用户界面中，计算机通过窗口、菜单、图标、按钮等图形表示不同目的的动作，用户通过鼠标、键盘和手写板等设备进行选择和交互。

现在还有很多用户界面，直接用手指或者特殊的笔端触摸触摸屏上显示的按钮、图标进行各种操作，如自动取款机（ATM）、手机、汽车导航、媒体播放器、游戏机等，一般操作简捷、直观。

6.2 人机交互用户界面的设计原则

1. 界面美观实用，布局合理

界面设计应当美观大方、层次清晰，屏幕显示和布局应清楚合理、重点突出、色彩搭配协调。图形用户界面接口通常将屏幕分为三个基本部分：用户工作区、菜单区、反馈提示区，图6-2展示了3DS Max软件的界面。一般应使用户工作区尽可能大，而菜单区和反馈提示区尽可能小，且当菜单区和反馈提示区不需要时可隐藏或关闭，使用户工作区扩展至整个屏幕。由于屏幕信息容量有限，需要时也可使用多窗口显示、弹出式菜单(pop-up menu)、滚动与移屏、缩放等技术，它们是组织信息显示的一些有效手段。

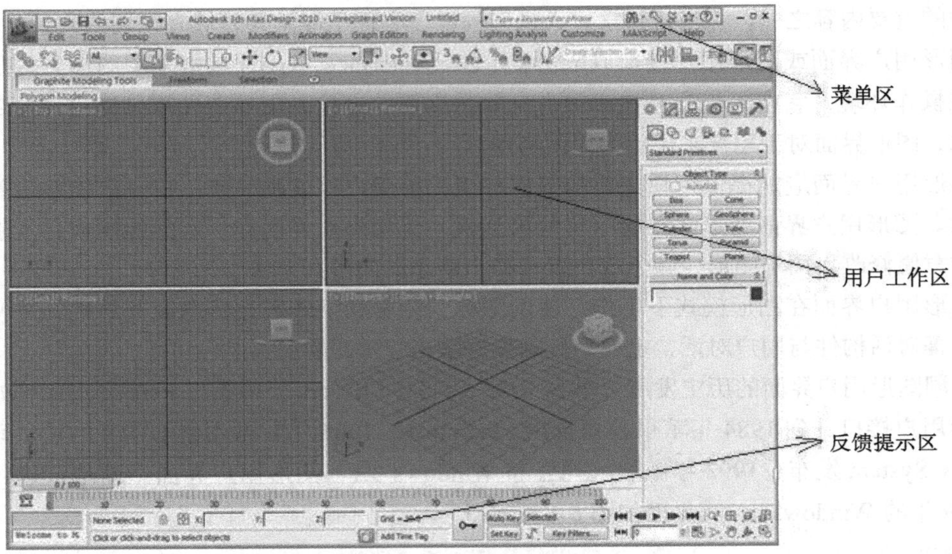

图6-2　3DS Max软件界面

2. 操作简单，易学易用

安装操作方便。对命令键、功能键的命名应始终如一，所有功能键只能赋予一项功能，并尽可能在屏幕上显示功能键和提示信息。菜单力求简明合理，尽可能使用一些快捷图标，图标力求通用易懂。提供在线帮助信息，内容简洁，突出重要信息。

3. 提供信息反馈

交互系统的反馈是指用户从计算机一方得到信息，表示计算机对用户的动作所做的反应。如果系统没有反馈，用户就无法判断他的操作是否为计算机所接受、是否正确，以及操作的效果是什么。反馈信息的呈现方式可以是多种多样的，如文本、图形和声音等。

一般来讲，交互系统需要以下几个方面的反馈信息：

1）系统是否接受用户的正确输入并做出提示（例如：鼠标焦点跳转）。

2）系统是否拒绝用户的错误输入并做出提示（例如：弹出警告框、声响）。

3）系统显示用户的错误输入的提示是否正确、浅显易懂（例如：“ERR004”这样的提示让人不知所云）。

4）系统是否在用户输入前给出用户具体输入方式的提示（例如：网站注册程序）。

5）系统提示所用的图标或图形是否具有代表性和警示性。

6）系统提示用语是否按警告级别和完成程度进行分级（若非某些破坏性操作，请对用户温和一些）。

7）系统在界面（主要是菜单、工具条）上是否提供突显功能（比如鼠标移动到控件时，控件图标变大或颜色变化至与背景有较大反差，当移开后恢复原状）。

8）系统是否在用户完成操作时给出操作成功的提示（很多系统都缺少这一步，使用户毫无成就感）。

反馈信息通常应该足够简洁和清晰、引人注目，但这些信息也不能过分突出，以至于干扰用户的注意力。同时还应该考虑速度，因为反馈要耗费计算机资源。

4. 设计的一致性

前后一致是人机界面领域的普遍原则，即将相同类型的信息用一致或相似方式显示，包括显示风格、布局、位置、所使用的颜色等的一致性，以及相似的人机操作方式。一个统一的布局是指它们互相影响就像一个整体，而不是各自独立的片断。一致性的交互界面可帮助用户更容易使用交互系统，减轻用户重新学习、记忆的负担。

图 6-3 是某网站售卖衣服的例子，从中可看出四款不同的衣服，它们的售卖界面风格是一致的。

图 6-3　某网站售卖衣服界面

5. 取消功能与出错处理

在软件开发的过程中错误捕捉显得尤为重要，因为有的错误会导致软件功能失常，而有的却会造成破坏性损失。世界上没有不出错的软件。软件的逻辑错误、人为操作的失误、运行条件的改变等因素都会导致异常的出现。因此用户界面应该采取措施来处理出错问题，保证系统的正常运行。取消功能允许用户沿着执行过程的操作步骤，一步步往回退，退回到原来的位置，这其实也是一种出错处理方式。

6.3　逻辑输入设备及数据输入处理

许多图形软件标准将各种图形输入设备从逻辑上分为 6 种：定位设备、笔画设备、数值设备、选择设备、拾取设备和字符串设备，如表 6-1 所示。

表 6-1 图形输入设备的逻辑分类

名称	基本功能
定位设备 (Locator)	指定一个点的坐标位置 (x,y)
笔画设备 (Stroke)	指定一系列点的坐标
数值设备 (Valuator)	输入一个整数或实数
字符串设备 (String)	输入一串字符
选择设备 (Choice)	选择某个菜单项
拾取设备 (Pick)	选择显示图形的组成部分

6.3.1 逻辑输入设备

1. 定位设备

定位设备主要用来定位屏幕光标。常用的定位设备有鼠标器、操纵杆、跟踪球、空间球、数字化仪的触笔或手动光标等。定位的过程大多是将这些物理设备的位移转换成相应屏幕光标的位移，当屏幕光标处于所需求的位置时，通过按下上述装置上的按钮以保存该点的坐标。定位设备可以按照绝对坐标或相对坐标、直接或间接、离散或连续等标准进行分类。

绝对坐标设备包括数字化仪和触摸屏，它们都有绝对原点，定位坐标相对原点来确定。相对坐标设备包括鼠标、跟踪球、操纵杆等，这类设备没有绝对原点，定位坐标相对原点来确定。相对坐标设备可指定的范围可以任意大，然而只有绝对坐标设备才能作为数字化绘图设备。绝对坐标设备可以改成相对坐标设备，如数字化仪，只要记录当前点位置与前一点位置的坐标差（增量），并将前一点看成坐标原点，则数字化仪的定位范围也可变成无限大。

直接设备指诸如触摸屏一类用户可直接用手指触摸屏幕进行操作从而实现定位的设备，间接设备则诸如鼠标、操纵杆等用户通过移动屏幕上的光标实现定位的设备。

连续设备把手的连续运动变成光标的连续运动，鼠标、操纵杆、数字化仪等均为此类设备；键控光标则为离散设备。连续设备比离散设备更自然、更快、更容易使用，且在不同方向上运动的自由度比离散设备大。此外，使用离散设备也难以实现精确定位。

2. 笔画设备

笔画设备产生一系列的坐标值，可进行多边形和曲线等的输入。一般用作定位设备的都可以用作笔画设备。如将鼠标作为笔画设备，可将鼠标从一端移向另一端，通过不停地按动鼠标上的键就可产生一系列的坐标值，根据输入的坐标值可产生多边形或曲线等。

3. 定值设备

定值设备（数值设备）常用来输入各种参数和数据。键盘、鼠标、操纵杆、跟踪球等设备都可以用来定值。标尺、刻度盘和拉杆等都可以用来定值。

4. 字符串设备

字符串设备用来进行字符串输入。典型的字符串设备是键盘。此外，还有一些其他的设备通过软件辅助也可以进行字符串输入。如软键盘，由定位设备来模拟字符键盘输入；或用笔画设备输入字符图形，用识别软件进行识别输入，如图形输入板；或用语音设备输入语音，然后根据语音库识别进行字符串输入。

5. 选择设备

选择设备主要用来选择菜单选项、属性选项和用于构图的对象形状等。常用的选择设备有功能键、热键和定位设备等。另外还有语音选择、笔画选择等。

6. 拾取设备

拾取设备用于选择场景中即将进行变换、编辑和处理的部分。用拾取技术拾取一个图形对象，在屏幕上是要改变该对象的颜色、亮度或使该对象闪烁；而在存储用户图形的数据结构中，则要找到存放该对象的几何参数及其属性的地址，以便对该对象进行增、删、改操作。拾取设备根据图形系统的不同，往往采用定位设备、选择设备、数值设备或者它们的组合方式实现。

（1）利用定位设备

将屏幕光标移到被选择的对象上，再按下相应的键，指示要拾取这个物体。但存在冲突，如图 6-4 所示，屏幕光标在 *P* 点拾取时，系统无法确定被拾取的图形是 *AB*，还是 *ABE* 或 *ABCDE*。

解决方法：可以首先确定拾取优先级，即在每个图形对象生成时为其指定拾取优先级，在拾取对象时根据优先级确定选择哪个对象。也可以设立标志，采用依次对拾取图形设立标志的办法，逐个让用户确认或否认拾取。或者直接判断距离远近，寻找距离最近的对象优先拾取。

（2）指定拾取窗口

拾取窗口是以光标位置为中心的一个矩形窗口，通过让拾取窗口变得适当的小，可以找到唯一穿过该窗口的图形对象，如图 6-5 所示。

（3）矩形包围

通过指定一组对角点确定矩形，完全包含在矩形内的对象被选取，如图 6-6 所示，只有 *ABE* 被选择。

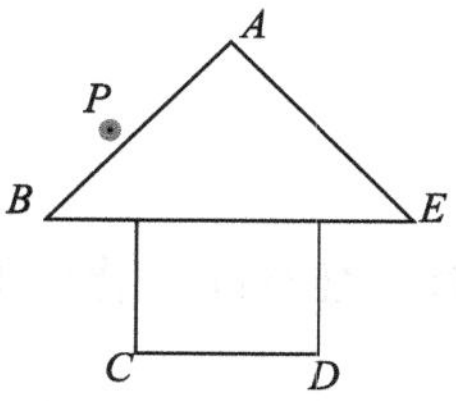

图 6-4 定位设备拾取物体的不确定性

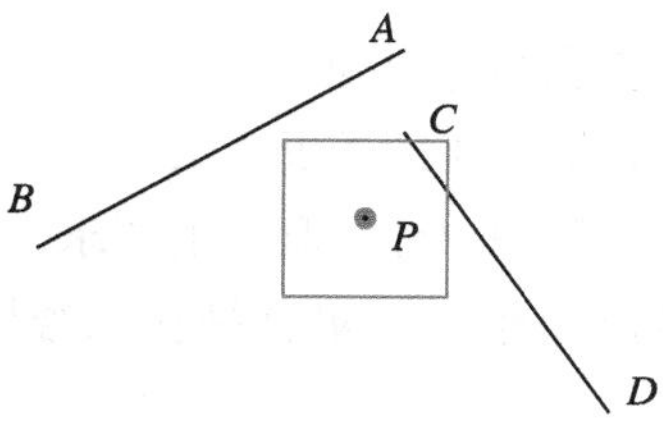

图 6-5 拾取窗口只与线段 *CD* 相交

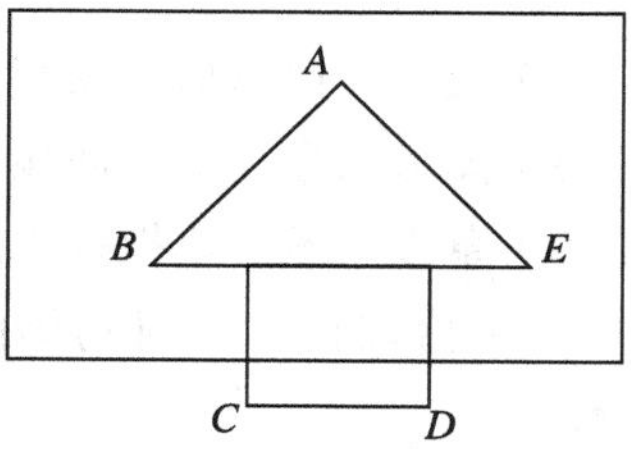

图 6-6 矩形包围拾取 *ABE*

（4）直接输入结构名字

使用键盘来直接输入图形对象的名字，但这是一种直接但交互性较差的拾取方法。

6.3.2 数据输入处理

数据输入处理有几种输入模式。输入模式即如何管理、控制多种输入设备进行工作，常用的输入模式有请求（request）、采样（sample）、事件（event）及其组合形式等几种。

1. 请求方式

在这种模式下，输入设备在应用程序的控制下工作，程序在输入请求发出后一直被置于等待状态直到数据输入。

2. 采样方式

应用程序和输入设备同时工作，当输入设备工作时存储输入数据，并不断更新当前数据，当程序要求输入时程序采用当前数据值。

3. 事件方式

每次用户对输入设备的一次操作以及形成的数据称为一个事件。在事件方式下，程序和设备同时工作，由输入设备初始化数据输入、控制数据处理进程，一旦有一种逻辑输入设备以及特定的物理设备已被设置成相应的方式后，即可用来输入数据或命令。

4. 输入模式的组合使用

一个应用程序同时可在几种输入模式下应用几个不同的输入设备来进行工作。

6.4 基本交互技术

6.4.1 基本绘图技术

1）定位。叠加在屏幕绘图坐标区的矩形网格可以用来定位和对准物体或文本。

2）约束。约束是在图形绘制过程中对图形的方向、对齐方式等进行规定和校准。

3）橡皮筋技术。针对输入要求，动态地、连续地将输入过程表现出来，直到产生用户满意的输入结果为止。

4）旋转法。将图形对象进行旋转。

5）引力法。将靠近某一点的任意输入位置“吸引”到该点上来，好像在该点的周围产生一个“引力域”。

6）拖动技术。将图形对象在空间移动的过程动态地、连续地表示出来，直到满足用户的位置要求为止。

7）变形。使图形对象产生形变和局部形变。

8）图形回显技术。回显是一种最直接的辅助方式。

9）草拟技术。草拟技术用以实现用户任意画图的要求。

10）拾取技术。对物体的拾取操作，其实就是在二维屏幕上对三维空间中物体的拾取技术。

6.4.2 基本三维交互技术

三维交互技术的困难在于用户难以区分屏幕上光标选择到对象的深度值和其他显示对象的深度值。另外，键盘、鼠标、数字化仪等交互设备均为二维的，不能适应三维交互工作的需要。

1）三维定位。一种简单的三维定位是借助三视图进行交互处理。

2）三维图形数据的输入。三维图形数据的输入可以采用键盘、三维数字化仪、三维坐标测量仪等设备。

3）三维定向。三维定向是在一个三维坐标系中规定对象的一个方向，实现比较繁琐。

6.5 OpenGL 交互与动画技术的实现

6.5.1 窗口改变回调函数

函数原型：`Void glutReshapeFunc(void (*f) (int width, int height))`

- 当用户用鼠标改变窗口的大小时，调用函数 f，新窗口的宽和高（width,height）值将返回给函数 f。
- 该函数调用放在主程序 main() 中。
- GLUT 有一个默认的窗口改变回调函数。
- 当默认的窗口改变回调函数不满足需求时，我们必须编写自己的窗口改变回调函数。

窗口改变回调函数使用举例如下：

```
void Reshape(int w, int h)
{
 glMatrixMode(GL_PROJECTION);              // 设置矩阵投影模式
 glLoadIdentity();                         // 设置单位矩阵
 glViewport(0, 0, w, h);                   // 设置视区大小
 gluOrtho2D(0, w, 0, h);                   // 设置裁剪窗口大小
}
```

在画圆时，当用户改变窗口大小时，圆不变成椭圆，只不过随窗口的增大而增大，随窗口的变小而变小，那我们在主程序中加上窗口改变回调函数调用 glutReshapeFunc(myreshape) 函数可实现以上效果，代码如下：

```
GLsizei w,h;
Void my reshape(GLsizei w,GLsizei h)
{
  /* 调整裁减窗口大小 */
   glMatrixMode(GL_PROJECTION);
   glLoadIdentity();
   if (w<=h)
     gluOrtho2D(-2.0,2.0,-2.0*(GLfloat)h/(GLfloat)w,2.0*  *(GLfloat)h/(GLfloat)w);
  else
     gluOrtho2D(-2.0,2.0,-2.0*(GLfloat)w/(GLfloat)h,2.0*   *(GLfloat)w/(GLfloat)h);
  glMatrixMode(GL_MODELVIEW);
   /* 调整视区 */
   glViewport(0,0,w,h);
  /* 将窗口宽和高用全局变量保存 */
   ww=w;
   hh=h;
}
```

6.5.2 闲置回调函数

函数原型为：

```
void glutIdleFunc(void (*f) (void))
```

闲置回调函数用于后台处理，当其他的事情处于挂起时，就可以执行函数 f。

如果将函数的参数设为 NULL 或 0，将取消该函数的执行。

该函数调用放在主程序 main() 中。闲置函数 f 通常和重绘回调函数结合使用。回调函数

在执行中可新命名一个回调函数被重新定义。例如，在程序的某一点不想再执行闲置回调：

```
glutIdleFunc(NULL);
```

6.5.3 重绘回调函数

函数原型为：

```
void glutPostRedisplay(void);
```

重绘回调函数要求显示回调函数 display() 被执行，要求计算机重画屏幕。如果在闲置回调函数中改变某些数据，要求屏幕重画，此时调用函数 glutPostRedisplay() 实现此功能，而最好不要直接调用显示回调函数 display()；通常利用它可实现简单动画。

以下程序实现正六边形不停旋转。

```
//样本程序：旋转的六边形
#include "stdafx.h"
#include <glut.h>
#include <math.h>
#define PI 3.14159                  //设置圆周率
int n=6, R=10;                      //多边形边数，外接圆半径

float theta=0.0;                    //旋转初始角度值
void Keyboard(unsigned char key, int x, int y); //键盘响应函数
void Display(void) ;                //显示回调函数
void Reshape(int w, int h);         //窗口改变回调函数
void myidle();                      //闲置函数

int APIENTRY _tWinMain(HINSTANCE hInstance,
                     HINSTANCE hPrevInstance,
                     LPTSTR    lpCmdLine,
                     int       nCmdShow)
{
    UNREFERENCED_PARAMETER(hPrevInstance);
    UNREFERENCED_PARAMETER(lpCmdLine);

    char *argv[] = {"hello ", " "};
    int argc = 2;

     glutInit(&argc, argv);                          //初始化GLUT库
     glutInitWindowSize(700,700);                    //设置显示窗口大小
     glutInitDisplayMode(GLUT_DOUBLE | GLUT_RGB);    //设置显示模式（注意双缓存）
     glutCreateWindow("A Rotating Square");          // 创建显示窗口
     glutDisplayFunc(Display);                       //注册显示回调函数
     glutReshapeFunc(Reshape);                       //注册窗口改变回调函数
     glutIdleFunc(myidle);                           //注册闲置回调函数
     glutMainLoop();                                 //进入事件处理循环

    return 0;
}

void Display(void)
{
    glClear(GL_COLOR_BUFFER_BIT);                    //清屏
```

```
    glColor3f(1.0,0,0);                                    // 设置红色绘图颜色
    glBegin(GL_POLYGON);                                   // 开始绘制六边形
       for (int i=0;i<n;i++)
          glVertex2f( R*cos(theta+i*2*PI/n), R*sin(theta+i*2*PI/n)); // 顶点坐标
     glEnd();
    glutSwapBuffers();                                     // 双缓存的刷新模式
}

void myidle()
{
    theta+=1.0;                                            // 旋转角增量
    if (theta ≥ 2*PI) theta-=2*PI;                         // 旋转角复位
    glutPostRedisplay();  // 重画，相当于重新调用 Display()，改变后的变量得以传给绘制函数
}

void Reshape(GLsizei w,GLsizei h)
{
    glMatrixMode(GL_PROJECTION);                           // 投影矩阵模式
    glLoadIdentity();                                      // 矩阵堆栈清空
    gluOrtho2D(-1.5*R*w/h,1.5*R*w/h,-1.5*R,1.5*R);         // 设置裁剪窗口大小
    glViewport(0,0,w,h);                                   // 设置视区大小
    glMatrixMode(GL_MODELVIEW);                            // 模型矩阵模式
}
```

6.5.4 单、双缓存技术

在图形图像处理编程过程中，双缓存是一种基本的技术。当数据量很大时，绘图可能需要几秒钟甚至更长的时间，而且有时还会出现闪烁现象，为了解决这些问题，可采用双缓存技术来绘图。双缓存即在内存中创建一个与屏幕绘图区域一致的对象，先将图形绘制到内存中的这个对象上，再一次性将这个对象上的图形复制到屏幕上，这样能大大加快绘图的速度。双缓存实现过程如下：

1）在内存中创建与画布一致的缓存区。

2）在缓存区画图。

3）将缓存区位图复制到当前画布上。

4）释放内存缓存区。

在 OpenGL 中通常利用双缓存技术来实现动画，而在绘制简单静止图形时，则可使用单缓存技术。双缓存技术中，前缓存 (front buffer) 表示屏幕正在显示的图形，后缓存 (back buffer) 表示应用程序正在生成的图形。让前缓存和后缓存交替执行，就可以实现动画的效果。

在 OpenGL 中，使用单缓存的方法如下。

1）在主函数 main 中设置显示模式：

```
glutInitDisplayMode(GLUT_SINGLE|GLUT_RGB);
```

2）在绘制函数 display 尾部设置刷新模式：

```
glFlush();
```

在 OpenGL 中，使用双缓存的方法如下：

1）在主函数 main 中设置显示模式：

```
glutInitDisplayMode(GLUT_DOUBLE|GLUT_RGB);
```

2）在绘制函数 display 尾部设置刷新模式：

```
glutSwapBuffers();
```

读者可以通过编写程序区分使用单缓存和双缓存技术来显示旋转六边形的显示效果的不同。

6.5.5 键盘交互

1. 键盘响应函数

键盘响应函数原型为：

```
void glutKeyboardFunc(void*func(unsigned char key,int x,int y))
```

func 为处理普通按键消息的函数名称。如果传递 NULL，则表示 GLUT 忽略普通按键消息。这个作为 glutKeyboardFunc 函数参数的函数需要 3 个形参。第一个参数“key”表示按下的键的 ASCII 码，其余两个参数“x”和“y”提供了当键按下时当前的鼠标位置，鼠标位置是相对于当前客户窗口的左上角而言的。当用户按下键盘中某个键时，程序将参数“key”值作为字符返回给函数 f，用户可决定下一步的行动。该函数调用放在主函数 main 中。

一个经常的用法是当按下 Esc 键时退出应用程序。注意，glutMainLoop 函数产生的是一个永无止境的循环，唯一的跳出循环的方法就是调用系统函数 exit。例如要实现当按下 Esc 键时调用 exit 函数终止应用程序，首先在主程序中要注册键盘响应函数“glutKeyboardFunc(myKeyBoard);”，myKeyBoard 键盘函数中的代码实现如下：

```
void myKeyBoard(unsigned char key,int x,int y)
{
    if(key==27)
    Exit(0);
}
```

2. 特殊键响应函数

特殊键响应函数原型为：

```
void glutSpecialFunc(void (*func)(int key,int x,int y))
```

当用户按下一个特殊键时，调用函数 func 响应用户需求处理相应事件。func 为处理特殊键按下消息的函数名称。传递 NULL 则表示 GLUT 忽略特殊键消息。函数 func 有三个形参，第一个参数“key”表示按下的键的 ASCII 码，其余两个参数“x”和“y”提供了当键按下时当前的鼠标位置。使用方法同 glutKeyboardFunc(void*f(unsigned char key,int x,int y))。

下面我们写一个函数，令一些特殊键按下时改变三角形的颜色。这个函数实现在按下 F1 键时三角形为红色，按下 F2 键时为绿色，按下 F3 键时为蓝色。

```
void mySpecialKey(int key, int x, int y)
 {
    if (key==GLUT_KEY_F1)
       glColor3f(1,0,0);
    if (key==GLUT_KEY_F2)
       glColor3f(0,1,0);
    if (key==GLUT_KEY_F3)
```

```
        glColor3f(0,0,1);
}
```

上面的 GLUT_KEY_* 在 glut.h 里已经被预定义为常量。这组常量如表 6-2 所示。

表 6-2　特殊键 GLUT 常量对应表

非 ASCII 键	回调参数值	非 ASCII 键	回调参数值
Fi(i=1,2,···,12)	GLUT_KEY_Fi	上方向键	GLUT_KEY_UP
Page Up	GLUT_KEY_PAGE_UP	下方向键	GLUT_KEY_DOWN
Page Down	GLUT_KEY_PAGE_DOWN	Home	GLUT_KEY_HOME
左方向键	GLUT_KEY_LEFT	End	GLUT_KEY_END
右方向键	GLUT_KEY_RIGHT		

3. 组合键响应函数

组合键响应函数原型为：

```
int glutGetModifers(void) ;
```

当键盘响应为组合键，也就是同时按下 Ctrl、Alt 或者 Shift 键和其他任意键时该函数能够检测是否有组合键被按下。这个函数只能在处理按键消息或者鼠标消息函数里被调用。这个函数的返回值是 3 个 glut.h 里预定义常量里的一个或它们的组合。这 3 个常量如下。

1）GLUT_ACTIVE_SHIFT：返回它则表示按下 Shift 键或按下 Caps Lock，注意两者同时按下时，不会返回这个值。

2）GLUT_ACTIVE_CTRL：返回它则表示当按下 Ctrl 键。

3）GLUT_ACTIVE_ATL：返回它则表示按下 Atl 键。

注意，窗口系统可能会截取一些组合键，这时就没有回调发生。现在让我们扩充前面的键盘响应函数 myKeyBoard 来处理组合键。例如按下 Esc 键或同时按下 Alt+c 时程序退出，按下 r 键时绘图色变为红色，当同时按下 Alt+r 键时绘图色变为白色。代码如下：

```
void myKeyBoard(unsigned char key, int x, int y)
{
          if ((key == 27)||
((glutGetModifers()== GLUT_ACTIVE_CTRL)&&((key=='c')||(key=='C'))))
                      exit(0);
          else if (key=='r')
                {
                      int mod = glutGetModifiers();
                      if (mod == GLUT_ACTIVE_ALT)
                                  glColor3f(1,1,1);
                      else
                                  glColor3f(1,0,0);
                }
}
```

下面讨论如何检测按键 Ctrl+Alt+F1? 在这种情况下，我们必须同时检测两个组合键，为了完成操作我们需要使用“或”操作符。我们修改前面的特殊键响应事件程序，使按下 Ctrl+Alt+F1 键时颜色改变为红色。

```
void mySpecialKey(int key, int x, int y)
```

```
{
          int mod;
          if  (key== GLUT_KEY_F1)
            {
             mod = glutGetModifiers();
             if (mod == (GLUT_ACTIVE_CTRL|GLUT_ACTIVE_ALT))
                  glColor3f(1,0,0);
             }
          if  (key==GLUT_KEY_F2)
                  glColor3f(0,1,0);
          if  (key==GLUT_KEY_F3)
                 glColor3f(0,0,1);
          }
}
```

6.5.6 鼠标交互

1. 鼠标按钮响应回调函数

鼠标按钮响应回调函数原型为：

```
void glutMouseFunc(void (*func) (int button, int state, int x, int y));
```

该函数在主程序中注册调用。参数 func 为处理鼠标按键响应的函数名称，它有 4 个形参，第 1 个形参 button 表示鼠标按钮名称，它的值有 GLUT_LEFT_BUTTON、GLUT_MIDDLE_BUTTON、GLUT_RIGHT_BUTTON，分别表示鼠标左键、中键和右键。第 2 个参数 state 表示鼠标按钮的状态，它的值有 GLUT_UP、GLUT_DOWN，分别表示鼠标按钮松开和按下的两种状态。第 3 个和第 4 个参数 x、y 表示返回鼠标在窗口中的位置（原点在左上角）。

下面举例说明鼠标响应函数如何使用。

例如，实现鼠标按下左键时程序即退出。首先在主程序中注册鼠标按钮响应回调函数 glutMouseFunc(mymouse)，鼠标按钮响应函数 mymouse 中的代码设置如下：

```
 void mymouse(int x,int y,int button,int state)
{
    if (state==GLUT_DOWN
        &&button==GLUT_LEFT_BUTTON) exit();
}
```

再例如，鼠标左键继续用于程序退出，鼠标右键则用于给出矩形的左下角和右上角坐标，首先单击右键一次可获取对角线角坐标，再单击一次可获取对角线另一角坐标，开始画矩形。程序代码设计如下：

```
int ww,hh; /*视区窗口宽和高*/
void mymouse(int button,int state, int x, int y)
{ static bool first=true;
  static int xx,yy;
  if (state==GLUT_DOWN&& button==GLUT_LEFT_BUTTON) exit(0);
  if(state==GLUT_DOWN && button==GLUT_RIGHT_BUTTON)
  { if (first)
       {  xx=x; yy=hh-y; first=!first;  }
       else
       {  first=!first;
```

```
                glClear(GL_COLOR_BUFFER_BIT);
                glRectf(xx,yy,x,hh-y);
            }
    }
}
```

以上程序中用到的窗口变量 hh 在窗口改变回调函数中获取：

```
void myReshape(GLsizei w, GLsizei h)
 { glMatrixMode(GL_PROJECTION);
     glLoadIdentity();
     gluOrtho2D(0.0,(GLfloat)w,0.0,(GLfloat)h);
   glMatrixMode(0,0,w,h);
    ww=w;
    hh=h;
}
```

以上程序也可改写为如下形式，以便鼠标多次单击时能完成图形的绘制：

```
GLint x1,y1,x2,y2;        //矩形对角线的坐标
int ww,hh; /*globals for viewport height and width */
void mymouse(int button,int state, int x, int y)
{
   static bool first=true;
  if(state==GLUT_DOWN&& button==GLUT_LEFT_BUTTON) exit(0);
  if(state==GLUT_DOWN && button==GLUT_RIGHT_BUTTON)
  {   if (first)
   {  x1=x; y1=hh-y; first=!first;  }
    else
    {  first=!first;  x2=x; y2=hh-y; }
     glutPostRedisplay();
  }
}

 void mydisplay(void)      //绘制函数
{
    glClear(GL_COLOR_BUFFER_BIT);
    glRectf(x1,y1,x2,y2);
    glutSwapBuffers();
}
```

2. 鼠标按钮按下时移动响应函数

鼠标按钮按下时移动响应函数原型为：

```
void glutMotionFunc(void (*func) (int x,int y));
```

该函数在主程序中注册调用。参数 func 为处理鼠标移动时响应的函数名称，它有两个形参 x 和 y，表示返回鼠标在窗口中的位置（原点在左上角）。

例如，鼠标按下时开始画折线，鼠标按钮松开时结束。首先在主程序中分别注册鼠标移动响应函数 glutMotionFunc(mymotion) 和鼠标按钮响应回调函数 glutMouseFunc(mymouse)。鼠标移动响应函数 mymotion 和鼠标按钮响应函数分别设计如下：

```
 void mymotion(int x,int y)
 {
   if  (first_time_called) //如果是第一次
```

```
    glBegin(GL_LINE_STRIP);
      glVertex2f(sx*(GLfloat)x,sy*(GLfloat)(h-y));
 }

 void mymouse(int button, int state, int x, int y)
{
  if (state==GLUT_UP&& button==GLUT_LEFT_BUTTON)
  glEnd();
}
```

3. 鼠标按钮松开时移动响应函数

鼠标按钮松开时移动响应函数原型为：

```
void glutPassveMotionFunc(void (*func) (int x,int y))
```

该函数在主程序中注册调用。参数 func 为处理鼠标按钮松开时的移动响应函数名称，它有两个形参 x 和 y，表示返回鼠标在窗口中的位置（原点在左上角）。该函数的使用方法同上。

4. 鼠标进入 / 离开窗口响应函数

鼠标进入 / 离开窗口响应函数原型为：

```
void glutEntryFunc(void(*func) (int state)
```

参数 func 表示处理鼠标进入或离开窗口事件的函数名，该函数有一个形参 state, 它有两个值 GLUT_LEFT 和 GLUT_ENTERED，分别表明是鼠标离开窗口还是进入窗口。使用方法和前面其他鼠标响应函数类似。

6.5.7 快捷菜单

在 OpenGL 中可以在窗口添加快捷菜单，创建弹出式菜单的步骤如下：

1）定义菜单内各菜单项。

2）定义每个菜单项的行为。

3）把菜单关联到鼠标按钮上。

所需要的常用菜单函数原型如下：

- int glutCreateMenu(void (*func)(int value))：创建一个使用回调函数 func() 的顶层菜单，并返回菜单的整数标识符。
- void glutAddMenuEntry(char *name, int value)：为当前菜单增加一个名为 name 的菜单项，value 值在选中时返回给菜单回调函数。
- void glutAttachMenu(int button)：将当前菜单关联到鼠标按钮 button (GLUT_RIGHT_BUTTON、GLUT_MIDDLE_BUTTON、GLUT_LEFT_BUTTON) 上。
- void glutAddSubMenu(char *submenu_name, int submenu_id)：增加一个子菜单项 submenu_name，子菜单创建时返回的标识符为 submenu_id。

以下是一个创建快捷菜单的简单例子。

1）在主程序中创建菜单。

```
int menu_id = glutCreateMenu(mymenu);
glutAddMenuEntry("Clear Screen", 1);
glutAddMenuEntry("Exit", 2);
glutAttachMenu(GLUT_RIGHT_BUTTON);
```

2）定义菜单功能。

```
void mymenu(int value)
{
      if(value==1) glClear();
      if(value==2) exit(0);
}
```

下面是创建包含子菜单的另一个例子。

1）在主程序中创建主菜单、子菜单。

```
int sub_menu;
sub_menu = glutCreateMenu(processSizeMenu);
glutAddMenuEntry("increase square size",2);
glutAddMenuEntry("decrease square size",3);
glutCreateMenu(myMainMenu);
glutAddMenuEntry("quit",1);
glutAddSubMenu("resize",sub_menu);
glutAttachMenu(GLUT_RIGHT_BUTTON);
```

2）定义菜单功能。

```
void myMainmenu(int value)
{
      if (value==1) exit(0);
      if (value==2) size++;
      if (value==3) size--;
}
```

6.5.8 子窗口与多窗口

OpenGL 中可以创建多个窗口来满足程序的要求。常用的窗口操作函数有：

- int glutCreateWindow(char *name)：创建一个顶层窗口 name，并为其返回一个整数标识符。
- void glutDestroyWindow(int id)：销毁标识符为 id 的窗口。
- void glutSetWindow(int id)：把当前窗口设为标识符为 id 的窗口。
- int glutCreateSubWindow(int parent, int x, int y, int width, int height)：为 parent 窗口创建一个子窗口，返回子窗口的标识符。子窗口原点位于 (x,y)，宽度为 width，高度为 height。
- void glutPostWindowRedisplay(int id)：通知标识符为 id 的窗口重新显示。

下面是创建两个窗口的程序示例：

```
int singleb,doubleb;                                   //Window ID;
 int  main(int argc, char** argv)
 {
    glutInit(&argc,argv);                              //初始化 OpenGL 库
    glutInitDisplayMode(GLUT_SINGLE|GLUT_RGB);         //设置单缓存显示模式
    singleb=glutCreateWindow("single buffered");       //创建一个窗口
    glutReshapeFunc(myReshape);                        //注册窗口改变回调函数
    glutDisplayFunc(displays);                         //注册显示回调函数 displays
    glutIdleFunc(spinDisplay);                         //注册闲置函数 spinDisplay
    glutMouseFunc(mouse);                              //注册鼠标按钮响应函数 mouse
```

```
    glutKeyboardFunc(mykey);                        //注册键盘响应函数 mykey
    glutInitDisplayMode(GLUT_DOUBLE|GLUT_RGB);      //设置双缓存显示模式
    doubleb=glutCreateWindow("double buffered");    //创建另一个窗口
    glutReshapeFunc(myReshape);                     //注册窗口改变回调函数
    glutDisplayFunc(displayd) ;                     //注册显示回调函数 displayd
    glutIdleFunc(spinDisplay);                      //注册闲置函数 spinDisplay
    glutMouseFunc(mouse);                           //注册鼠标按钮响应函数 mouse
    glutCreateMenu(quit_menu);                      //创建退出菜单
    glutAddMenuEntry("quit",1);                     //添加菜单条
    glutAttachMenu(GLUT_RIGHT_BUTTON);              //将菜单附着到鼠标右键
    glutMainLoop();                                 //进入消息循环
}
```

以上程序分别创建了一个单缓存模式的窗口和双缓存模式的窗口。每个窗口的显示函数不同。但每个窗口可以共用鼠标响应、闲置响应等。

6.5.9 显示列表

OpenGL 显示列表（Display List）是由一组预先存储起来的留待以后调用的 OpenGL 函数语句组成的，当调用这张显示列表时就依次执行表中所列出的函数语句。前面所举的例子都是瞬时给出函数命令，则 OpenGL 瞬时执行相应的命令，这种绘图方式叫做立即或瞬时方式（immediate mode）。本小节将详细地讲述显示列表的基本概述、创建、执行、管理以及多级显示列表的应用等内容。

1. 显示列表的基本概述

OpenGL 显示列表能优化程序运行性能，尤其是网络性能。它被设计成命令高速缓存，而不是动态数据库缓存。也就是说，一旦建立了显示列表就不能修改它。因为若显示列表可以被修改，则显示列表的搜索、内存管理的执行等开销会降低性能。

采用显示列表方式绘图一般要比瞬时方式快，尤其是显示列表方式可以大量地提高网络性能，即当通过网络发出绘图命令时，由于显示列表驻留在服务器中，因而使网络的负担减轻到最小。另外，在单用户的机器上显示列表同样可以提高效率。因为一旦显示列表被处理成适合于图形硬件的格式，则不同的 OpenGL 实现对命令的优化程度也不同。例如旋转矩阵函数 glRotate*()，若将它置于显示列表中，则可大大提高性能。因为旋转矩阵的计算并不简单，包含有平方、三角函数等复杂运算，而在显示列表中它只被存储为最终的旋转矩阵，于是执行起来如同硬件执行函数 glMultMatrix() 一样快。一般来说，显示列表能将许多相邻的矩阵变换结合成单个的矩阵乘法，从而加快速度。

并不是只要调用显示列表就能优化程序性能。因为调用显示列表本身时程序也有一些开销，若一个显示列表太小，这个开销将超过显示列表的优越性。下面给出显示列表能最大优化的场合。

（1）矩阵操作

大部分矩阵操作需要 OpenGL 计算逆矩阵，矩阵及其逆矩阵都可以保存在显示列表中。

（2）光栅位图和图像

程序定义的光栅数据不一定是适合硬件处理的理想格式。当编译组织一个显示列表时，OpenGL 可能把数据转换成硬件能够接受的数据，这可以有效地提高画位图的速度。

（3）光、材质和光照模型

当用一个比较复杂的光照环境绘制场景时，可以为场景中的每个物体改变材质。但是材质计算较多，因此设置材质可能比较慢。若把材质定义放在显示列表中，则每次改换材质时就不必重新计算了。因为计算结果存储在表中，因此能更快地绘制光照场景。

（4）纹理

因为硬件的纹理格式可能与 OpenGL 格式不一致，若把纹理定义放在显示列表中，则在编译显示列表时就能对格式进行转换，而不是在执行中进行，这样就能大大提高效率。

（5）多边形的图案填充模式

即可将定义的图案放在显示列表中。

2. 创建显示列表

OpenGL 提供类似于绘制图元的结构，即 glBegin() 与 glEnd() 的形式，创建显示列表，其相应的函数原型为：

```
void glNewList(GLuint list,GLenum mode);
```

这说明一个显示列表的开始，其后的 OpenGL 函数存入显示列表中，直至出现调用结束表的函数（见下面）。参数 list 是一个正整数，它标志唯一的显示列表。参数 mode 的可能值有 GL_COMPILE 和 GL_COMPILE_AND_EXECUTE。若要使后面的函数语句只存入而不执行，则用 GL_COMPILE；若要使后面的函数语句存入表中且按瞬时方式执行一次，则用 GL_COMPILE_AND_EXECUTE。

```
void glEndList(void);
```

标志显示列表的结束。

注意：并不是所有的 OpenGL 函数都可以存储在显示列表中且通过显示列表执行。一般来说，用于传递参数或返回数值的函数语句不能存入显示列表，因为这张表有可能在参数的作用域之外被调用；如果在定义显示列表时调用了这样的函数，则它们将按瞬时方式执行并且不保存在显示列表中，有时在调用执行显示列表函数时会产生错误。以下列出的是不能存入显示列表的 OpenGL 函数。

```
glDeleteLists()
glIsEnable()glFeedbackBuffer()
glIsList()glFinish()
glPixelStore()glGenLists()
glRenderMode()glGet*()
glSelectBuffer()
```

3. 执行显示列表

在建立显示列表以后就可以调用执行显示列表的函数来执行它，并且允许在程序中多次执行同一显示列表，同时也可以与其他函数的瞬时方式混合使用。执行显示列表的函数原型如下：

```
void glCallList(GLuint list);
```

参数 list 指定被执行的显示列表。显示列表中的函数语句按它们被存放的顺序依次执行；若 list 没有定义，则不会产生任何事情。下面列举一个应用显示列表的简单例子：

```
//显示列表例程(displist.c)
```

```
#include "glos.h"
#include <GL/gl.h>
#include <GL/glu.h>
#include <GL/glaux.h>
void myinit(void);
void drawLine(void);
void CALLBACK display(void);
void CALLBACK myReshape(GLsizei w, GLsizei h);
 GLuint listName = 1;
 void myinit (void)
{
  glNewList (listName, GL_COMPILE);
  glColor3f (1.0, 0.0, 0.0);
  glBegin (GL_TRIANGLES);
  glVertex2f (0.0, 0.0);
  glVertex2f (1.0, 0.0);
  glVertex2f (0.0, 1.0);
  glEnd ();
  glTranslatef (1.5, 0.0, 0.0);
  glEndList ();
  glShadeModel (GL_FLAT);
}
 void drawLine (void)
{
   glColor3f(1.0,1.0,0.0);
   glBegin (GL_LINES);
   glVertex2f (0.0, 0.5);
   glVertex2f (5.0, 0.5);
   glEnd ();
}
void CALLBACK display(void)
{
    GLuint i;
    glClear (GL_COLOR_BUFFER_BIT);
    glColor3f (0.0, 1.0, 0.0);
    glPushMatrix();
    for (i = 0; i <5; i++)
        glCallList (listName);
    drawLine ();
    glPopMatrix();
    glFlush ();}
void CALLBACK myReshape(GLsizei w, GLsizei h)
{
    glViewport(0, 0, w, h);
    glMatrixMode(GL_PROJECTION);
    glLoadIdentity();
    if (w <= h)
        gluOrtho2D (0.0, 2.0, -0.5 * (GLfloat) h/(GLfloat) w, 1.5 * (GLfloat) h/(GLfloat) w);
    else
        gluOrtho2D (0.0, 2.0 * (GLfloat) w/(GLfloat) h, -0.5, 1.5);
    glMatrixMode(GL_MODELVIEW);  glLoadIdentity();
}
void main(void)
{

    auxInitDisplayMode (AUX_SINGLE | AUX_RGBA);
```

```
    auxInitPosition (10, 200, 400, 50);
    auxInitWindow ("Display List");
    myinit();
    auxReshapeFunc (myReshape);
    auxMainLoop(display);
}
```

以上程序运行结果是显示五个显示列表中定义的红色三角形，然后再绘制一条非表中的黄色线段。

4. 管理显示列表

在上面的例子中，我们使用了一个正整数作为显示列表的索引。但是在实际应用中，一般不采用这种方式，尤其在创建多个显示列表的情况下。如果这样做，则有可能选用某个正在被占用的索引，并且覆盖这个已经存在的显示列表，对程序运行造成危害。为了避免意外删除，可以调用函数 glGenList() 来产生一个没有用过的显示列表，或调用 glIsList() 来决定是否指定的显示列表被占用。此外，在管理显示列表的过程中，还可调用函数 glDeleteLists() 来删除一个或一个范围内的显示列表。

（1）GLuint glGenList(GLsizei range)

分配 range 个相邻的未被占用的显示列表索引。这个函数返回的是一个正整数索引值，它是一组连续空索引的第一个值。返回的索引都标志为空且已被占用，以后再调用这个函数时不再返回这些索引。若申请索引的指定数目不能满足或 range 为 0，则函数返回 0。

（2）GLboolean glIsList(GLuint list)

询问显示列表是否已被占用。若索引 list 已被占用，则函数返回 TURE；反之返回 FALSE。

（3）void glDeleteLists(GLuint list,GLsizei range)

删除一组连续的显示列表，即从参数 list 所指示的显示列表开始，删除 range 个显示列表，并且删除后的这些索引重新有效。若删除一个没有建立的显示列表则忽略删除操作。

当建立一个与已经存在的显示列表索引相同的显示列表时，OpenGL 将自动删除旧表。如果将上面例子 displist.c 中所创建的显示列表改为以下代码：

```
listIndex=glGenLists(1);if(listIndex!=0){   glNewList(listIndex,GL_COMPILE);   ...
glEndList();}
```

那么，这个程序将更加优化实用。读者自己不妨试试，同时还可用它多创建几个显示列表或者再删除一个，看看效果怎样？

5. 多级显示列表

多级显示列表的建立就是在一个显示列表中调用另一个显示列表，也就是说，在函数 glNewList() 与 glEndList() 之间调用 glCallList()。多级显示列表对于构造由多个元件组成的物体十分有用，尤其是某些元件需要重复使用的情况。但为了避免无穷递归，显示列表的嵌套深度最大为 64（也许更高些，这依赖于不同的 OpenGL 实现），当然也可调用函数 glGetIntegerv() 来获得这个最大嵌套深度值。

OpenGL 在建立的显示列表中允许调用尚未建立的表，当第一个显示列表调用第二个并未定义的表时，不会发生任何操作。另外，也允许用一个显示列表包含几个低级的显示列表来模拟建立一个可编辑的显示列表。如下一段代码：

```
glNewList(1,GL_COMPILE);
glVertex3fv(v1);
glEndList();
glNewList(2,GL_COMPILE);
glVertex3fv(v2);
glEndList();
glNewList(3,GL_COMPILE);
glVertex3fv(v3);
glEndList();
glNewList(4,GL_COMPILE);
glBegin(GL_POLYGON);
glCallList(1);
glCallList(2);
glCallList(3);
glEnd();
glEndList();
```

这样，要绘制三角形就可以调用显示列表 4 了，即调用 glCallList(4)；要编辑顶点，只需重新建立相应的显示列表。

6.5.10 拾取操作

拾取操作是计算机图形系统最重要的交互方式之一，用户通过拾取操作选择系统中的图元并进行编辑与操作，它是体现计算机图形学交互性的一个重要特征。OpenGL 采用一种比较复杂的方式来实现拾取操作，即选择模式。选择模式是一种绘制模式，它的基本思想是在进行一次拾取操作时，系统会根据拾取操作的参数（如鼠标位置）生成一个特定观察体，然后由系统重新绘制场景中的所有图元，但这些图元并不会绘制到颜色缓存中，系统跟踪有哪些图元绘制到了这个特定的观察体中，并将这些对象的标识符保存到拾取缓存区数组中。

在 OpenGL 中进行拾取操作的步骤如下：

1. 设置拾取缓存区

首先调用 glSelectBuffer() 函数指定存放返回命令中记录的数组，该数组用于记录选中的结果。该函数原型为：

```
void glSelectBuffer(GLsizei size,Glint * buffer)
```

参数 size 为拾取缓存区 buffer 的大小，即数组的最大个数，参数 buffer 为指向数组的指针。

2. 进入选择模式

调用 glRenderMode(GL_SELECT) 函数进入选择模式。该函数原型为：

```
GLint glRenderMode(GLenum mode)
```

参数 mode 的取值可以是下面 3 个取值：

- GL_RENDER 为绘图模式，返回 0。
- GL_SELECT 为选择模式，返回选择缓存的命令中记录数目。
- GL_FEEDBAC 为反馈模式，返回反馈缓存区值的个数。

3. 名字堆栈操作

在选择模式下，需要对名字堆栈进行一系列操作，包括初始化、压栈、弹栈以及栈顶元素操作等。

函数 void glInitName(void) 初始化名字堆栈，其初始状态为空。名字堆栈是区别绘图命令集中的命令的唯一标志。

函数 void PushName(GLuint name) 将物体的名称压入名字堆栈中。参数 name 指定一个将被压入名字堆栈顶部的名字，名字堆栈的深度至少能容纳 64 个。

函数 void glLoadName(GLuint name) 用于将指定名称加载到栈顶。

函数 void glPopName(void) 用于弹出位于栈顶的名称。

4. 设置合适的变换过程，定义一个拾取区域

调用函数 void gluPickMatrix(GLdouble x,GLdouble y,GLdouble delX, GLdouble delY, GLint * viewport) 来定义一个拾取区域。该函数的形参 x、y 指定拾取区域的中心点，形参 delX、delY 分别指定拾取区域的宽度和高度，参数 viewport 指定当前视区。如果某物体与该拾取区域有相交，则被选中。

5. 为每个图元指定名字并绘制

为了标识图元，在图元绘制过程中需要用一个整型值指定图元名字，并在选择模式下将这个名字压入名字堆栈中。为了节省名字堆栈的空间，应该在图元绘制完成后将其名字从堆栈中弹出。

6. 切换回渲染模式

在选择模式下，所有的图元绘制完成后应该再次调用函数 glRenderMode(GL_RENDER) 退出选择模式，重新回到一般绘图渲染模式，在帧缓冲存储器中绘制图元，并返回被选中图元的个数。

7. 分析选择缓存区中的数据

拾取操作完成之后，可以根据选择缓存区中的内容进行分析，以确定拾取的图元。

以下通过一个物体拾取操作的例子来说明 OpenGL 拾取操作的方法。该例的详细信息请参见参考文献《OpenGL 超级宝典（原书第 5 版）》。所绘制的物体模拟太阳系行星，包括太阳、地球、火星、金星和木星。通过鼠标分别单击太阳、地球、火星、金星和木星，标题栏将改为太阳 / 地球 / 火星 / 金星 / 木星。

```
// 一个物体拾取操作的例子
// Planets.c
///////////////////////////////
// 定义对象名称
#define SUN              1
#define MERCURY    2
#define VENUS      3
#define EARTH      4
#define MARS       5

//////////////////////////////////////////////////////////
// 画一个给定半径的小球
void DrawSphere(float radius)
     {
     glutSolidSphere(radius, 40, 40);
     }

//////////////////////////////////////////////////////////
// Called to draw scene
```

```
void RenderScene(void)
      {
      // Clear the window with current clearing color
      glClear(GL_COLOR_BUFFER_BIT | GL_DEPTH_BUFFER_BIT);

      // Save the matrix state and do the rotations
      glMatrixMode(GL_MODELVIEW);
      glPushMatrix();

            // Translate the whole scene out and into view
            glTranslatef(0.0f, 0.0f, -300.0f);

            // Initialize the names stack
            glInitNames();
            glPushName(0);

            // Name and draw the Sun
            glColor3f(1.0f, 1.0f, 0.0f);
            glLoadName(SUN);
            DrawSphere(15.0f);

            // Draw Mercury
            glColor3f(0.5f, 0.0f, 0.0f);
            glPushMatrix();
                  glTranslatef(24.0f, 0.0f, 0.0f);
                  glLoadName(MERCURY);
                  DrawSphere(2.0f);
            glPopMatrix();

            // Draw Venus
            glColor3f(0.5f, 0.5f, 1.0f);
            glPushMatrix();
                  glTranslatef(60.0f, 0.0f, 0.0f);
                  glLoadName(VENUS);
                  DrawSphere(4.0f);
            glPopMatrix();

            // Draw the Earth
            glColor3f(0.0f, 0.0f, 1.0f);
            glPushMatrix();
                  glTranslatef(100.0f,0.0f,0.0f);
                  glLoadName(EARTH);
                  DrawSphere(8.0f);
            glPopMatrix();

            // Draw Mars
            glColor3f(1.0f, 0.0f, 0.0f);
            glPushMatrix();
                  glTranslatef(150.0f, 0.0f, 0.0f);
                  glLoadName(MARS);
                  DrawSphere(4.0f);
            glPopMatrix();
```

```
    // Restore the matrix state
    glPopMatrix();        // Modelview matrix

    glutSwapBuffers();
    }

///////////////////////////////////////////////////////////
// Present the information on which planet/sun was selected
// and displayed
void ProcessPlanet(GLuint id)
    {
    switch(id)
        {
        case SUN:
            glutSetWindowTitle("You clicked on the Sun!");
            break;
        case MERCURY:
            glutSetWindowTitle("You clicked on Mercury!");
            break;
        case VENUS:
            glutSetWindowTitle("You clicked on Venus!");
            break;
        case EARTH:
            glutSetWindowTitle("You clicked on Earth!");
            break;
        case MARS:
            glutSetWindowTitle("You clicked on Mars!");
            break;
        default:
            glutSetWindowTitle("Nothing was clicked on!");
            break;
        }
    }

///////////////////////////////////////////////////////////
// Process the selection, which is triggered by a right mouse
// click at (xPos, yPos).
#define BUFFER_LENGTH 64
void ProcessSelection(int xPos, int yPos)
    {
    GLfloat fAspect;

    // Space for selection buffer
    static GLuint selectBuff[BUFFER_LENGTH];

    // Hit counter and viewport storage
    GLint hits, viewport[4];

    // Setup selection buffer
    glSelectBuffer(BUFFER_LENGTH, selectBuff);

    // Get the viewport
    glGetIntegerv(GL_VIEWPORT, viewport);
```

```
    // Switch to projection and save the matrix
    glMatrixMode(GL_PROJECTION);
    glPushMatrix();

    // Change render mode
    glRenderMode(GL_SELECT);

    // Establish new clipping volume to be unit cube around
    // mouse cursor point (xPos, yPos) and extending two pixels
    // in the vertical and horizontal direction
    glLoadIdentity();
    gluPickMatrix(xPos, viewport[3] - yPos, 2,2, viewport);

    // Apply perspective matrix
    fAspect = (float)viewport[2] / (float)viewport[3];
    gluPerspective(45.0f, fAspect, 1.0, 425.0);

    // Draw the scene
    RenderScene();

    // Collect the hits
    hits = glRenderMode(GL_RENDER);

    // If a single hit occurred, display the info.
    if(hits == 1)
        ProcessPlanet(selectBuff[3]);
    else
        glutSetWindowTitle("Nothing was clicked on!");

    // Restore the projection matrix
    glMatrixMode(GL_PROJECTION);
    glPopMatrix();

    // Go back to modelview for normal rendering
    glMatrixMode(GL_MODELVIEW);
    }

///////////////////////////////////////////////////////////////
// Process the mouse click
void MouseCallback(int button, int state, int x, int y)
    {
    if(button == GLUT_LEFT_BUTTON && state == GLUT_DOWN)
        ProcessSelection(x, y);
    }

///////////////////////////////////////////////////////////////
// This function does any needed initialization on the
// rendering context.
void SetupRC()
    {
    // Lighting values
    GLfloat  dimLight[] = { 0.1f, 0.1f, 0.1f, 1.0f };
    GLfloat  sourceLight[] = { 0.65f, 0.65f, 0.65f, 1.0f };
```

```
    GLfloat    lightPos[] = { 0.0f, 0.0f, 0.0f, 1.0f };

    // Light values and coordinates
    glEnable(GL_DEPTH_TEST);      // Hidden surface removal
    glFrontFace(GL_CCW);          // Counter clock-wise polygons face out
    glEnable(GL_CULL_FACE);       // Do not calculate insides

    // Enable lighting
    glEnable(GL_LIGHTING);

    // Setup and enable light 0
    glLightfv(GL_LIGHT0, GL_AMBIENT, dimLight);
    glLightfv(GL_LIGHT0,GL_DIFFUSE,sourceLight);
    glLightfv(GL_LIGHT0,GL_POSITION,lightPos);
    glEnable(GL_LIGHT0);

    // Enable color tracking
    glEnable(GL_COLOR_MATERIAL);

    // Set Material properties to follow glColor values
    glColorMaterial(GL_FRONT, GL_AMBIENT_AND_DIFFUSE);

    // Gray background
    glClearColor(0.60f, 0.60f, 0.60f, 1.0f );
    }

///////////////////////////////////////////////////////////////
// Window changed size, reset viewport and projection
void ChangeSize(int w, int h)
    {
    GLfloat fAspect;

    // Prevent a divide by zero
    if(h == 0)
        h = 1;

    // Set Viewport to window dimensions
   glViewport(0, 0, w, h);

    // Calculate aspect ratio of the window
    fAspect = (GLfloat)w/(GLfloat)h;

    // Set the perspective coordinate system
    glMatrixMode(GL_PROJECTION);
    glLoadIdentity();

    // Field of view of 45 degrees, near and far planes 1.0 and 425
    gluPerspective(45.0f, fAspect, 1.0, 425.0);

    // Modelview matrix reset
    glMatrixMode(GL_MODELVIEW);
    glLoadIdentity();
    }
```

```
/////////////////////////////////////////////////////////////
// Entry point of the program
int main(int argc, char* argv[])
     {
     glutInit(&argc, argv);
     glutInitDisplayMode(GLUT_DOUBLE | GLUT_RGB | GLUT_DEPTH);
     glutInitWindowSize(800,600);
     glutCreateWindow("Pick a Planet");
     glutReshapeFunc(ChangeSize);
     glutMouseFunc(MouseCallback);
     glutDisplayFunc(RenderScene);
     SetupRC();
     glutMainLoop();

     return 0;
     }
```

程序运行效果如图 6-7 所示，图 6-7a 是鼠标点击前程序截图，标题栏显示“Nothing was clicked on!”，图 6-7b 是点击太阳后的程序截图，标题栏显示“you clicked on the Sun!”，可以看出拾取操作前后界面的变化。

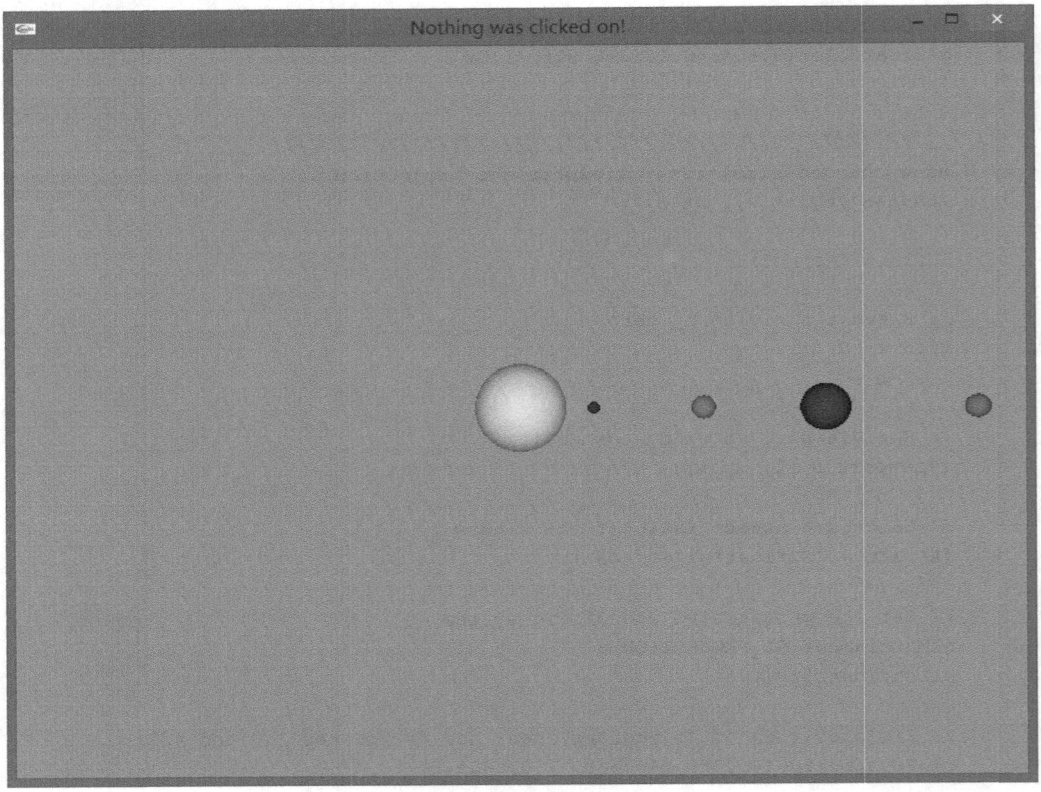

a）鼠标点击前程序画面

图 6-7　拾取操作前后

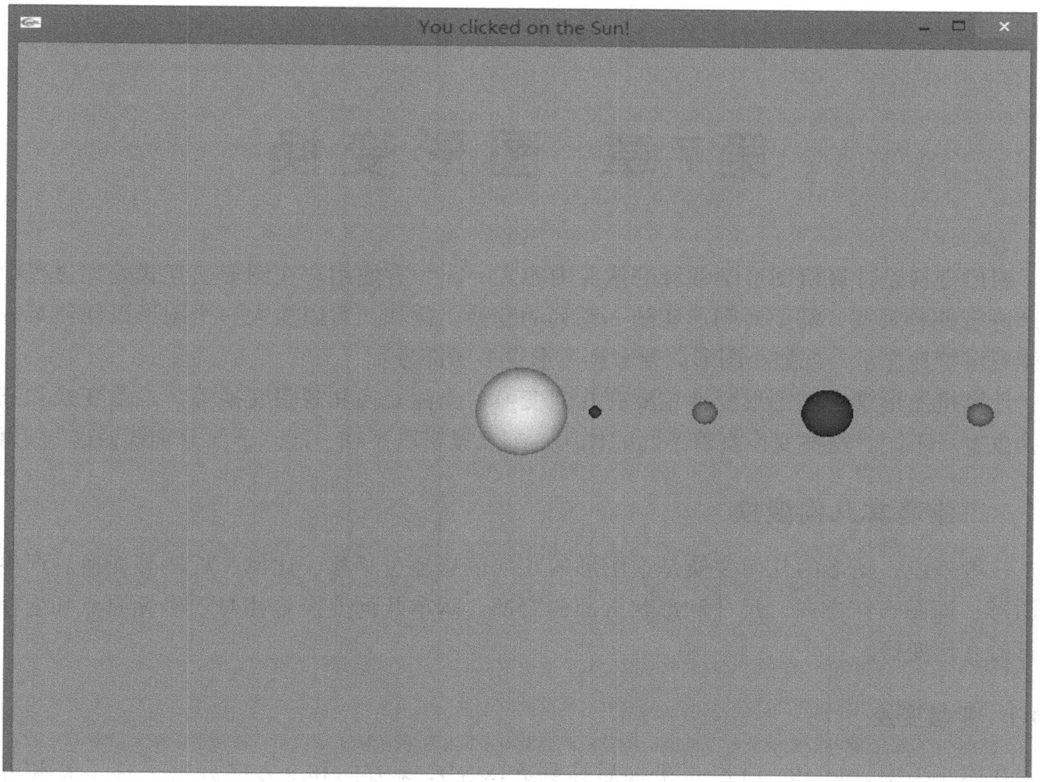

b）鼠标点击后程序画面

图 6-7 （续）

本章小结

本章介绍了计算机图形学中图形用户接口的设计原则、数据输入输出处理和基本的交互技术原理。重点介绍了 OpenGL 中几个重要的交互技术，如鼠标的交互、键盘的交互、简单动画的原理、菜单的设计和物体的拾取操作等。这些技术对我们以后编写综合性的 OpenGL 图形程序提供了必要的人机交互接口。

习题 6

1. 人机交互用户界面的设计原则有哪些？

2. 逻辑输入设备有哪些？

3. 基本的绘图技术有哪些？

4. 编写一个 2D 图形程序完成键盘响应操作，按下数字“1”绘制三角形，按下数字“2”绘制矩形，按下数字“3”绘制圆。

5. 如何将鼠标点选的屏幕坐标转换为世界坐标？

6. 利用 OpenGL 编写程序实现折线和矩形的橡皮筋绘制技术，并采用右键菜单实现功能的选择。

第7章 图形变换

图形变换是计算机图形学领域的重要内容之一。为方便用户在图形交互式处理过程中对图形进行各种观察，需要对图形实施一系列的变换。例如，可以放大一个图形以便使某一部分能更清楚地显示，或缩小图形以便看到图形更多的部分。

计算机图形学中的图形变换主要有几何变换、坐标变换和观察变换等，二维变换和三维变换也有所不同。这些变换有着不同的作用，却又紧密联系在一起。下面分别谈谈这些变换。

7.1 二维基本几何变换

一般来说，图形的几何变换是指图形的几何信息经过平移、比例、旋转等变换后产生新的图形，即图形在方向、尺寸和形状方面的变换。基本几何变换是相对于坐标原点和坐标轴进行的几何变换。

7.1.1 平移变换

在图 7-1 中，点 $P(x,y)$ 经过平移后移到 $P'(x',y')$，x 方向和 y 方向分别平移了 t_x 和 t_y 的距离。

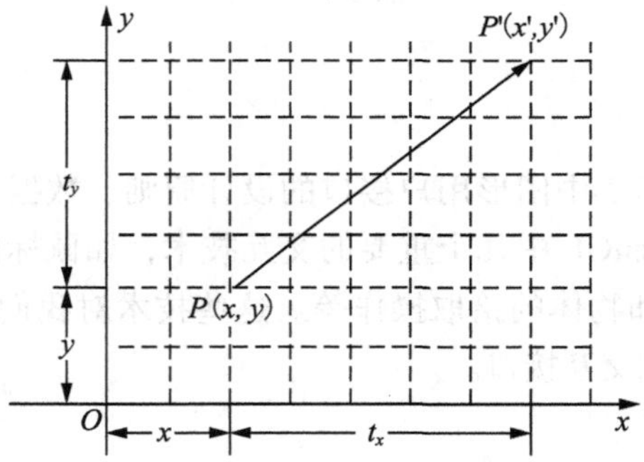

图 7-1 点的平移

P 点经过变换后，变为 $P'(x',y')$

$$\begin{cases} x' = x + t_x \\ y' = y + t_y \end{cases} \tag{7-1}$$

引入二维变换矩阵，则平移变换的计算形式可表示为：

$$P' = P + T$$
$$P = \begin{bmatrix} x \\ y \end{bmatrix}, P' = \begin{bmatrix} x' \\ y' \end{bmatrix}, T = \begin{bmatrix} t_x \\ t_y \end{bmatrix} \tag{7-2}$$

平移是一种不产生变形而移动物体的刚体变换（rigid-body transformation），即物体上的每个点移动相同数量的坐标。

7.1.2 比例变换

比例变换改变物体的尺寸，基本比例变换是相对于坐标原点进行物体的比例缩放。设点 $P(x,y)$ 经过比例缩放后移到 $P'(x',y')$，x 方向和 y 方向分别缩放了 s_x 和 s_y 的比例。如图 7-2 所示，一个三角形 ABP 经过比例缩放后移到 $A'B'P'$。

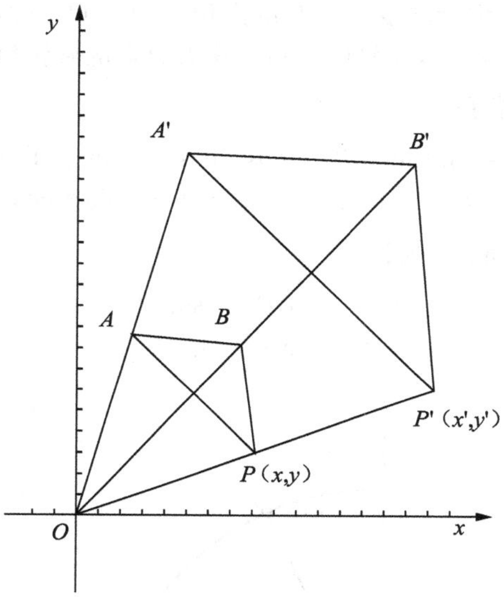

图 7-2 比例变换

P 点经过变换后，有

$$\begin{cases} x' = xs_x \\ y' = ys_y \end{cases} \tag{7-3}$$

s_x 为 x 方向的比例因子，s_y 为 y 方向的比例因子。

同样，引入二维变换矩阵，则比例变换的计算形式可表示为：

$$\begin{bmatrix} x' \\ y' \end{bmatrix} = \begin{bmatrix} s_x & 0 \\ 0 & s_y \end{bmatrix} \begin{bmatrix} x \\ y \end{bmatrix} \tag{7-4}$$

令 $P = \begin{bmatrix} x \\ y \end{bmatrix}, P' = \begin{bmatrix} x' \\ y' \end{bmatrix}, T = \begin{bmatrix} t_x \\ t_y \end{bmatrix}$

则比例变换的矩阵表达式可简化为：

$$P' = S \bullet P \tag{7-5}$$

以上比例变换中，s_x、s_y 分别称为 x 方向和 y 方向的比例因子，比例因子总是一个正数，当 0< 比例因子 <1 时，物体变小，物体靠近原点；反之，当比例因子 >1 时，物体变大，物体远离原点。比例变换不是刚体变换。当 s_x 和 s_y 相等时，称为均匀变换 (uniform transformation), 当 s_x 和 s_y 不等时，称为不等比变换。物体经过比例变换后，改变了物体的比例，同时物体上的每个点都将重新定位（repositioned）。

7.1.3 旋转变换

二维旋转变换是指物体沿着某个定点转动，也可以说是某个角度的重定位过程。旋转过程中的定点也称为基准点 (pivot point)，物体旋转的角度称为旋转角 (rotation angle)，旋转角为正值时表示逆时针旋转 (counterclockwise)，为负值时表示顺时针旋转（clockwise）。

如图 7-3 所示，基本二维旋转变换的基准点位于原点 O，设点 $P(x,y)$ 经过旋转变换后转到 $P'(x',y')$，φ 为 P 点在旋转之前与 x 轴的夹角，θ 为 P 点的旋转角，r 为 P 点绕原点旋转的半径，则根据解析几何的原理有：

$$\begin{cases} x' = r\cos(\varphi+\theta) = r\cos\varphi\cos\theta - r\sin\varphi\sin\theta \\ y' = r\sin(\varphi+\theta) = r\cos\varphi\sin\theta + r\sin\varphi\cos\theta \end{cases} \tag{7-6}$$

而由于 $x = r\cos\varphi$ 和 $y= r\sin\varphi$，所以：

$$\begin{cases} x' = x\cos\theta - y\sin\theta \\ y' = x\sin\theta + y\cos\theta \end{cases} \tag{7-7}$$

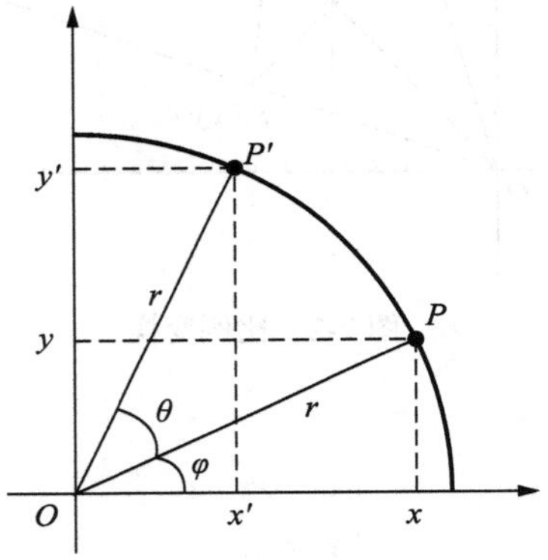

图 7-3 旋转变换

以上方程组可表示为矩阵形式：

$$P' = \boldsymbol{R} \bullet P \tag{7-8}$$

其中 $P = \begin{bmatrix} x \\ y \end{bmatrix}, P' = \begin{bmatrix} x' \\ y' \end{bmatrix}$ 分别表示旋转之前的点和旋转之后的点的坐标，而 $\boldsymbol{R}$ 为旋转矩阵：

$$\boldsymbol{R} = \begin{bmatrix} \cos\theta & -\sin\theta \\ \sin\theta & \cos\theta \end{bmatrix} \tag{7-9}$$

7.1.4 对称变换

对称变换也称为反射变换或镜像变换，如图 7-4 所示，变换后的图形是原图形关于某一轴线的镜像。

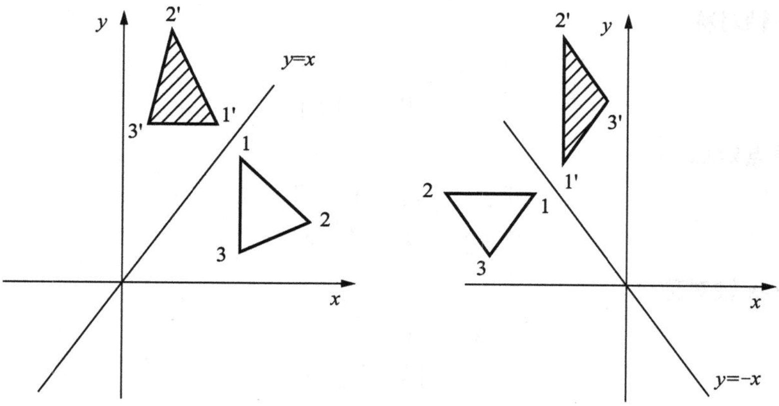

图 7-4　对称变换示例

1. 关于 x 轴对称

如图 7-5a 所示，点 P 经过关于 x 轴的对称变换后得到点 P'，则 $x' = x$, $y' = -y$，写成矩阵形式为：

$$\begin{bmatrix} x' \\ y' \end{bmatrix} = \begin{bmatrix} 1 & 0 \\ 0 & -1 \end{bmatrix} \begin{bmatrix} x \\ y \end{bmatrix} \tag{7-10}$$

类似地，可以写出关于 y 轴、原点、$y=x$ 轴和 $y=-x$ 轴的对称变换矩阵的计算形式。

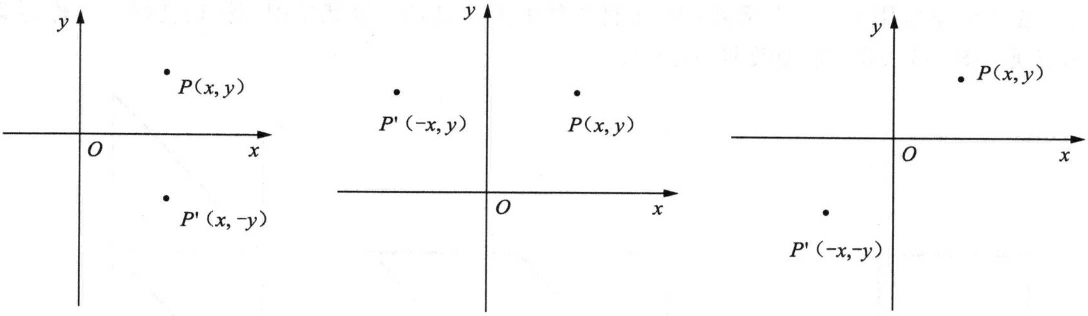

a）关于x轴对称　　b）关于y轴对称　　c）关于原点对称

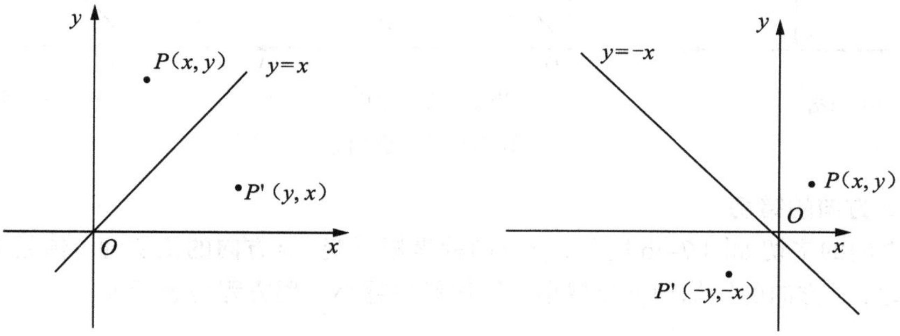

d）关于y=x轴对称　　e）关于y=−x轴对称

图 7-5　对称变换

2. 关于 y 轴对称

$$\begin{bmatrix} x' \\ y' \end{bmatrix} = \begin{bmatrix} -1 & 0 \\ 0 & 1 \end{bmatrix} \begin{bmatrix} x \\ y \end{bmatrix} \tag{7-11}$$

3. 关于原点对称

$$\begin{bmatrix} x' \\ y' \end{bmatrix} = \begin{bmatrix} -1 & 0 \\ 0 & -1 \end{bmatrix} \begin{bmatrix} x \\ y \end{bmatrix} \tag{7-12}$$

4. 关于 y=x 轴对称

$$\begin{bmatrix} x \\ y \end{bmatrix} \quad \begin{bmatrix} 0 & 1 \\ 1 & 0 \end{bmatrix} \begin{bmatrix} x \\ y \end{bmatrix} \tag{7-13}$$

5. 关于 y=−x 轴对称

$$\begin{bmatrix} x' \\ y' \end{bmatrix} = \begin{bmatrix} 0 & -1 \\ -1 & 0 \end{bmatrix} \begin{bmatrix} x \\ y \end{bmatrix} \tag{7-14}$$

以上对称变换可以简写为：

$$P' = \boldsymbol{A} \bullet P \tag{7-15}$$

其中，$\boldsymbol{A}$为对称矩阵。

7.1.5 错切变换

在图形学应用中，有时需要产生弹性物体的变形处理，这就要用到错切变换，也称为剪切变换。图 7-6 表示了错切变换的示例。

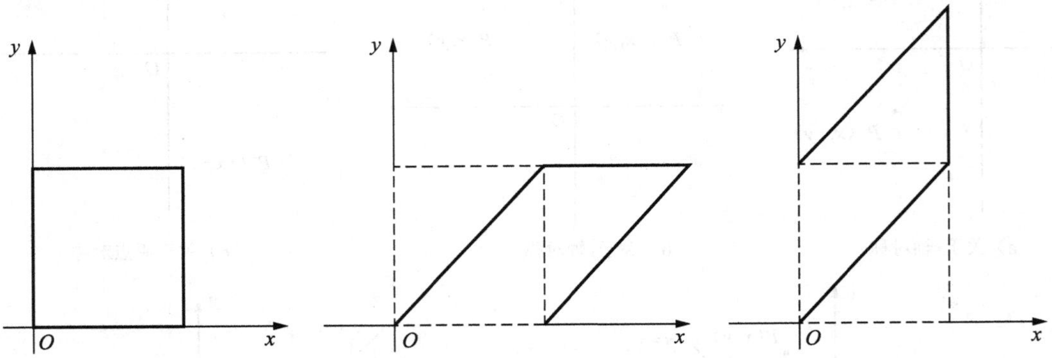

a）原图　　b）沿 x 正方向错切　　c）沿 y 正方向错切

图 7-6　错切变换

1. 沿 x 方向的错切

沿 x 方向的错切如图 7-6b 所示，y 方向的坐标不变，x 方向的错切随 y 值越大，错切量也越大；反之，x 方向的错切随 y 值越小，错切量也越小；用方程可表示为：

$$\begin{cases} x' = x + c \bullet y \\ y' = y \end{cases} \tag{7-16}$$

其中（x,y）表示错切变换之前点的坐标，（x',y'）表示错切变换之后点的坐标，将之写成矩阵形式：

$$\begin{bmatrix} x' \\ y' \end{bmatrix} = \begin{bmatrix} 1 & c \\ 0 & 1 \end{bmatrix} \begin{bmatrix} x \\ y \end{bmatrix} \tag{7-17}$$

2. 沿 y 方向的错切

沿 y 方向的错切如图 7-6c 所示，x 方向的坐标不变，y 方向的错切随 x 值越大，错切量也越大；反之，y 方向的错切随 x 值越小，错切量也越小；用方程可表示为：

$$\begin{cases} x' = x \\ y' = b \bullet x + y \end{cases} \tag{7-18}$$

其中（x, y）表示错切变换之前点的坐标，（x', y'）表示错切变换之后点的坐标，将之写成矩阵形式：

$$\begin{bmatrix} x' \\ y' \end{bmatrix} = \begin{bmatrix} 1 & 0 \\ b & 1 \end{bmatrix} \begin{bmatrix} x \\ y \end{bmatrix} \tag{7-19}$$

从上面可以看出，错切变换也可简写为：

$$P' = \boldsymbol{H} \bullet P \tag{7-20}$$

其中，$\boldsymbol{H}$ 为错切变换矩阵。

7.2 齐次坐标

7.2.1 齐次坐标的概念

很多应用包含多个几何变换，如先平移，再进行旋转变换、比例变换等，矩阵表达式如何表示才能有效处理多个变换？

从以上几何变换的矩阵形式我们看到几何变换可表示成一般矩阵形式：

$$P' = \boldsymbol{M}_1 P + \boldsymbol{M}_2 \tag{7-21}$$

这里，$\boldsymbol{M}_1$ 是一个 2×2 阶矩阵，包含旋转、比例等多个变换，$\boldsymbol{M}_2$ 是一个 2×1 阶矩阵，包含平移变量。但使用这个表达式，我们必须每步都计算变换坐标，如果一个应用包含很多个几何变换，则根据此式得到若干中间点 P_1、P_2、P_3、…、P_n，同时也产生很多中间变换矩阵 $\boldsymbol{M}_1$、$\boldsymbol{M}_2$、$\boldsymbol{M}_3$…如此一来，计算量非常大，效率降低。

是否有一个更有效的方法来提高计算效率？可以将这些变换矩阵组合成一个合成矩阵，最后根据初始坐标和合成变换矩阵直接计算最终坐标。

为了达到这个目标，必须重新规整上述方程，消除平移矩阵 $\boldsymbol{M}_2$，实现矩阵的连乘。引用齐次坐标，我们可以将 2×2 阶 2D 变换矩阵模式扩展成 3×3 的 2D 变换矩阵模式解决上述问题，所有变换矩阵可转换成矩阵连乘形式，从而最终合并矩阵运算中的乘法和加法。

齐次坐标技术是从几何学发展起来的，它是用 n+1 维向量来表示 n 维向量。例如在二维空间中，将点 P 的坐标 (x, y) 表示成三元组的坐标形式 (xh, yh, h)，其中 h 是一个任意不为零的比例系数。我们把它称为齐次坐标，也可表示为 (hx, hy, h)。类似地，三维空间中坐标点 $P(x,y,z)$ 的齐次坐标形式为（hx,hy,hz,h）。推而广之，n 维空间中的坐标点 $P(p_1,p_2,\cdots,p_n)$ 的齐次坐标可表示为（$hp_1,hp_2,\cdots,hp_n,h$），其中 h 称为齐次参数，可设为任意非零值。最常用的是设置 $h = 1$，则每个 2D 坐标可表示成齐次坐标 $(x, y, 1)$。

齐次坐标可使得所有几何变换表示成矩阵连乘形式。

7.2.2 二维齐次坐标变换

1. 齐次平移坐标变换

引入齐次坐标后，二维平移坐标变换变为以下形式：

$$\begin{bmatrix} x' \\ y' \\ 1 \end{bmatrix} = \begin{bmatrix} 1 & 0 & t_x \\ 0 & 1 & t_y \\ 0 & 0 & 1 \end{bmatrix} \begin{bmatrix} x \\ y \\ 1 \end{bmatrix} \tag{7-22}$$

我们用 $\boldsymbol{T}$ 表示平移变换矩阵，(t_x,t_y) 分别表示 x 方向和 y 方向的平移量。$\boldsymbol{P}$ 表示点 p 的齐次向量形式，$\boldsymbol{P}'$ 表示点 $\boldsymbol{P}'$ 的齐次向量形式，以上式子可以简化为：

$$\boldsymbol{P}' = T(t_x, t_y) \bullet \boldsymbol{P} \tag{7-23}$$

平移变换的逆变换 $\boldsymbol{T}^{-1}$ 在上式中用负位移 $-t_x, -t_y$ 代替即可。

2. 齐次旋转坐标变换

引入齐次坐标后，二维旋转坐标变为以下形式：

$$\begin{bmatrix} x' \\ y' \\ 1 \end{bmatrix} = \begin{bmatrix} \cos\theta & -\sin\theta & 0 \\ \sin\theta & \cos\theta & 0 \\ 0 & 0 & 1 \end{bmatrix} \begin{bmatrix} x \\ y \\ 1 \end{bmatrix} \tag{7-24}$$

我们用 $\boldsymbol{R}$ 表示旋转变换矩阵，θ 分别表示围绕坐标旋转的角度。$\boldsymbol{P}$ 表示点 p 的齐次向量形式，$\boldsymbol{P}'$ 表示 p' 的齐次向量形式，以上式子可以简化为：

$$\boldsymbol{P}' = \boldsymbol{R}(\theta) \bullet \boldsymbol{P} \tag{7-25}$$

旋转变换的逆变换 $\boldsymbol{R}^{-1}$ 用负的旋转角 $-\theta$ 值代入以上公式即可。

3. 齐次比例坐标变换

引入齐次坐标后，二维比例坐标变为以下形式：

$$\begin{bmatrix} x' \\ y' \\ 1 \end{bmatrix} = \begin{bmatrix} s_x & 0 & 0 \\ 0 & s_y & 0 \\ 0 & 0 & 1 \end{bmatrix} \begin{bmatrix} x \\ y \\ 1 \end{bmatrix} \tag{7-26}$$

我们用 $\boldsymbol{S}$ 表示比例变换矩阵，s_x、s_y 分别表示沿 x 轴和 y 轴的比例缩放因子。$\boldsymbol{P}$ 表示点 p 的齐次向量形式，$\boldsymbol{P}'$ 表示点 p' 的齐次向量形式，以上式子可以简化为：

$$\boldsymbol{P}' = \boldsymbol{S}(s_x, s_y) \bullet \boldsymbol{P} \tag{7-27}$$

比例变换的逆变换 $\boldsymbol{S}^{-1}$ 用缩放因子 $1/s_x$、$1/s_y$ 代入以上公式即可。

4. 齐次对称坐标变换

同样，二维对称坐标变换矩阵可表示如下：

（1）关于 x 轴对称

$$\begin{bmatrix} x' \\ y' \\ 1 \end{bmatrix} = \begin{bmatrix} 1 & 0 & 0 \\ 0 & -1 & 0 \\ 0 & 0 & 1 \end{bmatrix} \begin{bmatrix} x \\ y \\ 1 \end{bmatrix} \tag{7-28}$$

（2）关于 y 轴对称

$$\begin{bmatrix} x' \\ y' \\ 1 \end{bmatrix} = \begin{bmatrix} -1 & 0 & 0 \\ 0 & 1 & 0 \\ 0 & 0 & 1 \end{bmatrix} \begin{bmatrix} x \\ y \\ 1 \end{bmatrix} \tag{7-29}$$

（3）关于原点 O 对称

$$\begin{bmatrix} x' \\ y' \\ 1 \end{bmatrix} = \begin{bmatrix} -1 & 0 & 0 \\ 0 & -1 & 0 \\ 0 & 0 & 1 \end{bmatrix} \begin{bmatrix} x \\ y \\ 1 \end{bmatrix} \tag{7-30}$$

（4）关于 $y=x$ 轴对称

$$\begin{bmatrix} x' \\ y' \\ 1 \end{bmatrix} = \begin{bmatrix} 0 & 1 & 0 \\ 1 & 0 & 0 \\ 0 & 0 & 1 \end{bmatrix} \begin{bmatrix} x \\ y \\ 1 \end{bmatrix} \tag{7-31}$$

（5）关于 $y=-x$ 轴对称

$$\begin{bmatrix} x' \\ y' \\ 1 \end{bmatrix} = \begin{bmatrix} 0 & -1 & 0 \\ -1 & 0 & 0 \\ 0 & 0 & 1 \end{bmatrix} \begin{bmatrix} x \\ y \\ 1 \end{bmatrix} \tag{7-32}$$

5. 齐次错切坐标变换

沿 x 和 y 轴方向的二维错切坐标变换式可分别表示如下：

$$\begin{bmatrix} x' \\ y' \\ 1 \end{bmatrix} = \begin{bmatrix} 1 & 0 & 0 \\ 0 & c & 0 \\ 0 & 0 & 1 \end{bmatrix} \begin{bmatrix} x \\ y \\ 1 \end{bmatrix} \tag{7-33}$$

$$\begin{bmatrix} x' \\ y' \\ 1 \end{bmatrix} = \begin{bmatrix} 1 & 0 & 0 \\ b & 1 & 0 \\ 0 & 0 & 1 \end{bmatrix} \begin{bmatrix} x \\ y \\ 1 \end{bmatrix} \tag{7-34}$$

在以下章节中，对于坐标变换矩阵我们均采用齐次坐标变换矩阵形式。

7.3 组合变换

使用齐次坐标表示后，多个变换的组合就可以表示成单个变换矩阵的连积，用单个复合矩阵来表示。这个过程称为矩阵串联或矩阵复合 (concatenation, composition of matrix)，从而可以根据初始坐标和复合变换矩阵直接计算最终坐标，解决一开始我们提出的问题。

如果点坐标采用列向量表示，复合矩阵由右到左顺序连乘排列，也就是说，后续变换左乘前续变换。如果是行向量，则反之，复合矩阵由左到右顺序连乘排列，也就是说，后续变换右乘前续变换。下面我们分别讨论组合变换中的各种情况。

7.3.1 组合平移

组合平移是说点 P 先在 x 和 y 轴方向分别平移 t_{x1}、t_{y1}，第二次再在 x 轴和 y 轴方向分别

平移 t_{x2}、t_{y2}，到达点 P'。
则平移变换可表示为：

$$\begin{aligned} P' &= \boldsymbol{T}(t_{x2},t_{y2})\{\boldsymbol{T}(t_{x1},t_{y1})\bullet P\} \\ &= \{\boldsymbol{T}(t_{x2},t_{y2})\boldsymbol{T}(t_{x1},t_{y1})\}P \end{aligned} \tag{7-35}$$

其中 $\boldsymbol{T}(t_{x1}, t_{y1})$ 表示成第一次平移变换矩阵：

$$\boldsymbol{T}(t_{x1}, t_{y1}) = \begin{bmatrix} 1 & 0 & t_{x2} \\ 0 & 1 & t_{y2} \\ 0 & 0 & 1 \end{bmatrix}$$

$\boldsymbol{T}(t_{x2}, t_{y2})$ 表示成第二次平移变换矩阵：

$$\boldsymbol{T}(t_{x2}, t_{y2}) = \begin{bmatrix} 1 & 0 & t_{x1} \\ 0 & 1 & t_{y1} \\ 0 & 0 & 1 \end{bmatrix}$$

而

$$\begin{bmatrix} 1 & 0 & t_{x2} \\ 0 & 1 & t_{y2} \\ 0 & 0 & 1 \end{bmatrix}\begin{bmatrix} 1 & 0 & t_{x1} \\ 0 & 1 & t_{y1} \\ 0 & 0 & 1 \end{bmatrix} = \begin{bmatrix} 1 & 0 & t_{x1}+t_{x2} \\ 0 & 1 & t_{y1}+t_{y2} \\ 0 & 0 & 1 \end{bmatrix} \tag{7-36}$$

所以，

$$\boldsymbol{T}(t_{x2},t_{y2})\boldsymbol{T}(t_{x1},t_{y1}) = \boldsymbol{T}(t_{x1}+t_{x2},t_{y1}+t_{y2}) \tag{7-37}$$

这个结论说明，经过前面所说的二次平移的距离相当于一次在 x 和 y 轴方向分别平移 $t_{x1}+t_{x2}$、$t_{y1}+t_{y2}$ 的距离。

7.3.2 组合旋转

组合旋转是说点 P 先围绕旋转点旋转 θ_1 角度，再旋转 θ_2 角度，到达点 P'，则旋转变换可表示为：

$$\begin{aligned} P' &= \boldsymbol{R}(\theta_2)\{\boldsymbol{R}(\theta_1)\bullet P\} \\ &= \{\boldsymbol{R}(\theta_2)\boldsymbol{R}(\theta_1)\}P \end{aligned} \tag{7-38}$$

可以证明，

$$\boldsymbol{R}(\theta_2)\boldsymbol{R}(\theta_1) = \boldsymbol{R}(\theta_1+\theta_2) \tag{7-39}$$

因此，

$$P' = \boldsymbol{R}(\theta_1+\theta_2)\bullet P \tag{7-40}$$

这个结论说明，两次分别旋转所转的角度相当于一次旋转 $\theta_1+\theta_2$ 角度。

7.3.3 组合缩放

同样可以证明，两个连续的二维缩放操作的变换矩阵可以生成如下复合缩放矩阵：

$$\begin{bmatrix} s_{x2} & 0 & 0 \\ 0 & s_{y2} & 0 \\ 0 & 0 & 1 \end{bmatrix}\begin{bmatrix} s_{x1} & 0 & 0 \\ 0 & s_{y1} & 0 \\ 0 & 0 & 1 \end{bmatrix}=\begin{bmatrix} s_{x1}\bullet s_{x2} & 0 & 0 \\ 0 & s_{y1}\bullet s_{y2} & 0 \\ 0 & 0 & 1 \end{bmatrix} \tag{7-41}$$

或者：

$$\boldsymbol{S}(s_{x2},s_{y2})\bullet\boldsymbol{S}(s_{x1},s_{y1})=\boldsymbol{S}(s_{x1}\bullet s_{x2},s_{y1}\bullet s_{y2}) \tag{7-42}$$

这个结论说明，前面两次连续缩放相当于在 x、y 轴方向一次缩放 ($s_{x1}\bullet s_{x2}, s_{y1}\bullet s_{y2}$) 倍数。

7.3.4 对任一固定点旋转

平面图形绕任意固定点 (x_r, y_r) 的旋转可由通过平移→旋转→平移操作来实现：

1）平移物体及固定点，使得固定点移到原点。

2）围绕原点旋转物体 θ 角度。

3）再将物体及固定点平移回原来位置。

用矩阵变换可将上述步骤表示如下：

$$\begin{aligned}\boldsymbol{R}&=\begin{bmatrix} 1 & 0 & x_r \\ 0 & 1 & y_r \\ 0 & 0 & 1 \end{bmatrix}\begin{bmatrix} \cos\theta & -\sin\theta & 0 \\ \sin\theta & \cos\theta & 0 \\ 0 & 0 & 1 \end{bmatrix}\begin{bmatrix} 1 & 0 & -x_r \\ 0 & 1 & -y_r \\ 0 & 0 & 1 \end{bmatrix}\\&=\begin{bmatrix} \cos\theta & -\sin\theta & x_r(1-\cos\theta)+y_r\sin\theta \\ \sin\theta & \cos\theta & y_r(1-\cos\theta)-x_r\sin\theta \\ 0 & 0 & 1 \end{bmatrix}\end{aligned} \tag{7-43}$$

以上式子可以继续简单表示成：

$$\boldsymbol{T}(x_r,y_r)\bullet\boldsymbol{R}(\theta)\bullet\boldsymbol{T}(-x_r,-y_r)=\boldsymbol{R}(x_r,y_r,\theta) \tag{7-44}$$

其中，

$$\boldsymbol{T}(x_r,y_r)=\begin{bmatrix} 1 & 0 & x_r \\ 0 & 1 & y_r \\ 0 & 0 & 1 \end{bmatrix}$$

$$\boldsymbol{T}(-x_r,-y_r)=\begin{bmatrix} 1 & 0 & -x_r \\ 0 & 1 & -y_r \\ 0 & 0 & 1 \end{bmatrix}$$

$$\boldsymbol{R}(x_r,y_r,\theta)=\begin{bmatrix} \cos\theta & -\sin\theta & x_r(1-\cos\theta)+y_r\sin\theta \\ \sin\theta & \cos\theta & y_r(1-\cos\theta)-x_r\sin\theta \\ 0 & 0 & 1 \end{bmatrix}$$

7.3.5 对任一固定点缩放

基于任一固定点 (x_f, y_f) 的比例缩放也可通过三个步骤实现：

1）平移物体，使得固定点与原点位置相符。

2）再使物体做相对于原点的比例缩放，x、y 轴方向的比例因子分别为 s_x,s_y。

3）再使用步骤 1 的逆操作，使物体和固定点回到原来位置。

用矩阵变换可将上述步骤表示如下：

$$\boldsymbol{S}=\begin{bmatrix}1&0&x_f\\0&1&y_f\\0&0&1\end{bmatrix}\begin{bmatrix}s_x&0&0\\0&s_y&0\\0&0&1\end{bmatrix}\begin{bmatrix}1&0&-x_f\\0&1&-y_f\\0&0&1\end{bmatrix}=\begin{bmatrix}s_x&0&x_f(1-s_x)\\0&s_y&y_f(1-s_y)\\0&0&1\end{bmatrix} \quad (7\text{-}45)$$

以上式子可以继续简化成：

$$\boldsymbol{T}(x_f,y_f)\bullet\boldsymbol{S}(s_x,s_y)\bullet T(-x_f,-y_f)=\boldsymbol{S}(x_f,y_f,s_x,s_y) \quad (7\text{-}46)$$

其中，

$$\boldsymbol{T}(x_f,y_f)=\begin{bmatrix}1&0&x_f\\0&1&y_f\\0&0&1\end{bmatrix}$$

$$\boldsymbol{S}(s_x,s_y)=\begin{bmatrix}s_x&0&0\\0&s_y&0\\0&0&1\end{bmatrix}$$

$$\boldsymbol{T}(-x_f,-y_f)=\begin{bmatrix}1&0&-x_f\\0&1&-y_f\\0&0&1\end{bmatrix}$$

$$\boldsymbol{S}(x_f,y_f,s_x,s_y)=\begin{bmatrix}s_x&0&x_f(1-s_x)\\0&s_y&y_f(1-s_y)\\0&0&1\end{bmatrix}$$

7.3.6 对任一固定轴对称变换

如图 7-7 所示，设任意直线的方程为 $Ax+By+C=0$，直线在 x 轴和 y 轴上的截距分别为 $-C/A$ 和 $-C/B$，直线与 x 轴的夹角为 α，$\alpha=arctg(-A/B)$。

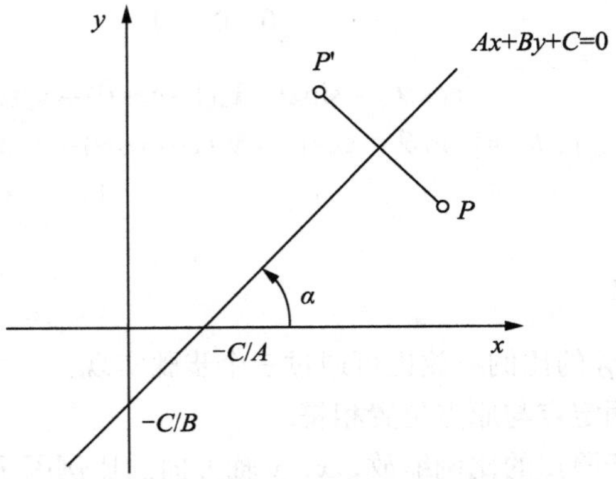

图 7-7 绕任意直线做对称变换

绕任意直线做对称变换步骤可表示如下：

（1）沿 x 轴方向平移 C/A，使直线通过原点

$$T(-t_x)=\begin{bmatrix}1 & 0 & C/A\\ 0 & 1 & 0\\ 0 & 0 & 1\end{bmatrix} \tag{7-47}$$

（2）绕原点旋转角度 $-\alpha$，使直线与 x 轴相重合

$$R(-\alpha)=\begin{bmatrix}\cos\alpha & \sin\alpha & 0\\ -\sin\alpha & \cos\alpha & 0\\ 0 & 0 & 1\end{bmatrix} \tag{7-48}$$

（3）绕 x 轴对称变换

$$F(reflection)=\begin{bmatrix}1 & 0 & 0\\ 0 & -1 & 0\\ 0 & 0 & 1\end{bmatrix} \tag{7-49}$$

（4）绕原点旋转角度，使直线转回原来的角度

$$R(\alpha)=\begin{bmatrix}\cos\alpha & -\sin\alpha & 0\\ \sin\alpha & \cos\alpha & 0\\ 0 & 0 & 1\end{bmatrix} \tag{7-50}$$

（5）沿 x 轴方向平移回原来的位置

$$T(t_x)=\begin{bmatrix}1 & 0 & -C/A\\ 0 & 1 & 0\\ 0 & 0 & 1\end{bmatrix} \tag{7-51}$$

对任意直线做对称变换复合矩阵可表示为：

$$M=T(t_x)R(\alpha)F(reflection)R(-\alpha)T(-t_x) \tag{7-52}$$

7.3.7 矩阵合并特性

矩阵合并特性 (concatenation property) 满足矩阵运算的一般规律。

（1）矩阵相乘满足结合律

$$M_3\bullet M_2\bullet M_1=(M_3\bullet M_2)\bullet M_1=M_3\bullet(M_2\bullet M_1) \tag{7-53}$$

举个例子说明矩阵相乘的结合律：假定 M_1 为平移变换矩阵、M_2 为旋转变换矩阵，M_3 为比例缩放矩阵，$M_3\bullet M_2\bullet M_1$ 表示物体先平移，然后旋转，最后做比例缩放。这种变换等价于先做平移，然后再做旋转和比例缩放的复合变换；或者等价于先做平移和旋转复合变换，然后再做比例缩放。三者变换后的效果是一样的。

（2）矩阵一般不满足交换律

$$M_2\bullet M_1\neq M_1\bullet M_2 \tag{7-54}$$

举个例子说明矩阵相乘不满足交换律，如图 7-8a 所示，物体 A 原始位置在 1 处，先水平平移距离 S，然后围绕 O 点再旋转 90°，最终位置在 2 处。图 7-8 b 表示物体 A 原始位置在 1

处，先围绕 O 点旋转 90°，然后水平平移距离 S，最终位置在 3 处。变换次序不同，最终物体的位置也不同。

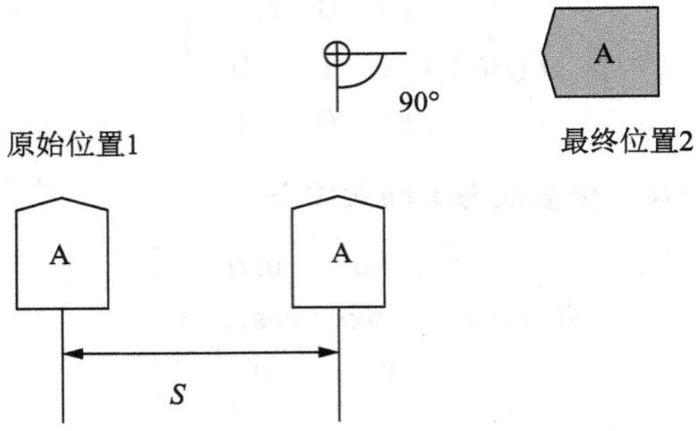

a）先平移后旋转

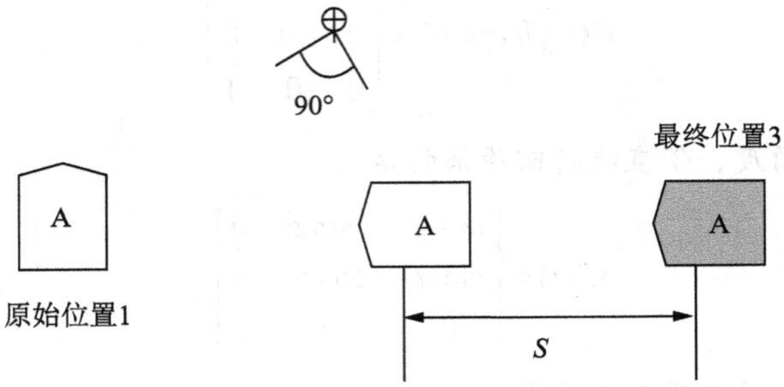

b）先旋转后平移

图 7-8　几何变换一般不满足交换律

在几何变换的特殊情况下也满足交换律：

1）当两次连续平移变换时，矩阵变换

$$\boldsymbol{T}_1 \bullet \boldsymbol{T}_2 = \boldsymbol{T}_2 \bullet \boldsymbol{T}_1 \tag{7-55}$$

$\boldsymbol{T}_1$ 和 $\boldsymbol{T}_2$ 分别代表第一次和第二次平移的矩阵，这时平移变换矩阵满足交换律的要求。

2）当两次连续旋转变换时，矩阵变换

$$\boldsymbol{R}_1 \bullet \boldsymbol{R}_2 = \boldsymbol{R}_2 \bullet \boldsymbol{R}_1 \tag{7-56}$$

$\boldsymbol{R}_1$ 和 $\boldsymbol{R}_2$ 分别代表第一次和第二次旋转的矩阵，这时旋转变换矩阵满足交换律的要求。

3）当两次连续比例缩放时，矩阵变换

$$\boldsymbol{S}_1 \bullet \boldsymbol{S}_2 = \boldsymbol{S}_2 \bullet \boldsymbol{S}_1 \tag{7-57}$$

$\boldsymbol{S}_1$ 和 $\boldsymbol{S}_2$ 分别代表第一次和第二次比例缩放的矩阵，这时比例缩放变换矩阵满足交换律的要求。

7.4　二维观察

7.4.1　二维观察流程

前面主要介绍了图形变换，它总是与相关的坐标系紧密相连。从相对运动的观点来看，图形变换既可以看作图形相对于坐标系的变动，即坐标系固定不动，物体的图形在坐标系中的坐标值发生变化；也可以看作图形不动，但是坐标系相对于图形发生了变动，从而使得物体在新的坐标系下具有新的坐标值。通常图形变换只改变物体的几何形状和大小，但是不改变其拓扑结构。

为了在计算机屏幕或绘图仪上输出图形，通常必须在一个图形中指定要显示的部分或全部，以及显示设备的输出位置；可以在计算机屏幕上仅显示一个区域，也可以显示几个区域，此时它们分别放在不同的显示位置。在显示或输出图形的过程中，可以对图形进行平移、旋转和缩放等几何操作。如果图形超出了显示区域所指定的范围，还必须对图形进行裁剪。

在计算机图形学中，为了便于几何造型和图形的观察与显示，引入了一系列的坐标系。

1. 世界坐标系

世界坐标系（world coordinate system，简称 WC），通常是一个三维笛卡儿坐标系，又称为用户坐标系。它是一个全局坐标系统，一般为右手坐标系。该坐标系主要用于计算机图形场景中的所有图形对象的空间定位、观察者（视点）的位置和视线的定义等。计算机图形系统中所涉及的其他坐标系基本上都是参照它进行定义的。

2. 局部坐标系

局部坐标系（local coordinate system，简称 LC），是为了便于几何造型和观察物体，独立于世界坐标系定义的二维或三维笛卡儿坐标系。对于在局部坐标系中定义的“局部”物体，通过指定局部坐标系在世界坐标系中的方位，利用几何变换，就可以将“局部”定义的物体变换到世界坐标系内，使之升级成为世界坐标系中的物体。局部坐标系有时也称为建模坐标系（modeling coordinate system，简称 MC）。

3. 观察坐标系

观察坐标系（viewing coordinate system，简称 VC），通常是以视点的位置为原点，通过用户指定的一个向上的观察向量来定义的一个坐标系，默认为左手坐标系。观察坐标系主要用于从观察者的角度对整个世界坐标系内的图形对象进行观察，以便简化几何物体在视平面（又称为成像面或投影面）的成像的数学演算。

4. 设备坐标系

图形输出设备（如显示器、绘图仪）自身都有一个坐标系，称为设备坐标系（device coordinate system，简称 DC）或物理坐标系。即设备坐标系是在图形设备上定义的坐标系，是一个二维平面坐标系，它的度量单位是步长（绘图仪）或像素（显示器）。由计算机生成的图形在屏幕上显示或绘图仪上绘制时，都是在设备坐标系下进行的。由于受设备大小和技术的限制，显示器等图形输出设备都是有界的，输出的图形多为点阵（光栅）图形，因此，设备坐标系的定义域是整数域且是有界的。例如，对显示器而言，分辨率就是设备坐标的界限范围。需要注意的是，显示器等图形输出设备都有自己相对独立的坐标系，通常使用左手直角坐标系，坐标系的原点在显示器的左上角。在多数情况下，对于每一个具体的显示设备，都有一个单独的设备坐标系。

5. 规格化设备坐标系

计算机绘图过程实质上可以看成在用户坐标系下定义的图形（图形数据）经计算机图形系统处理后转换到设备坐标系下输出，当输出设备不同时，设备坐标系也就不同，且不同设备的坐标范围也不尽相同。例如，分辨率为 1024×768 的显示器，其设备坐标系的坐标范围为

x 轴方向 0 ～ 1023，y 轴方向为 0 ～ 767；而分辨率为 640×480 的显示器，其设备坐标系的坐标范围为 x 轴方向 0 ～ 639，y 轴方向为 0 ～ 479。显然这使得应用程序与具体的图形输出设备有关，给图形处理及应用程序的移植带来极大的不便，当程序员希望把图形输出到不同的设备时，就需要修改图形软件，变换坐标系，使之适合于相应的图形输出设备。为便于图形处理，有必要定义一个标准设备，引入与设备无关的规格化设备坐标系（normalized device coordinate system，简称 NDC），采用一种无量纲的单位代替设备坐标，当输出图形时再转换为具体的设备坐标。规格化设备坐标系的取值范围为 [0，1]（即 $0 \leqslant x \leqslant 1$，$0 \leqslant y \leqslant 1$）的直角坐标系。用户的图形数据转换成规格化设备坐标系中的值，使应用程序与图形设备隔离开，增强了应用程序的可移植性。

进行图形处理时，首先要将在世界坐标系中定义的数据转换到规格化设备坐标系，具体转换的方法是：用户在世界坐标系中定义的图形，由图形软件将欲输出图形上的各点坐标值乘以一系数 K，使图形的各个坐标值变换到 [0，1] 的规格化坐标值的数值范围内（规格化坐标）。

二维观察流程可以简单地描述为：通过局部坐标系建立模型，然后使用局部坐标变换将模型置于世界坐标系中并构造场景，通过世界坐标系到观察坐标系间的变换将世界坐标转换为观察坐标，接着进行坐标规范，使之转为规格化设备坐标，再通过从规格化设备坐标系到设备坐标系的变换将规格化设备坐标映射到设备坐标，完成在图形设备上的输出，如图 7-9 所示。

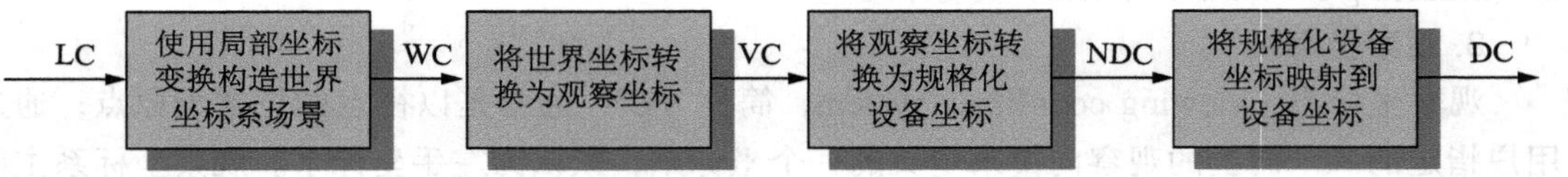

图 7-9　二维观察流程

7.4.2　窗口到视区的变换

窗口（window）：在世界坐标系中需要进行观察和处理的一个坐标区域称为窗口。

视区（viewport）：窗口映射到显示设备上的坐标区域称为视区。图 7-10a 表示了在世界坐标系下开设一个窗口，图 7-10b 表示在观察坐标系下经过裁剪和投影后的视区。

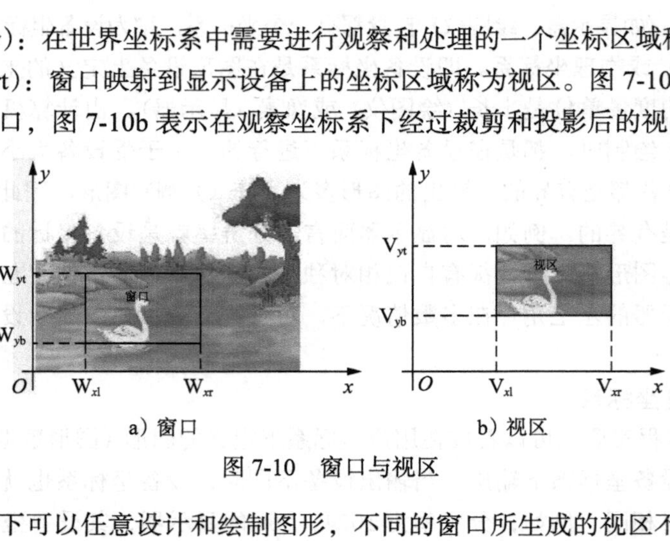

图 7-10　窗口与视区

在世界坐标系下可以任意设计和绘制图形，不同的窗口所生成的视区不同。图 7-11 表示汽车造型开设窗口 1 和窗口 2 所得到的不同视区效果，图 7-11a 表示从汽车不同位置开设窗口 1 和窗口 2，图 7-11b 表示窗口 1 的视区，图 7-11c 表示窗口 2 的视区。

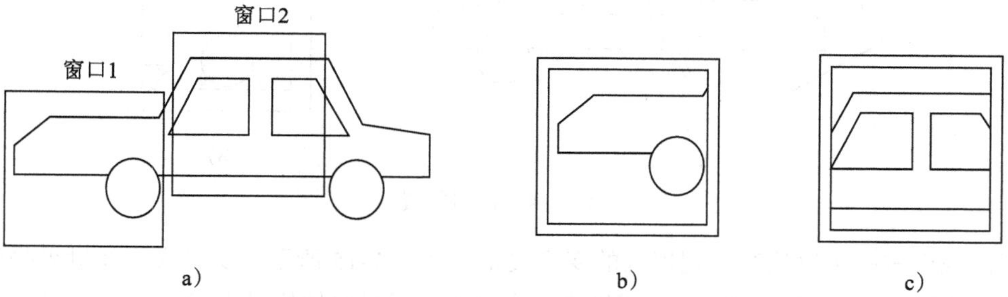

图 7-11　窗口与视区的不同位置

窗口与视区的关系如下：

1）窗口与视区的形状相似，即二者的长与宽之比相同，变换后在视区产生均匀缩小或均匀放大的图形，图 7-12a 表示从汽车模型开设一个窗口，图 7-12b 表示视区 1 产生缩小的图形，图 7-12c 表示视区 2 产生放大的图形。

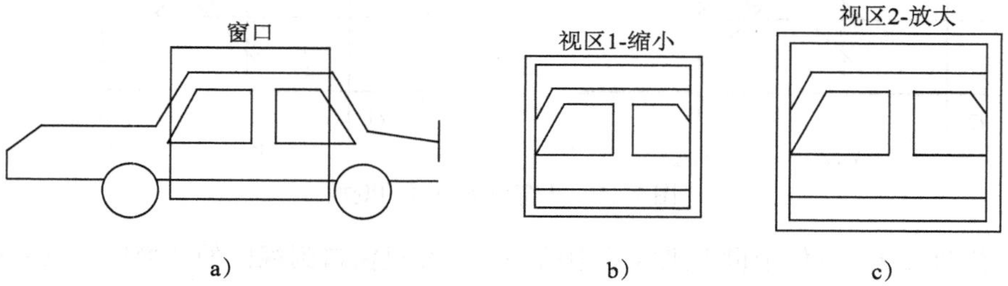

图 7-12　窗口与视区形状相似

2）窗口与视区的形状不相似，即二者的长与宽之比不相等，变换后在视区产生畸变的图形。图形将沿水平及垂直方向以不同比例发生变化——畸变，如图 7-13 所示。

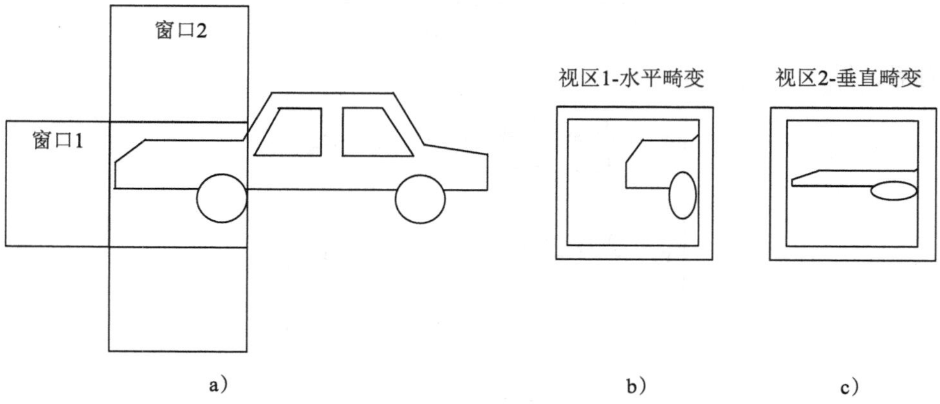

图 7-13　窗口与视区形状不相似

3）窗口斜置，即窗口绕坐标原点旋转一个角度，变换后视区的图形也相应地旋转一个角度，如图 7-14 所示。

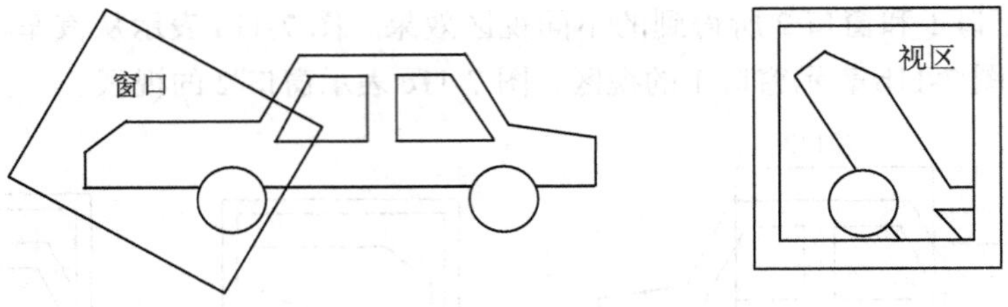

图 7-14　窗口斜置

下面我们进一步讨论窗口到视区的变换关系，如图 7-15 所示，窗口大小在世界坐标系中的位置为 $(X_{\text{wmin}}, X_{\text{wmax}}, Y_{\text{wmin}}, Y_{\text{wmax}})$，视区大小在观察坐标系中的位置为 $(X_{\text{vmin}}, X_{\text{vmax}}, Y_{\text{vmin}}, Y_{\text{vmax}})$。

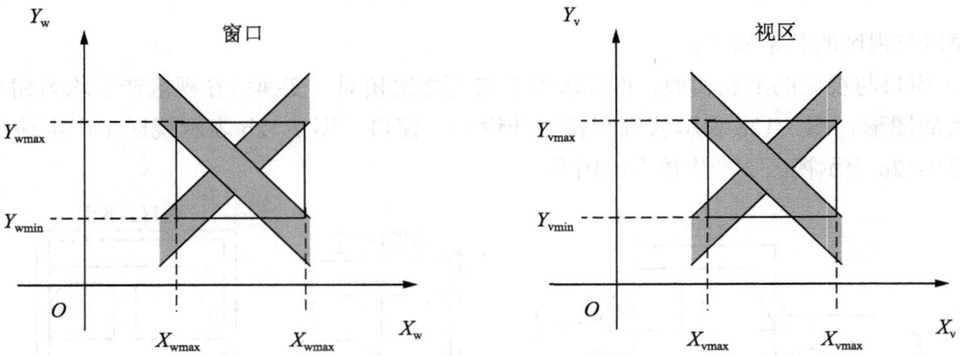

图 7-15　从窗口到视区的变换

假设点 $P(X_{\text{w}},Y_{\text{w}})$ 是位于世界坐标系中的一点，经过窗口到视区的变换后，点 P 变为视区中的 $P'(X_{\text{v}}，Y_{\text{v}})$，根据比例变换关系，我们有：

$$\begin{cases} \dfrac{x_{\text{w}} - x_{\text{wmin}}}{x_{\text{wmax}} - x_{\text{wmin}}} = \dfrac{x_{\text{v}} - x_{\text{vmin}}}{x_{\text{vmax}} - x_{\text{vmin}}} \\ \dfrac{y_{\text{w}} - y_{\text{wmin}}}{y_{\text{wmax}} - y_{\text{wmin}}} = \dfrac{y_{\text{v}} - y_{\text{vmin}}}{y_{\text{vmax}} - y_{\text{vmin}}} \end{cases} \tag{7-58}$$

整理后，得：

$$\begin{cases} x_{\text{v}} = \dfrac{x_{\text{vmax}} - x_{\text{vmin}}}{x_{\text{wmax}} - x_{\text{wmin}}}(x_{\text{w}} - x_{\text{wmin}}) + x_{\text{vmin}} \\ y_{\text{v}} = \dfrac{y_{\text{vmax}} - y_{\text{vmin}}}{y_{\text{wmax}} - y_{\text{wmin}}}(y_{\text{w}} - y_{\text{wmin}}) + y_{\text{vmin}} \end{cases} \tag{7-59}$$

若令

$$S_x = \frac{x_{\text{vmax}} - x_{\text{vmin}}}{x_{\text{wmax}} - x_{\text{wmin}}}$$

$$S_y = \frac{y_{\text{vmax}} - y_{\text{vmin}}}{y_{\text{wmax}} - y_{\text{wmin}}}$$

$$a = x_{\text{vmin}} - \frac{x_{\text{vmax}} - x_{\text{vmin}}}{x_{\text{wmax}} - x_{\text{wmin}}} \cdot x_{\text{wmin}}$$

$$b = y_{\text{vmin}} - \frac{y_{\text{vmax}} - y_{\text{vmin}}}{y_{\text{wmax}} - y_{\text{wmin}}} \cdot y_{\text{wmin}}$$

可得：

$$\begin{aligned} x_{\text{v}} &= S_x x_{\text{w}} + a \\ y_{\text{v}} &= S_y y_{\text{w}} + b \end{aligned} \tag{7-60}$$

写成矩阵变换的形式为：

$$\begin{bmatrix} x_{\text{v}} \\ y_{\text{v}} \\ 1 \end{bmatrix} = \begin{bmatrix} S_x & 0 & a \\ 0 & S_y & b \\ 0 & 0 & 1 \end{bmatrix} \begin{bmatrix} x_{\text{w}} \\ y_{\text{w}} \\ 1 \end{bmatrix} \tag{7-61}$$

以上式说明，从窗口到视区的变换是比例变换和平移变换的复合变换。

7.4.3 OpenGL 二维图形变换及其实例

OpenGL 是图形硬件的软件接口，实际上是一个图形和模型库，OpenGL 之所以能够很好地帮助二维图形的建立，是因为它提供了大量的实用基本图形操作函数。图形变换是创建计算机场景图形的核心，在 OpenGL 中包括各种对图形变换处理的支持技术，主要有几何变换、投影变换、视区变换、裁减变换。OpenGL 为了方便应用程序的开发，为用户提供了一系列函数命令来实现各种变换。OpenGL 进行图形变换的流程一般如下。

（1）指定矩阵堆栈

OpenGL 利用矩阵堆栈实现变换矩阵的相乘、保留和删除操作。OpenGL 在处理二维观察时，是将其处理为空间某种特殊的投影，因此相应的矩阵设置为：glMatrixMode（GL_PROJECTION）；其中，glMatrixMode 用于指定当前操作的矩阵堆栈，GL_PROJECTION 指定矩阵堆栈为投影矩阵堆栈。

void glMatrixMode(Glenum mode) 函数指定当前操作矩阵的类型，随后的操作只对该类型的矩阵起作用，由于 OpenGL 中的转换是通过转换矩阵实现的，在利用矩阵执行相应的转换（模型视图转换和投影转换）之前，必须告诉 OpenGL 目前希望操纵的是哪类矩阵，以便转换命令只影响指定的矩阵。mode 的取值：GL_PROJECTION 表示当前操作的矩阵为投影矩阵堆栈；GL_MODELVIEW 表示当前操作的矩阵为模型视图矩阵堆栈；GL_TEXTURE 表示当前操作的矩阵为纹理矩阵堆栈；mode 的默认值为模型视图矩阵堆栈。程序中调用此函数时，每次只能修改一种矩阵。

此外，还可以调用函数 glLoadIdentity() 完成矩阵堆栈空间的初始化。

void glLoadIdentity(void) 函数将当前矩阵堆栈的栈顶矩阵置为 4 阶单位矩阵，此时没有任何的变换。一般在指定当前矩阵堆栈之后都会调用 glLoadIdentity，以保证每次变换都是重新开始，避免与前面的变换混淆。因此，在程序中执行图形变换操作之前一般要用该函数将当前矩阵置为单位矩阵。

OpenGL 通常还用 void glPushMatrix(void) 和 void glPopMatrix(void) 两个函数来进行矩阵压入堆栈和弹出堆栈操作，如图 7-16 所示。这两个函数必须成对使用，也可以嵌套使用。

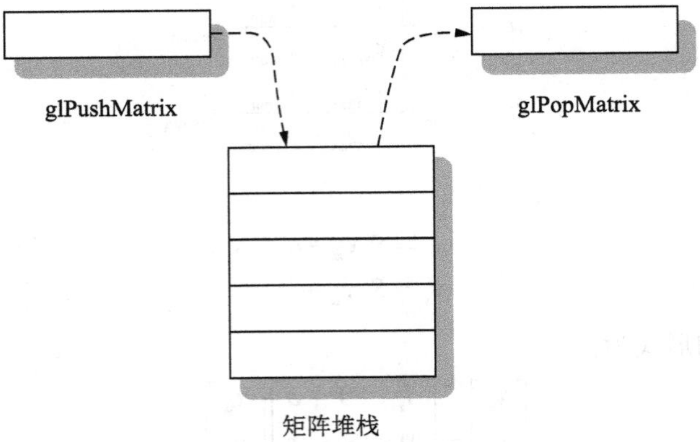

图 7-16 矩阵堆栈示意图

图形变换离不开矩阵运算，OpenGL 还提供了其他矩阵操作函数，编程时可以根据需要灵活地运用这些变换函数。常用的矩阵函数有：

- void glLoadMatrix{fd} (const TYPE * m)，该函数用来指定当前矩阵，m 指针指向一个 4×4 的矩阵。
- void glMultMatrix {fd} (const TYPE * m)，该函数将当前矩阵与输入矩阵相乘，并把结果作为当前矩阵。m 指针指向一个 4×4 的矩阵。

（2）指定裁剪窗口

在 OpenGL 实用函数库中，提供了一个用于定义二维裁剪窗口的函数：gluOtho2D(xwmin, xwmax, ywmin, ywmax)。其中，双精度浮点数 xwmin、xwmax、ywmin、ywmax 分别对应裁剪窗口的左、右、下、上四条边界。如果没有为应用程序指定裁剪窗口，系统将使用默认的裁剪窗口，四条边界分别为 wxl=−1.0、wxr=1.0、wyt=−1.0、wyb=1.0。这时，裁剪窗口是一个以坐标原点为中心、边长为 2 的正方形。

（3）指定视区

OpenGL 提供了在屏幕坐标系下指定矩形视区的函数：glViewPort（xvmin，yvmin，vpWidth，vpHeighht）。其中，xvmin 和 yvmin 指定了对应于屏幕上显示窗口中的矩形视区的左下角坐标，单位为像素；整型值 vpWidth 和 vpHeighht 则指定了视区的宽度和高度。这样，glViewPort 函数在屏幕的显示窗口中指定了一个以（xvmin，yvmin）为左下角点、(xvmin+vpWidth，yvmin+vpHeight）为右上角点的矩形视区。

如果在程序中没有调用 glViewPort，则系统使用默认的视区，其大小和位置与显示窗口保持一致。需要注意的是，二维观察变换中包含了窗口到视区的映射，为了使窗口中的图形在视区中保持形状不变，需要保证映射时高度和宽度方向比例因子相等。在实际的应用中，常常通过设定宽高比相等的窗口和视区来保证图形不发生变形。

（4）指定几何变换，设置几何变换参数

OpenGL 中图形变换的函数命令有：

- void glTranslate{ f, d} (TYPE x, TYPE y, TYPE z)：实现将坐标原点平移至坐标 (x, y, z)，x、y、z 分别表示 x、y、z 轴方向上的平移量，对于 2D 变换来说，z=0。
- void glRotate{ f，d} (TYPE angle,TYPE x,TYPE y，TYPE z)：实现将局部坐标系（或

物体）旋转 angle 角度，旋转轴是由局部坐标系原点指向（*x*，*y*，*z*）点的射线。当 angle= 0 时，该函数实际不起作用。当将物体的局部坐标系原点与图形中心点重合时，物体自身旋转。angle 是逆时针方向旋转的角度，范围是 0 ～ 360°（不是弧度）。对于 2D 图形，只能在 *xy* 平面内旋转，可取 *x*=0、*y*=0、*z*=1。

- void glScale{ f，d} (TYPE x，TYPE y，TYPE z)：实现将物体沿着坐标轴缩放。使用该函数后，物体与局部坐标系一同进行缩放。当比例大于 1 时，产生拉伸效果；反之，如果比例小于 1 时产生压缩效果。

x、*y*、*z* 分别表示 *x*、*y*、*z* 轴方向上的比例因子，*x*、*y*、*z* 大于 0 时，比例缩放；*x*、*y*、*z* 小于 0 时，对称变换。

如果有多个图形变换时，则按矩阵堆栈先进后出的顺序依次进行变换。例如，如果先 *x* 轴方向平移 *tx*，然后旋转 α，最后 *y* 轴方向平移 *ty*，OpenGL 图形变换代码表示如下：

```
glTranslatef(0,ty,0);        //y 方向平移 ty
glRotatef(α,0,0);            // 旋转角度 α
glTranslatef(tx,0,0);        //x 方向平移 tx
```

当几何物体绕 2D 平面任意点（*cx*，*cy*）旋转 α 角度时，矩阵运算也是按矩阵堆栈先进后出的顺序依次进行变换，同时遵循复合旋转变换的三个步骤：

1）先将旋转点连同旋转物体平移回坐标原点。

2）然后围绕坐标原点进行旋转。

3）再将旋转点连同旋转物体平移回去。

代码如下：

```
glTranslatef(cx,cy,0);
glRotatef(α,0,0,1);
glTranslatef(-cx,-cy,0);
```

下面分别列举几个实例说明如何使用 OpenGL 图形库来实现图形变换，读者可上机验证。

例一 给出了一个二维观察变换的例子，它在一个显示窗口内指定了多个视区，分别显示具有相同坐标、不同颜色和不同显示模式的三角形面。

```
// 绘制三角形
#include <gl/glut.h>                                    // 包含 OpenGL 实用工具包库
void initial(void)
{
  glClearColor(1.0, 1.0, 1.0, 1.0);                     // 设置白色为背景色
  glMatrixMode (GL_PROJECTION);                         // 切换矩阵模式为投影变换模式
  glLoadIdentity();                                     // 设置单位矩阵
  gluOrtho2D(-10.0, 10.0, -10.0, 10.0);                 // 指定二维裁剪窗口
}
void triangle (GLsizei mode)
{
  if(mode == 1)
   glPolygonMode(GL_FRONT_AND_BACK,GL_LINE);            // 多边形模式为线框
  else
   glPolygonMode(GL_FRONT_AND_BACK,GL_FILL);            // 多边形模式为填充多边形
  glBegin(GL_TRIANGLES);                                // 开始绘制三角形
   glVertex2f(0.0, 5.0);                                // 三角形的顶点
   glVertex2f(5.0, -5.0);                               // 三角形的顶点
```

```
    glVertex2f(-5.0, -5.0);                 //三角形的顶点
  glEnd();
}
void Display(void)
{
  glClear(GL_COLOR_BUFFER_BIT);             //清屏
  glColor3f(1.0, 0.0, 0.0);                 //设置绘图色为红色
  glViewport(0, 0, 200, 200);               //指定从（0，0）开始长宽均为200的视区
  triangle(1);                              //调用三角形绘制函数，参数为1
  glColor3f(0.0, 0.0, 1.0);                 //设置绘图色为蓝色
  glViewport(200, 0, 200, 200);             //指定从（200，0）开始长宽均为200的视区
  triangle(2);                              //调用三角形绘制函数，参数为2
  glFlush();                                //刷新
}
void main(void)
{
  glutInitDisplayMode(GLUT_SINGLE | GLUT_RGB); //设置屏幕单缓存RGB颜色模式
  glutInitWindowPosition(100, 100);         //设置窗口初始屏幕位置 (100,100)
  glutInitWindowSize(400, 200);             //设置窗口大小 (400,200)
  glutCreateWindow("多视区");               //创建窗口，标题为"多视区"
  initial();                                //调用初始化函数
  glutDisplayFunc(Display);                 //调用绘制函数Display
  glutMainLoop();                           //进入GLUT事件处理循环
}
```

例二　绘制一个平移的六边形。

```
//绘制六边形
#include "stdafx.h"
#include <glut.h>
#include <math.h>
#define PI 3.14159                          //设置圆周率
int n=6, R=10;                              //多边形边数，外接圆半径
float tx=0,ty=0;                            //x、y轴方向的平移量
void Keyboard(unsigned char key, int x, int y);
void Display(void);
void Reshape(int w, int h);
void myidle();

int APIENTRY _tWinMain(HINSTANCE hInstance,
                       HINSTANCE hPrevInstance,
                       LPTSTR    lpCmdLine,
                       int       nCmdShow)
{
    UNREFERENCED_PARAMETER(hPrevInstance);
    UNREFERENCED_PARAMETER(lpCmdLine);

    char *argv[] = {"hello ", " "};         //主函数的参数
    int argc = 2; //必须跟argv中的字符数相匹配

    glutInit(&argc, argv);                  //初始化GLUT库
    glutInitWindowSize(700,700);            //设置显示窗口大小
    glutInitDisplayMode(GLUT_DOUBLE | GLUT_RGB);  //设置显示模式(注意双缓存)
    glutCreateWindow("A Moving Polygon");   //创建显示窗口
    glutDisplayFunc(Display);               //注册显示回调函数
    glutReshapeFunc(Reshape);               //注册窗口改变回调函数
    glutIdleFunc(myidle);                   //注册闲置回调函数
    glutMainLoop();                         //进入事件处理循环
```

```
    return 0;

}

void Display(void)
{
    glClear(GL_COLOR_BUFFER_BIT); // 清屏
    glMatrixMode(GL_MODELVIEW);   // 设置矩阵模式为模型变换模式，表示在世界坐标系下
    glLoadIdentity();             // 将当前矩阵设置为单位矩阵
    glTranslatef(tx,ty,0);        // 设置平移变换
    glColor3f(1.0,0,0);           // 设置红色绘图颜色
    glBegin(GL_POLYGON);          // 开始绘制六边形
    for (int i=0;i<n;i++)
         glVertex2f( R*cos(i*2*PI/n), R*sin(i*2*PI/n));  // 六边形顶点坐标
    glEnd();
    glutSwapBuffers();            // 双缓存的刷新模式
}

void myidle()
{
    tx+=1;                        // 增加 x 轴方向平移量
    ty+=1;                        // 增加 y 轴方向平移量

    if (tx>100)    tx=0;          // 如果 x 轴方向平移量大于 100，就让平移量清零
    if (ty>100)    ty=0;          // 如果 y 轴方向平移量大于 100，就让平移量清零

    glutPostRedisplay();          // 重画，相当于重新调用 Display()，改变后的变量得以传给绘制函数
}

void Reshape(GLsizei w,GLsizei h)
{
    glMatrixMode(GL_PROJECTION); // 投影矩阵模式
    glLoadIdentity();            // 矩阵堆栈清空
    gluOrtho2D(-1.5*R*w/h,1.5*R*w/h,-1.5*R,1.5*R);  // 设置裁剪窗口大小
    glViewport(0,0,w,h);         // 设置视区大小
    glMatrixMode(GL_MODELVIEW);  // 模型矩阵模式
}
```

例三　绘制一个旋转的六边形。

```
// 绘制旋转六边形
// 样本程序：旋转的六边形
#include "stdafx.h"
#include <glut.h>
#include <math.h>
#define PI 3.14159                 // 设置圆周率
int n=6, R=10;                     // 多边形边数，外接圆半径
float cx=0,cy=0;                   //x、y 轴方向平移量

float theta=0.0;                   // 旋转初始角度值
void Keyboard(unsigned char key, int x, int y);
void Display(void) ;
void Reshape(int w, int h);
void myidle();

int APIENTRY _tWinMain(HINSTANCE hInstance,
                       HINSTANCE hPrevInstance,
```

```
                        LPTSTR     lpCmdLine,
                        int        nCmdShow)
{
    UNREFERENCED_PARAMETER(hPrevInstance);
    UNREFERENCED_PARAMETER(lpCmdLine);

    char *argv[] = {"hello ", " "};         // 主函数的参数
    int argc = 2; // must/should match the number of strings in argv

    glutInit(&argc, argv);                  // 初始化 GLUT 库
    glutInitWindowSize(700,700);            // 设置显示窗口大小
    glutInitDisplayMode(GLUT_DOUBLE | GLUT_RGB); // 设置显示模式（注意双缓存）
    glutCreateWindow("A Rotating Square");       // 创建显示窗口
    glutDisplayFunc(Display);               // 注册显示回调函数
    glutReshapeFunc(Reshape);               // 注册窗口改变回调函数
    glutIdleFunc(myidle);                   // 注册闲置回调函数
    glutMainLoop();                         // 进入事件处理循环

    return 0;
}

void Display(void)
{
    glClear(GL_COLOR_BUFFER_BIT);           // 清屏
    glMatrixMode(GL_MODELVIEW);             // 设置矩阵模式为模型变换模式，表示在世界坐标系下
    glLoadIdentity();                       // 将当前矩阵设置为单位矩阵
    glTranslatef(cx,cy,0);                  // 平移回去
    glRotatef(theta,0,0,1);                 // 绕原点旋转 theta 角度
    glTranslatef(-cx,-cy,0);                // 平移回原点
    glColor3f(1.0,0,0);                     // 设置红色绘图颜色
    glBegin(GL_POLYGON);                    // 开始绘制六边形
    for (int i=0;i<n;i++)
         glVertex2f( R*cos(i*2*PI/n), R*sin(i*2*PI/n));  // 六边形顶点坐标
    glEnd();
    glutSwapBuffers();                      // 双缓存的刷新模式
}

void myidle()
{
    theta+=1.0;                             // 旋转角增加 1°
    if (theta ≥ 360) theta-=360;            // 如果角度大于 360°，就减去 360°，复原
    glutPostRedisplay();  // 重画，相当于重新调用 Display()，改变后的变量得以传给绘制函数
}

void Reshape(GLsizei w,GLsizei h)
{
    glMatrixMode(GL_PROJECTION);            // 投影矩阵模式
    glLoadIdentity();                       // 矩阵堆栈清空
    gluOrtho2D(-1.5*R*w/h,1.5*R*w/h,-1.5*R,1.5*R);  // 设置裁剪窗口大小
    glViewport(0,0,w,h);                    // 设置视区大小
    glMatrixMode(GL_MODELVIEW);             // 模型矩阵模式
}
```

例四 绘制一个比例缩放的六边形。

```
// 绘制缩放六边形
#include "stdafx.h"
#include <glut.h>
```

```
#include <math.h>
#define PI 3.14159                          //设置圆周率
int n=6, R=10;                              //多边形边数，外接圆半径
float cx=0,cy=0;                            //x、y轴方向平移量
float sx=1,sy=1;                            //设置初始x、y轴方向的比例缩放参数

float theta=0.0;                            //旋转初始角度值
void Keyboard(unsigned char key, int x, int y);
void Display(void);
void Reshape(int w, int h);
void myidle();

int APIENTRY _tWinMain(HINSTANCE hInstance,
                      HINSTANCE hPrevInstance,
                      LPTSTR    lpCmdLine,
                      int       nCmdShow)
{
    UNREFERENCED_PARAMETER(hPrevInstance);
    UNREFERENCED_PARAMETER(lpCmdLine);

    char *argv[] = {"hello ", " "};         //主函数的参数
    int argc = 2;

    glutInit(&argc, argv);                  //初始化GLUT库
    glutInitWindowSize(700,700);            //设置显示窗口大小
    glutInitDisplayMode(GLUT_DOUBLE | GLUT_RGB);  //设置显示模式(注意双缓存)
    glutCreateWindow("A Rotating Square"); // 创建显示窗口
    glutDisplayFunc(Display);               //注册显示回调函数
    glutReshapeFunc(Reshape);               //注册窗口改变回调函数
    glutIdleFunc(myidle);                   //注册闲置回调函数
    glutMainLoop();                         //进入事件处理循环

    return 0;
}

void Display(void)
{
    glClear(GL_COLOR_BUFFER_BIT);           //清屏
    glMatrixMode(GL_MODELVIEW);             //设置矩阵模式为模型变换模式，表示在世界坐标系下
    glLoadIdentity();                       //将当前矩阵设置为单位矩阵
    glTranslatef(cx,cy,0);                  //平移回去

    glRotatef(theta,0,0,1);                 //绕原点旋转theta角度
    glScalef(sx,sy,1);                      //比例缩放变换
    glTranslatef(-cx,-cy,0);                //平移回原点

    glColor3f(1.0,0,0);                     //设置红色绘图颜色
    glBegin(GL_POLYGON);                    //开始绘制六边形
    for (int i=0;i<n;i++)
        //glVertex2f( R*cos(theta+i*2*PI/n), R*sin(theta+i*2*PI/n));
        glVertex2f( R*cos(i*2*PI/n), R*sin(i*2*PI/n));
    glEnd();
    glutSwapBuffers();                      //双缓存的刷新模式
}

void myidle()
```

```
{
    theta+=0.2;                                  //旋转角度增量
    if (theta ≥ 360) theta-=360;                 //旋转角大于360°时减去360°
    //比例因子放大一个增量
    sx=sx*1.01;
    sy=sy*1.01;

    if (sx>3)   sx=1;
    if (sy>3)   sy=1;
    glutPostRedisplay();   //重画，相当于重新调用Display()，改变后的变量得以传给绘制函数
}

void Reshape(GLsizei w,GLsizei h)
{
    glMatrixMode(GL_PROJECTION);                 //投影矩阵模式
    glLoadIdentity();                            //矩阵堆栈清空
    gluOrtho2D(-1.5*R*w/h,1.5*R*w/h,-1.5*R,1.5*R);  //设置裁剪窗口大小
    glViewport(0,0,w,h);                         //设置视区大小
    glMatrixMode(GL_MODELVIEW);                  //模型矩阵模式
}
```

7.4.4 二维直线裁剪算法及其实现

在使用计算机处理图形信息时，计算机内部存储的图形往往比较大，而屏幕显示的只是图的一部分。因此需要确定图形中哪些部分落在显示区之内，哪些落在显示区之外，以便只显示落在显示区内的那部分图形。这个选择过程称为裁剪，如图7-17所示。最简单的裁剪方法是把各种图形扫描转换为点之后，再判断各点是否在窗口内。但那样太费时，一般不可取。这是因为有些图形组成部分全部在窗口外，可以完全排除，不必进行扫描转换。所以一般采用先裁剪再扫描转换的方法。

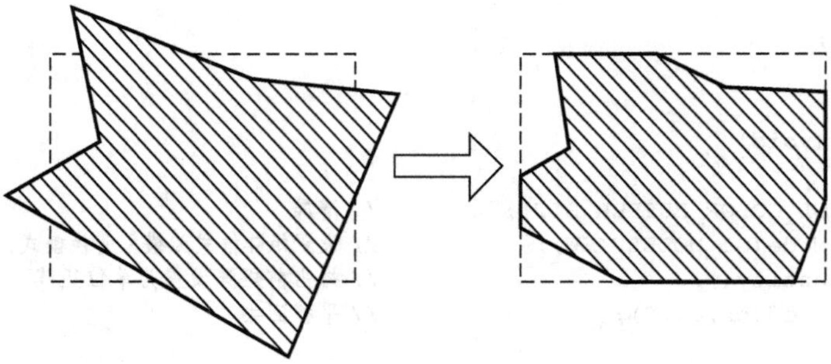

a）裁剪前　　b）裁剪后

图7-17　窗口裁剪示意图

在裁剪中，我们把设定的物体被裁剪的矩形区域称为裁剪窗口 (clip window)，裁剪算法 (clipping algorithm) 用于确定物体哪部分位于裁剪窗口内，哪部分位于裁剪窗口外。下面主要讨论裁剪窗口为与坐标轴平行的情况。

1）点的裁剪。当物体为一个点时，判断该点是否位于裁剪窗口内很简单，可直接根据坐标来判断：

$$x_l \leqslant x \leqslant x_r$$
$$y_b \leqslant y \leqslant y_t$$

其中，(x,y) 为点的坐标，(x_l,x_r,y_b,y_t) 分别为裁剪窗口的左边界、右边界、下边界和上边界坐标，如图 7-18 所示。

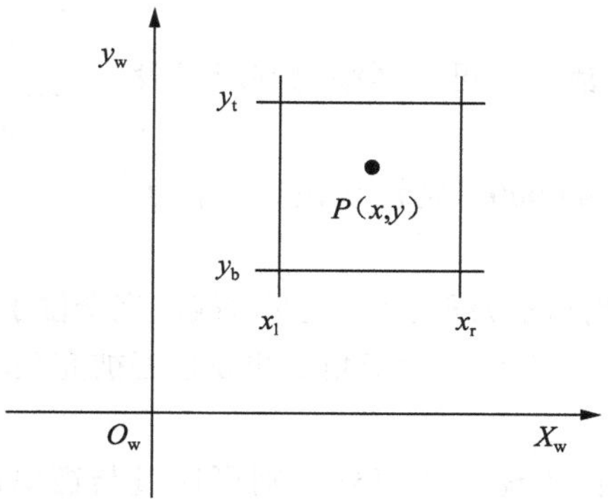

图 7-18　点的裁剪

2）线段的裁剪。线段裁剪的任务就是把裁剪窗口之外的线段裁掉，保留窗口之内的线段部分，如图 7-19 所示。线段与窗口的关系如图 7-20 所示分为 4 种情况。

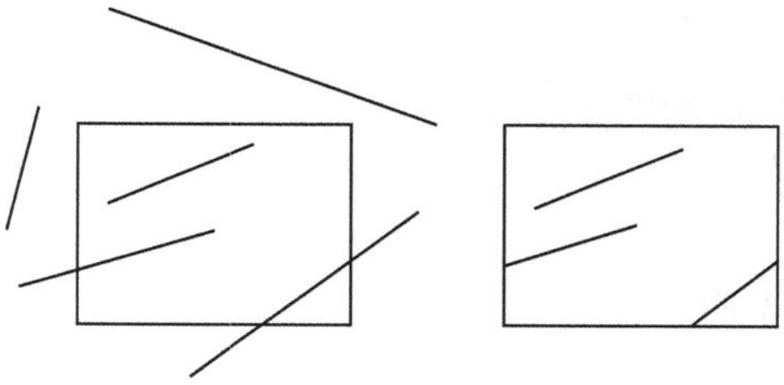

图 7-19　线段的裁剪

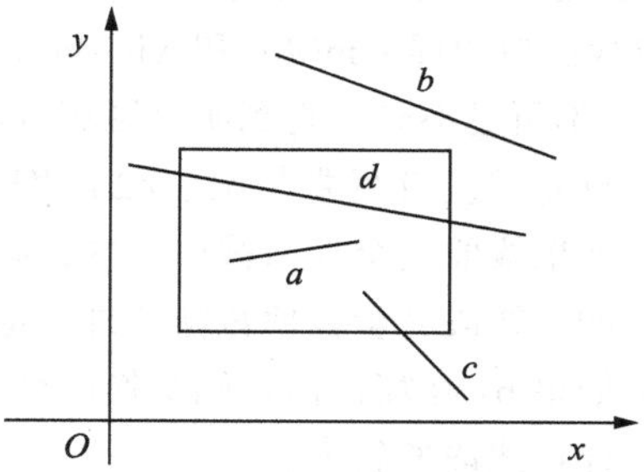

图 7-20　线段与窗口的关系

- 直线段两个端点完全位于窗口之外。
- 直线段两个端点完全位于窗口之内。
- 直线段与窗口的一条边相交，一个端点位于窗口之内，一个端点位于窗口之外。
- 直线段贯穿，直线段的两个端点都位于窗口之外，中间一段位于窗口之内。

直线段裁剪算法比较简单，但非常重要，是复杂图元裁剪的基础。因为复杂的曲线可以通过折线段来近似，从而裁剪问题也可以化为直线段的裁剪问题。下面重点介绍常用的两种线段裁剪算法：编码裁剪算法和梁友栋 -Barskey 算法。

1. 编码裁剪算法

编码裁剪（Cohen-Sutherland）算法首先设定了一种编码规则，每个线段端点都被赋予一个 4 位二进制编码，又称为区域码。区域码中的每一位表明该端点相对于剪裁窗口的相对坐标。编码的规则如下：

- 第 1 位为 1，位于窗口左侧。
- 第 2 位为 1，位于窗口右侧。
- 第 3 位为 1，位于窗口下方。
- 第 4 位为 1，位于窗口上方。

• 否则，相应的位置取 0。

该编码将整个平面分成 9 个区域，区域编码示意如图 7-21 所示。

1001	1000	1010
0001	窗口 0000	0010
0101	0100	0110

图 7-21 编码分布图

线段有了编码后，编码裁剪法可根据编码判断线段裁剪的规则：

1）线段两端点编码均为 0000，则该线段完全位于窗口内，完全可见。

2）线段两端点编码在相同的位同为 1，表明该线段完全位于窗外，完全不可见。

3）端点编码的逻辑“与”操作可用于测试线段是否被完全裁剪。如果结果不等于 0，则线段完全位于窗口之外。

4）如果线段不是完全位于窗内或窗外，则可通过与窗口的边界求交来检测线段的裁剪性。

5）裁剪过程：窗口外端点到窗口边界的区域需要被裁剪。

6）假定窗口边界的处理次序：左、右、下、上。

有了这样的编码判断规则，不难理出编码裁剪法端点的编程思路：已知线段两端点 p1、p2 及剪裁窗口边界 winMin 和 winMax，循环依次判断线段与剪裁窗口交点的区域可见性，可见就画，不可见不画，直到所有区域判断完毕。

1）首先求线段两端点 p1、p2 的编码 code1、code2。

2）如果线段完全在剪裁窗口内，画线退出。

3）如果线段完全在剪裁窗口外，退出。

4）如果 p1 在窗口内，则交换两个点及其编码。

5）计算线段的斜率。

6）求 p1p2 是否与剪裁窗口的 4 条边相交。

7）如果相交，则用交点替换 p1 点返回步骤 1，继续判断。

Cohen-Sutherland 算法用 C/C++ 语言实现，其核心代码如下：

```
// 编码裁剪法
class wcPt2D {public: float x,y;};          // 定义点结构
GLubyte encode(wcPt2D pt,wcPt2D winMin, wcPt2D winMax); // 声明端点编码函数
void swapPts(wcPt2D *p1, wcPt2D *p2);        // 声明交换点函数
void swapCodes(GLubyte *c1,GLubyte *c2); // 声明交换编码函数
void lineClipCohSuth(wcPt2D winMin, wcPt2D winMax,wcPt2D p1, wcPt2D p2);
// 声明编码裁剪函数
  /*  定义 4 位二进制编码…*/
 const GLint winLeftBitCode=0x1;             // 左区域编码
 const GLint winRightBitCode=0x2;            // 右区域编码
 const GLint winBottomBitCode=0x4;           // 下区域编码
 const GLint winTopBitCode=0x8;              // 上区域编码
inline GLint inside (GLint code) {return GLint (!code);} // 判断点是否在剪裁窗口内的函数
 inline GLint reject (GLint code1,GLint code2) { return GLint (code1 & code2);}
 // 判断线段是否完全在剪裁窗口外的函数
 inline GLint accept (GLint code1, GLint code2) { return GLint (!(code1|code2));}
 // 判断线段是否完全在剪裁窗口内函数

GLubyte encode(wcPt2D pt,wcPt2D winMin, wcPt2D winMax)  // 端点编码函数
```

```
{ GLubyte code=0x00;                                        //初始编码为0000
  if (pt.x<winMin.x) code=code|winLeftBitCode;              //点在左侧，修改编码
  if (pt.x>winMax.x) code=code|winRightBitCode;             //点在右侧，继续修改编码
  if (pt.y<winMin.y) code=code|winBottomBitCode;            //点在下侧，继续修改编码
  if (pt.y>winMax.y) code=code|winTopBitCode;               //点在上侧，继续修改编码
 return (code);                                             //最后返回所求编码
 }

void swapPts(wcPt2D *p1, wcPt2D *p2)                        //交换点函数
 {  wcPt2D tmp;
     tmp=*p1;*p1=*p2;*p2=tmp;}

 void swapCodes(GLubyte *c1,GLubyte *c2)                    //交换点编码函数
 {  GLubyte tmp;
     tmp=*c1;*c1=*c2;*c2=tmp;}

void lineClipCohSuth(wcPt2D winMin, wcPt2D winMax,wcPt2D p1, wcPt2D p2)
//编码裁剪判断函数
{    GLubyte code1,code2;
     GLint done=false, plotLine=false;
     GLfloat m;                                             //直线斜率参数
     while(!done) {
      code1=encode(p1,winMin,winMax);                       //求端点1的编码
      code2=encode(p2,winMin,winMax);                       //求端点2的编码
     if (accept (code1,code2))                              //如果在窗口内
    {
            done=true;                                      //判断结束
             plotLine=true;                                 //画线标志设为true
    }
     else
           if (reject(code1,code2))                         //如果在窗外
              done=true;                                    //判断结束
else {
  /* 标记窗口外的端点为p1*/
   if (inside (code1))                                      //如果端点1在窗内
   {
       swapPts(&p1,&p2);                                    //交换点
       swapCodes(&code1,&code2);}                           //交换点编码
   if (p2.x!=p1.x)      m=(p2.y-p1.y)/(p2.x-p1.x);          //求斜率
   if (code1 & winLeftBitCode)                              //如果端点1位于左侧
   {
            //求交点坐标，用交点代替端点
            p1.y+=(winMin.x-p1.x)*m;
            p1.x=winMin.x;
    }
   else
if (code1 & winRightBitCode)                                //如果端点1位于右侧
 {
         //求交点坐标，用交点代替端点
             p1.y+=(winMax.x-p1.x)*m;
             p1.x=winMax.x;
    }
   else
     if (code1 & winBottomBitCode)                          //如果端点1位于下侧
 {
     //求交点坐标，用交点代替端点
```

```
        if (p2.x!=p1.x)                                      //仅更新非垂直线的 x 坐标
          p1.x+=(winMin.y-p1.y)/m;
          p1.y=winMin.y;
        }
      else
   if (code1 & winTopBitCode)         //如果端点 1 位于顶侧
    {
      //求交点坐标，用交点代替端点
      if (p2.x!=p1.x)                 //仅更新非垂直线的 x 坐标
            p1.x+=(winMax.y-p1.y)/m;
            p1.y=winMax.y;
          }
      }    //for else;
   }     // for while;

   if(plotLine)                       //如果画线标志为真
      glBegin(GL_LINES);              //开始画裁掉的直线
         glVertex2f(p1.x,p1.y);
          glVertex2f(p2.x,p2.y);
       glEnd();
   }    //  for linelipCohSuth();
```

2. 梁友栋 -Barsky 算法

20 世纪 80 年代初梁友栋先生和 Barsky 先生一起提出了著名的梁友栋 -Barsky 裁剪算法，通过线段的参数化表示实现快速裁剪，至今仍是计算机图形学中最经典的算法之一。

梁友栋 -Barsky 算法是建立在直线的参数化方程基础之上，已知直线段的端点为 $P_1(x_1,y_1)$ 和 $P_2(x_2,y_2)$，我们可以写出直线的参数方程：

$$x = x_1 + u\,\Delta x$$
$$y = y_1 + u\,\Delta y$$

其中：u 为直线的参数，$0 \leqslant u \leqslant 1$

$$\Delta x = x_2 - x_1,\quad \Delta y = y_2 - y_1$$

根据点剪裁的条件有

$$x_{\text{wmin}} \leqslant x_1 + u\,\Delta x \leqslant x_{\text{wmax}}$$
$$y_{\text{wmin}} \leqslant y_1 + u\,\Delta y \leqslant y_{\text{wmax}}$$

x_{wmin}、x_{wmax}、y_{wmin}、y_{wmax} 为裁剪窗口的左、右、下、上边界的坐标。

将式子展开后有：

$$u(-\Delta x) \leqslant x_1 - x_{\text{wmin}}$$
$$u(\Delta x) \leqslant x_{\text{wmax}} - x_1$$
$$u(-\Delta y) \leqslant y_1 - y_{\text{wmin}}$$
$$u(\Delta y) \leqslant y_{\text{wmax}} - y_1$$

上面 4 个不等式可统一表示成：

$$u \bullet p_k \leqslant q_k,\ k = 1, 2, 3, 4$$

其中：$p_1 = -\Delta x,\quad q_1 = x_1 - x_{\text{wmin}}$

$p_2 = \Delta x,\quad q_2 = x_{\text{wmax}} - x_1$

$p_3 = -\Delta y,\quad q_3 = y_1 - y_{\text{wmin}}$

$p_4 = \Delta y,\quad q_4 = y_{\text{wmax}} - y_1$

对于以上式子，我们不难发现有以下规律。

对任何平行于窗口边界的直线段，有 $p_k = 0$，k=1、2、3、4 分别对应左、右、下、上边界，如果还满足 $q_k < 0$，则该线段完全位于窗口之外，应舍弃该线段；反之，如果还同时满足 $q_k \geqslant 0$，则线段平行于窗口边界且位于窗口之内。读者不妨验证一下。

如图 7-22 所示，直线段 $L_1(P_1(x_1,y_1),P_2(x_2,y_2))$ 和直线段 L 分别按照不同方向穿越窗口，我们还可以证明：

1）当 $p_k < 0$，线段由起始点到终止点的方向从裁剪窗口边界延长线的外部延伸到内部。

2）当 $p_k > 0$，线段由起始点到终止点的方向从裁剪窗口边界延长线的内部延伸到外部。

3）且当 p_k 不等于 0，可以计算出线段与第 k 边界延长线交点处的参数值 $u = q_k / p_k$。

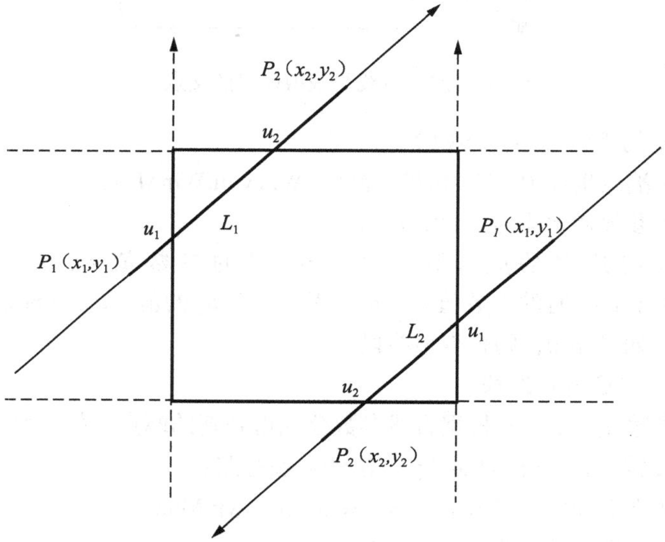

图 7-22 直线与窗口边界的位置

根据梁友栋 -Barsky 算法，可得到以下规则：

1）对每条直线段在裁剪窗口内的部分，可通过计算窗口内线段的两端点的参数值 u_1、u_2 来确定。

2）参数 u_1 的取值由线段从外到内遇到的裁剪窗口边界所决定 ($p < 0$)。

3）对于这些边界，计算 $r_k = q_k/p_k$。

4）u_1 取 0 和各个计算出的 r 值中的最大值。

5）参数 u_2 的值则由线段从内到外遇到的裁剪窗口边界所决定 ($p > 0$)。

6）根据这些边界计算出 r_k, u_2 取 1 和各个 r 值之中的最小值。

7）如果 $u_1 > u_2$，线段完全位于裁剪窗口之外，被舍弃。

8）否则，由参数 u 的两个值计算出裁剪后的线段端点。

例如，如图 7-23 所示，直线 (P_1,P_2) 交于窗口边界及其延长线于 A、B、C、D 四个交点，其中交点 A、B 为线段从外到内遇到的裁剪窗口边界得到的交点，交点 C、D 为线段从内到外遇到的裁剪窗口边界得到的交点。根据梁友栋 -Barsky 算法，直线跟裁剪窗口的交点 U_1、U_2 应为：

$$U_1=\max(U_a,U_b,0)$$
$$U_2=\min(U_c,U_d,1)$$

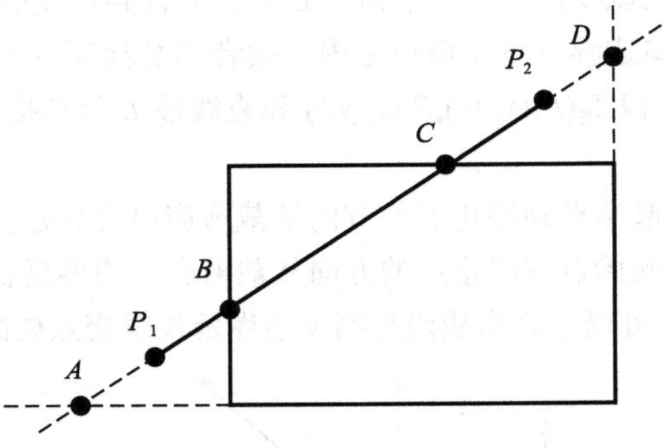

图 7-23 直线与裁剪窗口的交点

梁友栋 -Barsky 的算法思路描述如下：

1）输入直线两端点坐标 P_1、P_2 和裁剪窗口 (WinMin,WinMax)。

2）线段交点的参数初始化为 $u_1=0$，$u_2=1$。

3）计算各裁剪边界的 p、q 值。对于 $p<0$ 时的参数值 u_a、u_b, 用于更新 u_1 的值，$u_1=\max(u_a,u_b,0)$；对于 $p>0$ 时的参数值 u_c、u_d，用于更新 u_2 的值，$u_2=\min(u_c,u_d,1)$。

4）当 $p=0$ 时，如果 $q<0$，则舍弃该线段。

5）如果 $u_1>u_2$，则舍弃该线段。

6）最后得到参数 u_1、u_2，并根据直线参数公式得到新的端点坐标，画出直线。

至此，我们可以归纳梁友栋 -Barsky 算法的编程思路：

1）已知线段两端点和窗口坐标 p_1、p_2、winMin、winMax。

2）线段交点的参数初始化为 $u_1=0, u_2=1$。

3）计算各裁减边界的 p、q 值。

4）函数 clipTest 根据 p、q 值来判断是舍弃线段还是改变交点的参数。

5）当 $p<0$ 时，参数 r 用于更新 u_1。

6）当 $p>0$ 时，参数 r 用于更新 u_2。

7）如果更新了 u_1 或 u_2 后使 $u_1>u_2$，则舍弃该线段。

8）否则，更新适当的 u 参数，使新值仅仅缩短了线段。

9）当 $p=0$ & $q<0$ 时，舍弃该线段。

10）测试完 p、q 的 4 个值后，如果结果并未舍弃该线段，则由 u_1、u_2 值决定裁剪后的线段端点画线。

以下是梁友栋 -Barsky 裁剪算法子函数 C 语言实现的核心代码：

```
//梁友栋 -Barsky 裁剪算法
//裁剪线段子函数
void LBLineClip(float xleft, float xright,float ybottom, float ytop, float x1, float
y1, float x2, float y2)
{
    float u1 = 0.0, u2 = 1.0;
    float deltax = x2 - x1, deltay = y2 - y1;
```

```
        if (LBclipTest(-deltax, x1 - xleft, u1, u2))
        {
            if (LBclipTest(deltax, xright - x1, u1, u2))
            {
               deltay = y2 - y1;
               if (LBclipTest(-deltay, y1 - ybottom, u1, u2))
               {
                   if (LBclipTest(deltay, ytop - y1, u1, u2))
                   {
                       if (u2 < 1.0)
                       {
                           x2 = x1 + u2*deltax;
                           y2 = y1 + u2*deltay;
                       }
                       if (u1 > 0.0)
                       {
                           x1 = x1 + u1*deltax;
                           y1 = y1 + u1*deltay;
                       }

                       glBegin(GL_LINES);
                        glVertex2f(x1,y1);
                        glVertex2f(x2,y2);
                       glEnd();
                   }
               }
            }
        }
}
//判断是否需要裁减子函数
bool LBclipTest(float p, float q, float& u1, float& u2)
{
     float u;
     bool Cliptest = true;
     if (p > 0.0)
     {
         u = q / p;
         if (u < u1)
         {
            Cliptest = false;
         }
         else if(u < u2)
         {
            u2 = u;
         }
     }
     else if (p < 0.0)
     {
         u = q / p;
         if (u > u2)
         {
            Cliptest = false;
         }
         else if (u > u1)
```

```
            {
               u1 = u;
            }
        }
        else
        {
            if (q < 0.0)
            {
               Cliptest = false;
            }
        }
        return Cliptest;
    }
```

梁友栋 -Barsky 算法更新参数 u1、u2 仅仅需要一次除法，没有其他浮点运算。计算出 u1、u2 的最后值后，线段与窗口的交点只需要计算一次就可求出。而 Cohen-Sutherland 算法即使一条线段完全落在裁剪窗口之外，也要反复求交，每次求交都用到除法和乘法运算。所以梁友栋 -Barsky 算法比 Cohen-Sutherland 算法更加快速有效。

7.4.5 其他二维图形裁剪算法介绍

1. 多边形裁剪

多边形裁剪（polygon clipping）算法建立在直线裁剪基础之上。但是直接使用线段裁剪法进行处理的多边形边界将显示为一系列不连接的线段，如图 7-24 所示。

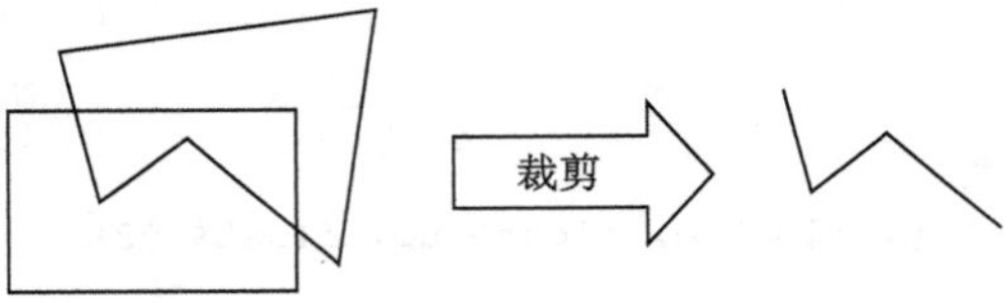

图 7-24　直接使用线段裁剪算法

所以对于多边形裁剪，我们要求算法能产生封闭区域，多边形裁剪后的输出结果应是一个或多个裁剪后的填充区边界的封闭多边形，如图 7-25 所示。

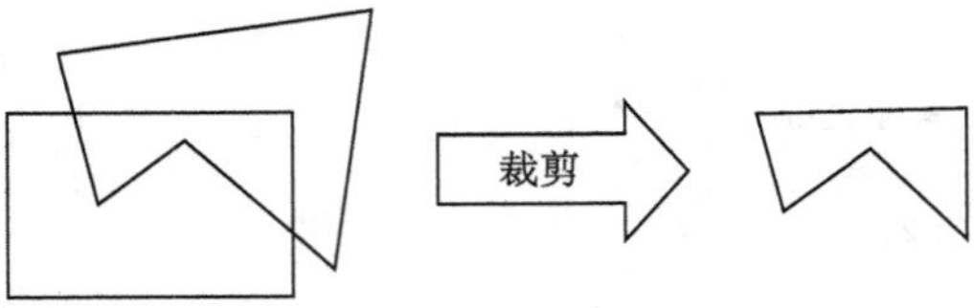

图 7-25　多边形裁剪要求产生封闭多边形

这里介绍一下 Sutherland-Hodgeman 多边形裁剪算法，该算法的基本思想是每次用窗口的一条边界及其延长线来裁剪多边形的各边。多边形通常由它的顶点序列来表示，经过裁剪规则针对某条边界裁剪后，结果形成新的顶点序列，又留待下一条边界进行裁剪，直到窗口的所有边界都裁剪完毕，算法形成最后的顶点序列，才是结果多边形（它可能构成一个或多个多边形）。用窗口边界依次裁剪多边形填充的顺序如图 7-26 所示。

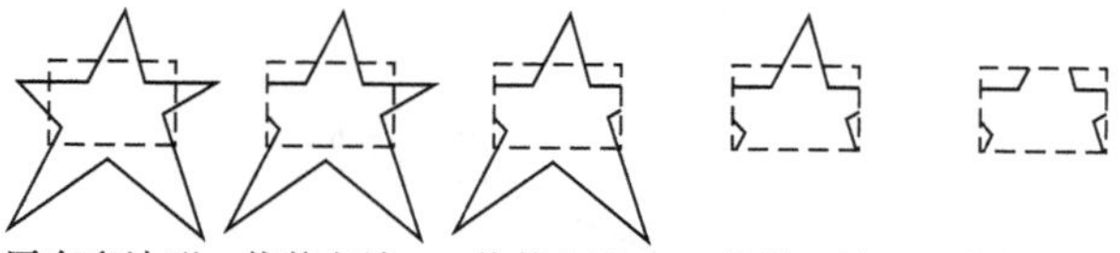

原有多边形　裁剪左边　裁剪右边　裁剪下边　裁剪上边

图 7-26　用窗口边界依次裁剪多边形填充的顺序

2. 曲线的裁剪

曲线的裁剪 (curve clipping) 比较复杂，可借助曲线的外接矩形来进行判断。如果外接矩形完全位于裁剪窗口内，则曲线可见；如果外接矩形完全位于裁剪窗口外，曲线不可见；反之，需要求交做进一步判断处理。

3. 文字的裁剪

文字的裁剪 (text clipping) 分为三种裁剪方法，如图 7-27 所示，文字串裁剪只保留在窗口内的完整文字串，字符裁剪方法只保留在窗口内的完整单个字符；矢量裁剪方法则比较精细，保留在窗口之内的所有文字。

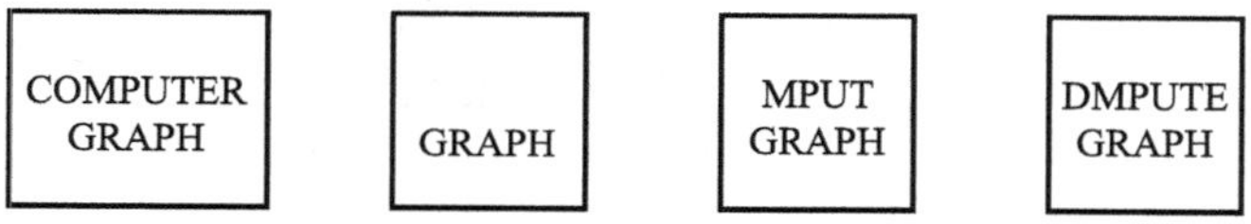

a) 原文字　b) 文字串裁剪　c) 字符裁剪　d) 矢量裁剪

图 7-27　文字的裁剪

7.5　三维几何变换

三维几何变换也主要是包括平移、旋转、比例缩放、对称和错切这几种变换，图 7-28 表示茶壶进行三维旋转变换的例子。与 2D 图形变换不同的是增加了 z 坐标值，三维变换矩阵也由 2D 的 3×3 阶变成了 4×4 阶。

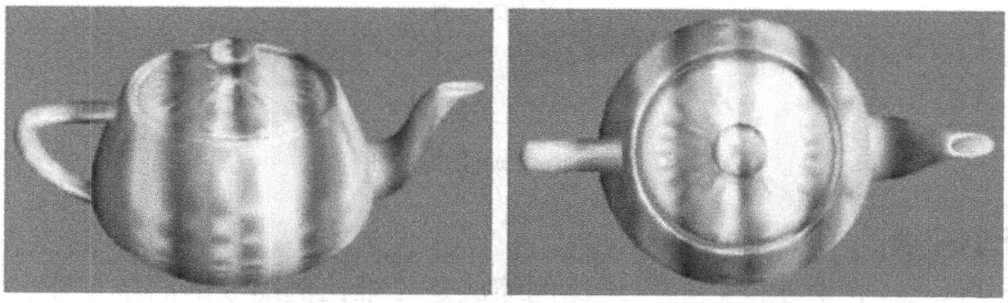

图 7-28　茶壶的旋转变换

7.5.1　三维基本几何变换

1. 三维平移变换

如图 7-29 所示，空间的点 $P(x,y,z)$ 在空间 x、y、z 轴方向分别平移 (t_x,t_y,t_z) 距离至 $P'(x',y',z')$ 点，我们有：

$$x' = x + t_x,\ y' = y + t_y,\ z' = z + t_z$$

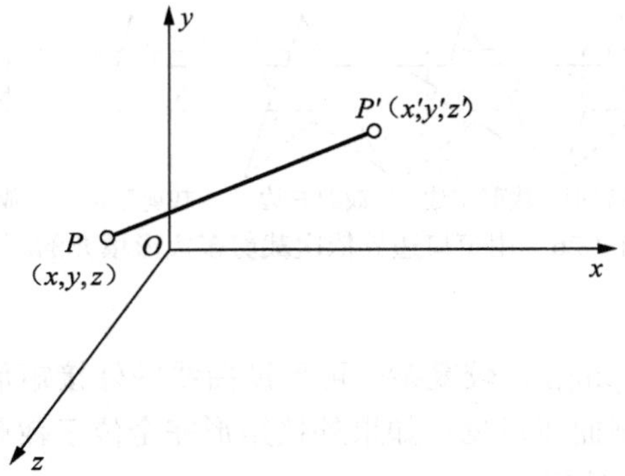

图 7-29 三维平移变换

参照二维平移变换，我们很容易得到三维平移变换矩阵：

$$\begin{bmatrix} x' \\ y' \\ z' \\ 1 \end{bmatrix} = \begin{bmatrix} 1 & 0 & 0 & t_x \\ 0 & 1 & 0 & t_y \\ 0 & 0 & 1 & t_z \\ 0 & 0 & 0 & 1 \end{bmatrix} \begin{bmatrix} x \\ y \\ z \\ 1 \end{bmatrix} \tag{7-62}$$

或

$$\boldsymbol{P}' = \boldsymbol{T} \bullet \boldsymbol{P}$$

在三维空间中，物体的平移是通过平移物体上的各点，然后在新位置重建该物体而实现，如图 7-30 所示，空间四面体 *ABCD* 平移到新的位置 *A'B'C'D'*。

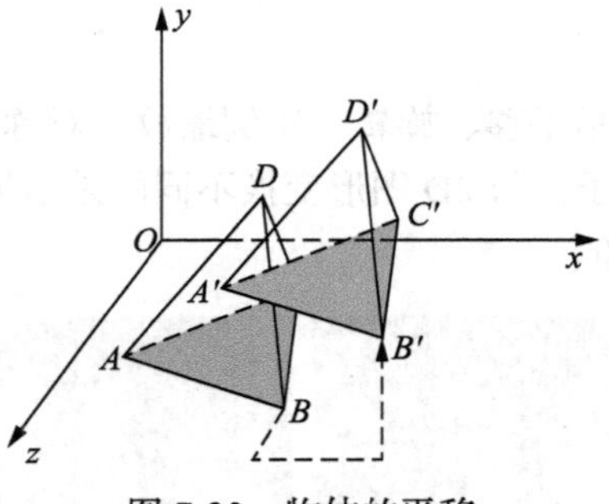

图 7-30 物体的平移

2. 三维比例变换

空间的点 $P(x,y,z)$ 相对于原点的三维比例缩放是二维比例缩放的简单扩充，只要在变换矩阵中引入 z 坐标的比例缩放因子：

$$\begin{bmatrix} x' \\ y' \\ z' \\ 1 \end{bmatrix} = \begin{bmatrix} 1 & 0 & 0 & 0 \\ 0 & 1 & 0 & 0 \\ 0 & 0 & 1 & 0 \\ 0 & 0 & 0 & s \end{bmatrix} \begin{bmatrix} x \\ y \\ z \\ 1 \end{bmatrix} \tag{7-63}$$

或

$$\boldsymbol{P}' = \boldsymbol{S} \bullet \boldsymbol{P}$$

当 $s_x=s_y=s_z>1$ 时，图形相对于原点做等比例放大；当 $s_x=s_y=s_z<1$ 时，图形相对于原点做等

比例缩小；当 $s_x \neq s_y \neq s_z$ 时，图形做非等比例变换。图 7-31 是一个对立方体进行比例缩放的例子。

3. 三维旋转变换

三维旋转变换是指将物体绕某个坐标轴旋转一个角度，所得到的空间位置变化。我们规定旋转正方向与坐标轴矢量符合右手法则，与 2D 旋转变换一样绕坐标轴逆时针方向旋转为正角，假定我们从坐标轴的正向朝着原点观看，逆时针方向转动的角度为正，如图 7-32 所示。

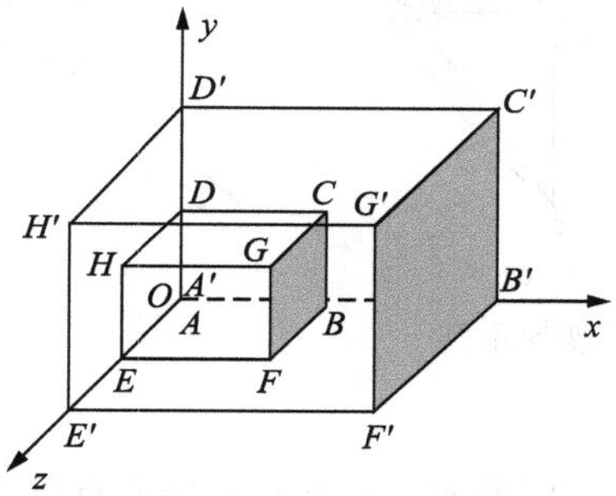

图 7-31　三维比例缩放

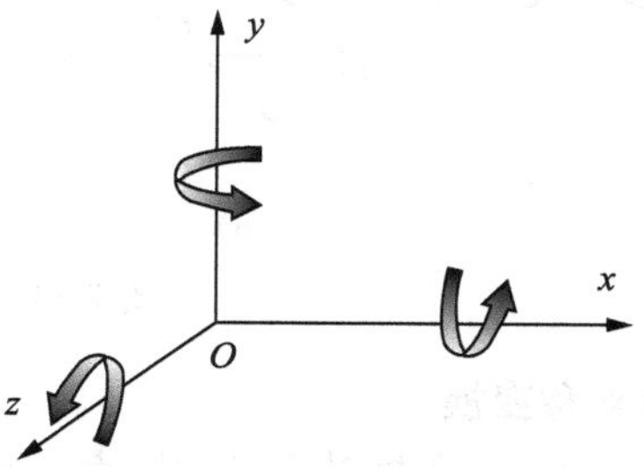

图 7-32　三维旋转变换

不难推出，绕三个基本轴的旋转变换矩阵如下。

1）绕 z 轴旋转 θ 角。空间物体绕 z 轴旋转时，物体各顶点的 x、y 坐标改变，而 z 坐标不变。绕 z 轴旋转矩阵为：

$$\begin{bmatrix} x' \\ y' \\ z' \\ 1 \end{bmatrix} = \begin{bmatrix} \cos\theta & -\sin\theta & 0 & 0 \\ \sin\theta & \cos\theta & 0 & 0 \\ 0 & 0 & 1 & 0 \\ 0 & 0 & 0 & 1 \end{bmatrix} \begin{bmatrix} x \\ y \\ z \\ 1 \end{bmatrix} \tag{7-64}$$

或简写为 $\boldsymbol{P}'=\boldsymbol{R}_z(\theta)\boldsymbol{P}$，$\theta$ 为旋转角。

2）绕 x 轴方向旋转 θ 角，同理，空间物体绕 x 轴旋转时，物体各顶点的 y、z 坐标改变，而 x 坐标不变。绕 x 轴旋转变换矩阵为：

$$\begin{bmatrix} x' \\ y' \\ z' \\ 1 \end{bmatrix} = \begin{bmatrix} 1 & 0 & 0 & 0 \\ 0 & \cos\theta & -\sin\theta & 0 \\ 0 & \sin\theta & \cos\theta & 0 \\ 0 & 0 & 0 & 1 \end{bmatrix} \begin{bmatrix} x \\ y \\ z \\ 1 \end{bmatrix} \tag{7-65}$$

或简写为 $\boldsymbol{P}'=\boldsymbol{R}_x(\theta)\boldsymbol{P}$，$\theta$ 为旋转角。

3）绕 y 轴方向旋转 θ 角，同理，空间物体绕 y 轴旋转时，物体各顶点的 x、z 坐标改变，而 y 坐标不变。绕 y 轴旋转变换矩阵为：

$$\begin{bmatrix} x' \\ y' \\ z' \\ 1 \end{bmatrix} = \begin{bmatrix} \cos\theta & 0 & \sin\theta & 0 \\ 0 & 1 & 0 & 0 \\ -\sin\theta & 0 & \cos\theta & 0 \\ 0 & 0 & 0 & 1 \end{bmatrix} \begin{bmatrix} x \\ y \\ z \\ 1 \end{bmatrix} \tag{7-66}$$

或简写为 $\boldsymbol{P}'=\boldsymbol{R}_y(\theta)\boldsymbol{P}$，$\theta$ 为旋转角。

图 7-33 表示一个物体分别绕 x、y、z 轴做旋转变换的例子，a 为原图，b 为绕 z 轴旋转，c 为绕 x 轴旋转，d 为绕 y 轴旋转。

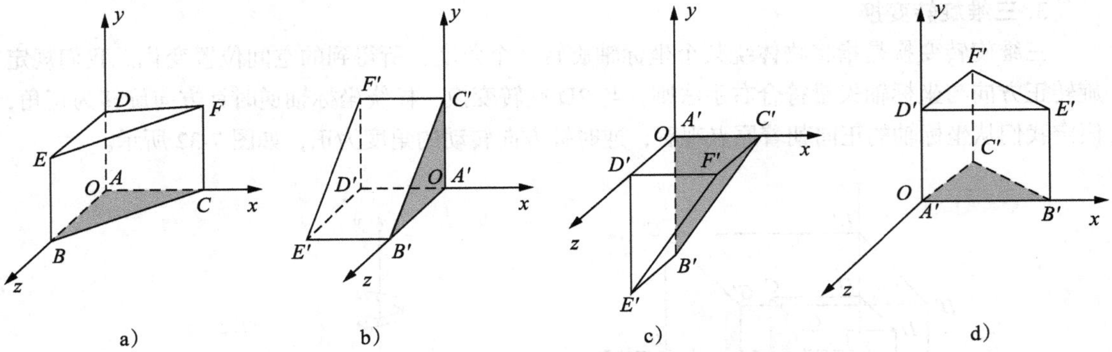

图 7-33　三维旋转变换示例

4. 三维对称变换

空间的点 $P(x,y,z)$ 相对于坐标原点、坐标轴和坐标平面的三维对称变换有以下几种情况，与前面一样，变换矩阵不难推出。

1）绕坐标原点对称，有 $x'=-x$，$y'=-y$, $z'=-z$，所以

$$\begin{bmatrix} x' \\ y' \\ z' \\ 1 \end{bmatrix} = \begin{bmatrix} -1 & 0 & 0 & 0 \\ 0 & -1 & 0 & 0 \\ 0 & 0 & -1 & 0 \\ 0 & 0 & 0 & 1 \end{bmatrix} \begin{bmatrix} x \\ y \\ z \\ 1 \end{bmatrix} \tag{7-67}$$

2）绕 xOy 平面对称，有 $x'=x, y'=y, z'=-z$，所以

$$\begin{bmatrix} x' \\ y' \\ z' \\ 1 \end{bmatrix} = \begin{bmatrix} 1 & 0 & 0 & 0 \\ 0 & 1 & 0 & 0 \\ 0 & 0 & -1 & 0 \\ 0 & 0 & 0 & 1 \end{bmatrix} \begin{bmatrix} x \\ y \\ z \\ 1 \end{bmatrix} \tag{7-68}$$

3）绕 yOz 平面对称，有 $x'=-x, y'=y, z'=z$，所以

$$\begin{bmatrix} x' \\ y' \\ z' \\ 1 \end{bmatrix} = \begin{bmatrix} -1 & 0 & 0 & 0 \\ 0 & 1 & 0 & 0 \\ 0 & 0 & 1 & 0 \\ 0 & 0 & 0 & 1 \end{bmatrix} \begin{bmatrix} x \\ y \\ z \\ 1 \end{bmatrix} \tag{7-69}$$

4）绕 xOz 平面对称，$x'=x, y'=-y, z'=z$，所以

$$\begin{bmatrix} x' \\ y' \\ z' \\ 1 \end{bmatrix} = \begin{bmatrix} 1 & 0 & 0 & 0 \\ 0 & -1 & 0 & 0 \\ 0 & 0 & 1 & 0 \\ 0 & 0 & 0 & 1 \end{bmatrix} \begin{bmatrix} x \\ y \\ z \\ 1 \end{bmatrix} \tag{7-70}$$

5）绕 x 轴对称，$x'=x, y'=-y$，$z=-z$，所以

$$\begin{bmatrix} x' \\ y' \\ z' \\ 1 \end{bmatrix} = \begin{bmatrix} 1 & 0 & 0 & 0 \\ 0 & -1 & 0 & 0 \\ 0 & 0 & -1 & 0 \\ 0 & 0 & 0 & 1 \end{bmatrix} \begin{bmatrix} x \\ y \\ z \\ 1 \end{bmatrix} \quad (7\text{-}71)$$

6）绕 y 轴对称，$x'=-x, y'=y, z'=-z$，所以

$$\begin{bmatrix} x' \\ y' \\ z' \\ 1 \end{bmatrix} = \begin{bmatrix} -1 & 0 & 0 & 0 \\ 0 & 1 & 0 & 0 \\ 0 & 0 & -1 & 0 \\ 0 & 0 & 0 & 1 \end{bmatrix} \begin{bmatrix} x \\ y \\ z \\ 1 \end{bmatrix} \quad (7\text{-}72)$$

7）绕 z 轴对称，$x'=-x, y'=-y, z'=z$，所以

$$\begin{bmatrix} x' \\ y' \\ z' \\ 1 \end{bmatrix} = \begin{bmatrix} -1 & 0 & 0 & 0 \\ 0 & -1 & 0 & 0 \\ 0 & 0 & 1 & 0 \\ 0 & 0 & 0 & 1 \end{bmatrix} \begin{bmatrix} x \\ y \\ z \\ 1 \end{bmatrix} \quad (7\text{-}73)$$

图 7-34 是一个对称变换的例子，a 为关于 xOz 平面对称，b 为关于 yOx 平面对称，c 为关于 yOz 平面对称。

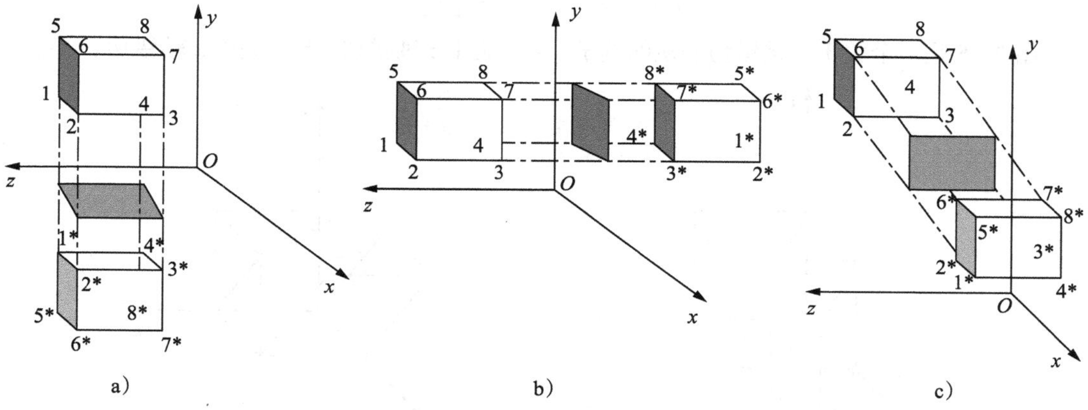

图 7-34　对称变换示例

5. 三维错切变换

1）沿 x 轴错切，有

$$\begin{aligned} x' &= x + dy + gz \\ y' &= y \\ z' &= z \end{aligned} \quad (7\text{-}74)$$

所以

$$\begin{bmatrix} x' \\ y' \\ z' \\ 1 \end{bmatrix} = \begin{bmatrix} 1 & d & g & 0 \\ 0 & 1 & 0 & 0 \\ 0 & 0 & 1 & 0 \\ 0 & 0 & 0 & 1 \end{bmatrix} \begin{bmatrix} x \\ y \\ z \\ 1 \end{bmatrix} \quad (7\text{-}75)$$

2）沿 y 轴错切

$$
\begin{aligned}
x' &= x \\
y' &= bx + y + hz \\
z' &= z
\end{aligned}
\tag{7-76}
$$

所以

$$
\begin{bmatrix} x' \\ y' \\ z' \\ 1 \end{bmatrix} = \begin{bmatrix} 1 & 0 & 0 & 0 \\ b & 1 & h & 0 \\ 0 & 0 & 1 & 0 \\ 0 & 0 & 0 & 1 \end{bmatrix} \begin{bmatrix} x \\ y \\ z \\ 1 \end{bmatrix} \tag{7-77}
$$

3）沿 z 轴错切，有

$$
\begin{aligned}
x' &= x \\
y' &= y \\
z' &= cx + fy + z
\end{aligned}
\tag{7-78}
$$

$$
\begin{bmatrix} x' \\ y' \\ z' \\ 1 \end{bmatrix} = \begin{bmatrix} 1 & 0 & 0 & 0 \\ 0 & 1 & 0 & 0 \\ c & f & 1 & 0 \\ 0 & 0 & 0 & 1 \end{bmatrix} \begin{bmatrix} x \\ y \\ z \\ 1 \end{bmatrix} \tag{7-79}
$$

图 7-35 是一个关于三维错切变换的例子，a 为关于 z 轴错切，b 为关于 x 轴错切。

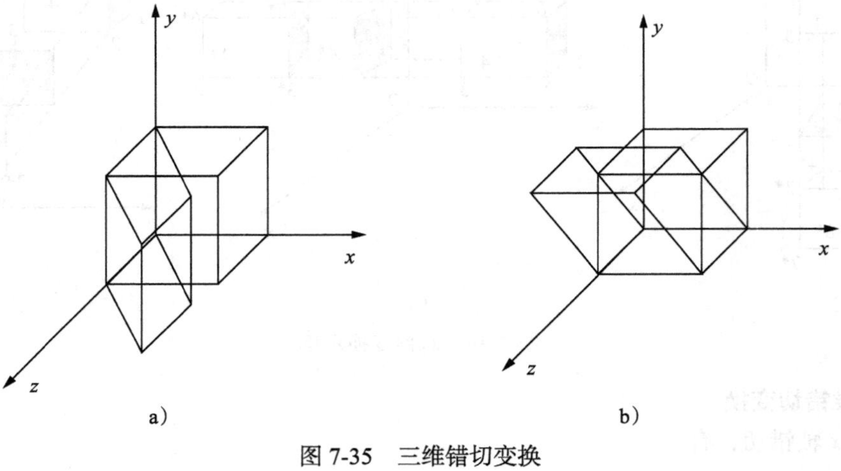

图 7-35 三维错切变换

7.5.2 三维组合变换

与二维图形的组合变换一样，三维立体图形也可通过三维基本变换矩阵，按一定顺序依次相乘而得到一个组合矩阵（称级联），完成组合变换。同样，三维组合平移、组合旋转和组合比例变换与二维组合平移、组合旋转和组合比例变换具有类似的规律。

1. 相对于空间任意一点的旋转变换

相对于空间任意一点做旋转变换，可以通过以下三个步骤来实现。

1）先将物体连同参考点平移回原点。

$$T(-t_x,-t_y,-t_z)=\begin{bmatrix}1&0&0&-t_x\\0&1&0&-t_y\\0&0&1&-t_z\\0&0&0&1\end{bmatrix} \tag{7-80}$$

2）相对于原点做旋转变换。

$$R(\theta)=\begin{bmatrix}\cos\theta&-\sin\theta&0&0\\\sin\theta&\cos\theta&0&0\\0&0&1&0\\0&0&0&1\end{bmatrix} \tag{7-81}$$

3）再进行平移逆变换。

$$T(t_x,t_y,t_z)=\begin{bmatrix}1&0&0&t_x\\0&1&0&t_y\\0&0&1&t_z\\0&0&0&1\end{bmatrix} \tag{7-82}$$

整个过程的组合变换矩阵 $\boldsymbol{M}$ 可以表示为

$$\boldsymbol{M}=\boldsymbol{T}(t_x,t_y,t_z)\boldsymbol{R}(\theta)\boldsymbol{T}(-t_x,-t_y,-t_z) \tag{7-83}$$

2. 相对于空间任意一点的比例缩放变换

与以上相对于空间任意一点的旋转变换一样要经过三个步骤，不同的是旋转变换矩阵换成了比例缩放矩阵，整个过程的组合变换矩阵 $\boldsymbol{M}$ 可以表示为

$$\boldsymbol{M}=\boldsymbol{T}(t_x,t_y,t_z)\boldsymbol{S}(s_x,s_y,s_z)\boldsymbol{T}(-t_x,-t_y,-t_z) \tag{7-84}$$

$\boldsymbol{S}(s_x,s_y,s_z)$ 表示比例变换矩阵，s_x、s_y、s_z 表示 x、y、z 三个方向的比例因子。

3. 绕空间任意轴线旋转

可由以下步骤实现：

1）平移物体使得旋转轴通过坐标原点。

2）旋转物体使得旋转轴和坐标轴相吻合。

3）再围绕相吻合的坐标轴旋转相应的角度。

4）逆旋转回原来的方向角度。

5）逆平移回原来的位置。

我们可以将旋转轴变换到 3 个坐标轴的任意一个。但直观上看，变换到 z 轴，与 2D 变换情况相似，容易被接受，图 7-36 表示了物体绕空间任意轴旋转的过程。

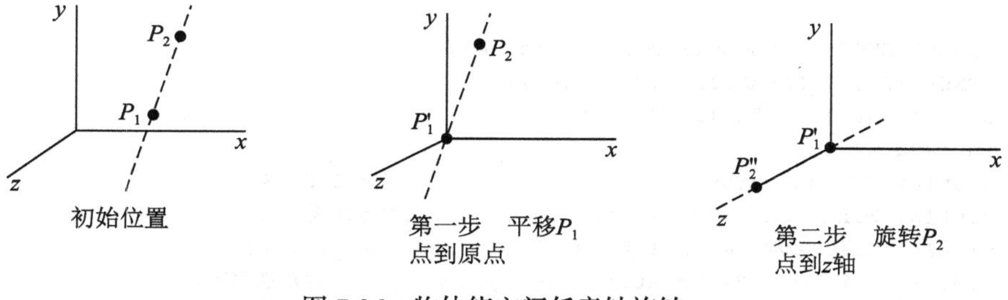

图 7-36 物体绕空间任意轴旋转

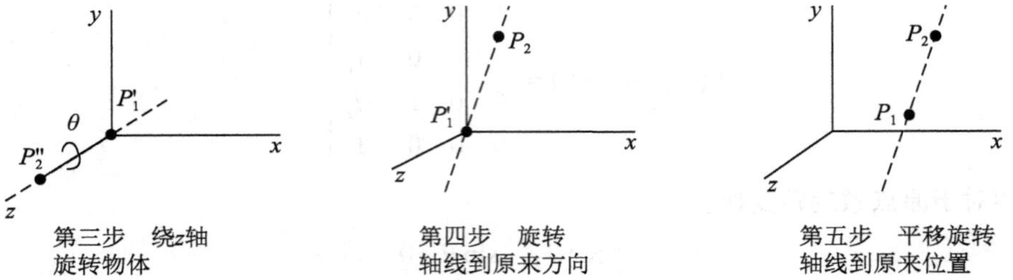

图 7-36 （续）

7.5.3 OpenGL 三维图形变换及其实例

程序 3D system.cpp 描述了一个 3D 太阳系的例子。红色小球代表太阳，蓝色小球代表地球，白色小球代表月球。太阳、地球和月球分别进行自转，地球绕太阳进行公转，月球同时再绕地球和太阳进行公转。为了简化程序，对太阳、地球和月球的半径和距离做了假设值，对自转和公转的速度不作要求。图 7-37 为程序运行效果截图。

```
//简单 3D 太阳系
//程序 3D system.cpp
#include "stdafx.h"                                   //标准库
#include <glut.h>                                     //GLUT 库
#include <math.h>                                     //数学库

void Display(void);                                   //绘制函数
void Reshape(int w, int h);                           //窗口改变
void mytime(int value);                               //时间函数
void myinit(void);                                    //初始化函数
void sun();                                           //太阳
void earth();                                         //地球
void moon();                                          //月球
void selectFont(int size, int charset, const char* face); //选择字体
void drawCNString(const char* str);                   //生成中文字体函数

float rs=50, re=30, rm=10;                            //太阳、地球和月球半径
float xs=0,ys=0,xe=150,ye=0,xm=200,ym=0;              //太阳、地球和月球的球心坐标
float as,ae,am,aes,ame,ams;  //太阳、地球、月球自转角度，地球绕太阳公转旋转角度等

int APIENTRY _tWinMain(HINSTANCE hInstance,
                       HINSTANCE hPrevInstance,
                       LPTSTR    lpCmdLine,
                       int       nCmdShow)
{
    UNREFERENCED_PARAMETER(hPrevInstance);
    UNREFERENCED_PARAMETER(lpCmdLine);
    char *argv[] = {"hello ", " "};
    int argc = 2;
    glutInit(&argc, argv);                            //初始化 GLUT 库
    glutInitWindowSize(700,700);                      //设置显示窗口大小
    glutInitDisplayMode(GLUT_DOUBLE|GLUT_RGB|GLUT_DEPTH);
    glutCreateWindow("A Rotating Sun System"); // 创建显示窗口
    glutDisplayFunc(Display);                         //注册显示回调函数
```

```
    glutReshapeFunc(Reshape);                // 注册窗口改变回调函数
    myinit();                                // 初始化设置
    glutTimerFunc(200, mytime, 10);
    glutMainLoop();                          // 进入事件处理循环
    return 0;
}

void myinit()
{
    glPointSize(16);                         // 点大小
    //glLineWidth(10);                       // 线宽

    /* 反走样代码 */
    glBlendFunc(GL_SRC_ALPHA, GL_ONE_MINUS_SRC_ALPHA);
    glEnable(GL_BLEND);
    glEnable(GL_POINT_SMOOTH);
    glHint(GL_POINT_SMOOTH_HINT, GL_NICEST);
    glEnable(GL_LINE_SMOOTH);
    glHint(GL_LINE_SMOOTH_HINT, GL_NICEST);
    glEnable(GL_POLYGON_SMOOTH);
    glHint(GL_POLYGON_SMOOTH_HINT, GL_NICEST);
    glEnable(GL_DEPTH_TEST);
}

void Display(void)
{
    glClear(GL_COLOR_BUFFER_BIT|GL_DEPTH_BUFFER_BIT);
    glMatrixMode(GL_MODELVIEW);              // 设置矩阵模式为模型变换模式，表示在世界坐标系下
    glLoadIdentity();                        // 将当前矩阵设置为单位矩阵
     gluLookAt(0,xm,0,0,0,0,0,0,1);          // 设置观察点
        sun();                               // 绘制太阳
    earth();                                 // 绘制地球
    moon();                                  // 绘制月球
    glutSwapBuffers();                       // 双缓冲的刷新模式
}


void sun()
{
  glPushMatrix();

   /* 绕太阳中心点（坐标原点）自转 */
    glRotatef(as,0,0,1);

     /* 绘制太阳球 */
    glColor3f(1,0,0);
      glRotatef(45,1,0,0);
    glutWireSphere(rs,30,30);                // 半径为 re 的球，球心在原点

   /* 在太阳圆弧上画点 */
    glColor3f(1,1,0);
    glBegin(GL_POINTS);
      glVertex3f(xs+rs,ys,0);
    glEnd();
```

```
    /* 在绘制部分调用字体函数，写中文字 */
    glColor3f(1,1,0);
    selectFont(24, GB2312_CHARSET, "楷体_GB2312");         //设置字体楷体号字
    glRasterPos3f(xs,ys,0);                                 //定位首字位置
    drawCNString("太阳");                                   //写“太阳”

  glPopMatrix();

}

void earth()
{

    glPushMatrix();
        /* 绕太阳中心点（坐标原点）公转 */
        glRotatef(aes,0,0,1);
        /* 绕地球中心点自转 */
        glTranslatef(xe,ye,0);
        glRotatef(ae,0,0,1);
        glTranslatef(-xe,-ye,0);

      glPushMatrix();
        /* 绘制地球 */
        glPushMatrix();
        glColor3f(0,0,1);
        glTranslatef(xe,ye,0);
         glRotatef(45,1,0,0);
        glutWireSphere(re,30,30);          //半径为 re 的球，球心在原点
        glPopMatrix();

        /* 在地球圆弧上画点 */
        glColor3f(1,1,0);
        glBegin(GL_POINTS);
        glVertex3f(xe+re,ye,0);
        glEnd();

        /* 在绘制部分调用字体函数，写中文字 */
        glColor3f(1,1,0);
        selectFont(24, GB2312_CHARSET, "楷体_GB2312");  //设置字体楷体号字
        glRasterPos3f(xe,ye,0);            //定位首字位置
        drawCNString("地球");              //写“地球”
      glPopMatrix();
  glPopMatrix();
}
void moon()
{

    glPushMatrix();
         /* 绕太阳中心点（坐标原点）公转 */
        glRotatef(ams,0,0,1);

        /* 绕地球中心点公转 */
        glTranslatef(xe,ye,0);
        glRotatef(ame,0,0,1);
```

```
        glTranslatef(-xe,-ye,0);

        /*绕月球中心点自转*/
        glTranslatef(xm,ym,0);
        glRotatef(am,0,0,1);
        glTranslatef(-xm,-ym,0);

        glPushMatrix();
            /*绘制月球*/
            glPushMatrix();
            glColor3f(1,1,1);
            glTranslatef(xm,ym,0);
             glRotatef(45,1,0,0);
            glutWireSphere(rm,20,20);   //半径为rm的球，球心在原点
            glPopMatrix();

            /*在月球圆弧上画点*/
            glColor3f(1,1,0);
            glBegin(GL_POINTS);
            glVertex2f(xm+rm,ym);
            glEnd();

            //在绘制部分调用字体函数，写中文字
            glColor3f(1,1,0);
            selectFont(24, GB2312_CHARSET, "楷体_GB2312");  //设置字体楷体号字
            glRasterPos3f(xm,ym,0);      //定位首字位置
            drawCNString("月球");        //写“月球”
       glPopMatrix();
    glPopMatrix();
}
void mytime(int value)
{

    as+=1;                              //太阳自转角度递增
    ae+=1;                              //地球自转角度递增
    am+=1;                              //月球自转角度递增
    aes+=2;                             //地球绕太阳公转角度递增

    ame+=2;                             //月球绕地球公转角度递增
    ams+=2;                             //月球绕太阳公转角度递增
    glutPostRedisplay();  //重画，相当于重新调用Display(),改变后的变量得以传给绘制函数
    glutTimerFunc(100, mytime, 10);     //设置时间间隔

}
void Reshape(GLsizei w,GLsizei h)
{
    glMatrixMode(GL_PROJECTION);        //投影矩阵模式
    glLoadIdentity();                   //矩阵堆栈清空
    glViewport(0,0,w,h);                //设置视区大小
    //gluOrtho2D(-xm-rm-10,xm+rm+10,-xm-rm-10,xm+rm+10);  //设置裁剪窗口大小
    gluPerspective(90,w/h,20,500);
    glMatrixMode(GL_MODELVIEW);         //模型矩阵模式
    glLoadIdentity();                   //矩阵堆栈清空

}
```

```
/***********************************************************************/
/* 选择字体函数
*/
/***********************************************************************/
void selectFont(int size, int charset, const char* face)
{
    HFONT hFont = CreateFontA(size, 0, 0, 0, FW_MEDIUM, 0, 0, 0,
       charset, OUT_DEFAULT_PRECIS, CLIP_DEFAULT_PRECIS,
       DEFAULT_QUALITY, DEFAULT_PITCH | FF_SWISS, face);
    HFONT hOldFont = (HFONT)SelectObject(wglGetCurrentDC(), hFont);
    DeleteObject(hOldFont);
}

/***********************************************************************/
/* 生成中文字体函数
*/
/***********************************************************************/
void drawCNString(const char* str)
{
    int len, i;
    wchar_t* wstring;
    HDC hDC = wglGetCurrentDC();
    GLuint list = glGenLists(1);

    // 计算字符的个数
    // 如果是双字节字符的(比如中文字符),两个字节才算一个字符
    // 否则一个字节算一个字符
    len = 0;
    for(i=0; str[i]!='\0'; ++i)
    {
        if(IsDBCSLeadByte(str[i]) )
           ++i;
        ++len;
    }

    // 将混合字符转化为宽字符
    wstring = (wchar_t*)malloc((len+1) * sizeof(wchar_t));
    MultiByteToWideChar(CP_ACP, MB_PRECOMPOSED, str, -1, wstring, len);
    wstring[len] = L'\0';

    // 逐个输出字符
    for(i=0; i<len; ++i)
    {
         wglUseFontBitmapsW(hDC, wstring[i], 1, list);
         glCallList(list);
    }

    // 回收所有临时资源
    free(wstring);
    glDeleteLists(list, 1);
}
```

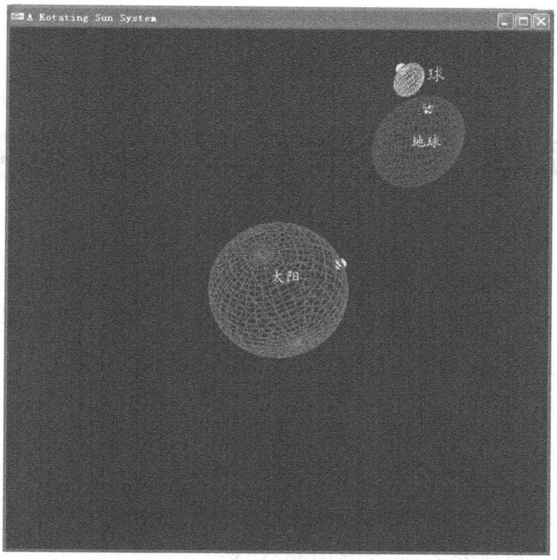

图 7-37　简单 3D 太阳系

本章小结

本章重点介绍了二、三维图形几何变换的基本原理和方法，同时还介绍了二维观察流程、窗口到视区的变换和直线裁剪算法。在几何变换中，重点提到了基本几何变换，包括平移、旋转、比例和对称等变换，以及齐次坐标和组合变换的概念。在本章最后一节以太阳系为例，给出了三维组合变换的实例。

习题 7

1. 简述基本几何变换的概念。
2. 什么是齐次坐标？为什么要在几何变换中使用齐次坐标？
3. 编码裁剪法将平面分成几个区域？每个区域的编码是多少？
4. 梁友栋 -Barsky 裁剪算法的裁剪条件是什么？它跟编码裁剪算法相比有什么优势？
5. 二维图形显示流程有哪些坐标？
6. 在 2D 齐次坐标系中，写出下列图形变换矩阵表达式：保持 $x=5,y=10$ 图形点固定，在 y 轴方向放大 2 倍，在 x 轴方向放大 5 倍。
7. 已知顶点的世界坐标为 (x,y)，用 OpenGL 画图时，设置窗口 window 和视区的位置如下：glutInitWindowSize(w1,h1)、glutOrtho2D(l,r,b,t)、glViewport(0,0,w2,h2)，且 $w2<w1$、$h2<h1$、试求顶点在视区 Viewport 中的位置 (vx,vy)，写出计算依据、步骤和结果，并画图表示。
8. 小球位于点 $P(5，5，5)$，求小球绕 $y=-5$ 的地面做对称变换的图形变换矩阵，要求写出计算依据和步骤。

第 8 章　三维观察与投影变换

在二维图形应用中，观察操作是将世界坐标中平面区域的可视物体变换到视区中，利用矩形裁剪窗口和视区变换，最后将图形再输出到设备上。与二维观察流程类似，需要将三维物体投影到二维平面，然后进行裁剪变换，最终输出到特定设备上。

8.1　三维观察

8.1.1　三维观察流程

计算机图形的三维场景观察有点类似拍照过程，如图 8-1 所示，需要在场景中确定一个观察位置，确定相机方向，相机朝哪个方向照？如何绕视线旋转相机以确定相片的向上方向？最后根据相机的裁剪窗口（镜头）大小来确定生成的场景大小。

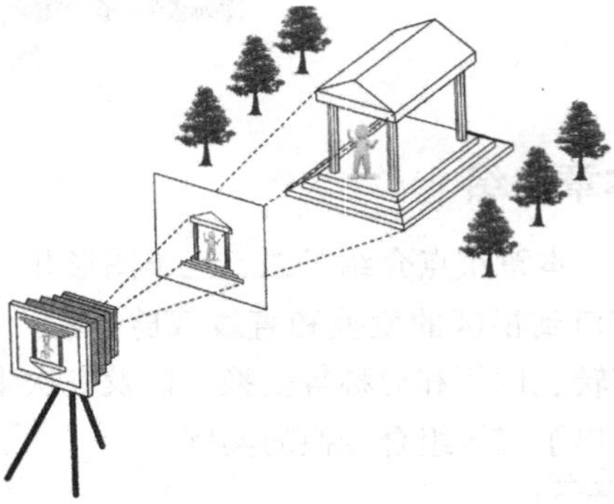

图 8-1　对场景取景

图 8-2 给出了计算机生成三维图形的一般三维观察流程。首先，在建模坐标系完成局部模型的造型，其次通过建模变换，完成模型在世界坐标系中的定位。在世界坐标系中确定观察位置、观察方向，通过观察变换完成从世界坐标系到观察坐标系的变换，沿着观察方向完成投影变换，进入投影坐标系，经过对坐标的规格变换、裁剪操作可以在与设备无关的规格变化换完成之后进行，以便最大限度地提高效率。最后，在规格化坐标系下经过视区到设备的变换，最终将图形输出到设备。

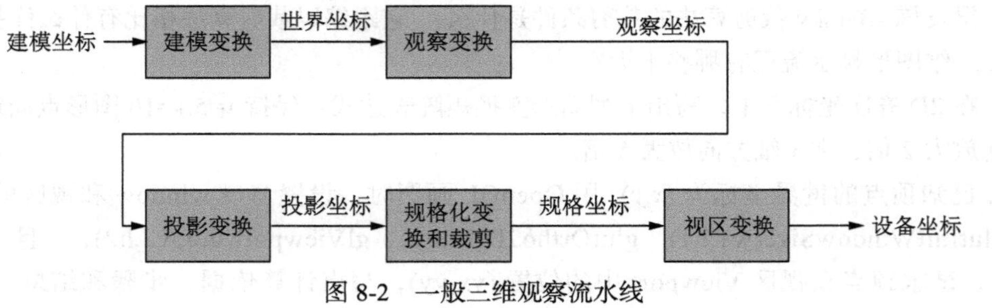

图 8-2　一般三维观察流水线

8.1.2　三维观察坐标系

如图 8-3 所示建立一个三维观察坐标系，首先在世界坐标系中选定一点 $P_0=(x_0,y_0,z_0)$ 作为观察坐标系原点，称为观察点 (view point) 或观察位置 (view position)，或视点 (eye position) 或相机位置 (camera position)。观察点和目标参考点构成视线方向，即为观察坐标

系的 z_{view} 轴方向。观察平面 (View Plane，投影平面) 与 z_{view} 轴垂直，选定的观察向上向量 $\boldsymbol{V}$ 方向应与 z_{view} 轴垂直，一般当作观察坐标系的 y_{view} 轴方向。而剩下的 x_{view} 轴就通过右手法则来确定。

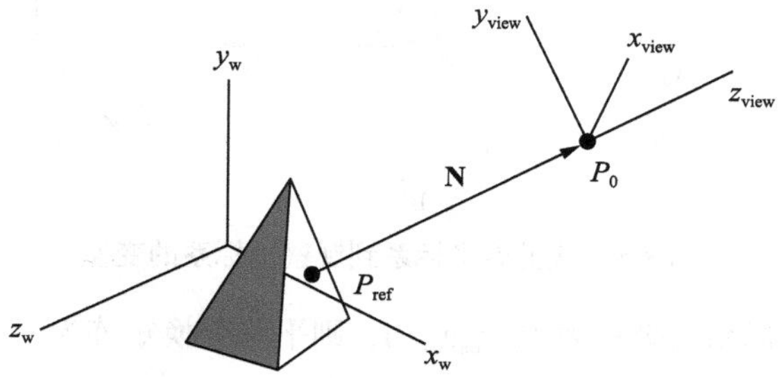

图 8-3 三维观察坐标系的确定

一般来说，精确地选取 $\boldsymbol{V}$ 的方向比较困难，选取任意的观察向上向量 $\boldsymbol{V}$，只要不平行于 z_{view}，对其作投影变换，使得调整后的 $\boldsymbol{V}$ 垂直于 z_{view}。一般先取 $\boldsymbol{V}$=(0,1,0)(世界坐标系)，如图 8-4 所示。

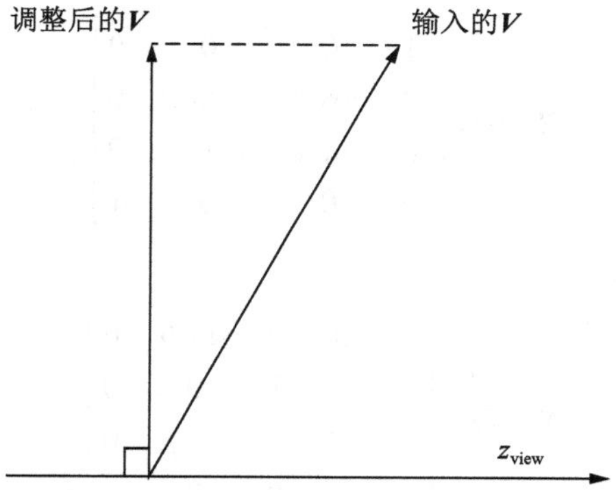

图 8-4 调整观察向上向量 $\boldsymbol{V}$ 的输入位置使其与 z_{view} 垂直

8.1.3 从世界坐标系到观察坐标系的变换

从世界坐标系到观察坐标系的变换可以通过以下系列图形变换来实现。

1）平移观察点到世界坐标系的原点。

2）进行旋转变换，使得观察坐标轴与世界坐标轴重合：

- 绕 z_w 轴旋转 α 角，使 z_v 轴旋转到 $(xOz)_w$ 平面。
- 绕 y_w 轴旋转 β 角，使 z_v 轴旋转到与 z_w 轴重合。
- 绕 z_w 轴旋转 γ 角，使 x_v、y_v 轴旋转与 x_w、y_w 重合。

以上系列变换可用图 8-5 来描述，其中 a 表示原观察坐标系在世界坐标系的位置，b 表示观察坐标系已经平移到世界坐标系原点，c 表示观察坐标经过三次旋转变换后与世界坐标系重合。

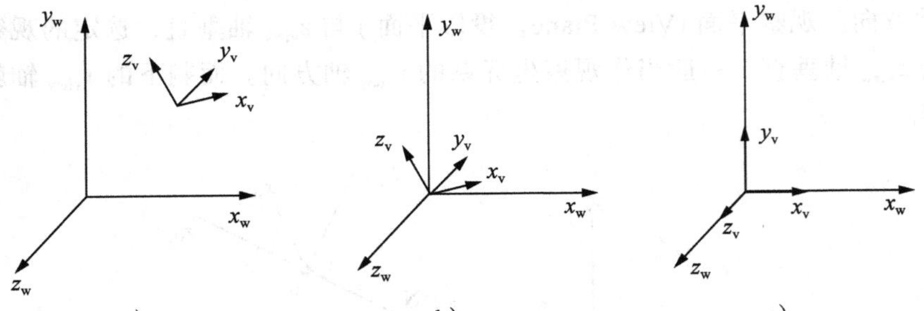

图 8-5 从世界坐标系到观察坐标系的变换

设观察点在世界坐标系的坐标为 $P_0(x_0,y_0,z_0)$，则平移变换矩阵为

$$\boldsymbol{T}(-x_0,-y_0,-z_0)=\begin{bmatrix}1&0&0&-x_0\\0&1&0&-y_0\\0&0&1&-z_0\\0&0&0&1\end{bmatrix} \quad (8\text{-}1)$$

绕 x_w 轴旋转 α 角的矩阵

$$\boldsymbol{R}_x(\alpha)=\begin{bmatrix}1&0&0&0\\0&\cos\alpha&-\sin\alpha&0\\0&\sin\alpha&\cos\alpha&0\\0&0&0&1\end{bmatrix} \quad (8\text{-}2)$$

绕 y_w 轴旋转 β 角的矩阵

$$\boldsymbol{R}_y(\beta)=\begin{bmatrix}\cos\beta&0&\sin\beta&0\\0&1&0&0\\-\sin\beta&0&\cos\beta&0\\0&0&0&1\end{bmatrix} \quad (8\text{-}3)$$

绕 z_w 轴旋转 γ 角的矩阵

$$\boldsymbol{R}_z(\gamma)=\begin{bmatrix}\cos\gamma&-\sin\gamma&0&0\\\sin\gamma&\cos\gamma&0&0\\0&0&1&0\\0&0&0&1\end{bmatrix} \quad (8\text{-}4)$$

则从世界坐标系到观察坐标系的复合变换矩阵 $\boldsymbol{M}_{\text{wc,vc}}$ 可以表示为：

$$\boldsymbol{M}_{\text{wc,vc}}=\boldsymbol{R}_z(\gamma)\bullet\boldsymbol{R}_y(\beta)\bullet\boldsymbol{R}_x(\alpha)\bullet\boldsymbol{T}(-x_0,-y_0,-z_0) \quad (8\text{-}5)$$

用 $\boldsymbol{P}_w$ 表示世界坐标系的点，$\boldsymbol{P}_v$ 表示观察坐标系的点，以上变换可以写为：

$$\boldsymbol{P}_v=\boldsymbol{M}_{\text{wc,vc}}\bullet P_w \quad (8\text{-}6)$$

8.2 投影变换

众所周知，计算机图形显示是在二维平面内实现的。因此，三维物体必须投影到二维平面上才能显示出来。投影变换一般分为平行投影 (parallel projection) 和透视投影 (perspective projection)。在平行投影中，光线平行照射在物体上，再沿投影线投射到观察平面。而在透视投影变换中，物体的投影线会汇聚成一点，称为投影中心。图 8-6 给出了平行投影和透视投影的例子，*AB* 为投影之前的物体，*A'B'* 为投影之后的物体。

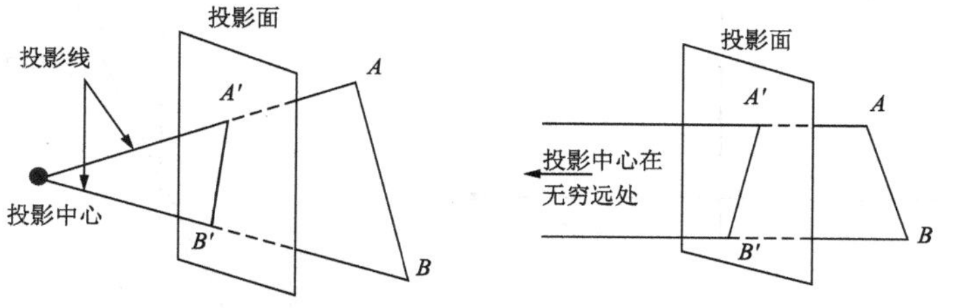

a）透视投影　　b）平行投影

图 8-6　平行投影和透视投影

平行投影和透视投影的对比如下：

1）平行投影：

- 平行光源。
- 物体的投影线相互平行。
- 物体的大小比例不变，精确反映物体的实际尺寸。

2）透视投影：

- 点光源。
- 物体的投影线汇聚成一点即投影中心。
- 离投影面近的物体生成的图像大，真实感强。

平行投影和透视投影根据投影属性和用途可以再细分，如图 8-7 所示。

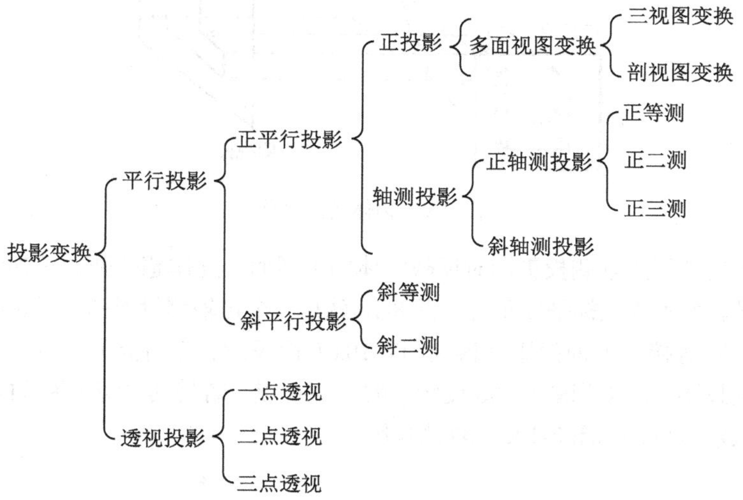

图 8-7　投影变换的分类

8.2.1　平行投影

如图 8-7 所述，平行投影中又可以分为正平行投影 (Orthogonal projection) 和斜平行投影 (Oblique parallel projection)。在正平行投影中，投影方向垂直投影平面；而斜平行投影的投影方向不垂直于投影平面，如图 8-8 所示。

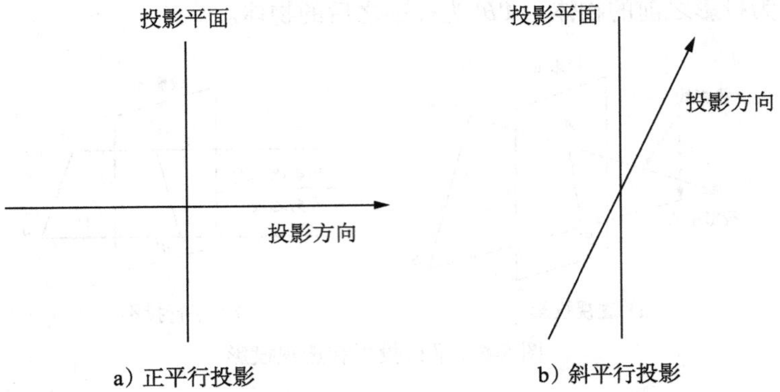

图 8-8 正平行投影和斜平行投影

1. 正平行投影

正平行投影也称为正投影或正交投影，因为可以准确反映物体的尺寸比例，因此常用于工程制图中的三视图变换，如图 8-9 所示，三视图中顶部视图称为俯视图，正面投影的称为正视图，侧面投影的称为侧视图。

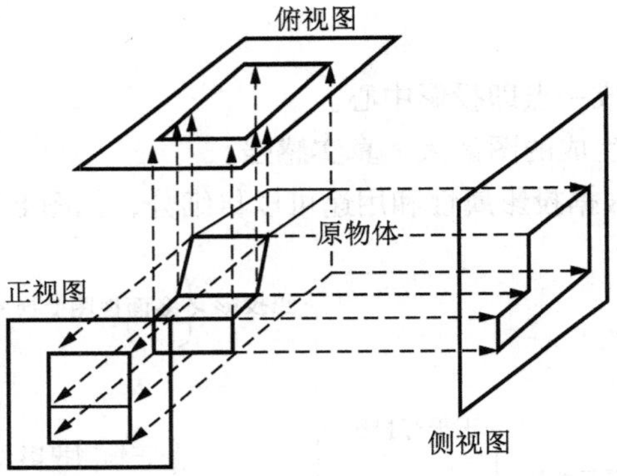

图 8-9 物体的三视图

工程制图中还常用正轴侧投影同时反映物体的不同面，立体感较强。正轴测图也是正交投影，只是它的投影面不跟坐标平面重合。图 8-10 就是一个正轴测投影图的投影过程。对于如图所示的立方体，若直接向 V 面投影就得到图 8-10a V 面投影；若将立方体绕 z 轴正向旋转一个角度，再向 V 面投影，就得到图 8-10b 旋转后的 V 面投影；若将其再绕 x 轴反向旋转一个角度，然后再向 V 面投影就可得到图 8-10c 正轴测投影。

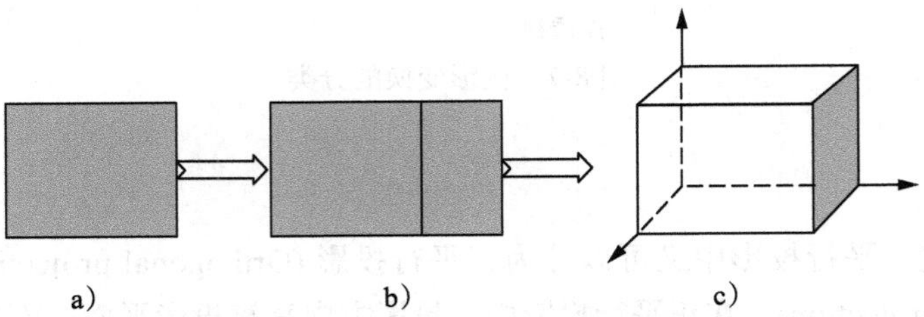

图 8-10 工程制图中的正轴侧投影

2. 斜平行投影

如前所述，斜平行投影的投影方向不垂直于投影面，也称斜轴侧投影。在斜平行投影中，一般取坐标平面为投影平面。如图 8-11 所示，已知投影方向，投影平面为 xOy，点 $P(x,y,z)$ 投影后变成 $P'(x_p,y_p,0)$,$(x,y,0)$ 为点 P 的正投影点。α 角为从 P 到 P' 的斜投影线和点 $(x,y,0)$ 与 P' 点连线的夹角，φ 角为 $P'(x_p,y_p,0)$ 和点 $(x,y,0)$ 的连线与投影面的水平线夹角，设 L 为 $P'(x_p,y_p,0)$ 和点 $(x,y,0)$ 的连线长度，根据直角三角形的三角函数关系，可以得出：

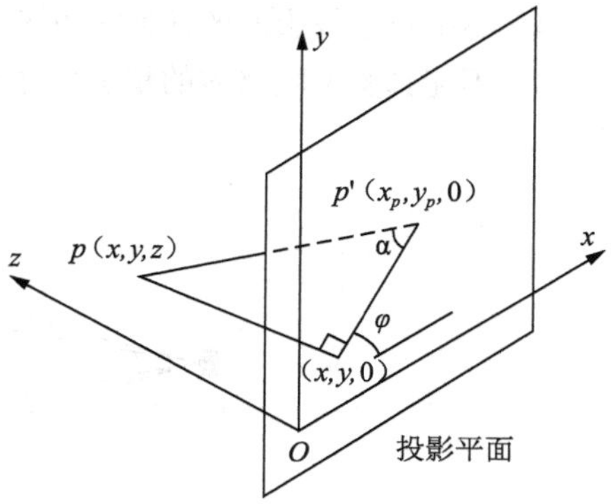

图 8-11　斜平行投影

$$\begin{cases} x_p = x + L\cos\varphi \\ y_p = y + L\sin\varphi \\ z_p = 0 \end{cases} \tag{8-7}$$

因为 $\tan\alpha = \dfrac{z}{L} = \dfrac{1}{L_1}, L = zL_1$，所以有：

$$\begin{cases} x_p = x + zL_1\cos\varphi \\ y_p = y + zL_1\sin\varphi \\ z_p = 0 \end{cases} \tag{8-8}$$

整理式子，可以得出斜投影变换矩阵一般形式为

$$\boldsymbol{M}_{par} = \begin{bmatrix} 1 & 0 & L_1\cos\varphi & 0 \\ 0 & 1 & L_1\sin\varphi & 0 \\ 0 & 0 & 0 & 0 \\ 0 & 0 & 0 & 1 \end{bmatrix} \tag{8-9}$$

当 $L_1 \neq 0$ 时为斜投影。

当 $L_1=0$ 时为斜投影。

8.2.2　透视投影

在平行投影中，物体投影的大小与物体距投影面的距离无关，这与人的视觉成像不符。而透视投影采用中心投影法，与人观察物的情况比较相似。投影中心又称视点，相当于观察者的眼睛，也是相机位置处。投影面位于视点与物体之间。投影线为视点与物体上点的连线，投影线与投影平面的交点即为投影变换后的坐标点。如图 8-12 所示，O 为投影中心，物体 AB 位于投影面的前面，OA 和 OB 为投影线，AB 投影到投影面为 A_1B_1，当物体往后移动一段距离，在投影面的投影将变为 A_2B_2，由图可以看出，$A_1B_1>A_2B_2$。

透视投影具有如下特性：

1）平行于投影面的一组相互平行的直线，其透视投影也相互平行。

2）空间相交直线的透视投影仍然相交。

3）空间线段的透视投影随着线段与投影面距离的增大而缩短，近大远小，符合人的视觉

系统，深度感更强，看上去更真实。

4）不平行于投影面的任何一束平行线，其透视投影将汇聚于灭点。

5）不能真实反映物体的精确尺寸和形状。

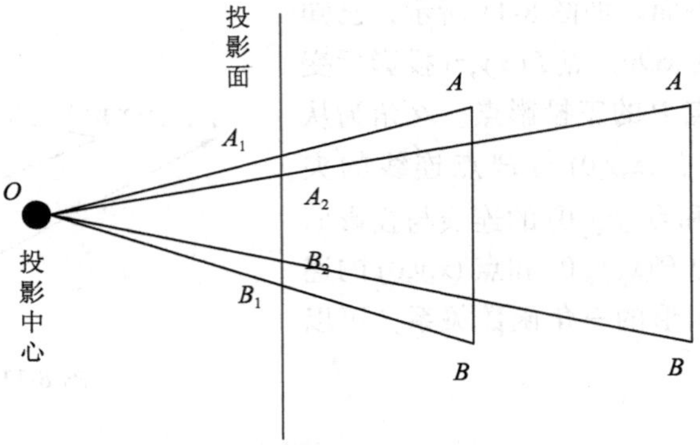

图 8-12　透视投影

图 8-13 反映了一个透视投影的例子，由此例可以看出透视投影的特性。

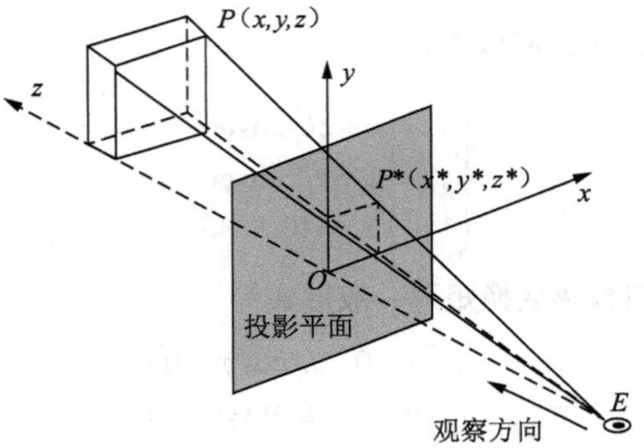

图 8-13　透视投影实例

如图 8-14 所示，视点 $(0,0,d)$ 在 z 坐标轴上，投影平面为 xOy 平面，空间 P（x,y,z）点经过透视投影后在投影平面上的投影点为 P' (x',y',z') 或记为 (x_p,y_p,z_p)。

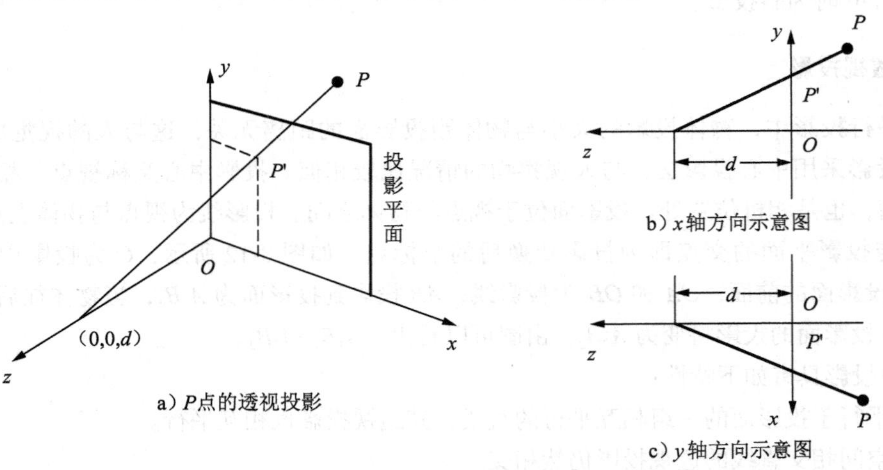

图 8-14　点的透视投影

根据直线 PP' 的参数方程，我们可以得出

$$\begin{cases} x' = xu \\ y' = yu \\ z' = (z-d)u + d \end{cases} \quad (u\text{ 为参数，}u \in [0,1]) \tag{8-10}$$

进一步化简，我们可以得到：

因为 $z' = 0$，所以 $u = \dfrac{d}{d-z}$，可以推出：

$$\begin{cases} x_{\mathrm{p}} = x' = x\left(\dfrac{d}{d-z}\right) = x\left(\dfrac{1}{1-z/d}\right) \\ y_{\mathrm{p}} = y' = y\left(\dfrac{d}{d-z}\right) = y\left(\dfrac{1}{1-z/d}\right) \\ z_{\mathrm{p}} = z' = 0 \end{cases} \tag{8-11}$$

将其转化为矩阵的形式，最后可求出透视投影变换矩阵：

$$\boldsymbol{M}_{per} = \begin{bmatrix} 1 & 0 & 0 & 0 \\ 0 & 1 & 0 & 0 \\ 0 & 0 & 0 & 0 \\ 0 & 0 & -\frac{1}{d} & 1 \end{bmatrix} \tag{8-12}$$

如前所述，在透视投影中，任何一束不平行于投影平面的平行线的透视变换将汇聚为一点，这一点称为灭点。根据灭点的个数不同，透视投影可以分为一点透视、二点透视和三点透视，如图 8-15 所示。

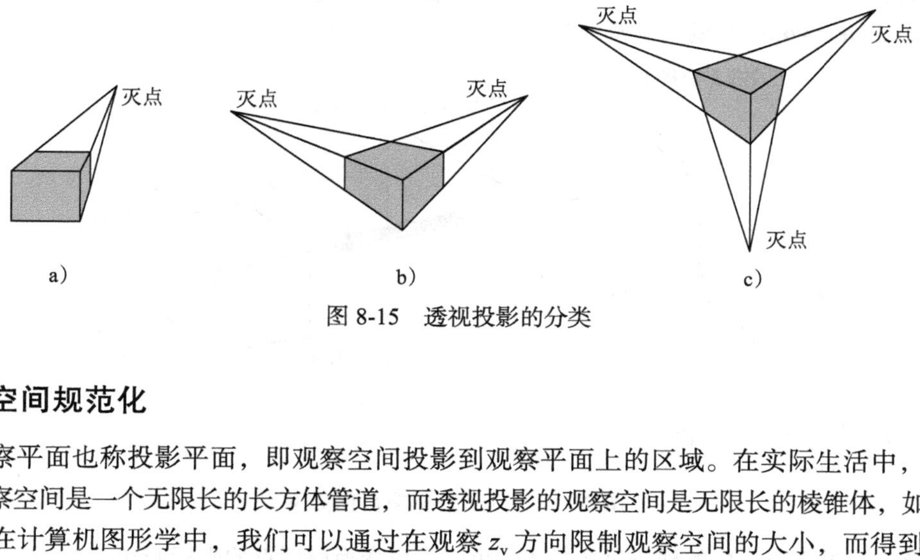

图 8-15 透视投影的分类

8.3 空间规范化

观察平面也称投影平面，即观察空间投影到观察平面上的区域。在实际生活中，平行投影的观察空间是一个无限长的长方体管道，而透视投影的观察空间是无限长的棱锥体，如图 8-16 所示。在计算机图形学中，我们可以通过在观察 z_v 方向限制观察空间的大小，而得到一个有限的观察体，可使我们丢掉观察景物之前和之后的部分，挑出想要观察的景物部分，提高计算机效率，如图 8-17 所示。这样一来，正投影的观察空间就成为正六面体，而透视投影的观察空间则为一有限棱台体。

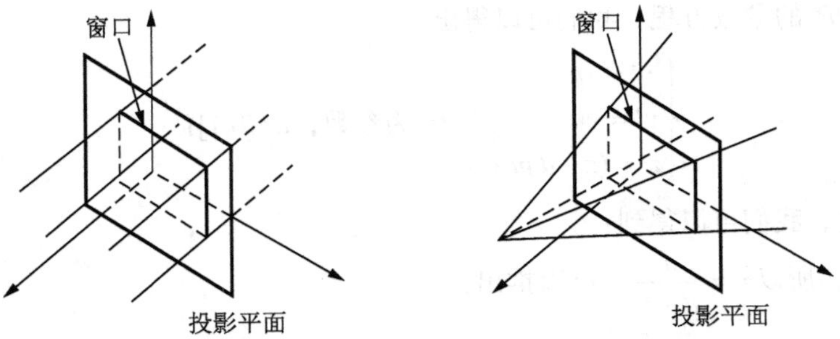

a）平行投影的观察空间　　b）透视投影的观察空间

图 8-16　实际观察空间

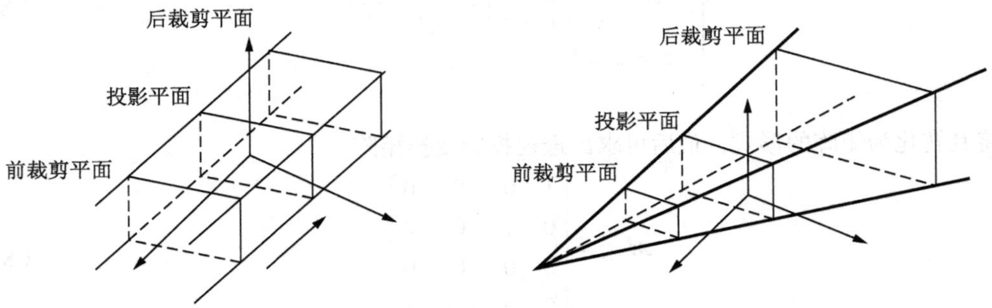

a）透视投影的观察体　　b）平行投影的观察体

图 8-17　图形学观察空间

图形学里的观察空间还需要进行规范化投影空间。正交投影下的规范化变换，如图 8-18 所示，将正六面体的观察空间 $\{(x_{wmin},y_{wmin},z_{wmin}),(x_{wmax},y_{wmax},z_{wmax})\}$ 映射为规范化的观察体 (normalized view volume) 的大小范围为 {(−1,−1,−1)，(1，1，1)}。

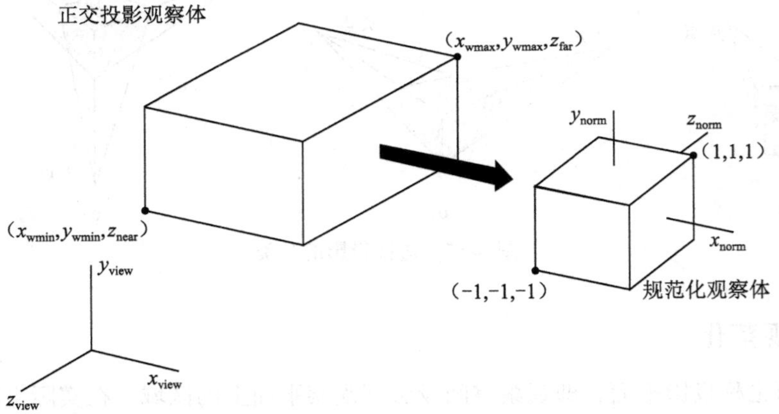

图 8-18　正交投影的规范化变换

由此，通过正交投影的规范化变换我们可以看出变换前后点的坐标变换：

$$(x_{wmin}, y_{wmin}, z_{near}) \Rightarrow (-1,-1,-1)$$
$$(x_{wmax}, y_{wmax}, z_{far}) \Rightarrow (1,1,1)$$

通过数学推导，可以得出正交投影的规范化变换矩阵是一个比例缩放和平移的复合变换矩阵：

$$
T_{正交规范}=\begin{bmatrix} \dfrac{2}{x_{wmax}-x_{wmin}} & 0 & 0 & \dfrac{x_{wmax}+x_{wmin}}{x_{wmax}-x_{wmin}} \\ 0 & \dfrac{2}{y_{wmax}-y_{wmin}} & 0 & -\dfrac{y_{wmax}+y_{wmin}}{y_{wmax}-y_{wmin}} \\ 0 & 0 & \dfrac{2}{z_{near}-z_{far}} & \dfrac{z_{near}+z_{far}}{z_{near}-z_{far}} \\ 0 & 0 & 0 & 1 \end{bmatrix} \tag{8-13}
$$

对于斜平行投影，其观察空间为一斜四棱柱，给观察空间的表示带来不便，其下一步的裁剪及求交运算效率不高。因此，要对其进行规范化变换，将斜四棱柱规范为正四棱柱，再转换为规范化的正六面体柱，如图 8-19 所示，a 为斜投影观察体，b 为经过错切变换后的斜投影观察体。

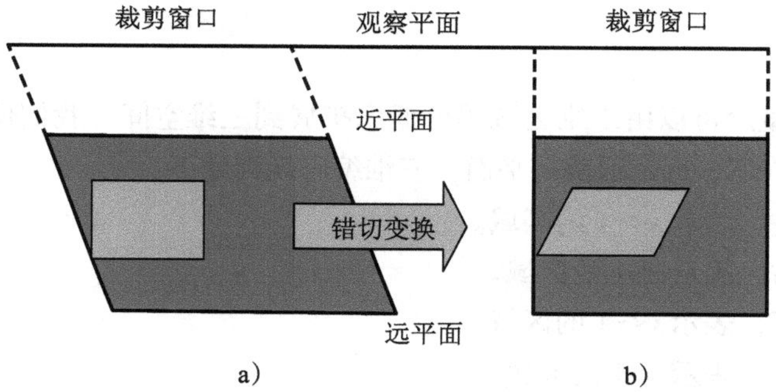

图 8-19　斜投影观察体

对于透视投影，其观察空间为斜四棱台，同样给观察空间的表示带来不便，其下一步的裁剪及求交运算效率不高。因此，也要对其进行规范化变换，将斜四棱台转换成为正四棱柱，再转换为规范化的正六面体，如图 8-20 所示，a 为透视投影观察体，b 为经过透视变换后的透视投影观察体。

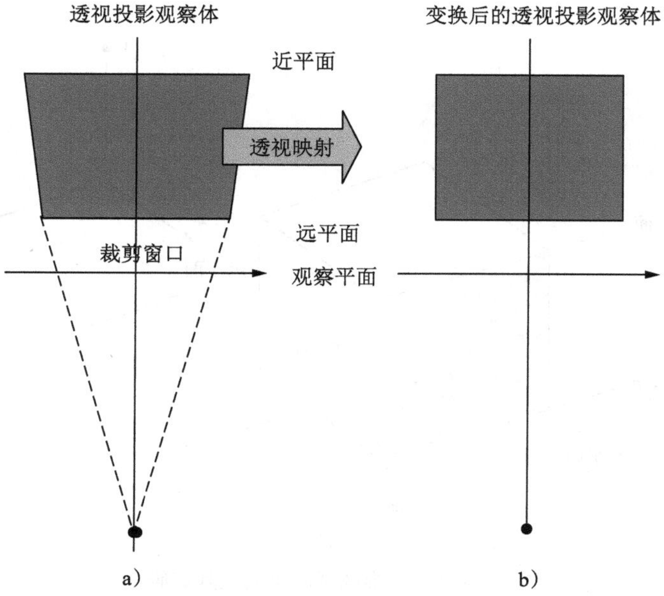

图 8-20　透视投影观察体

8.4 三维裁剪

在第 7 章我们讨论了二维裁剪算法，三维裁剪算法与二维裁剪算法相似，其保证观察体内的对象可见并显示在输出设备上。

如前所述，进行正交投影的规范化变换后，观察体变为对称立方体，观察体坐标变换如下：

$$\begin{aligned} x_{\mathrm{wmin}} &= -1, x_{\mathrm{wmax}} = 1 \\ y_{\mathrm{wmin}} &= -1, y_{\mathrm{wmax}} = 1 \\ z_{\mathrm{wmin}} &= -1, z_{\mathrm{wmax}} = 1 \end{aligned} \tag{8-14}$$

如此一来，对于三维裁剪而言，计算会简便很多。

8.4.1 三维区域码

三维区域码的概念可以由二维区域码的概念扩展到三维空间。我们使用六位区域码，分别代表左、右、上、下、近、远裁剪平面。三维编码规则如下：

第 1 位为 1：左，表示 $x<-1$ 的区域。

第 2 位为 1：右，表示 $x>1$ 的区域。

第 3 位为 1：下，表示 $y<-1$ 的区域。

第 4 位为 1：上，表示 $y>1$ 的区域。

第 5 位为 1：近，表示 $z<-1$ 的区域。

第 6 位为 1：远，表示 $z>1$ 的区域。

三维区域码将空间分为 27 个区域，如图 8-21 所示，a 表示各个区域空间位置，b 中第 1 ～ 3 列为近平面之前的区域码，第 4 ～ 6 列为近和远平面之间的区域码，第 7 ～ 9 列为远平面之后的区域码。

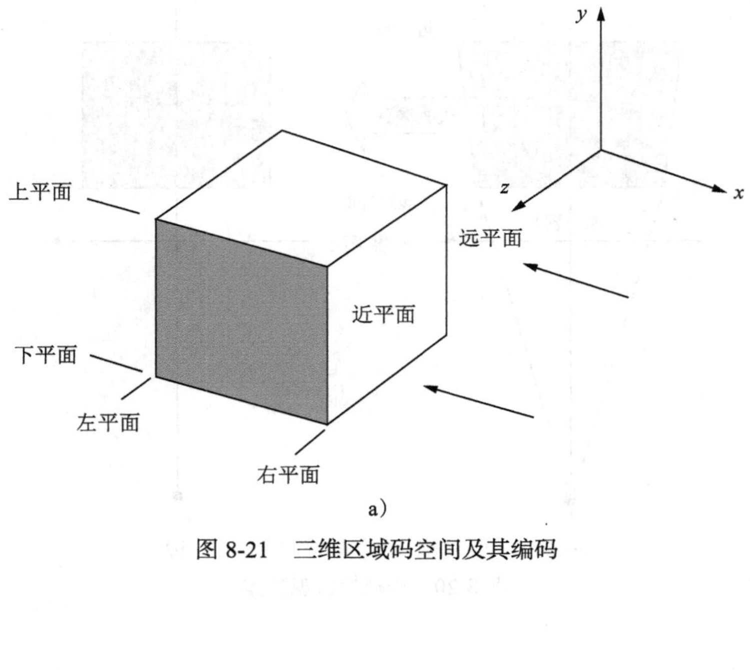

a)

图 8-21 三维区域码空间及其编码

011001	011000	011010	001001	001000	001010	101001	101000	101010
010001	010000	010010	000001	000000	000010	100001	100000	100010
010101	010100	010110	000101	000100	000110	100101	100100	100110

b）

图 8-21 （续）

8.4.2 三维编码裁剪法

三维编码裁剪法与二维编码裁剪法相类似，如果线段两端点的六位二进制编码都为零，则该线段完全落在裁剪窗口的空间之内；如果两端点的编码逐位求逻辑“与”后为非零，则该线段完全落在裁剪窗口空间之外；否则，该线段一定与裁剪空间的某个面相交。这时，需要对该线段做分段处理，进行线段与裁剪空间某个面交点的计算，并取有效交点。

裁剪空间六个平面的平面方程一般表示为：

$$ax+by+cz+d=0 \tag{8-15}$$

设三维线段 L 的两端点分别为 $P_1(x_1, y_1, z_1)$ 和 $P_2(x_2, y_2, z_2)$，其参数方程为

$$P=P_1+(P_2-P_1)t \tag{8-16}$$

其中 t 为参数，$t\in[0, 1]$，将其展开为三个坐标轴的表示形式：

$$x=x_1+(x_2-x_1)t=x_1+p\bullet t$$
$$y=y_1+(y_2-y_1)t=y_1+q\bullet t$$
$$z=z_1+(z_2-z_1)t=z_1+r\bullet t$$

其中，$p=(x_2-x_1)$, $q=(y_2-y_1)$, $r=(z_2-z_1)$。

则空间直线 L 与裁剪空间六个面的交点 $K(x, y, z)$ 应满足

$$\begin{cases} x=x_1+p\bullet t \\ y=y_1+q\bullet t \\ z=z_1+r\bullet t \\ ax+by+cz+d=0 \end{cases} \tag{8-17}$$

由上式可解得

$$t=-\frac{ax_1+by_1+cz_1+d}{a\bullet p+b\bullet q+c\bullet r} \tag{8-18}$$

如果求出的 t 位于 0 到 1 之间，则直线 L 与裁剪平面有交点，反之无交点。

用规范化裁剪体的右平面方程：

$$x_{\text{wmax}}=1 \tag{8-19}$$

代入上述公式，可解出：

$$t=\frac{1-x_1}{p} \tag{8-20}$$

如果 $0<t<1$，则解出与右裁剪平面的交点：

$$
x = 1
$$
$$
y = y_1 + \frac{1 - x_1}{p} q \qquad (8\text{-}21)
$$
$$
z = z_1 + \frac{1 - x_1}{p} r
$$

同样的方法，可以解出直线 L 与左平面、近平面、远平面、上平面、下平面的交点。

8.5 OpenGL 三维观察与投影函数

1. 视点设置函数

函数原型：

```
void gluLookAt(GLdouble eyex, GLdouble eyey,GLdouble eyez,GLdouble atx,GLdouble
aty,GLdouble atz,GLdouble upx,GLdouble upy,GLdouble upz)
```

该函数定义相机位置和方向，给出的矩阵作用于当前矩阵。函数的参考坐标系采用世界坐标系，如图 8-22 所示，参数（eyex, eyey, eyez）表示视点或相机位置，(atx,aty,atz) 表示目标点位置，(upx,upy,upz) 表示相机向上方向。如果不引用该函数，则 eyex=0、eyey=0、eyez=0、atx=0、aty=0、atz=−1、upx=0、upy=1、upz=0。此函数放在显示函数中调用。

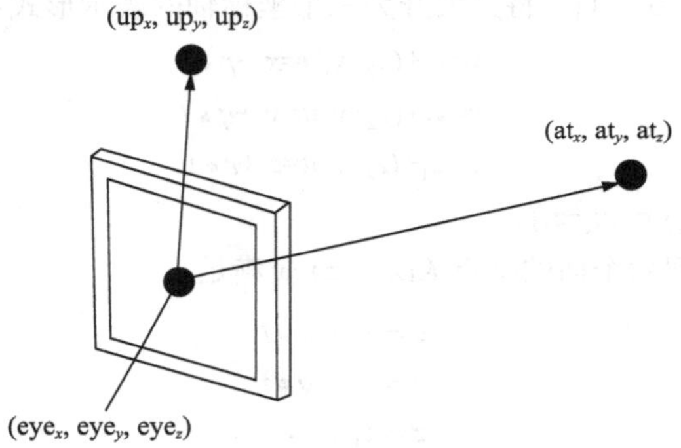

图 8-22 视点观察函数参数含义

2. 正交投影变换设置函数

函数原型：

```
void glOrtho(GLdouble left,GLdouble right,GLdouble bottom,GLdouble top,GLdouble
near,GLdouble far)
```

该函数建立一个正交投影矩阵，定义一个正平行观察体。其中的参数分别表示相机到左、右、上、下、近、远平面的距离，并且 right>left、top>bottom、far>near。OpenGL 中不提供对观察平面的选择功能。近裁剪平面永远与观察平面重合。如果 OpenGL 不提供投影函数，默认调用为：

```
glOrtho(-1.0,1.0,-1.0,1.0, -1.0, 1.0)
```

3. 透视投影变换设置函数

函数原型：

```
void gluPerspective(GLdouble fov,GLdouble aspect, GLdouble near,GLdouble far)
```

该函数定义了一个透视矩阵作用于当前矩阵。如图 8-23 所示，参数 fov 表示近裁剪平面与远裁剪平面的连线与视点的角度，也称视场角 (field-of-view angle)，aspect 表示投影平面的宽和高之比，near、far 分别表示近裁剪平面和远裁剪平面离相机 (视点) 的距离。

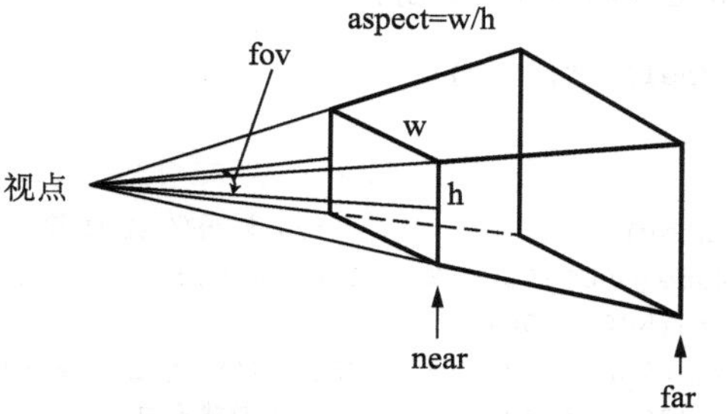

图 8-23 透视投影变换设置函数参数含义

如图 8-24 所示，透视投影下视场角变大时，裁剪窗口变大，场景中的物体就会变得更小。

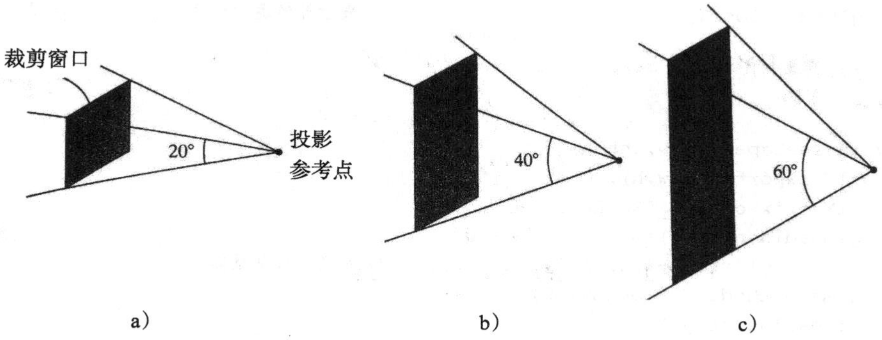

图 8-24 视场角变换的影响

4. 透视投影变换设置函数

函数原型：

```
void glFrustum(GLdouble left,GLdouble right,GLdouble bottom,GLdouble top,GLdouble
near,GLdouble far)
```

该函数定义一个透视投影矩阵作用于当前矩阵，6 个参数都是照相机坐标系，或者说是观察坐标系，left、right、bottom、top 表示近裁剪平面的左、右、上、下到视线的距离。near 和 far 表示相机到近裁剪平面和远裁剪平面的距离，并且 far>near >0。

以下程序显示一个三维静止立方体，使用的是正交投影。读者不妨试修改为透视投影。

```
// 立方体绘制程序
#include "stdafx.h"
#include <glut.h>

void reshape(int w,int h);
void init();
void display();


int APIENTRY _tWinMain(HINSTANCE hInstance,
                       HINSTANCE hPrevInstance,
```

```
                    LPTSTR    lpCmdLine,
                    int       nCmdShow)
{
    UNREFERENCED_PARAMETER(hPrevInstance);
    UNREFERENCED_PARAMETER(lpCmdLine);

    char *argv[] = {"hello ", " "};
    int argc = 2;


    glutInit(&argc, argv);                          // 初始化 GLUT 库
    glutInitDisplayMode(GLUT_DOUBLE | GLUT_RGB);    // 设置显示模式（缓存，颜色类型）
    glutInitWindowSize(500, 500);
    glutInitWindowPosition(1024 / 2 - 250, 768 / 2 - 250);
    glutCreateWindow("3D Basic");                   // 创建窗口
    glutReshapeFunc(reshape);
    init();
    glutDisplayFunc(display);                       // 用于绘制当前窗口
    glutMainLoop();                                 // 表示开始运行程序，用于程序的结尾

    return 0;
}

  void reshape(int w,int h)
{   glViewport(0,0,w,h);
    glMatrixMode(GL_PROJECTION);
    glLoadIdentity();
            glOrtho(-1,1,-1,1,0.1,2.5);             // 定义三维观察体
    glMatrixMode(GL_MODELVIEW);
    glLoadIdentity();
}
void init()
{
    glClearColor(0.0,0.0,0.0,0.0);
    glLineWidth(3);
    //glColor3f(1.0,1.0,1.0);
}

void display()
{
     glClear(GL_COLOR_BUFFER_BIT);                  // 清屏
     glMatrixMode(GL_MODELVIEW);                    // 矩阵模式设置
     glLoadIdentity();                              // 清空矩阵堆栈
     gluLookAt(1.4,1.0,0.8,0.0,0.0,0.0,0.0,1.0,0.0);  // 设置视点
     // gluLookAt(1,1.0,1.0,0.0,0.0,0.0,0.0,1.0,0.0)
     glColor3f(1,0,0);
     // glutWireCube(0.5)

     glutSolidCube(0.5);                            // 绘制立方体，立方体中心在坐标原点
     glColor3f(0,0,1);
     glutWireCube(0.5);                             // 绘制线框立方体，体现边框效果
     glutSwapBuffers();
}
```

本章小结

本章重点介绍了三维观察流程、观察坐标系的确定、世界坐标系与观察坐标系之间的转换、平行投影和透视投影的特点、观察空间与规范观察空间的概念，以及三维编码裁剪法的思路。本章最后给出 OpenGL 图形库下视点设置函数、正交投影设置函数、透视投影设置函数的定义，并给出了显示立方体的实例。本章是掌握 3D 计算机图形学的重要基础。

习题 8

1. 三维观察流程中包含了几个坐标系的变换？

2. 试述观察坐标系如何建立。

3. 从世界坐标系到观察坐标系的变换一般经过哪些变换？

4. 什么叫正交投影？你认为工程上使用正交投影的主要理由是什么？

5. 平行投影与透视投影有哪些本质区别？斜平行投影与正交投影的主要区别是什么？

6. 试用立方体为例画图描述透视投影近大远小，以及与投影面平行的平行直线透视投影后仍然平行，空间相交的直线透视投影后仍然相交，不与投影面平行的平行直线透视投影后汇聚成一点。

7. 三维编码裁剪法将空间分成多少个区域？

8. 描述 OpenGL 透视投影变换函数 gluPerspective 中的参数含义。其他参数不变，当第一个参数变大时，透视投影后的物体将有什么变化？

第 9 章　真实感图形绘制

计算机生成真实感图形的基本任务包括建模、通过图形变换构造场景，然后从观察方向进行深度可见性判断，对场景对象进行投影，再根据光照模型，计算场景中的颜色，产生光照效果，达到视觉上的最佳效果，实现场景的真实感绘制。

产生真实感图形与很多问题有关，如物体类型、物体表面的光学特性、场景中物体表面的相对位置、各种形状不同或颜色不同或位置不同的光源、观察平面的位置和方向等。因此，计算机图形学中要产生较好的图形真实感，主要取决于物体表面的精确表示和场景中光照效果的物理描述。

9.1　颜色模型

颜色模型是在某种特定上下文中对颜色的特性和行为的解释方法。不同的颜色模型用于不同的应用场合。

9.1.1　RGB 模型

就编辑图像而言，RGB 颜色模型是最佳的色彩模式，可以提供全屏幕的 24 位颜色范围，即真彩色显示。

RGB（Red,Green,Blue）颜色模型最常见的用途就是显示器系统，彩色阴极射线管、彩色光栅图形的显示器都使用 R、G、B 数值来驱动 R、G、B 电子枪发射电子，并分别激发荧光屏上的 R、G、B 三种颜色的荧光粉发出不同亮度的光线，并通过相加混合产生各种颜色；扫描仪也是通过吸收原稿经反射或透射而发送来的光线中的 R、G、B 成分来表示原稿的颜色。RGB 色彩空间称为与设备相关的色彩空间，因为不同的扫描仪扫描同一幅图像，会得到不同色彩的图像数据；不同型号的显示器显示同一幅图像，也会有不同的色彩显示结果。

我们可以用如图 9-1 所示的单位立方体来描述 RGB 颜色模型。用 R、G、B 三个颜色分量表示坐标轴。坐标原点代表黑色，而其对角坐标点 (1,1,1) 代表白色。在三个坐标轴上的顶点代表三个基色，而余下的顶点则代表每一个基色的补色。RGB 颜色模型是一个加色模型，根据三基色原理，用基色光单位来表示光的量，则在 RGB 颜色空间中多种基色的强度加在一起生成另一种颜色。立方体边界中的每一个颜色点 $\boldsymbol{F}$ 都可以表示三基色的加权向量和，用单位向量 $\boldsymbol{R}$、$\boldsymbol{G}$ 和 $\boldsymbol{B}$ 表示如下：

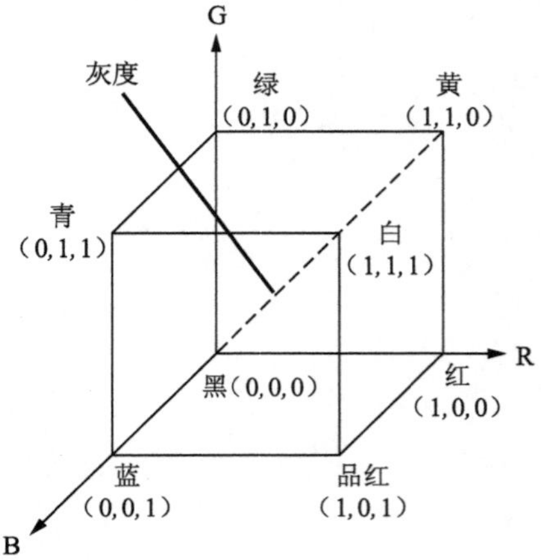

图 9-1　RGB 颜色模型

$$F=(R,\ G,\ B)=rR+gG+bB \tag{9-1}$$

其中，r、g 和 b 的值在 0 ～ 1 之间取值。例如，顶点的青色通过叠加绿色和蓝色生成三元组 (0,1,1) 获得，而白色 (1,1,1) 则是顶点红色、蓝色和绿色的叠加和。灰度则通过立方体的原点到白色顶点的主对角线上的位置表示。对角线上每一点是等量的每一种基色的混合，因此，从黑色到白色之间等明暗的灰色表示成 (0.5,0.5,0.5)。

9.1.2　CMY 模型

视频监视器通过组合屏幕磷粉发射的光而生成颜色，这是一种加色处理。而打印机、绘图仪之类的硬拷贝设备通过往纸上涂颜料来生成彩色图片。我们通过反射光而看见颜色，这是一种减色处理。

图 9-2 表示 CMY（Cyan,Magenta,Yellow）颜色模型立方体，CMY 颜色模型使用青色、品红和黄色作为三基色。

在 CMY 颜色模型中，点 (1,1,1) 因为减掉了所有的投射光成分而表示为黑色，原点表示白色。沿着立方体对角线，每种基色量均相等而生成灰色。

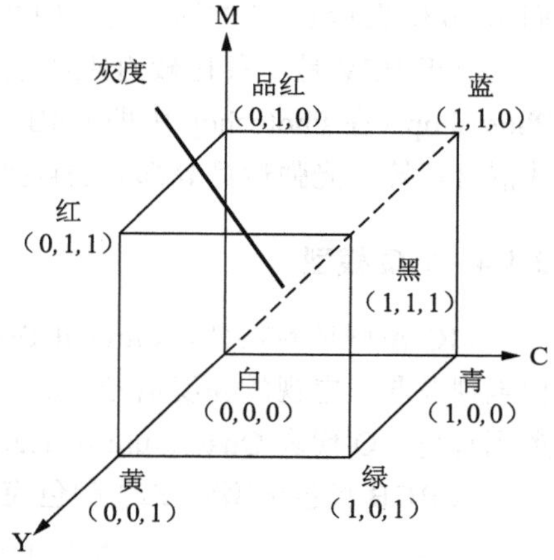

图 9-2　CMY 颜色模型

使用 CMY 模式的打印处理通过四个墨点的集合来产生颜色，在某种程度上与 RGB 监视器使用三个磷粉点的集合是一样的。因此，在实际使用中，CMY 颜色模型也称为 CMYK 模型，其中 K 是黑色参数。三种基色各使用一点，黑色也使用一点。因为基色青色、品红色和黄色墨水的混合通常生成深灰色而不是黑色，所以黑色单独包含在其中。有些绘图仪通过重叠喷上三种基色的墨水并让它们在干之前混合起来而生成各种颜色。对于黑白或灰度图像，只用黑色墨水就可以了。

我们可以用一个变换矩阵来表示从 RGB 到 CMY 的转换：

$$[C\ M\ Y]=[1\ 1\ 1]-[R\ G\ B] \tag{9-2}$$

同样，我们可以使用另一个变换矩阵把 CMY 颜色表示成 RGB 颜色：

$$[R\ G\ B]=[1\ 1\ 1]-[C\ M\ Y] \tag{9-3}$$

由此看出，RGB 颜色模型和 CMY 模型为互补颜色模型。

9.1.3　HSV 模型

HSV（Hue, Saturation, Value）是根据颜色的直观特性由 A R Smith 在 1978 年创建的一种颜色空间，也称六角锥体模型 (hexcone model)。图 9-3 表示 HSV 颜色模型，这个模型中颜色的参数分别是色调（H）、饱和度（S）、亮度（V）。其中 H 用角度度量，取值范围为 0° ～ 360°，从红色开始按逆时针方向计算，红色为 0°，绿色为 120°，蓝色为 240°。它们的补色是：黄色为 60°，青色为 180°，品红为 300°；S 取值范围为 0.0 ～ 1.0，值越大，颜色越饱和。V 取值范围为

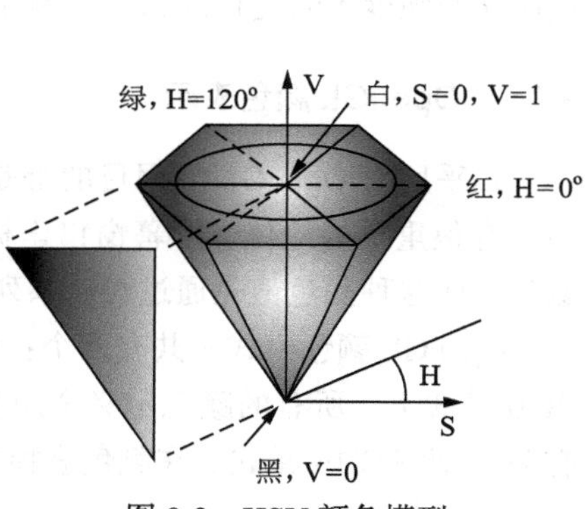

图 9-3　HSV 颜色模型

0(黑色) ~ 255(白色)。

RGB 和 CMY 颜色模型都是面向硬件的，而 HSV 颜色模型是面向用户的。HSV 模型的三维表示从 RGB 立方体演化而来。设想从 RGB 沿立方体对角线的白色顶点向黑色顶点观察，就可以看到立方体的六边形外形。六边形边界表示色彩，水平轴表示纯度，明度沿垂直轴测量。

HSV 对用户来说是一种直观的颜色模型。我们可以从一种纯色彩开始，即指定色彩角 H，并让 V=S=1，然后我们可以通过向其中加入黑色和白色来得到我们需要的颜色。增加黑色可以减小 V 而 S 不变，同样增加白色可以减小 S 而 V 不变。例如，要得到深蓝色，V=0.4，S=1，H=240°。要得到淡蓝色，V=1,S=0.4,H=240°。

一般说来，人眼最大能区分 128 种不同的色彩，130 种色饱和度，23 种明暗度。如果我们用 16 位表示 HSV 的话，可以用 7 位存放 H，4 位存放 S，5 位存放 V。

由于 HSV 是一种比较直观的颜色模型，所以在许多图像编辑工具中应用比较广泛，如 Photoshop（在 Photoshop 中即 HSB）等，但这也决定了它不适合使用在光照模型中，许多光线混合运算、光强运算等都无法直接使用 HSV 来实现。

9.1.4 YIQ 模型

YIQ 模型是 NTSC（National Television Standards Committee）电视系统标准。Y 是提供黑白电视及彩色电视的亮度信号（luminance），即亮度（brightness）；I 代表 In-phase，色彩从橙色到青色；Q 代表 Quadrature-phase，色彩从紫色到黄绿色。

从 RGB 颜色模型到 YIQ 颜色模型的转换可用下面的变换矩阵来实现：

$$\begin{bmatrix} \boldsymbol{Y} \\ \boldsymbol{I} \\ \boldsymbol{Q} \end{bmatrix} = \begin{bmatrix} 0.299 & 0.587 & 0.114 \\ 0.596 & -0.275 & -0.321 \\ 0.212 & -0.528 & 0.311 \end{bmatrix} \begin{bmatrix} \boldsymbol{R} \\ \boldsymbol{G} \\ \boldsymbol{B} \end{bmatrix} \tag{9-4}$$

同样，从 YIQ 颜色模型到 RGB 颜色模型的转换可用下面的变换矩阵来实现：

$$\begin{bmatrix} \boldsymbol{R} \\ \boldsymbol{G} \\ \boldsymbol{B} \end{bmatrix} = \begin{bmatrix} 1.000 & 0.959 & 0.620 \\ 1.000 & -0.272 & -0.647 \\ 1.000 & -1.108 & 1.705 \end{bmatrix} \begin{bmatrix} \boldsymbol{Y} \\ \boldsymbol{I} \\ \boldsymbol{Q} \end{bmatrix} \tag{9-5}$$

较其他颜色空间，YIQ 颜色空间具有能将图像中的亮度分量分离提取出来的优点，并且 YIQ 颜色空间与 RGB 颜色空间之间是线性变换的关系，计算量小，聚类特性也比较好，可以适应光照强度不断变化的场合，因此能够有效地用于彩色图像处理。

9.1.5 OpenGL 颜色表示

几乎所有 OpenGL 应用目的都是在屏幕窗口内绘制彩色图形，所以颜色在 OpenGL 编程中占有很重要的地位。屏幕窗口坐标是以像素为单位，因此组成图形的每个像素都有自己的颜色，而这种颜色值是通过对一系列 OpenGL 函数命令的处理最终计算出来的。

OpenGL 颜色模式一共有两个：RGB（RGBA）模式和颜色表模式（color_index mode）。在 RGB 模式下，所有的颜色定义全用 R、G、B 三个值来表示，有时也加上 Alpha 值（与透明度有关），即 RGBA 模式。在颜色表模式下，每一个像素的颜色是用颜色表中的某个颜色索引值表示，而这个索引值指向了相应的 R、G、B 值。这样的一个表称为颜色映射（color map）。

在 RGB/RGBA 模式下，可以用 glColor*() 来定义当前颜色。其函数原型为：

```
void glColor3{b s i f d ub us ui}(TYPE r,TYPE g,TYPE b);
void glColor4{b s i f d ub us ui}(TYPE r,TYPE g,TYPE b,TYPE a);
void glColor3{b s i f d ub us ui}v(TYPE *v);
void glColor4{b s i f d ub us ui}v(TYPE *v);
```

OpenGL 通过这个函数来设置当前的颜色。参数 r、g、b、a 分别表示颜色分量 R、G、B 和 A 值，即红、绿、蓝、透明度，其取值范围都是 [0,1]，可以是浮点数。这个函数有 glColor3 和 glColor4 两种方式，在前一种方式下，a 值默认为 1.0，后一种方式下 Alpha 值由用户自己设定，范围从 0.0 ～ 1.0。同样，它也可用指针传递参数。另外，根据函数的第二个后缀的不同使用，其相应的参数值及范围不同，见表 9-1。虽然这些参数值不同，但实际上 OpenGL 已自动将它们映射在 0.0 到 1.0 或 -1.0 范围之内。因此，灵活使用这些后缀，会给编程带来很大的方便。表 9-2 表示了部分颜色的 RGB 参数设置。

表 9-1　整型颜色值到浮点数的转换

后缀	数据类型	最小值	最小值映射	最大值	最大值映射
b	1 字节整型数	-128	-1.0	127	1.0
s	2 字节整型数	-32768	-1.0	32767	1.0
i	4 字节整型数	-2147483648	-1.0	2147483647	1.0
ub	1 字节无符号整型数	0	0.0	255	1.0
us	2 字节无符号整型数	0	0.0	65535	1.0
ui	4 字节无符号整型数	0	0.0	4294967295	1.0

表 9-2　OpenGL 部分 RGB 颜色表

颜色名称	RGB 值	颜色名称	RGB 值
黑色	0，0，0	青色	0，1，1
白色	1，1，1	品红	1，0，1
红色	1，0，0	灰色	0.5，0.5，0.5
绿色	0，1，0	紫色	0.63，0.13，0.94
蓝色	0，0，1	橙色	1，0.38，0
黄色	1，1，0		

在颜色表模式下，可以调用 glIndex*() 函数从颜色表中选取当前颜色。其函数形式为：

```
void glIndex{sifd}(TYPE c);
void glIndex{sifd}v(TYPE *c);
```

设置当前颜色索引值，即调色板号。若值大于颜色位面数时则取模。

在大多数情况下，采用 RGBA 模式比采用颜色表模式的要多，尤其对于许多效果处理，如阴影、光照、雾、反走样、混合等，采用 RGBA 模式效果会更好；另外，纹理映射只能在 RGBA 模式下进行。

以下给出了颜色函数的应用实例，图 9-4 为程序运行效果。

```
// 颜色应用程序
// 样本程序 My_first_program.cpp
#include "stdafx.h"
```

```
#include <glut.h>
#include <math.h>
void display(void)
{

    glClearColor(1.0*200/255,1.0*200/255,1.0*169/255,1.0f);// 设置清屏颜色
    glClear(GL_COLOR_BUFFER_BIT);    // 刷新颜色缓存区

    ///////// 绘制在 glClear() 与 glFlush() 之间 //////////
    float hx=-0.5,hy=-0.6;
    float hheight=0.8,hwidth=1;
    float wx=0.1,wy=-0.2;
    float wh=0.3,ww=0.3;
    float dx=-0.4,dy=-0.6;
    float dh=0.3,dw=0.3;
    float dcx=dx+dw/2,dcy=dy+dh,r=dw/2;
    float sx=1,sy=1,sr1=0.35,sr2=0.3,sr3=0.25;

    // 画折线
    glColor3f(0.9,0.6,0.6);
    glLineWidth(8);
    glBegin(GL_LINE_LOOP);
    glVertex2f(-0.5,-0.6);
    glVertex2f(-0.5,0.2);
    glVertex2f(0.5,0.2);
    glVertex2f(0.5,-0.6);
    glEnd();

    // 画矩形，房子
    glColor3f(1.0*254/255,1.0*67/255,1.0*101/255);// 为绘图颜色
    glRectf(hx,hy,hx+hwidth,hy+hheight);// 矩形左下角点和右上角点的坐标

    // 画三角形，屋顶
    glColor3f(1.0*252/255,1.0*157/255,1.0*156/255);
    glBegin(GL_TRIANGLES);
    glVertex2f(hx,hy+hheight);
    glVertex2f(0,0.7);
    glVertex2f(hx+hwidth,hy+hheight);
    glEnd();

    // 画矩形，窗户
    glColor3f(1.0*249/255,1.0*205/255,1.0*173/255);
    glRectf(wx,wy,wx+wh,wy+wh);

    // 画折线，窗户
    glColor3f(1.0*252/255,1.0*157/255,1.0*156/255);
    glLineWidth(3);
    glBegin(GL_LINES);
    glVertex2f(wx,wy+wh/2);
    glVertex2f(wx+ww,wy+wh/2);
    glVertex2f(wx+ww/2,wy+wh);
    glVertex2f(wx+ww/2,wy);
    glEnd();

    // 画矩形，门
```

```
    glColor3f(1.0*252/255,1.0*157/255,1.0*156/255);
    glRectf(dx,dy,dx+dw,dy+dh);

    //画三角扇形，门上半圆
    glColor3f(1.0*252/255,1.0*157/255,1.0*156/255);
    glBegin(GL_TRIANGLE_FAN);
    glVertex2f(dcx,dcy);
    for(float i=dcx-r;i<dcx+r;i=i+0.001){
        glVertex2f(i,sqrt(fabs(r*r-(i-dcx)*(i-dcx)))+dcy);
    }
    glEnd();

    //画点，门锁
    glColor3f(1.0*249/255,1.0*205/255,1.0*173/255);
    glPointSize(10);  //default size:1.0，大小为像素
    glBegin(GL_POINTS);
    glVertex2f(dx+0.08,dy+dh/2);
    glEnd();

    //画三角扇形，太阳
    glColor3f(1.0*232/255,1.0*120/255,1.0*175/255);
    glBegin(GL_TRIANGLE_FAN);
    glVertex2f(sx,sy);
    for(float i=sx-sr1;i<sx;i=i+0.001){
        glVertex2f(i,-sqrt(fabs(sr1*sr1-(i-sx)*(i-sx)))+sy);
    }
    glEnd();
    glColor3f(1.0*232/255,1.0*110/255,1.0*145/255);
    glBegin(GL_TRIANGLE_FAN);
    glVertex2f(sx,sy);
    for(float i=sx-sr2;i<sx;i=i+0.001){
        glVertex2f(i,-sqrt(fabs(sr2*sr2-(i-sx)*(i-sx)))+sy);
    }
    glEnd();
    glColor3f(1.0*232/255,1.0*93/255,1.0*105/255);
    glBegin(GL_TRIANGLE_FAN);
    glVertex2f(sx,sy);
    for(float i=sx-sr3;i<sx;i=i+0.001){
        glVertex2f(i,-sqrt(fabs(sr3*sr3-(i-sx)*(i-sx)))+sy);
    }
    glEnd();

    ////////////////////
    glFlush();    //用于刷新命令队列和缓存区，使所有尚未被执行的OpenGL命令得到执行
}

int APIENTRY _tWinMain(HINSTANCE hInstance,
                       HINSTANCE hPrevInstance,
                       LPTSTR    lpCmdLine,
                       int       nCmdShow)
{
    UNREFERENCED_PARAMETER(hPrevInstance);
    UNREFERENCED_PARAMETER(lpCmdLine);

    char *argv[] = {"Yummy"," "};
```

```
    int argc = 2; // must/should match the number of strings in argv

    glutInit(&argc, argv);    //初始化 GLUT 库
    glutInitDisplayMode(GLUT_SINGLE | GLUT_RGB);   //设置显示模式（缓存，颜色类型）
    glutInitWindowSize(500, 500); //绘图窗口大小（宽、高）
    glutInitWindowPosition(1024 / 2 - 250, 768 / 2 - 250); //窗口左上角在屏幕的位置
    glutCreateWindow("Hello");  //创建窗口
    glutDisplayFunc(display);  //用于绘制当前窗口
    glutMainLoop();   //表示开始运行程序，用于程序的结尾

    return 0;
}
```

图 9-4 小屋

9.2 光照基础知识

9.2.1 表面光照效果

当光照射在物体表面时会出现三种情形，一部分被反射成为反射光，一部分被折射成为透射光，另一部分被吸收转为热能。当光线照射到不透明的物体时，部分光被反射，部分光被吸收；当光线照射到透明的物体时，部分光被反射，部分光继续被传送形成透射。材质的颜色由它所反射的光的波长决定，物体表面的材质类型决定了反射光的强弱，表面光滑较亮的材质将反射较多的入射光，而较暗的则吸收较多的入射光。

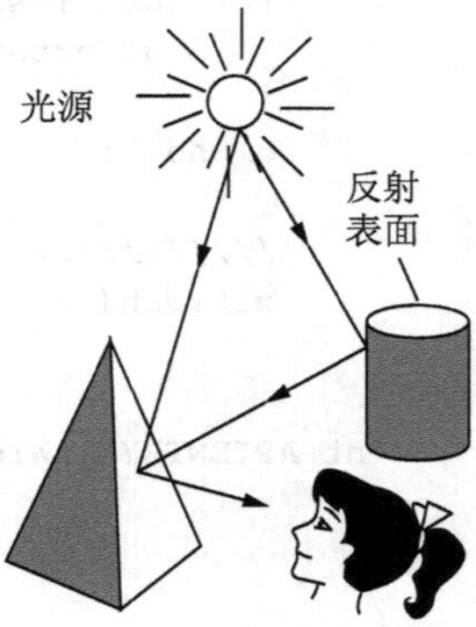

图 9-5 表面光照效果

物体表面的反射光和透射光决定了物体呈现的颜色。反射光通常被看作由环境反射光、漫反射光和镜面反射光组成。

表面光照效果就是由光源和其他表面反射光混合生成，如图 9-5 所示。

9.2.2 光源

光源 (light source) 是任一发出辐射能量的对象，对场景中其他对象的光照效果有贡献。一个光源可定义许多特性，如位置、发射光颜色、发射光方向和形状等。发光物体都可成为光源。反射光表面也可成为反射光源。

光源的类型一般分为点光源、平行光源和聚光源，如图 9-6 所示。

点光源 (point light source) 的光线从一个点向四周辐射发散。在场景中比对象小得多的光源可以看作点光源的合理逼近，离场景不是太近的大光源也可用点光源来模拟。

平行光源 (paralleled light source) 也称方向光源、无穷远光源，光源的方向是互相平行的。离场景非常远的大型光源如太阳，可以看作平行光源。在光照计算中，仅需要发射方向的向量及光源颜色，而不需要光源位置。

聚光源会形成圆锥光束。在聚光源下，如果一个对象位于光源方向范围之外，则得不到该光源的光照。

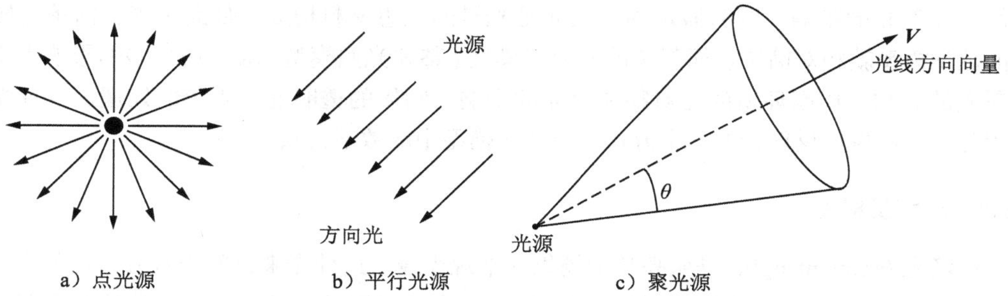

图 9-6　光源类型

9.2.3 反射定律

光的反射定律：当一束光投射到某一介质光滑表面时，一部分光反射出去，这一光线称为反射光线，反射光线、入射光线和法线位于同一平面内，入射线同法线组成的角称为入射角，反射光线同法线组成的角称为反射角，反射角等于入射角，如图 9-7 所示。

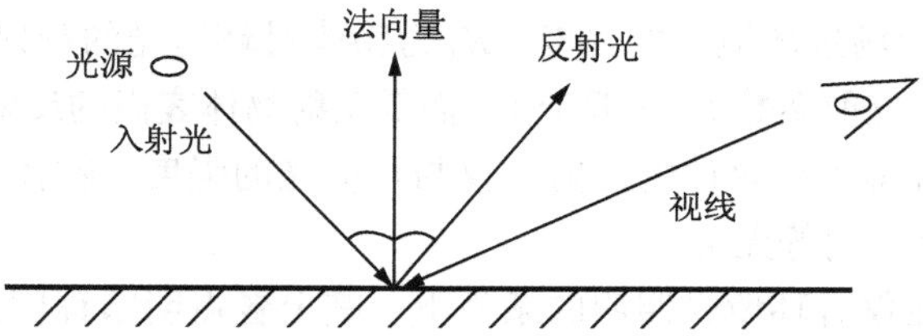

图 9-7　光的反射定律

9.2.4 折射定律

光的折射定律：当一束光投射到某一介质光滑表面时除了有一部分光发生反射外，还有一部分光通过介质分界面入射进第二传输介质中，这一部分光线称为折射光线，折射光线和入射光线分别位于法线的两侧，且与法线在同一平面。折射光线位于入射光线和法线所决定的平面内。折射光线同法线组成的角称为折射角，入射角的正弦值同折射角正弦值的比值为一恒定值。

如图 9-8 所示，θ 和 φ 分别为入射角和反射角，折射角与入射角满足 $n_1/n_2=\sin\varphi/\sin\theta$，$n_1$ 和 n_2 分别是两个介质的折射率。

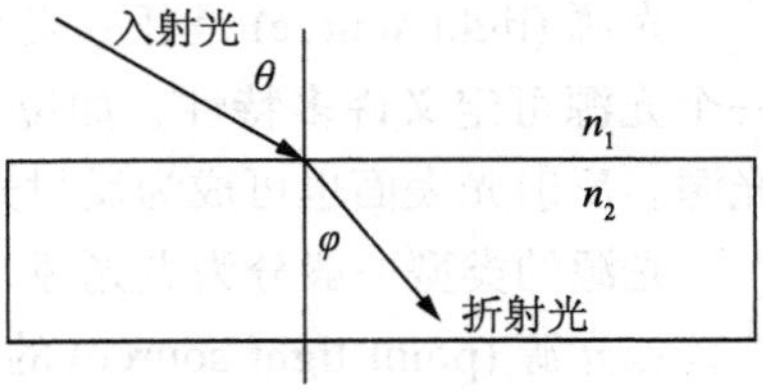

图 9-8 光的折射定律

9.3 简单光照明模型

计算机图形学中的光照明模型 (illumination model) 也称光照模型（lighting model）或明暗模型（shading model)，主要用于模拟真实场景的光照环境，计算物体表面给定点光的强度。计算机图形学的光照明模型由描述物体表面光强度的物理定律推出，同时，为了减少光强度的计算，光照模型通常采用简化的经验模型。

光照明模型通常分为两大类：简单光照明模型和复杂光照明模型。

在简单的光照明模型中，所有光源都被认为是点光源，一般也只考虑了光源照射在物体表面的反射光的影响，同时假定物体表面是光滑的理想材料构成。如此一来，简单光照明模型的数学模型就相对简单。而复杂的光照明模型 (整体光照模型) 会考虑更多的影响因素，如发射光的影响、周围环境的光对物体表面的影响、物体的透明度、阴影的处理、各种光源的作用等。下面探讨反射光的三个分量在光照明模型中的数学公式。

9.3.1 环境反射光

环境光 (ambient light) 是照亮整个场景的常规光线。这种光来自四面八方，在各个方向都具有均匀的强度，并且属于均质漫反射。它不具有可辨别的光源和方向。默认情况下，在每个场景中都具有少量环境光。如果在带有默认环境光设置的模型上检查最暗的阴影，仍然可以辨别出曲面，因为它是由环境光照亮的。场景中的阴影不会比环境光颜色暗，这就是通常要将环境光设置为黑色（或非常暗的颜色）的原因。环境反射光是物体表面反射环境光的结果。

物体环境反射光的强度可由下式得出：

$$I_e=I_a \bullet K_a \tag{9-6}$$

式中，参数 I_a 表示场景环境光的强度，K_a 为物体对环境光的反射系数，且 $0\leqslant K_a\leqslant 1$，对于高反射物体表面的反射系数 K_a 接近于 1，而低反射物体表面的反射系数 K_a 近似于 0。

由式可以看出，环境光对物体的反射光仅与环境光的强度、物体表面材质有关，与观察方向、物体表面的空间方向等无关。

某一个可见物体在仅有环境光照明的条件下，其上各点明暗程度完全一样，分不出哪个地方亮，哪个地方暗。

9.3.2 漫反射光

漫反射 (diffuse reflection) 是投射在粗糙或颗粒状表面上的光向各个方向反射的现象。当一束平行的入射光线照射到粗糙的表面时，表面会把光线向着四面八方反射，所以入射线虽然互相平行，由于各点的法线方向不一致，造成光线向不同的方向无规则地反射，这种反射称为“漫反射”或“漫射”。这种反射的光称为漫反射光。很多物体，如植物、墙壁、衣服等，其表面粗看起来似乎平滑，但用放大镜仔细观察就会看到其表面是凹凸不平的，所以本来是平行的太阳光被这些表面反射后，弥漫地射向不同方向。

根据 Lambert 余弦定律，物体表面漫反射光强度由下式得出：

$$I_d = I_p K_d \cos\theta \tag{9-7}$$

其中，I_p 表示入射光的强度，K_d 为入射光的漫反射系数 ($0<K_d<1$)，由物体表面的材料性质以及入射光的波长所决定。θ 为入射光与表面上点的法向量 N 之间的夹角。

图 9-9 中，M 表示物体表面，$\boldsymbol{N}$ 表示物体表面法向量方向，S 为入射光方向，θ 为入射光与表面上点的法向量 $\boldsymbol{N}$ 之间的夹角，图中其他箭头表示各漫反射光方向。

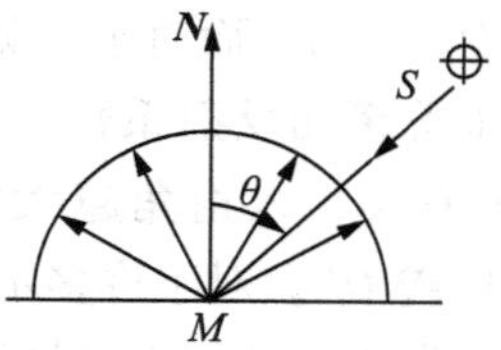

图 9-9 漫反射光的特点

根据式（9-7），我们可得出漫反射光物体表面亮度和入射光与表面法向量夹角 θ 之间的关系：

- 当 $\theta=0°$ 时，亮度最大；$\theta=90°$ 时，表面最暗。
- $0 < \theta < 90°$ 时，$\theta\uparrow$，亮度$\downarrow$；$\theta > 90°$ 时，光线照不到表面。

如图 9-10 所示。

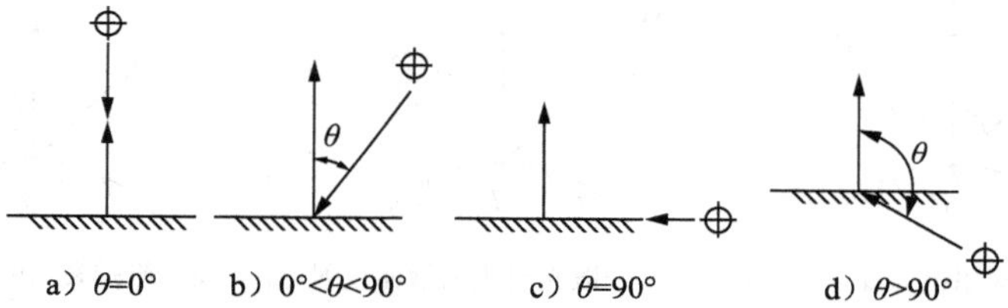

图 9-10 物体表面亮度与光线入射角的关系

如图 9-11 所示从左至右小球的漫反射系数 K_d 介于 0 和 1 之间逐渐递增，用上述漫反射方程，球面在单个点光源照明下的漫反射效果。

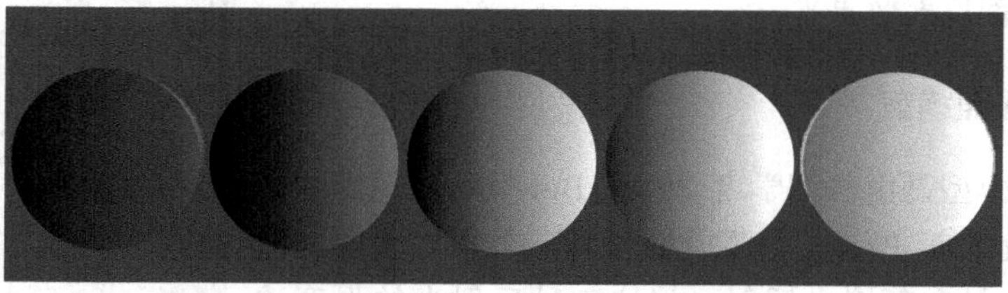

图 9-11 漫反射系数递增

漫反射光的特点是光源来自一个方向，反射光从物体表面均匀地射向各个方向，反射光强度与物体表面法向量方向和入射光方向有关，与观察方向无关（与视点位置无关）。

9.3.3 镜面反射光

镜面反射（specular reflection）是指反射波（电磁波或声波、水波）有确定方向的反射，在镜面反射角附近的集中区域内入射光全部或大部分成为反射光；其反射波的方向与反射平面的法线夹角（反射角），与入射波方向和该反射平面法线的夹角（入射角）相等，且入射波、反射波及平面法线处于一个平面内。光滑表面的镜面反射光线会集中朝一个方向反射，从而从某个观察方向可以看到高光 (highlight) 或亮点 (bright spot)。如图 9-12 所示，L 为入射光，M 为物体表面，θ 为入射光入射角和反射角，R 为镜面反射光方向，S 为视线方向，α 为视线与镜面反射线的角度。镜面反射光 I_s 的公式计算如下：

$$I_s = I_p K_s \cos^n \alpha \tag{9-8}$$

其中，I_p 为入射光的强度，$0° \leqslant \alpha \leqslant 90°$，$0 \leqslant \cos\alpha \leqslant 1$，$n$ 为镜面反射指数，介于 1 ～ 2000 之间，物体表面越光滑，其值就越大。对于很光滑的表面，$n \geqslant 100$；对于粗糙表面，$n=1$；而对于完美镜面，$n=\infty$。K_s 为物体表面的反射率，也称镜面反射系数，它是入射角和波长的函数，也与入射角 θ 有关，入射角越大则反射角也越大，反射率会随之增大，$K_s=W(\theta)$。对于许多不透明的表面，K_s 对各种入射角来说近乎于常数，其值主要与物体材质有关，且 $0 \leqslant K_s \leqslant 1$。

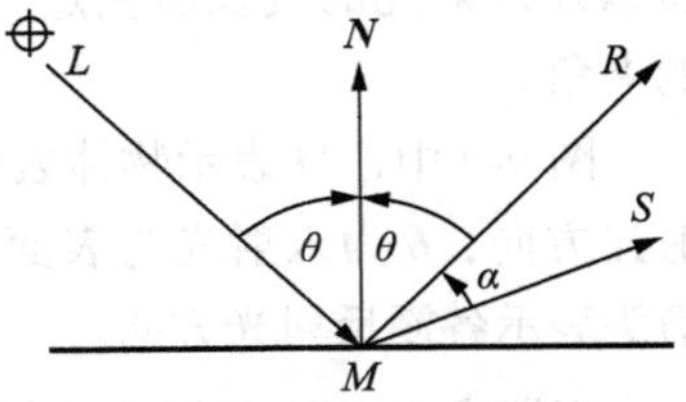

图 9-12 镜面反射光

如图 9-13 所示，理想反射 (完美镜子) 的入射光仅在镜面反射方向发生反射，即为 $\alpha=0$。非理想反射物体的镜面反射方向分布在矢量 R 周围有限的范围内，较光滑表面的镜面反射范围较小；粗糙表面则有较大的镜面反射范围。

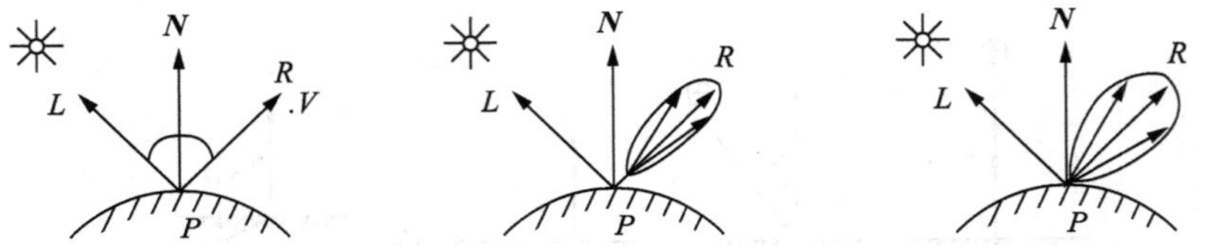

图 9-13 镜面反射光的反射范围

镜面反射光的强度取决于物体表面的属性、入射光的大小和角度、物体表面法向量的方向和视线的方向。图 9-14 表示不同材质球面的镜面反射效果。

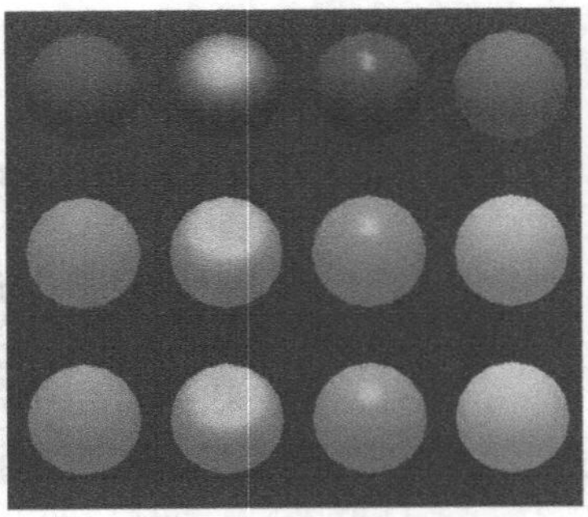
图 9-14 镜面反射效果

9.3.4 Phong 光照模型

Phong 光照模型是由法国学者 Phong Bui-Tuong 提出的光照明模型。一般而言 ,Phong 光照模型分为三个累加阶段，即漫反射、镜面反射和环境光反射，将这三种反射光的强度迭加在一起，则整体反射光的强度 I：

$$I = I_e + I_d + I_s = I_a K_a + I_p K_d \cos\theta + I_p K_s \cos^n \alpha \tag{9-9}$$

式中，I_e 表示环境反射光分量，I_d 表示漫反射光分量，I_s 表示镜面反射光分量，I_a 表示环境入射光强度，I_p 表示入射光强度，K_a 表示物体环境光反射系数，K_d 表示物体漫反射系数，K_s 表示物体镜面反射系数，n 表示物体镜面反射指数，θ 表示入射光与物体表面法向量夹角，α 表示视线与镜面反射光线的夹角。

上式所进行的光强计算只是假定只有一个点光源的，若场景中有 n 个点光源，则可以在任一点光源处迭加各个光源所产生的光源效果：

$$I = I_e + I_d + I_s = I_a K_a + \sum_{i=1}^{n} I_{(p,i)} K_d \cos\theta_i + \sum_{i=1}^{n} I_{(p,i)} K_s \cos^n \alpha_i \tag{9-10}$$

式中，$I_{(p,i)}$ 表示第 i 个入射光的强度。

如果将光源再分解成红、绿、蓝三种基色，则 Phong 光照模型又可以表示为：

$$\begin{aligned} I_a &= I_{aR} + I_{aG} + I_{aB} \\ I_d &= I_{dR} + I_{dG} + I_{dB} \\ I_s &= I_{sR} + I_{sG} + I_{sB} \\ K_a &= K_{aR} + K_{aG} + K_{aB} \\ K_d &= K_{dR} + K_{dG} + K_{dB} \\ K_s &= K_{sR} + K_{sG} + K_{sB} \end{aligned} \tag{9-11}$$

式中，R、G、B 表示光在红、绿、蓝三个基色方面的分量下标。因此，

$$\begin{aligned} I_R &= I_{aR} K_{aR} + \sum_{i=1}^{n} I_{(pR,i)} K_{dR} \cos\theta_i + \sum_{i=1}^{n} I_{(pR,i)} K_{sR} \cos^n \alpha_i \\ I_G &= I_{aG} K_{aG} + \sum_{i=1}^{n} I_{(pG,i)} K_{dG} \cos\theta_i + \sum_{i=1}^{n} I_{(pG,i)} K_{sG} \cos^n \alpha_i \\ I_B &= I_{aB} K_{aB} + \sum_{i=1}^{n} I_{(pB,i)} K_{dB} \cos\theta_i + \sum_{i=1}^{n} I_{(pB,i)} K_{sB} \cos^n \alpha_i \end{aligned} \tag{9-12}$$

辐射光线从一点光源出发在空间进行传播的时候，它的强度会随着距离的增大而减小，辐射强度的光强衰减 (attenuation) 因子可用下式表示：

$$f(d) = \frac{1}{a + bd + cd^2} \tag{9-13}$$

a,b,c ——系数。

d ——点光源到物体表面某点的距离。

对于无穷远光源，光强与距离无关，要同时考虑远距离和局部光源，可将光强衰减因子函数表达成：

$$f(d) = \begin{cases} 1 & \text{（如果光源在无穷远处）} \\ \dfrac{1}{a + bd + cd^2} & \text{（如果光源是局部点光源）} \end{cases} \tag{9-14}$$

a,b,c ——系数。

d ——点光源到物体表面某点的距离。

如果考虑光强衰减，Phong 光照明模型则可写成：

$$I = I_a K_a + \sum_{i=1}^{n} f(d_i) I_{(p,i)} K_d \cos\theta_i + \sum_{i=1}^{n} f(d_i) I_{(p,i)} K_s \cos^n \alpha_i \tag{9-15}$$

其中，d_i 表示从点光源 i 出发到某一观察点所经过的距离。

图 9-15 表示镜面反射指数 n、漫反射系数 K_d 和镜面反射系数 K_s 取不同值时的 Phong 光照明模型示例，可以看出 n 值越大、K_s 越大，小球的高光点就越亮越集中，而 K_d 值越大，小

球的整体颜色越浅。

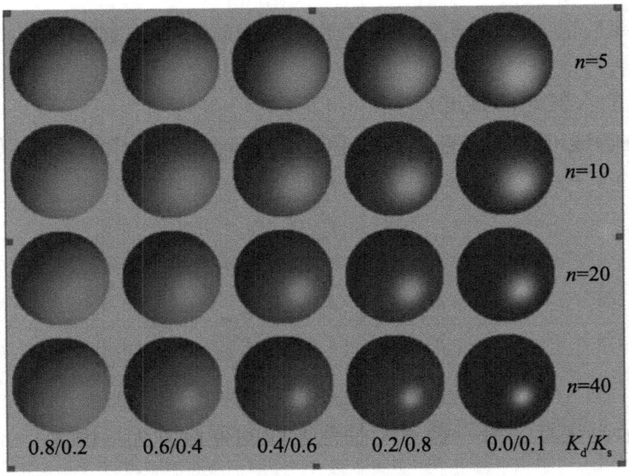

图 9-15　Phong 光照明模型示例

图 9-16 表示场景从线框模型逐渐加上环境光、漫反射光和镜面反射光的效果，a 为线框模型，b 为只有环境光，c 为环境光加漫反射光，d 为环境光加漫反射光和镜面反射光。可以看出，场景加上镜面反射后才有了较好的立体效果。

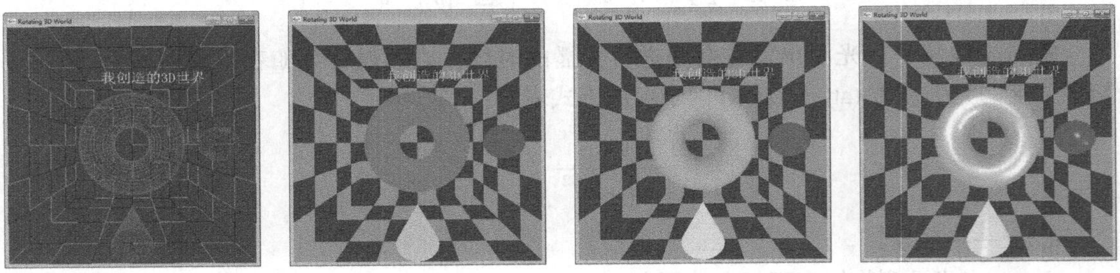

a)　　b)　　c)　　d)

图 9-16　场景的不同光照效果

9.4　消隐技术

9.4.1　消隐算法分类

在真实感图形绘制过程中，由于投影变换失去了深度信息，往往导致图形的二义性。图 9-17 所示显示了长方体线框投影图的二义性，a 表示长方体线框模型，b 和 c 为长方体的不同效果。要消除这类二义性，就必须在绘制时消除被遮挡的不可见的线或面，习惯上称为消除隐藏线和隐藏面，或简称为消隐，经过消隐得到的投影图称为物体的真实图形。

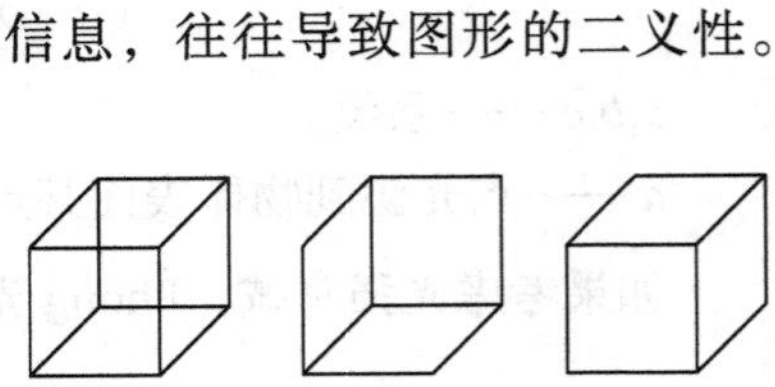

a)　　b)　　c)

图 9-17　长方体的二义性

1. 按消隐对象分类

1）线消隐：消隐对象是物体上的边，消除的是物体上不可见的边。

2）面消隐：消隐对象是物体上的面，消除的是物体上不可见的面。

2. 按消隐空间分类

1）物体空间的消隐算法：将场景中每一个面与其他每个面比较，求出所有点、边、面遮挡关系，如光线投射判别法。

2）图像空间的消隐算法：对屏幕上每个像素进行判断，决定哪个多边形在该像素可见，如深度缓存算法（又称 Z-buffer 算法）、Warnock 算法等。

3）物体空间和图像空间的消隐算法（画家算法）：在物体空间中预先计算面的可见性优先级，再在图像空间中生成消隐图。

9.4.2 深度缓存算法

深度缓存算法 (depth-buffer method) 是一种常用的判定对象表面可见性的物体空间算法，它在投影面上的每一像素位置比较场景中所有面的深度。由于通常沿着观察系统的 z 轴来计算各对象距观察平面的深度，该算法也称为 z 缓存 (z-buffer) 算法。

图 9-18 显示了从某观察平面上的点 (x,y) 出发沿正交投影方向的不同距离的三个表面 S_1、S_2、S_3。这些表面可按任意次序处理。在处理每一面时，将其到观察平面的深度与前面已处理表面进行比较。如果一个表面比任一已处理表面都近，则计算其表面颜色并和深度一起存储。场景的可见面由一组在所有表面处理完后存储的表面来表示。深度缓存算法通常在规格化坐标系统中实现，因此深度值的范围从近裁剪平面的 0 到远裁剪平面的 1.0。

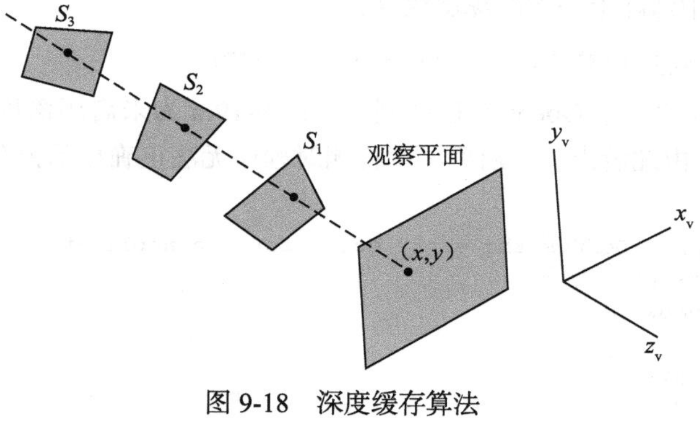

图 9-18 深度缓存算法

该算法需要两个缓存器，一个是用来存放颜色的颜色缓存器，另一个是用来存放深度的深度缓存器。利用深度缓存器，可以进行可见性的判断，消除隐藏对象。其具体做法是：首先对深度缓存器和颜色缓存器进行初始化，将深度值规范化到 0.0 ～ 1.0 范围且观察平面在深度为 0 处，把深度缓存器中所有单元置为一个最大深度值 1.0，把颜色缓存器中各单元置为背景颜色。然后逐个处理多边形表中的各个表面，每次扫描一行，计算各像素点 (x,y) 所对应的深度值，并将计算出的深度与深度缓存器中该像素单元所存储的数值进行比较，若计算深度小于存储值，则存储新的深度值，并将该点的表面颜色存入帧缓存的对应单元，否则不做任何操作。

将以上算法思想整理成程序流程如下：

1）将深度缓存与帧缓存中的所有单元 (x,y) 初始化，使得：

```
depthBuff(x,y)=1.0, frameBuff(x,y)=backgroundColor
```

2）处理场景中的每一个多边形，每次一个。

- 计算多边形面上各点 (x,y) 处的深度值 z（如果不是已知）。
- 若 z<depthBuff(x,y)，则计算该位置的表面颜色并设定：

```
depthBuff(x,y)=z, frameBuff(x,y)=surfaceColor
```

3）当处理完所有多边形面后，深度缓存中保存的是可见面的深度值，而帧缓存保存了这些表面的对应属性值。

深度缓存算法中物体投影到观察平面上的次序是任意的，无须将场景中的表面进行排序，物体之间的遮挡关系是通过深度缓存器进行深度比较加以确定的，算法易于实现。高档计算机图形系统一般集成了深度缓存算法的硬件实现。

9.4.3 OpenGL 消隐算法的实现

OpenGL 中的深度测试采用深度缓存算法消除场景中的不可见面。OpenGL 启用深度检测效果需要三个步骤：

1）在主函数中指定一个 32 位深度缓存区：

```
glutInitDisplayMode(GLUT_RGB|GLUT_DOUBLE|GLUT_DEPTH);
```

2）在初始化设置中启用深度检测：

```
glEnable(GL_DEPTH_TEST);
```

3）在绘制函数中清除上一次的深度缓存：

```
glClear(GL_COLOR_BUFFER_BIT|GL_DEPTH_BUFFER_BIT);
```

以下为显示铲车的一个 OpenGL 程序例子，图 9-19 a 为未启用深度检测的铲车，b 为启用深度检测的铲车。由此看出，未启用深度检测时程序无法正确显示铲车形状。

```
//铲车显示
// win32Test.cpp : Defines the entry point for the application.
#include "stdafx.h"
//#include <windows.h>

#include <math.h>
#include "3ds.h"
#include "Texture.h"
#include <glut.h>
#include "fmod.h"                              //音频库的头文件
#pragma comment(lib, "fmodvc.lib")             //音频库的静态链接库

FSOUND_STREAM *mp3back;

void init(void);
void Display(void);
void Keyboard(int key,int x,int y);
void draw3DSModel();
void Reshape(GLsizei w,GLsizei h);
void myidle();

C3DSModel  draw3ds[5];                         //有多少个模型，数组就定义多大
```

```
float eyex=0,eyey=0,eyez=100,atx=0,aty=0,atz=0;
float rotatex,rotatey;

int APIENTRY _tWinMain(HINSTANCE hInstance,
                       HINSTANCE hPrevInstance,
                       LPTSTR    lpCmdLine,
                       int       nCmdShow)
{
    UNREFERENCED_PARAMETER(hPrevInstance);
    UNREFERENCED_PARAMETER(lpCmdLine);

    char *argv[] = {"hello ", " "};
    int argc = 2;

    glutInit(&argc, argv);                  //初始化 GLUT 库
    glutInitDisplayMode(GLUT_DOUBLE | GLUT_RGB);    //设置显示模式（缓存，颜色类型）
    glutInitWindowSize(500, 500);
    glutInitWindowPosition(1024 / 2 - 250, 768 / 2 - 250);
    glutCreateWindow("3D-show"); //创建窗口，标题为“3D-show”;
    glutReshapeFunc(Reshape);
    init();
    glutDisplayFunc(Display);               //用于绘制当前窗口
    glutIdleFunc(myidle);
    glutMainLoop();                         //表示开始运行程序，用于程序的结尾
    return 0;
}

void init()
{
    // 调入模型文件，一般设置在 init() 中
    draw3ds[0].Load("chanche.3ds");
    glClearColor(1,1,1,1);
    glEnable(GL_DEPTH_TEST);                // 启用深度测试
    if (FSOUND_Init(44100, 32, 0))          // 声音初始化
    {
        // 载入文件 1.mp3
        mp3back = FSOUND_Stream_OpenFile("1.mp3", FSOUND_LOOP_NORMAL, 0);
    }
        FSOUND_Stream_Play(FSOUND_FREE,mp3back);
}

void Display(void)
{
    glClear(GL_COLOR_BUFFER_BIT|GL_DEPTH_BUFFER_BIT);
    glMatrixMode(GL_MODELVIEW);
    glLoadIdentity();

    gluLookAt(eyex,eyey,eyez,atx,aty,atz,0,1,0);

    glRotatef(rotatex,1,0,0);
    glRotatef(rotatey,0,1,0);

    glScalef(0.5,0.5,0.5);
    draw3DSModel();  //绘制模型
```

```
    glutSwapBuffers();
}

void draw3DSModel()
{
    glEnable(GL_TEXTURE_2D);
    glPushMatrix();
    draw3ds[0].Render();
    glPopMatrix();
    glDisable(GL_TEXTURE_2D);
}

void specialkeyboard(int key, int x, int y)
{
    if(key==GLUT_KEY_UP)
    {
        eyey+=5;  aty+=5;
    }
    if(key==GLUT_KEY_DOWN)
    {
        eyey-=5;  aty-=5;
    }
    glutPostRedisplay();
}

void Keyboard(unsigned char key,int x,int y)
{
    switch(key)
    {
    case 'w':
        eyez-=5;
        atz-=5;
        break;
    case 's':
        eyez+=5;
        atz+=5;
        break;
    case 'a':
        //eyex-=5;
        eyex-=5;
        atx-=5;
        break;
    case 'd':
        eyex+=5;
        atx+=5;
        break;
    }
    glutPostRedisplay();
}
void Reshape(GLsizei w,GLsizei h)
{
    glMatrixMode(GL_PROJECTION);
    glLoadIdentity();
    gluPerspective(90,w/h,2,2500);
    glViewport(0,0,w,h);
```

```
        glMatrixMode(GL_MODELVIEW);
        glLoadIdentity();
}

void myidle()
{

        Sleep(100);
    rotatex+=0.1;
    rotatey+=0.1;
    glutPostRedisplay();
}
```

a) b)

图 9-19 铲车的显示

9.5 OpenGL 的简单光照实现

OpenGL 的光照设置思路如下：

1. 基本设置

1）如果物体是线框模型需要改为实体或面模型。

例如，绘制半径为 1 的小球：

```
glutWireSphere(1, 30, 30);                              // 线框模式
glutSolidSphere(1, 30, 30);                             // 实体模式
```

2）多边形模式一定设为填充模式：

```
glPolygonMode(GL_FRONT_AND_BACK,GL_FILL);               // 多边形模式为填充模式
```

3）启用深度检测效果。步骤见 9.4.3 节。

2. 定义法矢量

确定场景中每个物体表面的法向量方向，即法线矢量——垂直于表面的向量，表示顶点或多边形所面向的方向。对于规则物体，如小球、圆环、茶壶、四面体、八面体等，它们的法向量可由 OpenGL 库自动计算，无需再重新计算。对于不规则物体，如曲面，则需要计算构成物体的每个三角面片的法向量方向。

在使用光照模型之前，必须为顶点定义法矢；在 glVertex() 前调用 glNormal3*() 函数定义法矢。

定义法矢的函数原型：

```
void glNormal3 {bsidf} (TYPE nx, TYPE ny, TYPE nz);
```

```
void glNormal3 {bsidf} v (const TYPE *v);
```

(nx,ny,nz) 构成法矢的方向量坐标，v 为指定一个包含法线向量的三元数组。

默认的法向量是正 *z* 方向 (0,0,1)。

glNormal 函数将表面法向量分量设定为用于所有 glVertex 后继命令的状态值。

调用方法如下：

```
glBegin(GL_POLYGON);
glNormal3f((GLfloat)nx, (GLfloat) ny, (GLfloat) nz);
glVertex3f(-0.5f, 0.0f, -0.5f);
…
glEnd();
```

一个顶点可定义一个法线向量，多个顶点如果共面也可定义一个法线向量。法向量并不需要指定为单位向量，但如果所有表面法向量都使用单位向量可减少计算。如果使用 glEnable(GL_NORMALIZE) 则自动将所有非单位向量转换成单位向量。

如何计算一个三角面片表面的法向矢量？可以使用叉乘运算。P_1、P_2、P_3 为共面的三个点，u_1、u_2 为由 P_1、P_2、P_3 得到的两个表面向量，$\boldsymbol{N}$ 为表面的法向量，则有

$$\boldsymbol{N}=u_1\times u_2$$

叉乘运算可编写以下函数得到。

```
// 法向量计算
void CalNormal (double *p1, double *p2, double *p3 , double *n)
{
double a[3],b[3];
u1[0]=p2[0]-p1[0];
u1[1]=p2[1]-p1[1];
u1[2]=p2[2]-p1[2]; // 矢量 u1 为 p2p1
u2[0]=p3[0]-p2[0];
u2[1]=p3[1]-p2[1];
u2[2]=p3[2]-p2[2]; // 矢量 u2 为 p2p3
// 计算 u1,u2 两矢量的叉乘，得到法矢量 n
n[0]=u1[1]*u2[2]-u1[2]*u2[1];
n[1]=u1[2]*u2[0]-u1[0]*u2[2];
n[2]=u1[0]*u2[1]-u1[1]*u2[0];
// 将法矢量 n 单位化
double length=sqrt(n[0]*n[0]+n[1]*n[1]+n[2]*n[2]) ;
if (length!=1)
{
n[0]=n[0]/length;
n[0]=n[0]/length;
n[0]=n[0]/length;
}
}
```

3. 设置光源

主要包括设置光源类型、光源数量、光源位置和方向、光源强度、启用光源、着色模式（通常这些设置可放在初始化程序中）。

光照设置函数的原型为：

```
void glLight{if} (GLenum light, GLenum pname,TYPE paramvalue);
void glLight{if}v(GLenum light, GLenum pname,TYPE paramvalue);
```

参数 light 为光源名称，可以是 GL_LIGHT0、GL_LIGHT1、…、GL_LIGHTi ，OpenGL 至少支持 8 种独立光源；参数 pname 为光源属性名称，如颜色、位置和方向等；参数 paramvalue 为 pname 参数的值。光源属性名称、含义和默认值见表 9-3。

表 9-3 光源属性参数

名称	含义	默认值
GL_AMBIENT	环境光分量强度	(0.0,0.0,0.0,1.0)
GL_DIFFUSE	漫反射光分量强度	(1.0,1.0,1.0,1.0)
GL_SPECULAR	镜面光分量的强度	(1.0,1.0,1.0,1.0)
GL_POSITION	光源的位置	(0.0,0.0,1.0,0.0)
GL_SPOT_DIRECTION	聚光方向	(0.0,0.0,-1.0)
GL_SPOT_EXPONENT	聚光指数	0.0
GL_SPOT_CUTOFF	聚光的截止角	180.0
GL_CONSTANT_ATTENUATION	常数衰减因子	1.0
GL_LINEAER_ATTENUATION	线性衰减因子	0.0
GL_QUADRATIC_ATTENUATION	二次衰减因子	0.0

启用光源的函数原型为：

```
void glEnable(GL_LIGHTING);
```

着色模式函数原型为：

```
void glShadeModel ( GLenum mode);
```

参数 mode 可以是 GL_SMOOTH（默认值）或 GL_FLAT。采用恒定着色时（即 GL_FLAT），使用图元中某个顶点的颜色来渲染整个图元。在使用光滑着色时（即 GL_SMOOTH），独立地处理图元中各个顶点的颜色。对于线段图元，线段上各点的颜色将根据两个顶点的颜色通过插值得到。对于多边形图元，多边形内部区域的颜色将根据所有顶点的颜色插值得到。图 9-20 和图 9-21 表示了物体着色的不同效果。可以看出，光照模式下光滑效果看起来更加真实。

a）光滑效果

b）恒定效果

图 9-20 球环物体着色模式效果比较

a）光滑效果

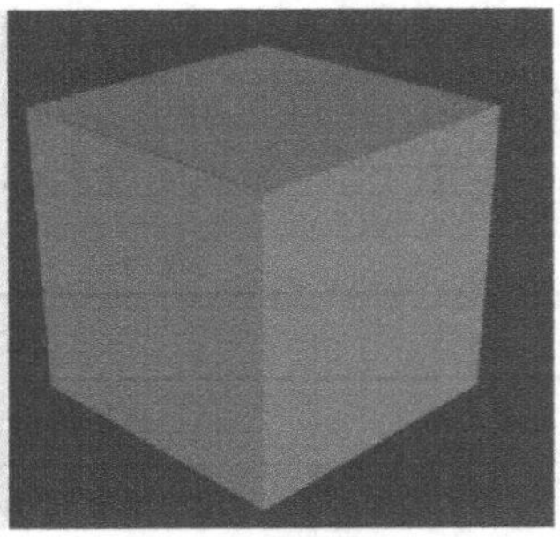
b）恒定效果

图 9-21 立方体着色模式效果比较

4. 定义材质属性

设置物体材质属性的函数原型为：

```
void glMaterial{if} (GLenum face,GLenum pname,TYPE param);
void glMaterial{if}v (GLenum face,GLenum pname,TYPE param);
```

参数 face 为 GL_FRONT、GL_BACK、GL_FRONT_AND_BACK，分别表示给物体表面正面、反面或正反两个面设定材质。物体表面多边形有正反面，每个面都可能有相同或不同的属性。参数 param 为参数 pname 的值，指其漫反射、镜面反射和环境光反射的颜色特性，为四维数组形式，第 4 个分量如果设为 1，则通常是假定物体为不透明物体。参数 pname 含义具体参见表 9-4。

表 9-4 材质参数含义

pname	默认值	含义
GL_AMBIENT	(0.2,0.2,0.2,1.0)	材质的环境光颜色
GL_DIFFUSE	(0.8,0.8,0.8,1.0)	材质的漫反射光颜色
GL_AMBIENT_DIFFUSE		材质的环境光和漫反射光颜色
GL_SPECULAR	(0.0,0.0,0.0,1.0)	材质的镜面反射光颜色
GL_SHINENESS	0.0	镜面反射指数
GL_EMISSION	(0.0,0.0,0.0,1.0)	材质的辐射光颜色
GL_COLOR_INDEXS	(0,1,1)	材质的环境光、漫反射光和镜面反射光颜色的索引

OpenGL 允许材质的颜色跟踪 glColor 设置的颜色，指定材质与颜色相符函数原型为：

```
void glColorMaterial(GLenum face,GLenum mode);
```

参数 face 指定材质属性的表面，同前；参数 mode 指定哪种材质属性要更新，与 glColor 设置的颜色保持一致，可取值 GL_AMBIENT、GL_DIFFUSE、GL_AMBIENT_AND_DIFFUSE、GL_SPECULAR 或 GL_EMISSION。

调用 glColorMaterial() 之前，还必须启用该功能：

```
glEnable(GL_COLOR_MATERIAL);
    glColorMaterial(GL_FRONT,GL_AMBIENT_AND_DIFFUSE);
    glColor3f(0.2,0.5,0.8);
    drawtriangle();
glDisable(GL_COLOR_MATERIAL);
```

5. 光照材质设置代码示例

定义光源坐标

```
GLfloat light_position1[]={-outer,outer,outer+4*inner+50,0.0};
GLfloat light_position2[]={+outer,-outer,outer+inner,0.0};
```

定义光源 1 的强度

```
GLfloat light_ambient1[]={1.0,1.0,1.0,1.0};
GLfloat light_diffuse1[]={1.0,1.0,1.0,1.0};
GLfloat light_specular1[]={1.0,1.0,1.0,1.0};
```

定义光源 2 的强度

```
GLfloat light_ambient2[]={0.8,0.8,0.8,1.0};
GLfloat light_diffuse2[]={0.8,0.8,0.8,1.0};
GLfloat light_specular2[]={0.8,0.8,0.8,1.0};
```

全局光模式

```
GLfloat lmodel_ambient[]={0.8,0.2,0.2,1.0};
glLightModelfv(GL_LIGHT_MODEL_AMBIENT, lmodel_ambient);
glLightModeli(GL_LIGHT_MODEL_LOCAL_VIEWER,GL_TRUE);
```

设置光源位置

```
glLightfv(GL_LIGHT0,GL_POSITION,light_position1);
glLightfv(GL_LIGHT1,GL_POSITION,light_position2);
```

设置光源 1 的强度

```
glLightfv(GL_LIGHT0,GL_AMBIENT,light_ambient1);
glLightfv(GL_LIGHT0,GL_DIFFUSE,light_diffuse1);
glLightfv(GL_LIGHT0,GL_SPECULAR,light_specular1);
```

设置光源 2 的强度

```
glLightfv(GL_LIGHT1,GL_AMBIENT,light_ambient2);
glLightfv(GL_LIGHT1,GL_DIFFUSE,light_diffuse2);
glLightfv(GL_LIGHT1,GL_SPECULAR,light_specular2);
```

材质符合颜色

```
glEnable(GL_COLOR_MATERIAL);
glColorMaterial(GL_FRONT,GL_AMBIENT_AND_DIFFUSE);
```

启用光

```
glEnable(GL_LIGHTING);      //启用光源
glEnable(GL_LIGHT0);        //打开第一盏灯
glEnable(GL_LIGHT1);        //打开第二盏灯
```

颜色渲染模式

```
glShadeModel(GL_SMOOTH);
// glShadeModel(GL_FLAT);
```

设置材质参数

```
GLfloat mat_specular1[]={1.0,1.0,1.0,1.0};
GLfloat mat_shininess1[]={80.0};
glMaterialfv(GL_FRONT,GL_SPECULAR,mat_specular1);
glMaterialfv(GL_FRONT,GL_SHININESS,mat_shininess1);
```

9.6 雾气效果

雾是大气对光线的影响。距离视点远的物体逐渐变成雾的颜色，图 9-22 为 OpenGL 生成的带雾效果的迷宫场景。雾化效果是雾的颜色跟物体颜色融合的效果，可由下式来表示：

$$C_p = fC_s + (1-f)C_f \tag{9-16}$$

其中，C_P 为雾化后的像素颜色，C_S 为物体源颜色，C_f 为雾气颜色，f 为雾化因子。

图 9-22 雾气效果

OpenGL 雾化效果的实现步骤为：

1）激活雾化。

2）设置雾化颜色。

3）设置雾的远近。

4）设置雾的浓度。

5）设置雾化控制方式。

可以通过 glFog 函数设置雾的远近、颜色、浓度和雾化控制方式。

雾气效果函数原型为：

```
void glFogi (GLenum pname, GLint param);
 void glFogf (GLenum pname, GLfloat  param);
 void glFogiv (GLenum pname, GLint* param);
 void glFogfv (GLenum pname, GLfloat*  param);
```

参数 pname 为雾气参数类型，param 为 pname 相应的参数值。数据类型 GLint* 表示整数型数组指针，数组包含了参数值，GLfloat* 表示浮点型数组指针，数组包含了参数值。该函数必须使用 glEnable(GL_FOG) 来启用雾气效果，关闭雾气效果则使用 glDisable(GL_FOG) 语句。

例如，在初始化中添加整个场景的雾化效果代码如下：

```
//雾化效果代码示例
glEnable(GL_FOG); //激活雾化效果
glFogfv(GL_FOG_COLOR, fogColor);
glFogf(GL_FOG_START, 5.0f);
glFogf(GL_FOG_END, 30.f);
glFogi (GL_FOG_MODE,GL_LINEAR);
```

下面对雾的颜色、远近和控制方式语句做一个详细的解释。

（1）雾的颜色设置语句

```
glFogfv(GL_FOG_COLOR, fogColor);
```

一般来说雾的颜色应设为与背景色一致。如果雾的颜色与背景色不一致，则当物体被雾笼罩时会以一种雾化的轮廓出现，而没有融合的效果。

（2）雾的远近设置语句

```
glFogf(GL_FOG_START, 5.0f);
glFogf(GL_FOG_END, 30.f);
```

雾的远近指的是雾距离眼睛多近才开始生效，距离多远雾的颜色完全遮住了物体。距离是从眼睛开始沿着视线开始测量。

（3）雾的控制方式语句

```
glFogi (GL_FOG_MODE,GL_LINEAR);
```

雾的开始到停止的雾气效果由雾方程式计算雾化因子的方式不同来控制。

OpenGL 支持 3 种雾方程式：

1）GL_LINEAR，雾的线性变化模式：

$$f = \frac{end - z}{end - start}$$

2）GL_EXP，特征曲线 1 变化：

$$f = \exp(-d * z)$$

3）GL_EXP2，指数曲线 2 变化：

$$f = \exp((-d * z))^2$$

end 为 GL_FOG_END 的距离值；*start* 为 GL_FOG_START 的距离值；*z* 为视点到物体的距离；*d* 为雾的浓度值；*f* 为雾化因子，介于 0 与 1 之间。

图 9-23 表示三种雾方程式中雾化因子的变化过程，可以看出，随着雾的距离越远，物体的源颜色逐渐降低，像素颜色将逐步过渡到雾的颜色。

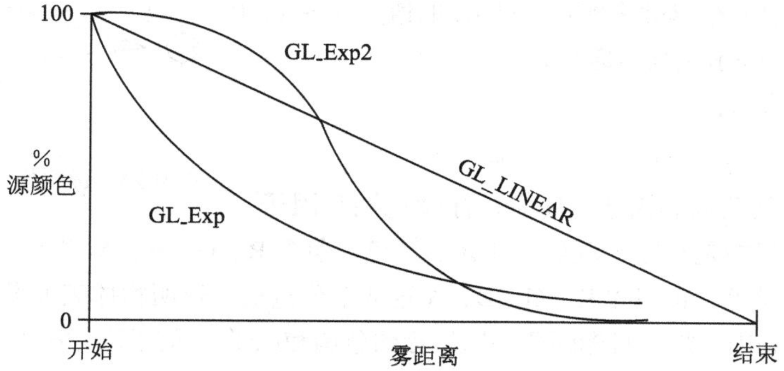

图 9-23　三种雾方程式中雾化因子变：过程

（4）雾的浓度设置语句

```
glFogf(GL_FOG_DENSITY, 0.5f);
```

雾的浓度设置控制在 0 ～ 1 之间，浓度大，雾气就显得大，默认浓度为 1。在不同的雾方程式下，雾的浓度显示会有所不同。

9.7 透明的生成

透明物体会同时产生反射光和折射光，透明物体表面的光强包括反射光和折射光，如图 9-24 所示。

图 9-25 为一个 OpenGL 视线透明效果的场景，整个场景为四面墙中间有一个圆环和小球。由于墙是半透明的，因此左、右、上、下、前方都可以看到透明的圆环物体。

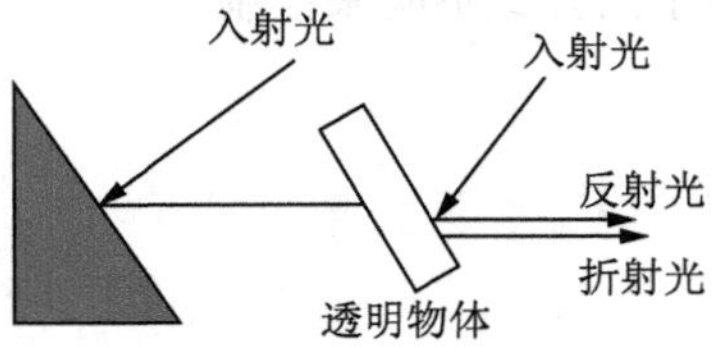

图 9-24 透明物体表面的反射光和折射光

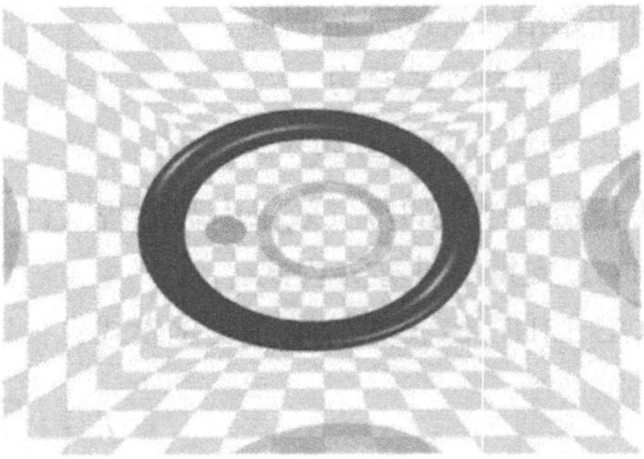

图 9-25 透明场景

在图 9-26 中，设定 M 为不透明物体，N 为透明物体，光源 L 发射光照射在物体 M 上形成投影点 P，再被 M 沿着 S 方向反射，再经过物体 N 折射出去。光源 L 发射光照射在物体 N 上形成投影点 Q，再沿 S 方向反射出去。因此，在物体 N 的表面总的光的强度 E_s 为：

$$E_s = (1-k)E_Q + kE_P \tag{9-17}$$

其中，E_Q 为物体 N 表面反射光的强度，而 E_P 为物体 N 后面折射光的强度，折射光来自于物体 M。

在 OpenGL 中使用颜色调和函数来模拟透明效果，用颜色分量 RGBA 中的 A（alpha）值表示透明度，但不能直接实现，必须配合其他函数来实现。alpha 取值为 0 ～ 1，0 表示完全透明，1 表示完全不透明。

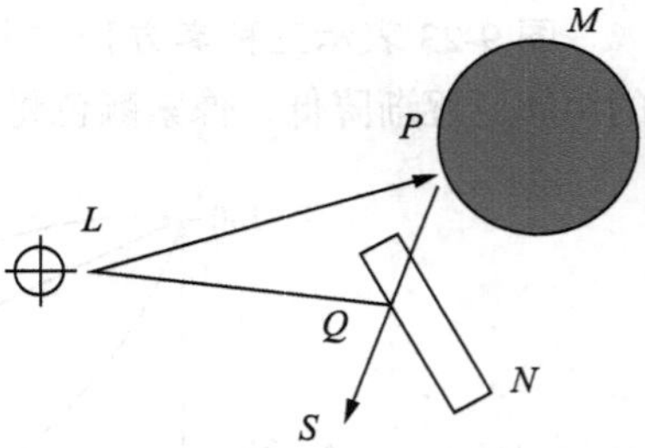

图 9-26 透明物体表面的光强来源

调和函数原型为：

```
void glBlendunc(GLenum S, GLenum D);
```

参数 S 为源颜色调和因子，D 为目标颜色调和因子。这里，目标颜色指的是存在于颜色缓冲区的颜色，包含 R、G、B、A 这 4 个分量值；源颜色为当前要渲染的颜色，也包含 R、G、B、A 这 4 个分量值。透明物体表面最终的颜色为源颜色乘以源颜色调和因子加上目标颜色乘以目标颜色调和因子，可用下式来表示：

$$Color_{final} = Color_{source} \bullet S + Color_{destination} \bullet D \tag{9-18}$$

这也是源颜色和目标颜色的默认组合。OpenGL 一共提供 5 种源颜色和目标颜色的组合方式。

OpenGL 颜色组合函数的原型为：

```
void glBlendEquation(GLenum mode);
```

参数 mode 为组合方式，其值与含义如下：

- GL_FUNC_ADD(默认)：$Color_{final} = Color_{source} \bullet S + Color_{destination} \bullet D$。
- GL_FUNC_SUBTRACT：$Color_{final} = Color_{source} \bullet S - Color_{destination} \bullet D$。
- GL_FUNC_REVERSE_SUBTRACT：$Color_{final} = Color_{destination} \bullet D - Color_{source} \bullet S$。
- GL_MIN：$Color_{final} = \min(Color_{source}, Color_{destination})$。
- GL_MAX：$Color_{final} = \max(Color_{source}, Color_{destination})$。

调和因子 S 和 D 的值，以及对应颜色分量 RGBA 的值参见表 9-5。

表 9-5 调和因子对应值的含义

调和因子选项	RGB 混合因子	alpha 混合因子
GL_ZERO	(0,0,0)	0
GL_ONE	(1,1,1)	1
GL_SRC_COLOR	(R_s,G_s,B_s)	A_s
GL_ONE_MINUS_SRC_COLOR	$(1,1,1)-(R_s,G_s,B_s)$	$1-A_s$
GL_DST_COLOR	(R_d,G_d,B_d)	A_d
GL_ONE_MINUS_DST_COLOR	$(1,1,1)-(R_d,G_d,B_d)$	$1-A_d$
GL_SRC_ALPHA	(A_s, A_s, A_s)	A_s
GL_ONE_MINUS_SOURCE_ALPHA	$(1,1,1)-(A_s, A_s, A_s)$	$1-A_s$
GL_DST_ALPHA	(A_d, A_d, A_d)	A_d
GL_ONE_MINUS_DST_ALPHA	$(1,1,1)-(A_d, A_d, A_d)$	$1-A_d$
GL_CONSTANT_COLOR	(R_c, G_c, B_c)	A_c
GL_ONE_MINUS_CONSTANT_COLOR	$(1,1,1)-(R_c, G_c, B_c)$	$1-A_c$
GL_CONSTANT_ALPHA	(A_c, A_c, A_c)	A_c
GL_ONE_MINUS_CONSTANT_ALPHA	$(1,1,1)-(A_c, A_c, A_c)$	$1-A_c$
GL_SRC_ALPHA_STATURE	(f,f,f), $f=\min(A_s,1-A_d)$	1

例如，glBlendFunc(GL_SRC_ALPHA,GL_ONE_MINUS_SRC_ALPHA) 说明 OpenGL 接受源颜色值，并将它的 RGB 值与 Alpha 值相乘，然后把这个结果 ×(1- 源颜色的 alpha 值)。使用材质函数 glMaterial 和颜色函数 glColor 来设置物体的透明度 alpha 值。调和函数 glBlendFunc() 需要使用 glEnable(GL_BLEND) 才能激活。

OpenGL 设置透明效果的程序思路可以总结如下：

1）设置镜像光源位置。

2）绘制镜像源物体，注意多边形正面设置。

3）取消光源 Disable(GL_LIGHTING)。

4）启用调和 glEnable(GL_BLEND)。

5）调用调和函数 glBlendFunc()。

6）绘制目标物体。

7）取消调和 glDisable(GL_BLEND)。

8）启用光源 glEnable(GL_LIGHTING)。

9）设置光源位置。

10）绘制源物体。

以下代码给出了 OpenGL 实现镜面反射的幻觉，更多内容请参见《OpenGL 超级宝典（原书第 5 版）》，程序透明效果如图 9-27 所示。

```
//环的透明效果
void display()
{
   glClear(GL_COLOR_BUFFER_BIT|GL_DEPTH_BUFFER_BIT);
   glPushMatrix();
      glLightfv(GL_LIGHT0,GL_POSITION,fLightPosMirror);
      glPushMatrix();
         glFrontFace(GL_CW);
         glScalef(1.0f,-1.0f,1.0f);
         Draw_Torus_Sphere();
         glFrontFace(GL_CCW);
      glPopMatrix();

      glDisable(GL_LIGHTING);
      glEnable(GL_BLEND);
      glBlendFunc(GL_SRC_ALPHA,GL_ONE_MINUS_SRC_ALPHA);
      Draw_Ground();
      glDisable(GL_BLEND);
      glEnable(GL_LIGHTING);
      glLightfv(GL_LIGHT0,GL_POSITION,fLightPos);
      Draw_Torus_Sphere();
   glPopMatrix();
  glutSwapBuffers();   }
```

图 9-27　镜面幻觉透明效果

9.8　阴影的生成

阴影是指那些景物中没有被光源照射到而形成的暗区。由于阴影是由物体遮挡了光线而产生的，所以阴影总是背对光源的一侧。阴影又分为自身投影和投射阴影。自身阴影是物体本身的遮挡而使光线照不到某些面而形成的阴影。投射阴影是由于物体的遮挡而使得场景中位于它后面的物体得不到光照而形成的阴影。

在图 9-28 中，光源 L 照射在物体 ABC 上，在地面 Q 上形成了阴影面积 DBC，由图可以看出，阴影的形成实质是从光源到物体的方向向某个地面进行斜投影变换的结果，我们在前面讲述了斜投影变换矩阵的推导。因此，如果已知物体 ABC，根据光线投影方向和投影地面可以计算出阴影变换矩阵（斜投影变换矩阵）P，则阴影物体 $DBC=P\bullet ABC$。

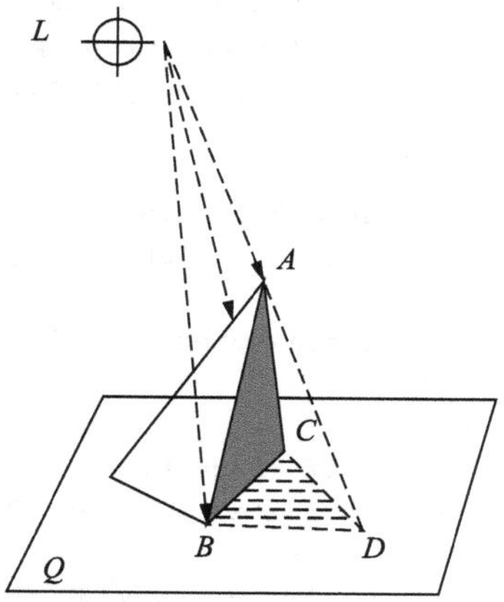

图 9-28　阴影生成

以下显示的是绘制物体阴影的部分代码。由于绘制阴影需要用到斜投影变换矩阵的计算，因此我们引用了程序 GLTools.h、VectorMath.cpp 和 MatrixMath.cpp（参见实验十三）。其中 VectorMath.cpp 是根据平面上三个点计算平面方程，MatrixMath.cpp 为根据平面方程和光线方向计算阴影变换矩阵，相关函数声明参见 GLTools.h。使用时需要在工程文件中包含“GLTools.h”，并加入 MatrixMath.cpp 和 VectorMath.cpp。程序代码中 gltMakeShadowMatrix (GLTVector3 vPoints[3],GLTVector4 vLightPos, GLTMatrix mShadowMatrix) 为计算阴影变换矩阵的函数，参数 vPoints[3] 包含 3 个点，每个点都有 x、y、z 三个坐标，都位于同一投影平面上（不能位于同一直线上），vLightPos 为光源位置矢量，mShadowMatrix 为指向阴影变换矩阵的指针，glMultMatrixf(mShadowMatrix) 是将矩阵 mShadowMatrix 作用于当前矩阵，相当于进行矩阵相乘运算。图 9-29 为该程序运行的阴影效果。

```
// 场景阴影效果
#include "GLTools.h"// OpenGL Toolkit 工具包引用
// 指定投影平面上的三个点坐标
GLTVector3 vPoints[3] = {{ 0.0f, -0.4f, 0.0f },
                          { 10.0f, -0.4f, 0.0f },
                          { 5.0f, -0.4f, -5.0f }};
GLTMatrix mShadowMatrix;                                          // 阴影变换矩阵声明
GLfloat fLightPos[4]   = { -100.0f, 100.0f, 50.0f, 1.0f };        // 光源位置
init() // 初始化设置
{
      …
      // Calculate shadow matrix
gltMakeShadowMatrix(vPoints, fLightPos, mShadowMatrix);          // 计算阴影矩阵
      …
}

Display() // 绘制函数
{  …  // Draw the ground
          glColor3f(0.60f, .40f, .10f);
          DrawGround();  // 绘制地板函数
   // Draw shadows first
   glDisable(GL_DEPTH_TEST); // 取消深度检测
   glDisable(GL_LIGHTING);  // 取消光照效果
   // 绘制球和环的阴影
   glPushMatrix();
        glMultMatrixf(mShadowMatrix);
```

```
        Draw_torus_sphere(0);                          // 阴影带参数 0
      glPopMatrix();
      glEnable(GL_LIGHTING);                           // 恢复光照效果
      glEnable(GL_DEPTH_TEST);                         // 恢复深度检测
      // Draw torus_sphere normally
      Draw_torus_sphere(1); ...                        // 正常物体带参数 1
   }

   GLfloat fNoLight[] = { 0.0f, 0.0f, 0.0f, 0.0f };
   GLfloat fBrightLight[] = { 1.0f, 1.0f, 1.0f, 1.0f };

void drawsphere(int flag)
{

     if (flag==0)                                // 物体材质无镜面反射光
     glMaterialfv(GL_FRONT, GL_SPECULAR, fNoLight);
     else                                        // 物体材质有镜面反射光
     glMaterialfv(GL_FRONT, GL_SPECULAR, fBrightLight);

     float tr;
     tr=(outer+3*inner);
     glRotatef(theta,0,1,0);                           // 旋转物体

     glPushMatrix();
         glPushMatrix();
            if (flag==1)
              glColor3f(1.0,0,0.0);                    // 设本色，正常物体为亮色
              else
             glColor3f(0.5,0.5,0.5);                   // 设阴影色，阴影物体为暗色
          glutSolidTorus(inner,outer,50,80);           // 绘制环
       glPopMatrix();

       glPushMatrix();                                 // 图形变换
            glTranslatef(outer,0,0);
            glRotatef(theta,0,1,0);
            glTranslatef(-outer,0,0);

            glPushMatrix();
                 glTranslatef(tr,0,0);
                 glRotatef(-45,1,0,0);
                 if (flag==1)
                       glColor3f(0.0,1.0,0);           // 设本色，正常物体为亮色
                 else
                       glColor3f(0.5,0.5,0.5);         // 设阴影色，阴影物体为暗色
                 glutSolidSphere(inner,40,40);         // 绘制小球
             glPopMatrix();
         glPopMatrix();
      glPopMatrix();

}
```

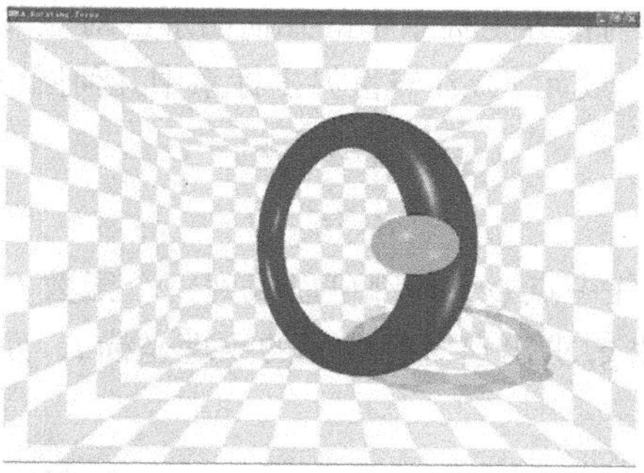

图 9-29　生成的阴影场景效果

9.9　纹理映射

9.9.1　纹理概念

纹理映射（texture mapping）是将纹理空间中的纹理像素映射到屏幕空间中的像素的过程，俗称“贴图”。在三维图形中，纹理映射的方法运用得最广，尤其对于描述具有真实感的物体。例如图 9-30 绘制一只带纹理的兔子，首先将兔子的几何模型建好，然后将图片作为纹理贴到一个模型上，这样兔子的绘制就完成了。

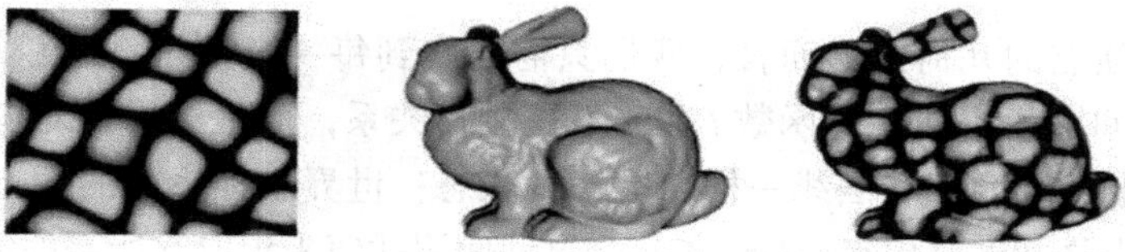

a）纹理图像　　b）模型　　c）贴图后的模型

图 9-30　纹理映射实例

为方便起见我们在纹理图像中建立纹理坐标系，如图 9-31 所示，坐标原点建立在纹理图像的左下角，水平方向为 s 方向，而垂直方向为 t 方向，s 和 t 的取值范围为 0 ～ 1，纹理图像的右上角坐标为 (1,1)。纹理图像中的每一个点都称为纹元 (texel)，texel 一词的含义来源于 texture 和 pixel 两个单词。图中几何图形的坐标范围为 (0,0) ～ (511,511)，纹理映射的实质就是将纹理图像中的纹元 T 的颜色信息赋到几何图形的对应像素点 P 上。

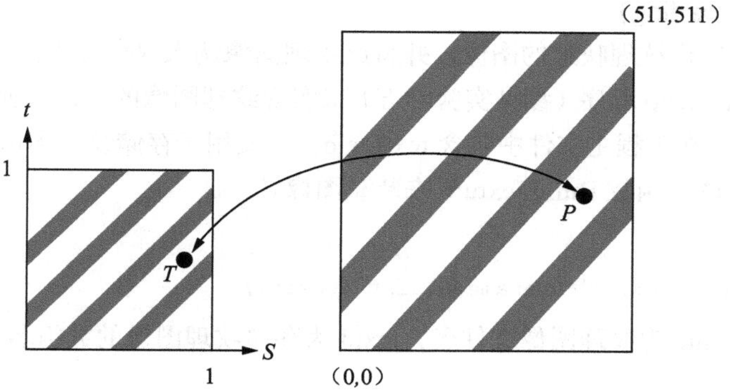

图 9-31　纹元与像素的对应关系

图 9-32 表示了纹理图像与世界坐标系中的几何图形的对应关系，以及最终在屏幕上看到的效果，图中纹理空间的任一纹元 $P(s,t)$ 与世界坐标系中几何图形的点 $P(x,y,z)$ 相对应，有：

$$s = f(x,y,z) \\ t = g(x,y,z) \tag{9-19}$$

也就是说，几何图形的任一点 (x,y,z) 都可以找到一个函数 f, 求出它对应纹元的纹理坐标 s，同样也可以找到一个函数 g, 求出它对应纹元的纹理坐标 t，而纹理映射的目标就是如何找到这样的函数 f 和 g。

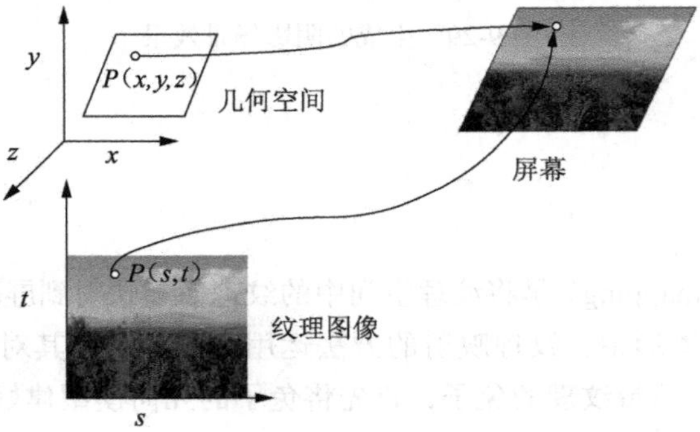

图 9-32 纹理坐标与几何坐标关系

对于那些有顶点的几何图形而言，我们只需要找到每一个顶点 (vertex) 对应的纹元坐标即可，但有几个问题值得注意：函数 f 和 g 不是显式关系，而是给出相对应的值；另外，在 OpenGL 中纹理坐标像颜色和法线一样，是一种状态；世界坐标系中的顶点使用当前纹理坐标；对于几何顶点之间的其他点，OpenGL 会自动使用插值来求取它所需的纹理坐标。

在 OpenGL 中，我们把纹理分为三类：

1）1D texture，即把线段或曲线的颜色方式看作纹理。

2）2D texture，把 2D 矩形纹理图像映射到几何图形上，这也是最普遍使用的纹理。

3）3D texture，用带纹理的一方块材料来雕刻 3D 物体表面的形状。

9.9.2 OpenGL 基本纹理映射

本小节主要讨论 2D 纹理问题。OpenGL 纹理映射的实现主要分为三个步骤。

1. 载入纹理 (Loading)

包括指定一个用作纹理映射的图像，并将此纹理图像调入内存待用。

这里引入 texture.cpp 程序（参见实验十五）来实现纹理图像的调入。使用中，需要在工程中加入 texture.cpp，在工程主文件中包含 texture.h，定义用于存储纹理图像的纹理变量 GLuint textureid[n] 并通过调用函数 BuildTexture 来装载图像。

函数原型为：

```
bool BuildTexture(char *filename,GLuint &texid);
```

其中参数 filename 为纹理图像文件名，texid 为存储纹理图像的数组名。

例如：

```
BuildTexture("tu.jpg", textureid[0]);
```

通过此函数，可以读取 JPG、BMP 和 TGA 等图像格式的图像。

2. 定义纹理 (Definition)

定义纹理图像、纹理映射相应参数，包括指定纹理映射方式并激活纹理映射。

OpenGL 通过 glTexImage2D 函数来定义 2D 纹理图像。函数原型为：

```
void glTexImage2D(GLenum target,GLint level,GLint iformat,GLsizei width,GLsizei
height,GLint border,GLenum format,GLenum type,GLvoid *texels)
```

其中，参数 target 表示 2D 纹理图像类型，主要有 GL_TEXTURE_1D、GL_TEXTURE_2D 和 GL_TEXTURE_3D 三个类型，本书主要使用 2D 纹理；参数 level 指所载入的 mipmap 层，即多级分辨率的纹理图像的级数，若只有一种分辨率则 level 设为 0；参数 iformat 指的是每个纹元中存储的颜色成分，1 表示选择了 R 分量，2 表示选择了 R 和 A 两个分量，3 表示选择了 R、G、B 三个分量，4 表示选择了 R、G、B、A 四个分量；参数 width 给出了纹理图像的宽度 (像素单位), 一般为 2 的幂次；参数 height 给出了纹理图像的高度 (像素单位), 一般为 2 的幂次；参数 border 为纹理的边界，通常为 0，表示无边界；参数 format 表示读取的内容，如 GL_RGB 就会依次读取像素的红、绿、蓝三种数据，GL_RGBA 则会依次读取像素的红、绿、蓝、alpha 四种数据，GL_RED 则只读取像素的红色数据（类似的还有 GL_GREEN、GL_BLUE，以及 GL_ALPHA）。如果采用的不是 RGBA 颜色模式，而是采用颜色索引模式，则也可以使用 GL_COLOR_INDEX 来读取像素的颜色索引。目前仅需要知道这些，但实际上还可以读取其他内容，如深度缓存区的深度数据等。参数 type 表示读取的内容保存到内存时所使用的类型，如 GL_UNSIGNED_BYTE 会把各种数据保存为 GLubyte，GL_FLOAT 会把各种数据保存为 GLfloat 等；参数 *texels 表示指向纹理图像的指针，像素数据被读取后将被保存到这个指针所表示的地址。注意，需要保证该地址有充足的可以使用的空间，以容纳读取的像素数据。例如一幅大小为 256 × 256 的图像，如果读取其 RGB 数据，且每一数据被保存为 GLubyte，总大小就是：256 × 256 × 3 = 196608 字节，即 192KB。如果是读取 RGBA 数据，则总大小就是 256 × 256 × 4 = 262144 字节，即 256KB。

例如，

```
glTexImage2D(GL_TEXTURE_2D, 0, 3, iWidth, iHeight, 0, GL_RGB,  GL_UNSIGNED_BYTE, Image);
//通过此句来定义纹理
```

OpenGL 通过 glTexParameter 函数来设置相应纹理参数，函数原型为：

```
void glTexParameter{if}[v](GLenum target,GLenum pname,TYPE param);
```

其中参数 Target 指纹理类型，可选值为 GL_TEXTURE_1D、GL_TEXTURE_2D 或 GL_TEXTURE_3D；参数 pname 和 param 分别是纹理参数名称及相应的值，具体说明如下。

（1）放大滤波和缩小滤波以解决插值变形问题

参数 pname 和 param 使用举例如下：

```
glTexParameter*(GL_TEXTURE_2D,GL_TEXTURE_MAG_FILTER,GL_NEAREST);
glTexParameter*(GL_TEXTURE_2D,GL_TEXTURE_MIN_FILTER,GL_NEAREST);
```

GL_TEXTURE_MAG_FILTER 指定为放大滤波方法，GL_TEXTURE_MIN_FILTER 指定为缩小滤波方法；GL_NEAREST 采用坐标最靠近像素中心的纹元，这有可能使图像走样，但速度快；GL_LINEAR 则采用最靠近像素中心的四个像素的加权平均值，提供了比较光滑的效果。

（2）纹理坐标边界超界处理

正常的纹理坐标 s、t 取值范围为 (0,1), 如果超出范围 OpenGL 该如何处理？参数 pname 和 param 使用举例如下：

```
glTexParameterfv(GL_TEXTURE_2D,GL_TEXTURE_WRAP_S,GL_REPEAT);
glTexParameterfv(GL_TEXTURE_2D,GL_TEXTURE_WRAP_T,GL_REPEAT);
```

如果参数 param 值为 GL_REPEAT，则超出范围重复边界值，超出的正数用小数部分，负数用最小正数，如纹理坐标为 1.2 时其值视为 0.2，纹理坐标为 -1.6 时其值视为 0.6；参数 pname 值如果为 GL_TEXTURE_WRAP_S 则表示纹理 s 方向，如果为 GL_TEXTURE_WRAP_T 则表示纹理 t 方向。如果参数 param 值为 GL_CLAMP，则当纹理坐标的值大于 1 时其值视为 1，纹理坐标的值小于 1 时其值视为 0。

OpenGL 通过 glTexEnv 函数来设置相应纹理映射方式，函数原型为：

```
void glTexEnv{if}[v](GLenum target,GLenum pname,TYPE param);
```

其中参数 target 一般设为 GL_TEXTURE_ENV，参数 pname 可设为 GL_TEXTURE_ENV_MODE 或 GL_TEXTURE_ENV_COLOR。参数 pname 为 GL_TEXTURE_ENV_MODE，则参数 param 必须是 GL_MODULATE、GL_REPLACE、GL_DECAL、GL_BLEND、GL_ADD 或 GL_COMBINE 之一，它们表示纹理值应该如何与被处理的片段颜色值进行组合：如果 param 值为 GL_REPLACE, 表示光照效果取代物体颜色；如果 param 值为 GL_MODULATE ，表示纹理颜色调制物体当前颜色；如果 param 值为 GL_DECAL, 表示将 RGBA 中的 alpha 值作为透明系数；如果 param 值为 GL_BLEND, 则使用指定颜色混合。当参数 pname 为 GL_TEXTURE_ENV_COLOR 时，在 GL_DECAL 和 GL_BLEND 模式下，可使用 glTexEnv*(GL_TEXTURE_ENV，GL_TEXTURE_ENV_COLOR，blendingColor) 语句来调制纹理透明度和混合纹理颜色，blendingColor 为调和颜色。

glTexEnvi 函数的默认模式为：

```
glTexEnvi(GL_TEXTURE_ENV, GL_TEXTURE_ENV_MODE, GL_MODULATE);
```

图 9-33a 表示一个 3D 场景的线框模型，场景中间为一个圆环和一小球，四周是小方块墙，b、c、d、e 为纹理原图像，其中 b 为四面墙的纹理，c 为环的纹理，d 为小球纹理，e 为正面墙纹理。图 9-34 分别表示该场景在纯光照模式以及纹理 GL_MODULATE、GL_REPLACE、GL_BLEND 模式下的场景效果。

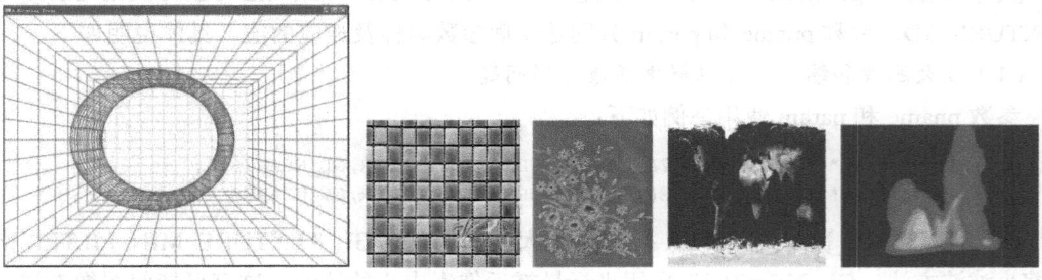

a)　　b)　　c)　　d)　　e)

图 9-33　3D 场景及纹理原图

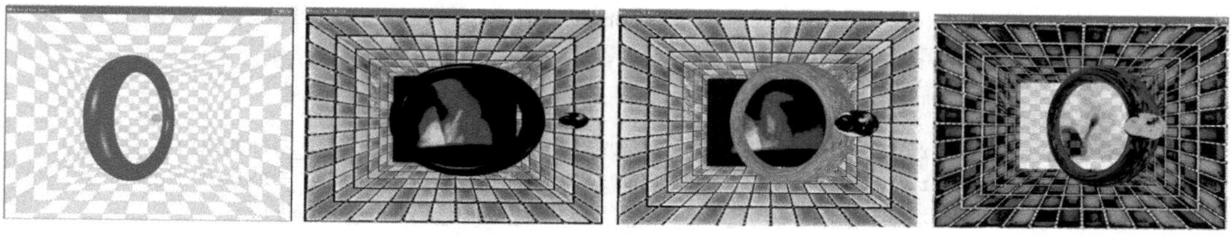

a) b) c) d)

图 9-34 场景的光照和纹理效果

OpenGL 启用纹理和取消纹理语句为：

```
glEnable(GL_TEXTURE_2D); // 启用纹理
glDisable(GL_TEXTURE_2D); // 取消纹理
```

3. 坐标映射 (Mapping)

包括绑定纹理图像到几何图形，提供纹理坐标和几何顶点坐标的映射关系，为每个顶点指定纹理坐标。

绑定纹理图像到几何图形，一般使用函数 glBindTexture 来完成。函数原型为：

```
void glBindTexture(GLenum target,GLuint name);
```

参数 target 为纹理类型，name 表示纹理图像序号，例如：glBindTexture(GL_TEXTURE_2D, textureid[1]) 表示纹理类型为 2D 纹理，textureid[1] 为纹理序号，一般在调用多个纹理图像时给每个纹理图像设定纹理序号。

设置纹理坐标函数的原型为：

```
void glTexCoord{1234}{sifd}(TYPE scoords, tcoords,...);
void glTexCoord{1234}{sifd}v(TYPE *coords,...);
```

其中参数 scoords、tcoords 表示 2D 纹理 s 和 t 方向的纹理坐标。连续 (s,t) 的范围为 (0,1) 矩形区域。

以下程序段为一个四边形制定纹理坐标的例子。四边形内部的纹理靠插值自动求得。

```
// 四边形纹理绘制代码示例
glBegin(GL_QUADS);
   glTexCoord2f(0.0,0.0);
   glVertex3fv(vertex[0]);
   glTexCoord2f(0.0,1.0);
   glVertex3fv(vertex[1]);
   glTexCoord2f(1.0,1.0);
   glVertex3fv(vertex[2]);
   glTexCoord2f(1.0,0.0);
   glVertex3fv(vertex[3]);
glEnd()
```

以下程序段为一个四棱锥贴图代码的例子。图 9-35 为该例的纹理图像和贴图效果。

```
// 四棱锥贴图代码示例
Init()// 初始化设置
{
// Load texture
    glPixelStorei(GL_UNPACK_ALIGNMENT, 1);
    pBytes = gltLoadTGA("Stone.tga", &iWidth, &iHeight, &iComponents, &eFormat);
```

```
    glTexImage2D(GL_TEXTURE_2D, 0, iComponents, iWidth, iHeight, 0, eFormat, GL_
    UNSIGNED_BYTE, pBytes);
    free(pBytes);

    glTexParameteri(GL_TEXTURE_2D, GL_TEXTURE_MIN_FILTER, GL_LINEAR);
    glTexParameteri(GL_TEXTURE_2D, GL_TEXTURE_MAG_FILTER, GL_LINEAR);
    glTexParameteri(GL_TEXTURE_2D, GL_TEXTURE_WRAP_S, GL_CLAMP);
    glTexParameteri(GL_TEXTURE_2D, GL_TEXTURE_WRAP_T, GL_CLAMP);
    glTexEnvi(GL_TEXTURE_ENV, GL_TEXTURE_ENV_MODE, GL_MODULATE);
    glEnable(GL_TEXTURE_2D);
}

Display()//绘制函数
{
…
// Draw the Pyramid
        glColor3f(1.0f, 1.0f, 1.0f);
        glBegin(GL_TRIANGLES);
            // Bottom section - two triangles
            glNormal3f(0.0f, -1.0f, 0.0f);
            glTexCoord2f(1.0f, 1.0f);
            glVertex3fv(vCorners[2]);
            glTexCoord2f(0.0f, 0.0f);
            glVertex3fv(vCorners[4]);
            glTexCoord2f(0.0f, 1.0f);
            glVertex3fv(vCorners[1]);
            glTexCoord2f(1.0f, 1.0f);
            glVertex3fv(vCorners[2]);
            glTexCoord2f(1.0f, 0.0f);
            glVertex3fv(vCorners[3]);
            glTexCoord2f(0.0f, 0.0f);
            glVertex3fv(vCorners[4]);

// Front Face
            gltGetNormalVector(vCorners[0], vCorners[4], vCorners[3], vNormal);
            glNormal3fv(vNormal);
            glTexCoord2f(0.5f, 1.0f);
            glVertex3fv(vCorners[0]);
            glTexCoord2f(0.0f, 0.0f);
            glVertex3fv(vCorners[4]);
            glTexCoord2f(1.0f, 0.0f);
            glVertex3fv(vCorners[3]);

            // Left Face
            gltGetNormalVector(vCorners[0], vCorners[1], vCorners[4], vNormal);
            glNormal3fv(vNormal);
            glTexCoord2f(0.5f, 1.0f);
            glVertex3fv(vCorners[0]);
            glTexCoord2f(0.0f, 0.0f);
            glVertex3fv(vCorners[1]);
            glTexCoord2f(1.0f, 0.0f);
            glVertex3fv(vCorners[4]);

 // Back Face
        gltGetNormalVector(vCorners[0], vCorners[2], vCorners[1], vNormal);
```

```
        glNormal3fv(vNormal);
        glTexCoord2f(0.5f, 1.0f);
        glVertex3fv(vCorners[0]);
        glTexCoord2f(0.0f, 0.0f);
        glVertex3fv(vCorners[2]);
        glTexCoord2f(1.0f, 0.0f);
        glVertex3fv(vCorners[1]);

            // Right Face
            gltGetNormalVector(vCorners[0], vCorners[3], vCorners[2], vNormal);
            glNormal3fv(vNormal);
            glTexCoord2f(0.5f, 1.0f);
            glVertex3fv(vCorners[0]);
            glTexCoord2f(0.0f, 0.0f);
            glVertex3fv(vCorners[3]);
            glTexCoord2f(1.0f, 0.0f);
            glVertex3fv(vCorners[2]);
        glEnd();
}
```

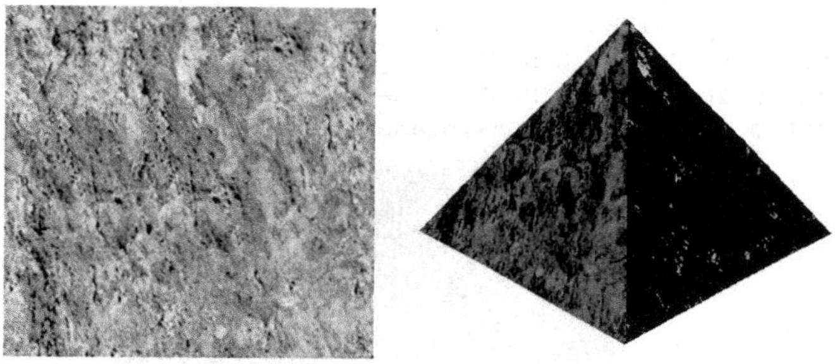

a) b)

图 9-35 金字塔贴图

9.9.3 自动纹理映射

自动纹理映射即在一定条件下，自动生成纹理坐标。使用下列语句启用自动纹理映射：

```
glEnable(GL_TEXTURE_GEN_S); //启用 s 方向自动纹理
glEnable(GL_TEXTURE_GEN_T); //启用 t 方向自动纹理
```

当启用此功能时，指定纹理坐标函数 glTexCoord() 调用将失效，用 glDisable 关闭此功能。

自动纹理生成函数的原型为：

```
void glTexGenn{ifd}(GLenum coord,GLenum pname,TYPE value);
void glTexGen{ifd}v(GLenum coord,GLenum pname,TYPE *plane);
```

其中参数 coord 指出将为哪个纹理方向自动生成纹理坐标，其值可选项 GL_S、GL_T 分别表示 *s* 方向自动纹理坐标生成和 *t* 方向自动纹理坐标生成；参数 pname 选项为 GL_TEXTURE_GEN_MODE、GL_OBJECT_PLANE、GL_EYE_PLANE、GL_OBJECT_LINEAR、GL_EYE_PLANE，表示自动纹理生成模式、物体平面、视觉平面、物体线性纹理模式和视觉线性纹理模式；参数 value 表示参数 pname 的值，可选项 GL_OBJECT_LINEAR、GL_EYE_

LINEAR、GL_SPHERE_MAP 分别为物体线性纹理模式、视觉线性纹理模式和球体贴图模式。参数 *plane 指向平面方程数组。

OpenGL 通过平面方程完成纹理坐标和几何坐标的映射关系。例如假定平面方程的数组分别由 *planes*[] 和 *planet*[] 表示，设：

$$planes[] = \{a_s, b_s, c_s, d_s\};$$
$$planet[] = \{a_t, b_t, c_t, d_t\};$$

则纹理坐标和物体几何坐标的自动纹理映射关系为：

$$\begin{aligned} s &= a_s x + b_s y + c_s z + d_s w \\ t &= a_t x + b_t y + c_t z + d_t w \end{aligned} \tag{9-20}$$

以下程序段给出了使用自动纹理映射完成茶壶纹理的例子，纹理效果如图 9-36 所示。

```
//茶壶自动纹理部分代码示例
GLfloat planes[]={0.5,0.0,0.0,0.5};
GLfloat planet[]={0.0,0.5,0.0,0.5};
glTexGeni(GL_S,GL_TEXTURE_GEN_MODE,GL_OBJECT_LINEAR);
glTexGeni(GL_T,GL_TEXTURE_GEN_MODE,GL_OBJECT_LINEAR);
glTexGenfv(GL_S,GL_OBJECT_LINEAR,planes);
glTexGenfv(GL_T,GL_OBJECT_LINEAR,planet);
```

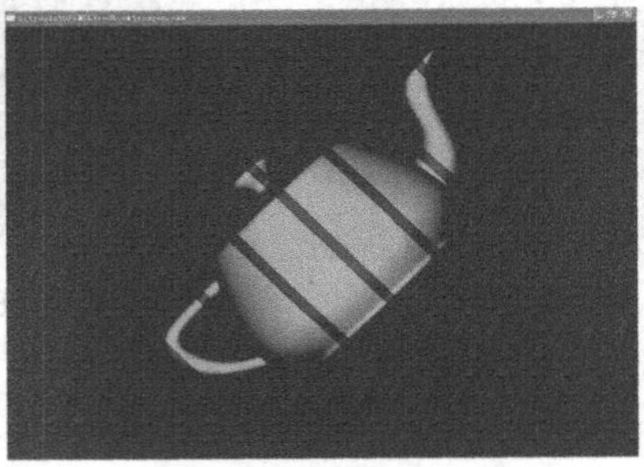

图 9-36　茶壶纹理

图 9-37 给出了使用同一个纹理，但自动纹理映射模式分别为物体线性、视觉线性和球体贴图的纹理效果。程序段代码如下：

（1）物体线性

```
glTexGeni(GL_S,GL_TEXTURE_GEN_MODE,GL_OBJECT_LINEAR);
glTexGeni(GL_T,GL_TEXTURE_GEN_MODE,GL_OBJECT_LINEAR);
glTexGenfv(GL_S,GL_OBJECT_PLANE,planes);
glTexGenfv(GL_T,GL_OBJECT_PLANE,planet);
```

（2）视觉线性

```
glTexGeni(GL_S,GL_TEXTURE_GEN_MODE,GL_EYE_LINEAR);
glTexGeni(GL_T,GL_TEXTURE_GEN_MODE,GL_EYE_LINEAR);
glTexGenfv(GL_S,GL_EYE_PLANE,planes);
glTexGenfv(GL_T,GL_EYE_PLANE,planet);
```

（3）球体贴图

```
glTexGeni(GL_S,GL_TEXTURE_GEN_MODE,GL_SPHERE_MAP);
glTexGeni(GL_T,GL_TEXTURE_GEN_MODE,GL_SPHERE_MAP);
```

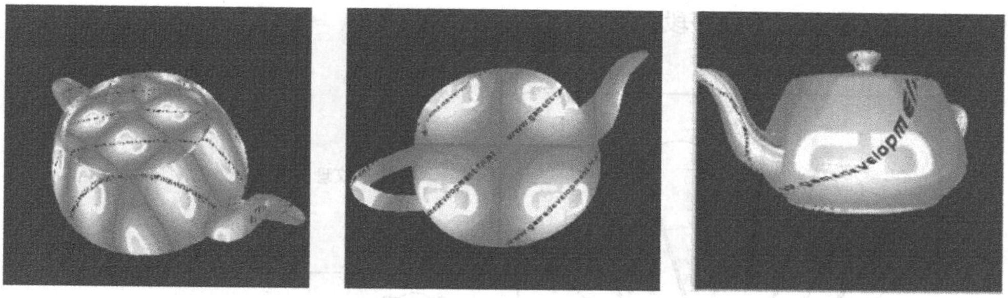

a) b) c)

图 9-37 物体线性、视觉线性和球体贴图纹理效果

球面、环面或其他曲面一般采用自动纹理球体贴图映射方式，步骤代码参考如下。

1）指定纹理，绑定纹理 ID 号：

```
glBindTexture(GL_TEXTURE_2D, textureid[1]); // textureid[1] 为纹理序号
```

2）启用自动纹理：

```
glEnable(GL_TEXTURE_GEN_S);
glEnable(GL_TEXTURE_GEN_T);
```

3）自动纹理映射：

```
glTexGeni(GL_S, GL_TEXTURE_GEN_MODE, GL_SPHERE_MAP);
glTexGeni(GL_T, GL_TEXTURE_GEN_MODE, GL_SPHERE_MAP);
```

4）关闭自动纹理：

```
glDisable(GL_TEXTURE_GEN_S);
glDisable(GL_TEXTURE_GEN_T);
```

5）使用实体模式绘制球面物体：

```
glutSolidSphere(1,30,30);
```

图 9-38 显示了一个小球的球体贴图效果。

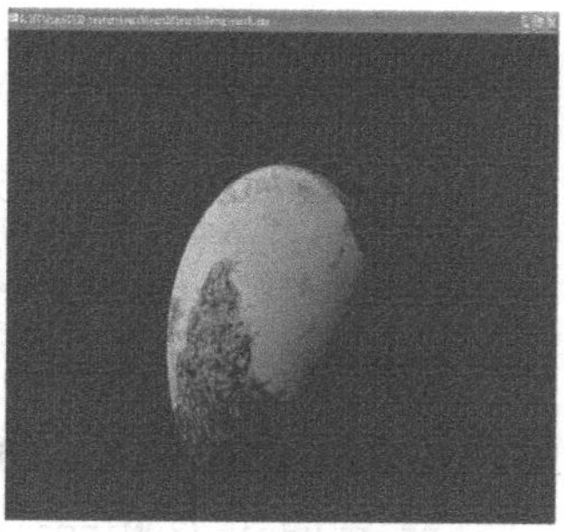

图 9-38 球体贴图效果

9.9.4 Mipmap 纹理映射技术

当被渲染物体的表面远离观察者、视觉图像变得比它所用的纹理小很多时，为避免对系统性能造成影响，应使用更小的纹理贴图。

当被渲染物体的表面靠近观察者、视觉图像变得比原来更大一些，它所用的纹理小很多时，应使用较大的纹理贴图。

使用 mip(multum in parvo) 贴图技术可解决上述问题。

对于一个 64×64 的纹理图像，我们可创建 32×32、16×16、8×8、4×4、2×2、1×1 图像序列，如图 9-39 所示。

在 OpenGL 中使用 glTexParameteri() 函数进行 Mipmap 纹理技术，例如：

```
glTexParameteri(GL_TEXTURE_2D,GL_TEXTURE_MIN_FILTER,GL_NEAREST_MIPMAP_NEAREST);
```

表示选最邻近 Mip 层图像执行最邻近过滤。函数的第三个参数可选项如表 9-6 所示。

Mipmap 代码示例参见以下程序段。

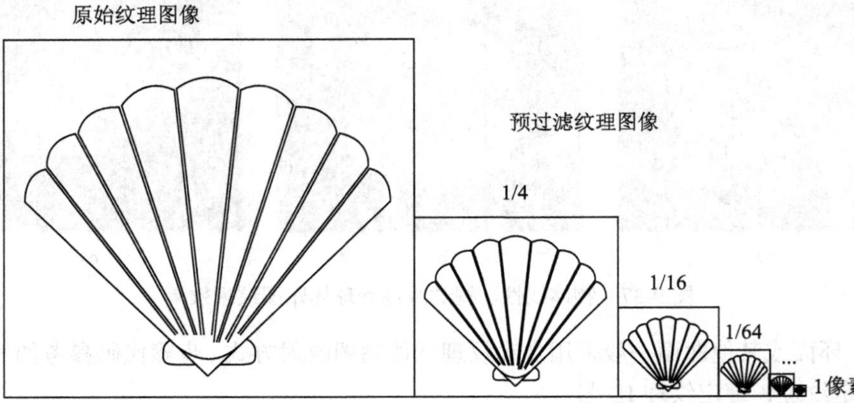

图 9-39　Mipmap 纹理映射

表 9-6　Mipmap 参数选项

常量	描述
GL_NEAREST	在 Mip 层图像执行最邻近过滤
GL_LINEAR	在 Mip 层图像执行线性过滤
GL_NEAREST_MIPMAP_NEAREST	选最邻近 Mip 层图像执行最邻近过滤
GL_NEAREST_MIPMAP_LINEAR	在 Mip 层图像间执行线性插值，并执行最邻近过滤
GL_LINEAR_MIPMAP_NEAREST	选最邻近 Mip 层图像执行线性过滤
GL_LINEAR_MIPMAP_LINEAR	在 Mip 层图像间执行线性插值，并执行线性过滤

```
//Mipmap 代码示例
Glubute image0[64][64];
Glubute image1[32][32];
...
Glubute image5[1][1];
glTexImage2D(GL_TEXTURE_2D,0,GL_RGB,64,64,0,GL_RGB,GL_UNSIGNED_BYTE,image0);
...
glTexImage2D(GL_TEXTURE_2D,0,GL_RGB,1,1,0,GL_RGB,GL_UNSIGNED_BYTE,image5);
glTexParameteri(GL_TEXTURE_2D,GL_TEXTURE_MIN_FILTER,GL_NEAREST_MIPMAP_NEAREST);
// 选最邻近 Mip 层图像执行最邻近过滤
```

上述代码设置 Mipmap 技术不免有些繁琐，OpenGL 可以通过函数 gluBuild2DMipmaps() 设置自动 Mipmap 技术，函数原型为：

```
int gluBuild2DMipmaps(GLenum target, GLint components, GLint width,GLint height,
GLenum format, GLenum type,void *data);
```

函数的参数和用法与 glTexImage() 函数参数和用法类似，函数的返回值为 0 表示调用函数成功。

以下程序段为自动 Mipmap 技术例子。

```
 pBytes = gltLoadTGA(szTextureFiles[i], &iWidth, &iHeight, &iComponents, &eFormat);
gluBuild2DMipmaps(GL_TEXTURE_2D, iComponents, iWidth, iHeight, eFormat, GL_
UNSIGNED_BYTE, pBytes);
```

```
free(pBytes);

glTexParameteri(GL_TEXTURE_2D, GL_TEXTURE_MAG_FILTER, GL_LINEAR);
glTexParameteri(GL_TEXTURE_2D, GL_TEXTURE_MIN_FILTER, GL_LINEAR_MIPMAP_LINEAR);
glTexParameteri(GL_TEXTURE_2D, GL_TEXTURE_WRAP_S, GL_CLAMP);
glTexParameteri(GL_TEXTURE_2D, GL_TEXTURE_WRAP_T, GL_CLAMP);
```

本章小结

真实感图形技术的发展使得计算机图形学得以迅速普及和应用。本章主要介绍了真实感图形生成技术，包括光照现象的光学定律、数学模型以及 OpenGL 的实现方式。对于光照模型我们主要阐述了简单光照明模型，环境光、镜面反射光和漫反射光分量的影响因素。对于光照效果还给出了雾、透明和阴影生成的原理和实现。本章最后重点介绍了场景的纹理映射技术。

习题 9

1. 简述光照明模型中反射光一般分为哪几个分量，这些分量与哪些因素有关?
2. 试写出 Phong 光照明模型的数学公式，并指出其中的项目含义。
3. 什么是纹理坐标，s、t 表示什么意思？一般来说纹理坐标 s、t 的取值范围是多少?
4. 编程绘制一个正方形（边长为 edge)，使得其充满整个窗口画面，并贴上纹理。写出绘制部分和窗口改变回调函数 (Reshape 函数) 部分代码及其注释。
5. 编程分别实现 OpenGL 光照、雾、透明、阴影效果。

第 10 章　曲线曲面造型

从卫星的轨道、导弹的弹道、机械零件的外形、计算机辅助几何设计，直至日常生活中的图案和花样设计、游戏地形、路径、3D 动画等无一不涉及曲线曲面的应用。曲线曲面造型是计算机图形学的一项重要内容，主要研究在计算机图形系统的环境下对曲线曲面的表示、设计、显示和分析。它起源于汽车、飞机、船舶、叶轮等的外形放样工艺，由美国数学家 S A Coons、法国雷诺汽车工程师 P E Bézier 等大师于 20 世纪 60 年代奠定其理论基础。经过几十年的发展，曲线曲面造型已形成了以 Bézier、B 样条、NURBS 和多结点样条为主体，以插值、逼近这两种手段为骨架的几何理论拟合体系。

10.1　曲线曲面基础知识

10.1.1　曲线曲面表示

工业产品的形状大致上可分为两类，一类是仅由初等解析曲面如平面、圆柱面、圆锥面、球面、椭圆面、抛物面、双曲面、圆环面等组成，大多数机械零件属于这一类，这类曲线曲面也可以称为规则曲线曲面。第二类以复杂方式自由变化的曲线曲面即所谓自由曲线曲面组成，如飞机、汽车、船舶的外形零件。自由曲线曲面因不能由画法几何与机械制图表达清楚，成为摆在工程师面前首要解决的问题。

曲线曲面可以用三种形式进行表示，即显式、隐式和参数表示，三种形式表示如下。

1）显式表示，即函数的值与自变量能够清晰分开，形如：

$$y = f(x), \quad z = f(x, y)$$

显式表示的特点是一般一个 x 值与一个 y 值对应，所以显式方程不能表示封闭或多值曲线，如不能用显式方程表示一个圆。

2）隐式表示，即函数的值与自变量不能清晰分开，形如：

$$F(x, y) = 0, \quad F(x, y, z) = 0$$

例如，圆的方程：

$$x^2 + y^2 = r^2 \tag{10-1}$$

隐式表示的优点是易于判断函数是否大于、小于或等于零，也就易于判断点是落在所表示曲线上或在曲线的哪一侧，但是可能存在多值问题，即多组函数自变量对应同一函数值。

3）参数表示，即曲线曲面上任一点的坐标均表示成给定参数的函数，例如任一空间曲线：

$$\begin{aligned} x &= x(t) \\ y &= y(t) \\ z &= z(t) \end{aligned} \tag{10-2}$$

其中，t 为参数，参数矢量表达式为：

$$C(t)=[x,y,z]=[x(t),y(t),z(t)] \tag{10-3}$$

任一空间曲面可表示为有两个参数的参数方程：

$$\begin{aligned}x&=x(u,v)\\y&=y(u,v)\\z&=z(u,v)\end{aligned} \tag{10-4}$$

其中，u、v 为参数，参数矢量表达式为：

$$S(u,v)=[x,y,z]=[x(u,v),y(u,v),z(u,v)] \tag{10-5}$$

$S(u、v)$ 为曲面上任一点矢量。

图 10-1 表示了参数曲线和参数曲面的实例。在图 10-1a 中，曲线参数表达式为：

$$\begin{aligned}x&=f(u)\\y&=g(u)\\z&=h(u)\end{aligned} \tag{10-6}$$

曲线起始点参数 u=0, 曲线终止点参数 u=1。在图 10-1b 中，曲面参数方程表达式为：

$$\begin{aligned}x&=f(u,v)\\y&=g(u,v)\\z&=h(u,v)\end{aligned} \tag{10-7}$$

曲面设定 u、v 两个方向，起始角点的参数 u=0,v=0，其他三个角点的参数分别为 (u=0,v=1)、(u=1,v=0)、(u=1,v=1)，曲面沿着 v 的方向参数由 0 到 1，同样，曲面沿着 u 的方向参数也由 0 到 1。

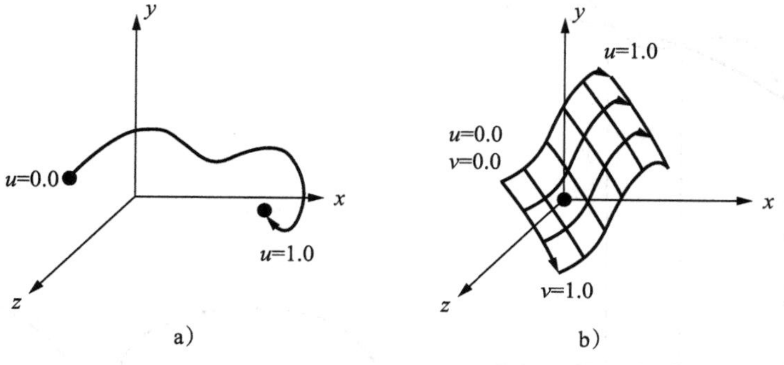

图 10-1 参数曲线曲面实例

1963 年，美国波音 (Boeing) 飞机公司的 Ferguson 将曲线曲面表示成参数矢量函数形式。参数表示形式能表示封闭曲线曲面，也能解决多值问题；参数方程的形式不依赖于坐标系的选取，具有形状不变性；对参数表示的曲线、曲面进行平移、比例、旋转等几何变换比较容易；用参数表示的曲线曲面的交互能力强，参数的系数几何意义明确，并提高了自由度，便于控制形状。因此，参数形式成为自由曲线曲面数学描述的标准形式。通常将参数区间规范化为 [0,1]，参数方程中的参数可以代表任何量，如时间、角度等。

10.1.2 插值与逼近

插值法（interpolation）是古老而实用的数值方法。一千多年前我国对插值法就有了研究，并应用于天文实践。显而易见，人们不能每时每刻都用观测的方法来决定“日月五星”的方位，那么怎样通过几次观测所得到的数据来补足这段时间内“日月五星”的位置呢？这就有了插值法。

如图 10-2，设函数 $y=f(x)$ 在区间上有定义，且已知在点 $a \leqslant x_0 \leqslant x_1 < \cdots < x_n \leqslant b$ 上的值 y_0、y_1、$\cdots$、y_n，若存在一简单函数 $P(x)$，使 $P(x_i)=y_i\,(i=0,\ 1,\ \cdots,\ n)$ 成立，就称 $P(x)$ 为 $f(x)$ 的插值函数，点 x_0、x_1、$\cdots$、x_n 称为插值结点，包含插值结点的 $[a,\ b]$ 区间成为插值区间，求插值函数的方法称为插值法。

从几何上看，插值法就是求曲线，给定一组有序的数据点 P_i（$i=0, 1, \cdots, n$），构造一条曲线顺序通过这些数据点，并用它近似已知曲线，称为对这些数据点进行插值，所构造的曲线称为插值曲线。已知曲线称为被插曲线。把曲线插值推广到曲面，类似地就有插值曲面、被插曲面与曲面插值法等概念。插值方法有很多，如线性插值、抛物线插值等。

在某些情况下，测量所得或设计员给出的数据点本身就很粗糙，要求构造一条曲线严格通过给定的一组数据点就不恰当。更合理的提法应是，构造一条曲线使之在某种意义下最为接近给定的数据点，称为对这些数据点进行逼近，所构造的曲线成为逼近曲线。

我们把通过计算得到曲线曲面上的点称为型值点，而几个关键控制曲线曲面形状的点称为控制点 (control point)。插值与逼近的区别可用图 10-3 来形象描述，a 表示曲线曲面的插值相当于用一组控制点来指定曲线曲面的形状时，其形状完全通过给定的控制点，特点可概括为“点点通过”；b 则表示曲线曲面的逼近就相当于用一组控制点来指定曲线曲面的形状，求出的形状不必通过控制点列，但整体形状受其影响。

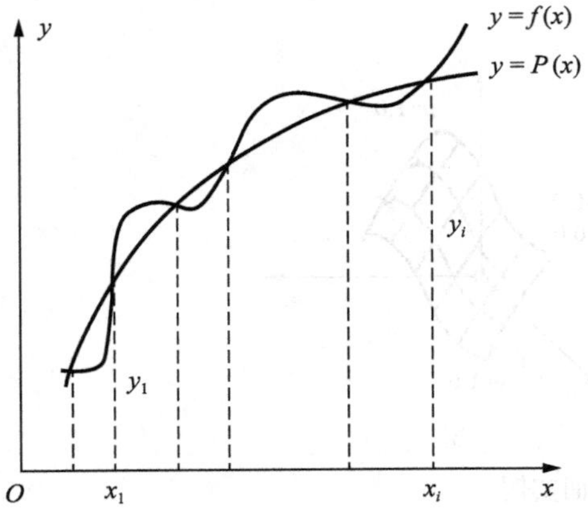

图 10-2 插值函数

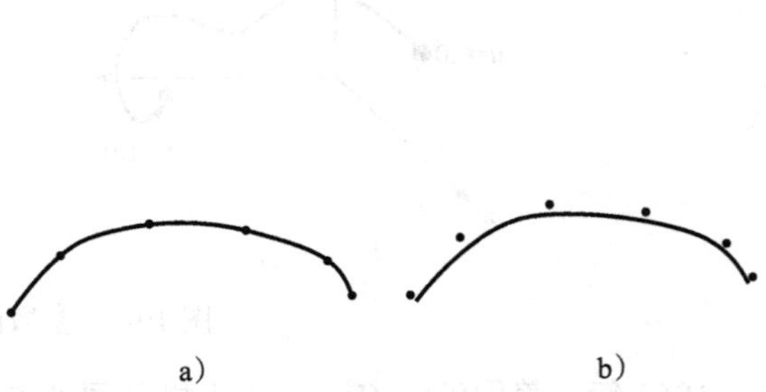

图 10-3 插值与逼近比较

图 10-4 表示的插值与逼近的另一个例子。在曲线曲面造型理论体系中，把插值与逼近统称为拟合。

a）使用分段连续多项式插值的6个控制点　b）使用分段连续多项式逼近的6个控制点

图 10-4　插值与逼近实例

10.1.3　参数连续性与几何连续性

为了保证分段参数曲线从一段到另一段光滑过渡，可以在连接点处要求各种连续性条件。如果曲线的每一部分以参数坐标函数形式进行描述，从而建立参数的连续性 (parametric continuity)。

1）0 阶参数连续性 (zero-order parametric continuity)，记做 C^0 连续，可以简单表示两端曲线相连，记第 i 段参数曲线 $C_i(t)$ 与第 i+1 段参数曲线 $C_{i+1}(t)$ 在连接点的 C^0 连续性为：

$$C_i(t)=C_{i+1}(t) \tag{10-8}$$

2）1 阶参数连续性 (first-order parametric continuity)，记做 C^1 连续，表示两端曲线在连接点有相同的一阶导数 (切线)，记第 i 段参数曲线 $C_i(t)$ 与第 i+1 段参数曲线 $C_{i+1}(t)$ 在连接点的 C^1 连续性为：

$$C_i^{'}(t)=C_{i+1}^{'}(t) \tag{10-9}$$

3）2 阶参数连续性 (second-order parametric continuity)，记做 C^2 连续，表示两端曲线在连接点有相同的一阶导数和二阶导数，记第 i 段参数曲线 $C_i(t)$ 与第 $i+1$ 段参数曲线 $C_{i+1}(t)$ 在连接点的 C^2 连续性为：

$$\begin{aligned}C_i^{'}(t)&=C_{i+1}^{'}(t)\\C_i^{''}(t)&=C_{i+1}^{''}(t)\end{aligned} \tag{10-10}$$

4）0 阶几何连续性 (zero-order geometric continuity)，记做 G^0 连续，其意义和 0 阶参数连续性相同。

5）1 阶几何连续性 (first-order geometric continuity)，记做 G^1 连续，表示两端曲线在连接点的一阶导数 (切线) 方向相同，大小成比例关系，记第 i 段参数曲线 $C_i(t)$ 与第 i+1 段参数曲线 $C_{i+1}(t)$ 在连接点的 G^1 连续性为：

$$C_i^{'}(t)=\alpha C_{i+1}^{'}(t)\quad \alpha>0 \tag{10-11}$$

6）2 阶几何连续性 (second-order geometric continuity)，记做 G^2 连续，表示两端曲线在连接点的一阶导数和二阶导数方向相同，大小成比例关系，记第 i 段参数曲线 $C_i(t)$ 与第 i+1 段参数曲线 $C_{i+1}(t)$ 在连接点的 G^2 连续性为：

$$C_i^{'}(t) = \alpha C_{i+1}^{'}(t) \quad \alpha > 0$$
$$C_i^{''}(t) = \beta C_{i+1}^{''}(t) \quad \beta > 0 \tag{10-12}$$

图 10-5 表示两端曲线无连接性、C^0 连续、C^1 连续和 C^2 连续的情况，在 C^1 连续的条件下，两端曲线在连接点的曲率正切线是相等的，在 C^2 连续的条件下，两端曲线在连接点的曲率是相等的。图 10-6 是另一个曲线连接实例，a、b、c 分别表示两端曲线 C^0 连续、C^1 连续和 C^2 连续。图 10-7 则反映了参数连续性与几何连续性的区别，a 中 C_1 曲线和 C_2 曲线在连接点 P_1 为 C^2 连续，b 中 C_1 曲线和 C_2 曲线在连接点 P_1 为 G^2 连续，可以看出 C^2 连续比 G^2 连续曲线显得更加光滑，G^2 连续曲线将向具有较大切向量的部分弯曲。

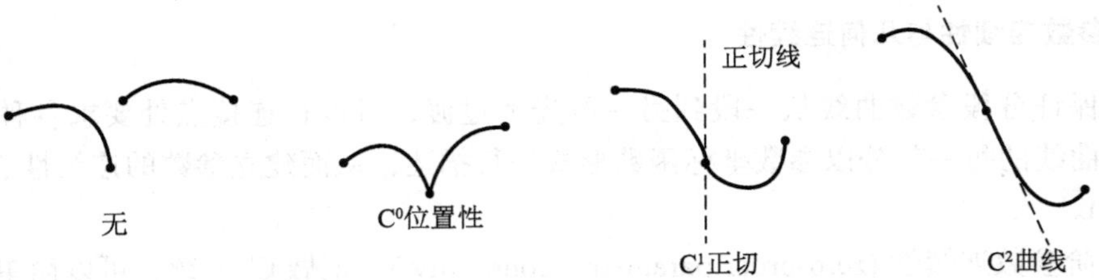

图 10-5　曲线的各种连续

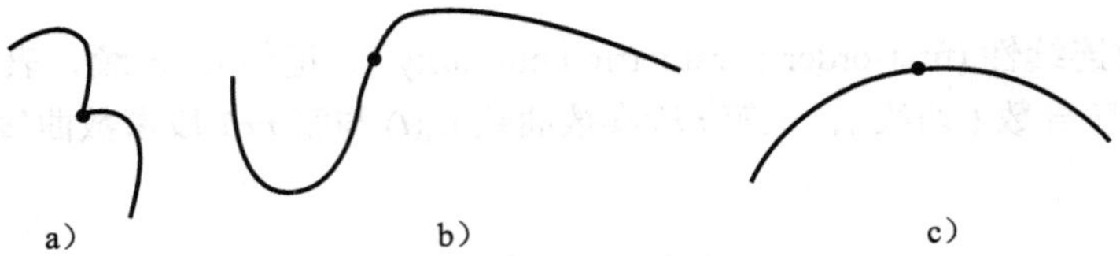

图 10-6　曲线的参数连续性

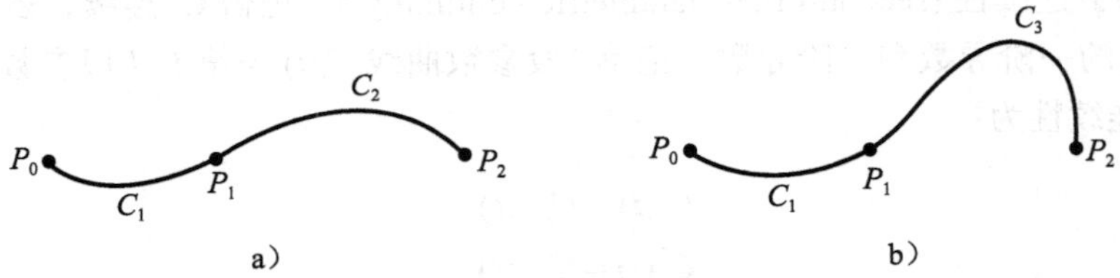

图 10-7　参数连续性和几何连续性

在计算几何中，两端曲线连接要显得足够光滑，则在连接点要达到 C^2 连续。在曲线曲面的参数表示中，通常采用控制点和基函数的形式，式（10-13）可以表示曲线的控制点和基函数的一般形式。这里，基函数也称为调配函数，一般由多项式组成。控制点控制曲线或曲面的整体形状，而基函数决定了曲线或曲面的基本性质，基函数不同形成不同的曲线曲面构造方法。在实际应用中，基函数一般使用 3 次多项式，因为 3 次多项式可以达到二阶导数连续，而更高阶多项式则影响计算效率。

$$C(t) = \sum_{t=0}^{n} P_i B_i(t) \tag{10-13}$$

P_i——控制点。

$B_i(t)$——基函数。

10.2 Bézier 曲线曲面

法国雷诺（Renault）汽车公司的优秀工程师 P E Bézier 于 1962 年提出了以逼近为基础的曲线曲面设计系统，名为 UINSURF，运用贝塞尔曲线来为汽车的主体进行设计。该方法成为该公司第一条工程流水线的数学基础。贝塞尔曲线的有趣之处在于它的"皮筋效应"，也就是说，随着点有规律地移动，曲线将产生皮筋伸引一样的变换，带来视觉上的冲击。图 10-8 为著名的 Windows 系统屏保画面——变换 Bézier 曲线簇。

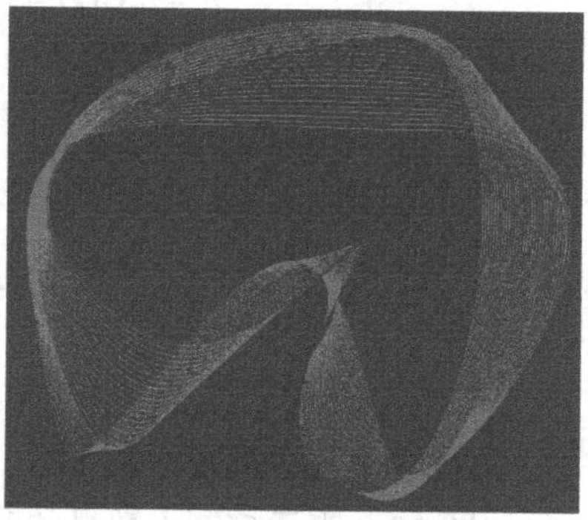

图 10-8　变换 Bézier 曲线簇

10.2.1 Bézier 曲线曲面的定义

设 P_0、P_1、…、P_n 为 n+1 个给定的控制点，它们可以是平面的点，也可以是空间的点。又有一组 Bernstein 多项式：

$$B_i^n(t)=\binom{n}{i}(1-t)^{n-1}t^i, i=0,1,\cdots,n \tag{10-14}$$

约定当 i<0 或 $i>$ n 时，$B_i^n(t)\equiv 0$，以它为基函数（调配函数）构成的曲线：

$$C(t)=\sum_{i=0}^{n}P_iB_i^n(t),\quad 0\leqslant t\leqslant 1 \tag{10-15}$$

称为以 $\{P_i, i=0,1,2,\cdots,n\}$ 为控制点的 n 次 Bézier 曲线，也常常把 $\{P_i, i=0,1,2,\cdots,n\}$ 叫做 Bézier 点，顺次以直线段连接 P_0、P_1、…、P_n 的折线，不管是否闭合，都叫做 Bézier 多边形（或称为凸包）。Bézier 曲线展开后，可以表示为：

$$C(t)=[(1-t)^n\,n(1-t)^{n-1}t\ldots n(1-t)t^{n-1}t^n]\begin{bmatrix}P_0\\P_1\\\vdots\\P_{n-1}\\P_n\end{bmatrix} \tag{10-16}$$

当 n=1,2,3 时分别有：

$$n=1,C(t)=[(1-t)\quad t]\begin{bmatrix}P_0\\P_1\end{bmatrix} \tag{10-17}$$

$$\begin{aligned}n=2,C(t)&=[(1-t)^2\quad 2(1-t)t\quad t^2]\begin{bmatrix}P_0\\P_1\\P_2\end{bmatrix}\\&=[t^2\quad t\quad 1]\begin{bmatrix}1&-2&1\\-2&2&0\\1&0&0\end{bmatrix}\begin{bmatrix}P_0\\P_1\\P_2\end{bmatrix}\end{aligned} \tag{10-18}$$

$$n = 3, C(t) = [(1-t)^3 \quad 3(1-t)^2 t \quad 3(1-t)t^2 \quad t^3] \begin{bmatrix} P_0 \\ P_1 \\ P_2 \\ P_3 \end{bmatrix}$$

$$= [t^3 \quad t^2 \quad t \quad 1] \begin{bmatrix} -1 & 3 & -3 & 1 \\ 3 & -6 & 3 & 0 \\ -3 & 3 & 0 & 0 \\ 1 & 0 & 0 & 0 \end{bmatrix} \begin{bmatrix} P_0 \\ P_1 \\ P_2 \\ P_3 \end{bmatrix} \tag{10-19}$$

可以看出当方程阶次为 1 时，控制点的数量为 2，…当方程阶次为 n 时，控制点的数量为 n+1。图 10-9 表示控制点数量的改变与位置的改变对 Bézier 曲线形状的影响，a 为 2 次 Bézier 曲线，b、c、d 为 3 次 Bézier 曲线的例子。图 10-10 表示在已有控制点基础上逐渐增加控制点时 Bézier 曲线形状的变化。

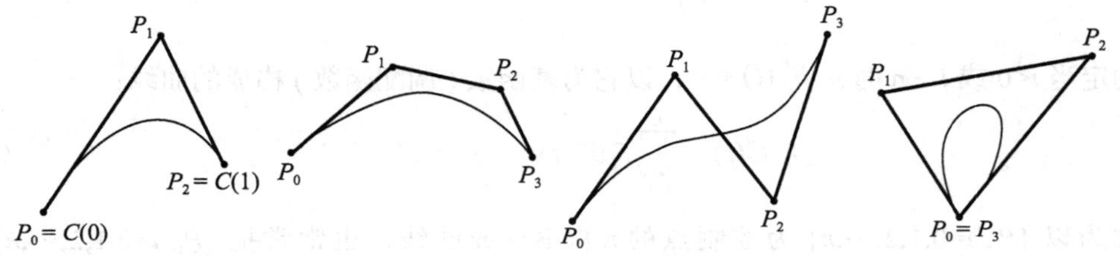

图 10-9　控制点的数量与位置影响 Bézier 曲线的变化

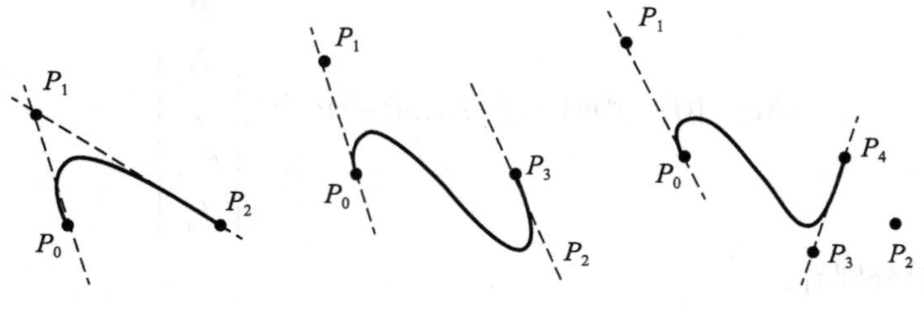

图 10-10　逐渐增加控制点 Bézier 曲线的变化

Bézier 参数曲面 $S(u,v)$ 可以按照下式来描述：

$$S(u,v) = \sum_{i=0}^{m} \sum_{j=0}^{n} P_{i,j} B_{i,m}(u) B_{j,n}(v) \tag{10-20}$$

其中，u、v 表示参数，$B_{i,m}(u)$ 和 $B_{j,n}(v)$ 分别表示曲面 u 和 v 方向的 Bernstein 多项式基函数 $P_{i,j}$ 表示曲面的控制点，m、n 分别表示曲面 u 和 v 方向控制点的数量，Bézier 参数曲面可以看作 u 方向构造的曲线沿着 v 方向控制点轨迹变化而成，图 10-11a 为 Bézier 曲面构造示意图 10-11b 表示网格线构成的控制点网格下形成的 Bézier 曲面。

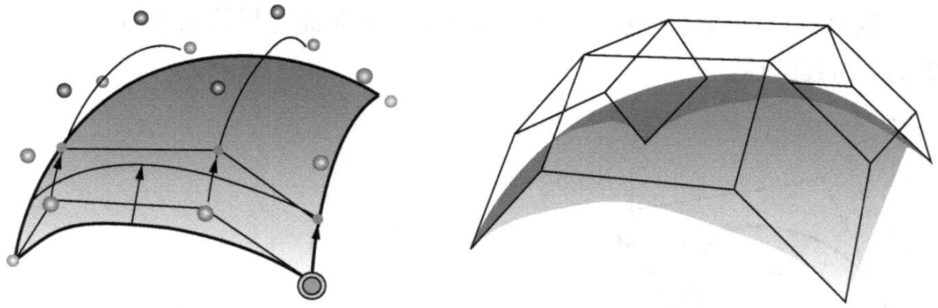

a)　　b)

图 10-11　Bézier 曲面

10.2.2　Bézier 曲线曲面的性质

1. 端点特性

Bézier 曲线的首末端点正好是 Bézier 多边形的首末顶点，但 Bézier 曲线不经过除首末端点外的其他控制点。改变其中某些控制点的位置，则整个 Bézier 曲线的形状随之改变。

$$\begin{aligned} C(0) &= P_0 \\ C(1) &= P_n \end{aligned} \tag{10-21}$$

2. 切矢特性

Bézier 曲线在首末端点的 k 阶切矢分别与 Bézier 多边形的首末条边有关，与其他边无关。这表明曲线在首末端点分别与首末条边相切。

$$\begin{aligned} C'(0) &= n(P_1 - P_0) \\ C'(1) &= n(P_n - P_{n-1}) \end{aligned} \tag{10-22}$$

3. 凸包性

Bézier 曲线位于由其控制顶点所构成的特征多边形凸包之内。从图 10-8、图 10-9 都可以看出以上三个特点。

4. 光滑性

k 次 Bézier 曲线曲面能保证 k−1 阶导数连续。因此 3 次 Bézier 曲线曲面就能满足二阶导数连续性，从而保证了曲线曲面的光滑性。

5. 几何不变性

曲线的形状仅与其控制顶点有关，而与具体坐标系的选择无关。

6. 对称性

控制顶点次序颠倒，则新的曲线与原曲线的形状相同，仅曲线的走向相反。

7. 显式特性

由 Bézier 曲线曲面的参数方程可知，方程呈显式形式，避免了求解方程的繁琐。

图 10-12 表示由多段 3 次 Bézier 曲线分段拼接出来的“Bezier”英文单词，由这些 Bézier 曲线的连接处可以反映 Bézier 曲线的部分性质。图 10-13 表示有两个 Bézier 曲面组成的大 Bézier 曲面，在指定边界处 C^0 和 G^1 连续，可以保证从第一个 Bézier 曲面平滑过渡到连接的另一 Bézier 曲面。在两曲面间穿过边界的共线控制点所形成的线段长度 L_1 与线段长度 L_2 之

比为常数，根据 Bézier 曲线曲面的性质 2，可以得出两曲面边界的切矢方向相同，从而保证两曲面边界的一阶连续性。

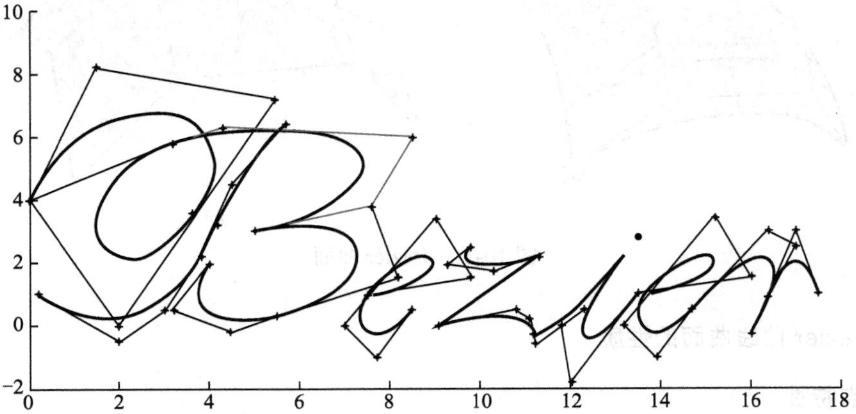

图 10-12 Bézier 曲线组成的“Bezier”

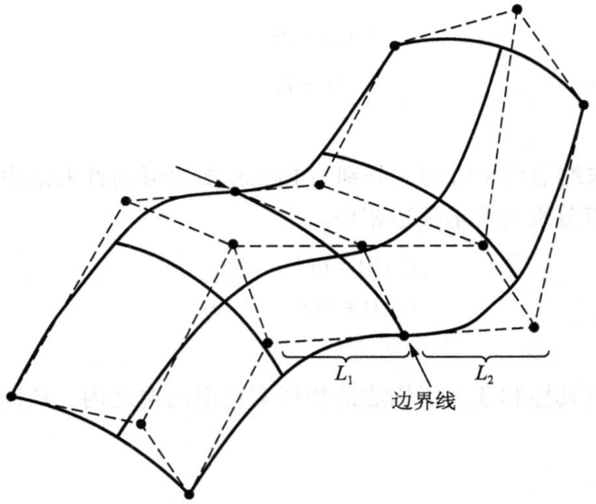

图 10-13 Bézier 曲面的连接

Bézier 方法有以下局限性：

1）控制点的数目决定曲线的阶次，n+1 个顶点产生 n 次曲线。因此对于一段 Bézier 曲线来说，控制点数量越多，曲线方程的阶次越高，则影响效率。

2）没有局部性。根据 Bézier 曲线曲面的定义，如果修改其中一个控制点，则 Bézier 曲线或曲面的整体形状都会跟着发生变化，不利于几何造型。

3）Bézier 方法是一种逼近的方法，所构造的曲线曲面不经过每一个控制点。

因此，人们有时采取分段 Bézier 曲线或曲面来进行几何造型，如图 10-12 所示，这样可以降低方程的次数和克服部分局部性问题。人们也同时进一步研究其他曲线曲面造型的方法。

10.3 B样条曲线曲面

1972年德布尔（DeBoor）给出了B样条（B-Spline）的标准计算方法；1974年，美国通用汽车公司的戈登（Gorden）和里森费尔德（Riesenfeld）将B样条理论用于形状描述，提出了B样条曲线和曲面。B样条方法保留了Bézier方法的优点，克服了Bézier方法的一些局限性，曲线的阶次不随控制点增加而增加，具有局部性。

10.3.1 B样条曲线曲面的定义

等距结点情形的 k 次B样条函数的曲线曲面的基函数 $\Omega_k(x)$ 为：

$$\Omega_k(x)=\frac{1}{k!}\sum_{j=0}^{k+1}(-1)^j\binom{k+1}{j}\left(x+\frac{k+1}{2}-j\right)_+^k,\quad k=0,1,2,\cdots \tag{10-23}$$

式中，k 表示基函数的阶次，符号 $(\bullet)_+=\max(0,\bullet)$。

当 $k=0,1,2,3$ 时，有

$$\Omega_0(x)=\begin{cases}1, & |x|<\dfrac{1}{2}\\ \dfrac{1}{2}, & |x|=\dfrac{1}{2}\\ 0, & |x|>\dfrac{1}{2}\end{cases} \tag{10-24}$$

$$\Omega_1(x)=(1-|x|)_+ \tag{10-25}$$

$$\Omega_2(x)=\frac{1}{2}\left[\left(\frac{3}{2}-|x|\right)_+^2-3\left(\frac{1}{2}-|x|\right)_+^2\right] \tag{10-26}$$

$$\Omega_3(x)=\frac{1}{6}\left[\left(2-|x|\right)_+^3-4\left(1-|x|\right)_+^3\right] \tag{10-27}$$

它们的图像参见图10-14。

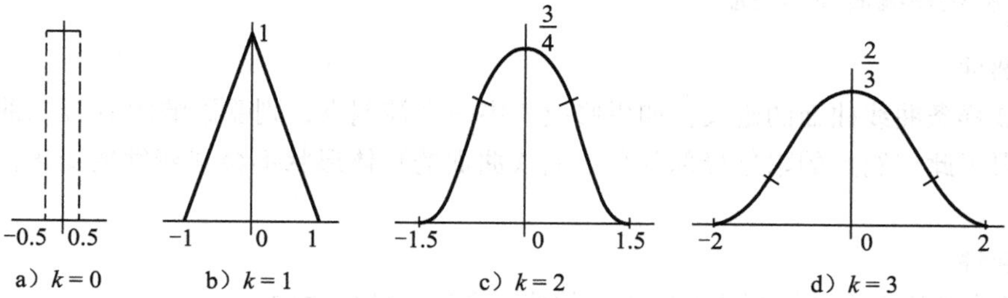

图10-14　B样条基函数

k 次B样条曲线（或称样条磨光曲线）可表示成：

$$C_k(t)=\sum_j P_j\Omega_k(t-j),\quad t\in[0,n] \tag{10-28}$$

其中$\{P_j\}$为给定的控制点，它包括了延拓型值点P_{-1}、$P_{-2}\cdots$及P_{n+1}、$P_{n+2}\cdots$由于基函数$\Omega_3(x)$在$x=0$的值为1，$|x|\geqslant 2$时基函数的值才等于0，故当$t=j$时$C_k(j)\neq P_j$，这就表明曲线不一定经过所有控制点，不具备插值性。特别对常用的$k=2$、3的情形，对于延拓型值点P_{-1}和P_{n+1}，可根据边界条件确定或人为地令$P_{-1}=P_0,P_{n+1}=P_n$。对封闭曲线拟合，取$P_{-1}=P_n,P_{n+1}=P_0,P_{-2}=P_{n-1},P_{n+2}=P_1$等。图10-15给出了$k=2$，3的样条磨光曲线的图示，B样条曲线实际是一种曲线逼近的方法。

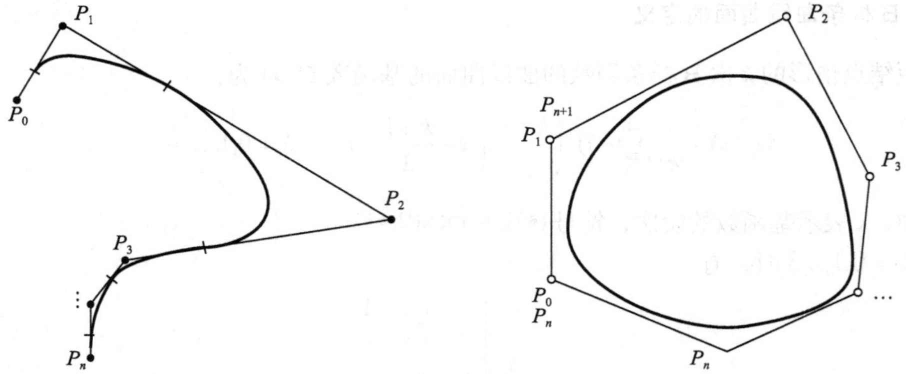

图10-15 样条磨光曲线（B样条曲线）

而B样条参数曲面可以表示为：

$$P(u,v)=\sum_{j=0}^{n-1}\sum_{i=0}^{m-1}P_{ij}\Omega_{\mathrm{k}}(u-i)\Omega_{\mathrm{k}}(v-j) \tag{10-29}$$

Ω_k为k次B样条基函数。

当k=3时，3次B样条曲面表示为：

$$P(u,v)=\sum_{j=0}^{n-1}\sum_{i=0}^{m-1}P_{ij}\Omega_3(u-i)\Omega_3(v-j) \tag{10-30}$$

Ω_3为3次B样条基函数。

10.3.2 B样条曲线曲面的性质

1. 局部性

根据B样条曲线曲面的定义，如果修改其中一个控制点，则受影响的B样条曲线或曲面形状只局限于此控制点的附近局部部分，曲线曲面的整体形状不会跟着发生变化，有利于几何造型。

2. 凸包性

B样条曲线位于由其控制顶点所构成的特征多边形凸包之内。

3. 几何不变性

曲线的形状仅与其控制顶点有关，而与具体坐标系的选择无关。

4. 光滑性

k次B样条曲线曲面能保证k-1阶导数连续。因此3次B样条曲线曲面就能满足二阶导数连续性，从而保证了曲线曲面的光滑性。

5. 对称性

控制顶点次序颠倒，则新的曲线与原曲线的形状相同，仅曲线的走向相反。

6. 显式特性

由 B 样条曲线曲面的参数方程可知，方程呈显式形式，避免了求解方程的繁琐。

B 样条曲线是一种非常灵活的曲线，曲线的局部形状受相应顶点的控制很直观，易于进行局部修改，更加逼近控制点特征多边形，这些顶点控制技术如果运用得好，可以使整个 B 样条曲线在某些部位满足一些特殊的技术要求。由于其曲线次数和控制点个数无关，适合低阶次曲线应用。图 10-16a 和 b 表示在 4 个同样控制点的变化下生成的 Bézier 曲线和 B 样条曲线对比。B 样条曲线不能精确表示规则曲面，从图中可以看出 B 样条曲线仍是一种逼近的方法。

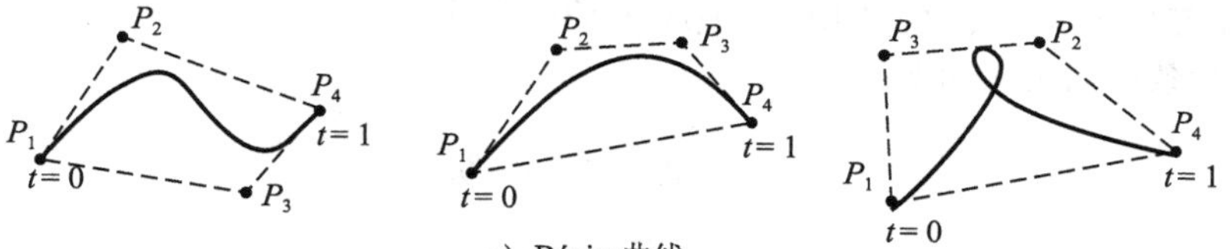

a）Bézier曲线

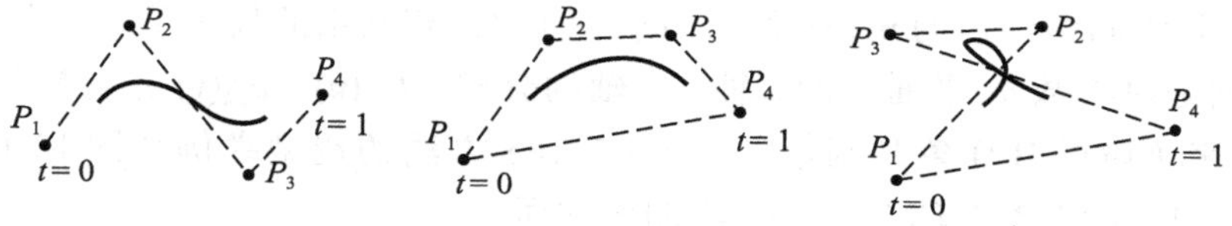

b）B样条曲线

图 10-16 Bézier 曲线和 B 样条曲线对比

10.4 NURBS 曲线曲面

NURBS 是非均匀有理 B 样条曲线（Non-Uniform Rational B-Spline）的缩写，1975 年，美国 Syracuse 大学的佛斯普里尔（Versprill）在其博士学位论文中提出了有理 B 样条方法。20 世纪 80 年代后期皮格尔（Piegl）和蒂勒（Tiller）将有理 B 样条发展成非均匀有理 B 样条（NURBS）方法，1991 年，国际标准化组织（ISO）颁布的工业产品数据交换标准 STEP 中，把 NURBS 作为定义工业产品几何形状的唯一数学方法。1992 年，国际标准化组织又将 NURBS 纳入规定独立于设备的交互图形编程接口的国际标准 PHIGS（程序员层次交互图形系统）中，作为 PHIGS Plus 的扩充部分。其目前已成为当前自由曲线和曲面描述的广为流行的技术。

10.4.1 NURBS 曲线曲面的定义

非均匀有理 B 样条（NURBS）曲线 $C(t)$ 定义为：

$$C(t)=\frac{\sum_{i=0}^{n}\omega_i P_i B_{i,k}(t)}{\sum_{i=0}^{n}\omega_i B_{i,k}(t)}=\sum_{i=0}^{n}R_{i,k}P_i \tag{10-31}$$

其中，P_i 为空间中给定的控制点，ω_i 是与 P_i 相联系的权因子。$B_{i,k}(t)$ 是 k 次非等距结点基本样条函数，它可以通过递推关系定义：

$$B_{i,0}(t)=\begin{cases}1, & t_i\leqslant t\leqslant t_{i+1}\\ 0, & \text{其他区域}\end{cases} \tag{10-32}$$

$$B_{i,k}(t)=\frac{t-t_i}{t_{i+k}-t_i}B_{i,k-1}(t)+\frac{t_{i+k+1}-t}{t_{i+k+1}-t_{i+1}}B_{i+1,k-1}(t) \tag{10-33}$$

其中 $\{t_i\}$ 为非递减实数序列 $t_0\leqslant t_1\leqslant t_2\leqslant\cdots\leqslant t_m$。在一般情况下，这个数列为

$$\alpha,\alpha,\cdots,\alpha,t_{p+1},\cdots,t_{m-p-1},\beta,\beta,\cdots,\beta$$

α,β 的重复度为 $p+1$，在实用中一般取 $\alpha=0,\beta=1$。

NURBS 参数曲面定义如下：

$$S(u,v)=\frac{\sum_{i=1}^{n}\sum_{j=1}^{m}\omega_{i,j}P_{i,j}B_{i,k}(u)B_{j,h}(v)}{\sum_{i=1}^{n}\sum_{j=1}^{m}\omega_{i,j}B_{i,k}(u)B_{j,h}(v)} \tag{10-34}$$

其中 $P_{i,j}$ 是空间中给定的 $n\times m$ 个点，$\omega_{i,j}$ 是与 $P_{i,j}$ 相联系的权因子。结点向量 $\boldsymbol{U}=\{u_i\}$，$\boldsymbol{V}=\{v_i\}$，分别是对参数 uv 平面上的 u 轴和 v 轴的分割，$B_{i,k}(u)$、$B_{j,k}(v)$ 分别是关于结点向量 $\boldsymbol{U}$、$\boldsymbol{V}$ 的 k 阶和 h 阶的 B 样条基函数。基于 NURBS 方法的造型举例如图 10-17 所示，a 为 NURBS 曲线，b 为 NURBS 球面，c 为 NURBS 曲面。

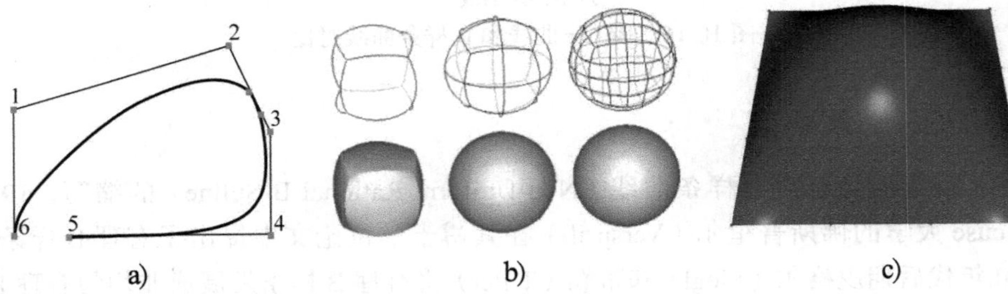

图 10-17 NURBS 曲线曲面

10.4.2 NURBS 曲线曲面的性质

NURBS 方法的基函数采用的是 B 样条基函数，因此，NURBS 曲线曲面继承了 B 样条曲线所有的优点。

1. 局部性

根据 B 样条曲线曲面的定义，如果修改其中一个控制点，则受影响的 B 样条曲线或曲面形状只局限于此控制点的附近局部部分，曲线曲面的整体形状不会跟着发生变化，有利于几何造型。

2. 凸包性

B 样条曲线位于由其控制顶点所构成的特征多边形凸包之内。

3. 几何不变性

曲线的形状仅与其控制顶点有关，而与具体坐标系的选择无关。

4. 光滑性

k 次 NURBS 曲线曲面能保证 k-1 阶导数连续。因此 3 次 NURBS 曲线曲面就能满足二阶导数连续性，从而保证了曲线曲面的光滑性。

5. 统一性

统一表达了规则曲线曲面和自由曲线曲面，NURBS 既可以精确表示圆、球面、圆环面等二次曲线曲面，也可以精确表示自由曲线曲面，因此成为工业界应用最为广泛的曲线曲面造型方法。

6. 对称性

控制顶点次序颠倒，则新的曲线与原曲线的形状相同，仅曲线的走向相反。

7. 透视不变性

参数有理多项式的透视投影还是参数有理多项式，这一点对于图形显示来说非常重要。要观察一个形体的透视图时，只需对定义它的控制顶点进行相应的透视变换，并适当地修改权因子，然后在观察平面上计算其点即可，这大大减少了计算量，提高了显示速度。

8. 灵活性

权因子的引入增加了曲线设计的灵活性。权因子不是一个数值而是几何量——四点的交比，它是射影不变量，因而在控制多边形不变的情况下，借助于图形输入设备可以以几何的方式进行交互修改，具有更多的形状控制自由度。

9. 显式特性

由 NURBS 曲线曲面的参数方程可知，方程呈显式形式，避免了求解方程的繁琐。

10.5 多结点样条曲线曲面

在 20 世纪 70 年代中国数学家齐东旭教授提出一种新的局部插值显式算法即多结点（Many-Knot）样条插值函数，已成功地被应用于飞机外形、进气道、机翼、海洋、地质的数据处理。

10.5.1 多结点样条曲线曲面的定义

在 10.3.1 节中我们讲到 k 次 B 样条基函数 $\Omega_k(x)$，现在我们利用 $\Omega_k(x)$ 构造具有对称性的、有限支集的、Lagrange 型的基函数，令：

$$q_k(x) = t_0\Omega_k^{<\alpha_0>}(x) + t_1\Omega_k^{<\alpha_1>}(x) + t_2\Omega_k^{<\alpha_2>}(x) + \cdots + t_{k-1}\Omega_k^{<\alpha_{k-1}>}(x) \tag{10-35}$$

其中 t_0，t_1，…，t_{k-1} 为待定系数；符号 $\Omega_k^{<>}(x)$ 的含义为：

$$\Omega_k^{<l>}(x) = \frac{1}{2}[\Omega_k(x+l) + \Omega_k(x-l)],\ \ l \neq 0 \tag{10-36}$$

且 α_0、α_1、…、α_{k-1} 互不相等，即 $\{\Omega_k^{<\alpha_j>}\}(x)$ 线性无关。取 $\alpha_0 = 0$，让 $q_k(x)$ 满足 $q_k(i) = \delta_{i0}(i = 0,1,2,\cdots,k-1)$，则可解出 t_0，$t_1,\cdots,t_{k-1}$，多结点样条基函数的具体表达式如下：

$$q_1(x)=\Omega_1(x) \tag{10-37}$$

$$q_2(x)=2\Omega_2^{<0>}(x)-\Omega_2^{<\frac{1}{2}>}(x) \tag{10-38}$$

$$\begin{aligned}q_3(x)&=\frac{10}{3}\Omega_3^{<0>}(x)-\frac{8}{3}[\Omega_3^{<\frac{1}{2}>}(x)]+\frac{1}{12}[\Omega_3^{<1>}(x)]\\&=\frac{10}{3}\Omega_3(x)-\frac{4}{3}\left[\Omega_3\left(x+\frac{1}{2}\right)+\Omega_3\left(x-\frac{1}{2}\right)\right]+\frac{1}{6}[\Omega_3(x+1)+\Omega_3(x-1)]\end{aligned} \tag{10-39}$$

它们的形状见图 10-18。

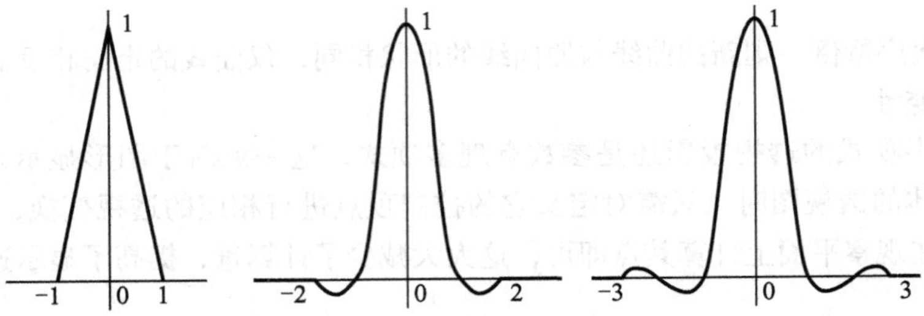

a）$k=1$　　b）$k=2$　　c）$k=3$

图 10-18　多结点样条基函数

从 k 次多结点样条基函数构造的参数曲线方程为：

$$C(t)=\sum_{j=0}^{k-1}P_jq_k(t-j)\quad t\in[0,k-1] \tag{10-40}$$

这里，P_j 为一组控制点，t 为曲线参数，$q_k(t\text{-}j)$ 为结点处的 k 次多结点样条基函数。由式 (10-40) 可以看出，它是由 k 次 B 样条拟合的基函数经过平移线性组合而得到，继承了 k 次 B 样条拟合的基函数的一些特性，如偶对称性、显式特性 (不求解方程组)、一阶和二阶导数连续性，大家知道二阶导数的连续性既可保证构造的曲线曲面的光滑性，同时由于经过平移和线性组合后，它又增加了 k 次 B 样条插值的基函数所不具备的特性。以 3 次多结点样条基函数为例，有：

$$C(t)=\sum_{j=0}^{k-1}P_jq_3(t-j),\ t\in[0,k-1] \tag{10-41}$$

由于基函数 $q_k(x)$ 在 $x=0$ 的值为 1，x 等于其他整数点时基函数的值等于 0，故当 $t=j$ 时，$C(j)=P_j$，这就表明曲线经过所有控制点，即点点通过，又根据 3 次多结点样条基函数性质可知，如果 $j=\pm1,2,3$ 或 $j>3$ 或 $j<-3$ 则 $q_3(j)=0$，每个控制点对邻近点的影响域不超过 3 个结点，即表明 3 次多结点样条插值具有局部性，式 (10-41) 可简化为：

$$C(t)=\sum_{j=(\text{int})t-2}^{t+3}P_jq_3(t-j),\ t\in[0,k-1],\quad C(j)=P_j \tag{10-42}$$

假定有 $K\times K$ 个空间控制点 P_{ij}，这 $K\times K$ 个控制点构成一个纵横交错的空间网格，i、j 是整数，$i,j\in[0,k-1]$，多结点样条的参数曲面 $S(u,v)$ 可以表示为：

$$S(u,v)=\sum_{j=0}^{k-1}\sum_{i=0}^{k-1}P_{ij}q_k(u-i)q_k(v-j) \tag{10-43}$$

$u,v\in \mathrm{R}$，它们的取值范围为$[0,\ k-1]$，u 和 v 的增量可根据要求的精度调整，q_k 为 k 次多结点样条基函数，参见式 (10-35)，$u,v\in \mathrm{R}$。因为 q_k 具有局部性，式 (10-43) 可简化为：

$$S(u,v)=\sum_{(\mathrm{int})v-2}^{(\mathrm{int})v+3}\sum_{(\mathrm{int})v-2}^{(\mathrm{int})u+3}P_{ij}q_k(u-i)q_k(v-j) \tag{10-44}$$

进一步研究得出 $u=i,v=j$ 时，$S(u,v)=P_{ij}$，这就意味着控制点也是曲面上的型值点。从式（10-44）可以看出，改变某些控制点的位置仅仅使与它们相邻的型值点的坐标值受到影响而其他型值点的位置保持不变。

图 10-19a 中蓝色小点为控制点，白色部分为类弹簧的多结点样条曲线；图 10-19b 为多结点样条曲面造型示例，多结点样条算法凸凹设计简单方便，比较适合造型。

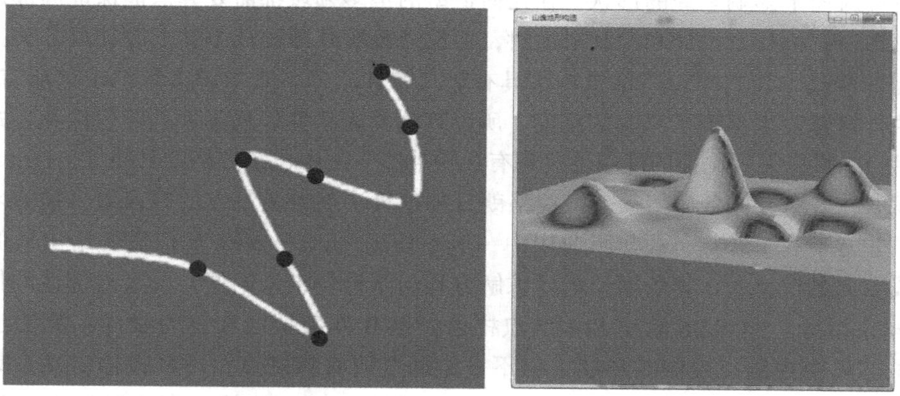

a）　　　　b）

图 10-19　多结点样条曲线曲面造型示例

10.5.2　多结点样条曲线曲面的性质

由式 (10-35) 构造的多结点样条的基函数有：

1. 局部性

当$|x|\geqslant k$ 时有 $q_k(i)\equiv 0$，表示 $q_k(x)$ 为有限支集，表明 $q_k(x)$ 有局部性。因此对于多结点样条曲线曲面，如果修改其中一个控制点，则受影响的曲线或曲面形状只局限于此控制点的附近局部部分，曲线曲面的整体形状不会跟着发生变化，有利于几何造型。

2. 插值性

$q_k(x)$ 在 x=0 的值为 1，x 等于其他整数点时基函数的值等于 0。曲线曲面结点的型值点即为结点处的控制点，表明曲线经过所有控制点，即点点通过。

3. 凸包性

多结点样条曲线位于由其控制顶点所构成的特征多边形凸包之内。

4. 光滑性

k 次多结点样条曲线曲面能保证 k−1 阶导数连续。因此 3 次多结点样条曲线曲面就能满足二阶导数连续性，从而保证了曲线曲面的光滑性。

5. 几何不变性

曲线的形状仅与其控制顶点有关，而与具体坐标系的选择无关。

6. 对称性

控制顶点次序颠倒，则新的曲线与原曲线的形状相同，仅曲线的走向相反。

7. 显式特性

由多结点曲线曲面的参数方程可知，方程呈显式形式，避免了求解方程的繁琐。

10.6 曲线曲面造型算法比较

算法的好坏直接影响最终几何造型的效果，首先在进行几何设计时我们希望造型看起来光滑自然，同时算法应满足点点通过的特性，例如生成的曲线曲面通过事先给定的所有控制点而不是接近控制点，我们把这种特性称为插值性。我们也希望算法具有局部性即修改局部数据的特性时而不影响全局的形状，在几何造型的很多领域都需要算法能保证局部性，例如在进行汽车、飞机外形设计和动画卡通时，在保持现有外形设计不变上改动局部某区域的设计，做局部修改。我们同时还希望算法具有显式特性，即不需求解方程组求得所有型值点，从而加快计算速度也保证了算法的精度。所以算法的光滑性、局部性、插值性和显式特性在实际应用当中具有无可比拟的优越性。现有几种插值算法中包括拉格朗日插值、Hermite 插值、B 样条插值、多结点样条插值等。但拉格朗日插值算法随着控制点的数目增多插值函数的阶数增高，非常不利于计算，故实际应用中一般不使用之；Hermite 插值需要给出插值点的导数或切线方向的信息；B 样条插值需要求解方程组给计算带来不便。具有局部性的代表性算法有 B 样条拟合、NURBS 算法和多结点样条，但 B 样条拟合和有理 B 样条算法生成的曲线曲面虽然可由控制点控制其形状，但不一定通过所有控制点，不具备插值性。具有显式特性的代表性算法有 B 样条、NURBS 和 Bézier 算法。Bézier 算法存在连接问题和局部修改问题，但它的通过首末控制点的属性使得它可应用在某些动画需要表现拉皮筋效果的场合。B 样条算法解决了局部修改问题，但仍旧是一种逼近的方法，不能经过拟定的所有控制点；NURBS 算法的突出优点是可以精确地表示二次规则曲线曲面。但 NURBS 也存在微分运算繁琐费时、积分运算无法控制误差、没有插值性等局限性。多结点样条算法能同时满足光滑性、局部性、显式特性和插值性，有其独特的优势，但却失去了 B 样条和 NURBS 所具备的凸包性。综上所述，现有几种代表性的算法特性可比较如表 10-1 所示。每种算法都有自己的特点，我们可根据实际应用选择不同的算法。为了表达曲面更精确复杂的形状和性质，我们面临着一场技术挑战。

表 10-1 曲线曲面造型算法比较

算法名称	光滑性	局部性	显式特性	插值性	统一性	对称性	凸包性	几何不变性
Bézier	✓	×	✓	×	×	✓	✓	✓
B 样条	✓	✓	✓	×	×	✓	✓	✓
NURBS	✓	✓	✓	×	✓	✓	✓	✓
多结点样条	✓	✓	✓	✓	×	✓	×	✓

10.7 OpenGL 中曲线曲面绘制

10.7.1 Bézier 曲线曲面绘制

（1）Bézier 曲线绘制步骤

1）首先通过 glMap1() 函数来定义 Bézier 曲线，函数原型为：

```
void glMap1{fd} (GLenum target, TYPE u1, TYPE u2, GLint stride, GLint order, const
 TYPE *points);
```

其中参数 target 指定控制点所描述的内容，其值如表 10-2 所示，例如空间三维顶点使用常量 GL_Map1_VERTEX_3 表示；参数 u1、u2 表示曲线的参数范围，一般 u1=0,u2=1；参数 stride 表示控制点之间的浮点数或双精度的个数；参数 order 表示曲线方程的次数 +1，即控制点的数目；参数 points 为指向控制点的指针。

表 10-2 target 参数

常量	含义	常量	含义
GL_Map1_VERTEX_3	顶点	GL_Map1_TEXTURE_COORD_1	纹理坐标 s
GL_Map1_VERTEX_4	顶点	GL_Map1_TEXTURE_COORD_2	纹理坐标 s
GL_Map1_INDEX	颜色索引	GL_Map1_TEXTURE_COORD_3	纹理坐标 s
GL_Map1_COLOR_4	RGBA	GL_Map1_TEXTURE_COORD_4	纹理坐标 s
GL_Map1_NORMAL	法向量		

2）通过 glEnable(GL_MAP1_VERTEX_3) 激活 Bézier 曲线。

3）求出 Bézier 曲线上的详细点。通过函数 glEvalCoord1() 求出曲线上的型值点。函数原型为：

```
void glEvalCoord1{fd} (TYPE u)
void glEvalCoord1{fd}v (TYPE *u)
```

其中参数 u 为曲线上任一点的参数。

4）直线段连接求出的型值点并画出 Bézier 曲线，例如：

```
glBegin(GL_LINE_STRIP);
for (i = 0; i <= 100; i++)
    glEvalCoord1f((GLfloat) i/100.0);
glEnd();
```

OpenGL 还提供了更简单的方式来完成上面的任务。我们可以通过 glMapGrid 函数来设置一个网格，告诉 OpenGL 在 u 的值域范围内创建一个包含各个点的空间对称网格。然后，我们调用 glEvalMesh，使用指定的图元 (GL_LINE 或 GL_POINTS) 来连接各个点。我们使用下面两个函数调用：

```
glMapGrid1f(100, 0.0f, 100.0f);
glEvalMesh1(GL_LINE, 0, 100);
```

相当于替换了下面的代码：

```
glBegin(GL_LINE_STRIP);
for (int i = 0; i <= 100; i++)
  {
```

```
    glEvalCoord1f((GLfloat)i);
  }
glEnd();
```

使用这种方式更为紧凑。

glMapGrid 函数原型为：

```
void glMapGrid{f,d} (GLint n,TYPE u1,TYPE u2);
```

参数 n 是等分数，参数 u1 和 u2 为曲线的参数范围。

glEvalMesh1 函数原型为：

```
void glEvalMesh1 (GLenum mode,GLint p1,  GLint p2);
```

Mode 的取值可以是 GL_POINT 或 GL_LINE ，参数 p1、p2 是循环的起始终止点。

通常两个函数一起使用，相当于：

```
glBegin(GL_LINE_STRIP);
        for (i = p1; i <= p2; i++)
            glEvalCoord1f(u1+i*(u2-u1)/n);
    glEnd();
```

（2）Bézier 曲面绘制步骤

1）定义 Bézier 曲面。函数原型为：

```
void glMap2{fd} (GLenum target, TYPE u1, TYPE u2, GLint ustride,GLint uorder, TYPE
v1, TYPE v2, GLint vstride, GLint vorder, const TYPE *points);
```

参数 target 指定曲面控制点所描述的内容，参见表 10-2，只需将 MAP1 改成 MAP2。参数 u1、u2、v1、v2 为曲面的参数范围 (u,v)，一般 u1=0,u2=1,v1=0,v2=1。参数 ustride、vstride 表示 u 和 v 方向控制点之间的浮点数或双精度的个数；参数 uorder、vorder 为 u 和 v 方向的次数 +1，即 u 和 v 方向控制点的数目；points 即指向控制点的指针 ，通常是一个三维数组。

例如，

```
glMap2f(GL_MAP2_VERTEX_3, 0, 1, 3, 4,0, 1, 12, 4, &ctrlpoints[0][0][0]);
```

2）激活 Bézier 曲面：

```
glEnable(GL_MAP2_VERTEX_3);
```

3）求出 Bézier 曲面上的详细点并连成网格画出 Bézier 曲面。求出 Bézier 曲面上 u、v 方向上的详细点函数原型为：

```
void glEvalCoord2{fd} (TYPE u, TYPE v)
void glEvalCoord2{fd}v (TYPE *values)
```

其中参数 u、v 为曲面 u、v 方向的参数，参数 *values 为包含 u、v 值的指针或数组。以下程序段为画出 Bézier 曲面代码示例：

```
for (j=0;j<=10;j++)
{
   glBegin(GL_LINE_STRIP);
        for (i = 0; i <= 50; i++)
            glEvalCoord2f((GLfloat) i/50.0, (GLfloat) j/10.0);
        glEnd();
        glBegin(GL_LINE_STRIP);
        for (i = 0; i <= 50; i++)
```

```
            glEvalCoord2f((GLfloat) j/10.0, (GLfloat) i/50.0);
        glEnd();
}
```

或联合使用 glMapGrid2 和 glEvalMesh2 函数达到绘制曲面目的。

glMapGrid2 函数原型为：

```
void glMapGrid2{f,d} (GLint nu,TYPE u1,TYPE u2, GLint nv,TYPE v1,TYPE v2);
```

参数 nu、nv 表示 *u* 和 *v* 方向的等分数，参数 u1、u2、v1、v2 分别表示曲面 *u*、*v* 方向参数的起始终止范围。

glEvalMesh2 函数原型为：

```
void glEvalMesh2 (GLenum mode,GLint p1,  GLint p2, mode,GLint q1,  GLint q2);
```

参数 mode 的取值可以是 GL_POINT、GL_LINE 或 GL_FILL，表示绘制曲面的类型，参数 p1、p2、q1、q2 表示循环变量的起始终止范围。

两个函数联合一起使用，相当于：

```
glBegin(GL_POINTS);
     for(i=p1;i<=p2;i++)
         for(j=q1;j<=q2;j++)
             glEvalCoord2(u1+i*(u2-u1)/nu,v1+j*(v2-v1)/nv);
glEnd();
```

以下程序为 Bézier 曲线绘制实例，程序运行效果如图 10-20 所示。

```
//Bézier 曲线绘制实例
// win32Test.cpp : Defines the entry point for the application.//
#include "stdafx.h"
#include <glut.h>

// The number of control points for this curve
GLint nNumPoints = 4;

 //control point group1
GLfloat ctrlPoints[4][3]= {{  -4.0f, 0.0f, 0.0f}, // End Point
                           { -6.0f, 4.0f, 0.0f},        // Control Point
                           {  6.0f, -4.0f, 0.0f},       // Control Point
                           {  4.0f, 0.0f, 0.0f }};      // End Point


void ChangeSize(int w, int h);
void DrawPoints(void);
void RenderScene(void);
void SetupRC();

int APIENTRY _tWinMain(HINSTANCE hInstance,
                     HINSTANCE hPrevInstance,
                     LPTSTR    lpCmdLine,
                     int       nCmdShow)
{
     UNREFERENCED_PARAMETER(hPrevInstance);
     UNREFERENCED_PARAMETER(lpCmdLine);
```

```
        char *argv[] = {"hello ", " "};
        int argc = 2;
        glutInit(&argc, argv);                    //初始化GLUT库
        glutInitDisplayMode(GLUT_DOUBLE | GLUT_RGB);  //设置显示模式(缓存,颜色类型)
        glutInitWindowSize(500, 500);
        glutInitWindowPosition(1024 / 2 - 250, 768 / 2 - 250);
        glutCreateWindow("2DBézier Curve");        //创建窗口
        glutReshapeFunc(ChangeSize);
        SetupRC();;
        glutDisplayFunc(RenderScene);             //用于绘制当前窗口
        glutMainLoop();                           //表示开始运行程序,用于程序的结尾
        return 0;
}
void DrawPoints(void)
      {
      int i;                                     // 计数变量

      // 设置点的大小
      glPointSize(5.0f);

      // 循环画控制点
      glBegin(GL_POINTS);
          for(i = 0; i < nNumPoints; i++)
              glVertex2fv(ctrlPoints[i]);
      glEnd();
      }

// 场景控制
void RenderScene(void)
      {
      int i;

      // 清屏
      glClear(GL_COLOR_BUFFER_BIT);

      // 设置Bézier曲线
      glMap1f(GL_MAP1_VERTEX_3,                  // 数据类型
      0.0f,                                      // u的起始值
      100.0f,                                    // u的终止值
      3,                                         // 数据间的距离
      nNumPoints,                                // 控制点数量
      &ctrlPoints[0][0]);                        // 控制点数组

      // 启用求值
      glEnable(GL_MAP1_VERTEX_3);

      // 用折线连曲线
      glBegin(GL_LINE_STRIP);
           for(i = 0; i <= 100; i++)
                {
                // 计算型值点
```

```
                glEvalCoord1f((GLfloat) i);
                }
        glEnd();

        // 替换代码
        // 从 0 到 100 映射一个有 100 个点的网络
        //glMapGrid1d(100,0.0,100.0);

        // 用线求网络
        //glEvalMesh1(GL_LINE,0,100);

        // 画点
        DrawPoints();

        // 刷新
        glutSwapBuffers();
        }

// 初始化设置
void SetupRC()
        {
        // 设背景色
        glClearColor(1.0f, 1.0f, 1.0f, 1.0f );

        // 设置绘图色
        glColor3f(0.0f, 0.0f, 1.0f);
        }

/////////////////////////////////////////
// 设置 2D 投影
void ChangeSize(int w, int h)
        {
        if(h == 0)
                h = 1;

        // 设置视区
        glViewport(0, 0, w, h);
        glMatrixMode(GL_PROJECTION);
        glLoadIdentity();

        gluOrtho2D(-10.0f, 10.0f, -10.0f, 10.0f);

        // 矩阵模式变换
        glMatrixMode(GL_MODELVIEW);
        glLoadIdentity();
        }
```

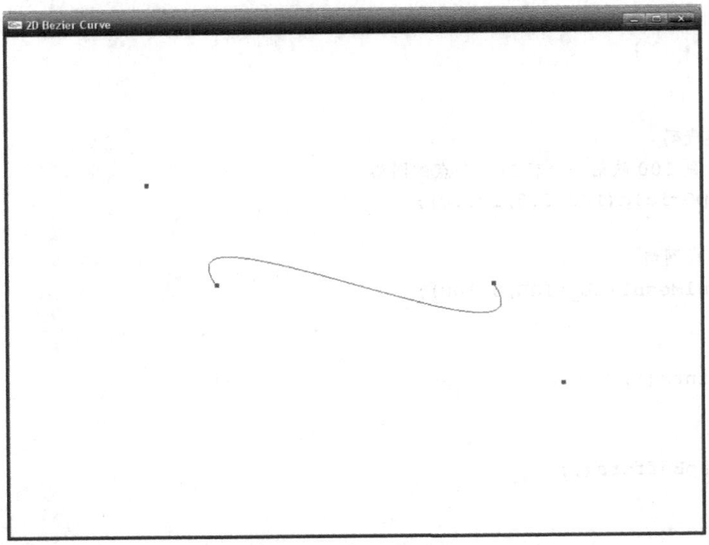

图 10-20 Bézier 程序运行效果

以下程序为 Bézier 曲面绘制实例，程序运行效果如图 10-21 所示，图中 a 为控制点形状，b 为线框形状，c 为光照模式。

```
//Bézier 曲面绘制实例
//BézierSurfacet.cpp //
#include "stdafx.h"
#include <glut.h>
#include <math.h>
#include "Texture.h"
#include <windows.h>

GLuint textureid[1];
float flag=0;
float nNumPoints=4;

GLfloat ctrlpoints[4][4][3] = {
   {{ -1.5, -1.5, 4.0}, { -0.5, -1.5, 2.0},
    {0.5, -1.5, -1.0}, {1.5, -1.5, 2.0}},
   {{ -1.5, -0.5, 1.0}, { -0.5, -0.5, 3.0},
    {0.5, -0.5, 0.0}, {1.5, -0.5, -1.0}},
   {{ -1.5, 0.5, 4.0}, { -0.5, 0.5, 0.0},
    {0.5, 0.5, 3.0}, {1.5, 0.5, 4.0}},
   {{ -1.5, 1.5, -2.0}, { -0.5, 1.5, -2.0},
    {0.5, 1.5, 0.0}, {1.5, 1.5, -1.0}}
};
GLfloat texpts[2][2][2] = {{{0.0, 0.0}, {0.0, 1.0}},
                {{1.0, 0.0}, {1.0, 1.0}}};
float rotatey=0,rotatex=0;

void initlights(void);
void reshape(int w, int h);
void DrawPoints(void);
void display(void);
```

```
void init();
void makeImage(void);
void mymenu(int value);

int APIENTRY _tWinMain(HINSTANCE hInstance,
                    HINSTANCE hPrevInstance,
                    LPTSTR    lpCmdLine,
                    int       nCmdShow)
{
    UNREFERENCED_PARAMETER(hPrevInstance);
    UNREFERENCED_PARAMETER(lpCmdLine);
    char *argv[] = {"hello ", " "};
    int argc = 2;

    glutInit(&argc, argv);    // 初始化 GLUT 库
    glutInitDisplayMode(GLUT_DOUBLE | GLUT_RGB);    // 设置显示模式（缓存，颜色类型）
    glutInitWindowSize(500, 500);
    glutInitWindowPosition(1024 / 2 - 250, 768 / 2 - 250);
    glutCreateWindow("Bézier Surface");  // 创建窗口
    init();;
    glutDisplayFunc(display);  // 用于绘制当前窗口
    glutCreateMenu(mymenu);
    glutAddMenuEntry("Surface Show-Control Points",0);
    glutAddMenuEntry("Surface Show-Mesh",1);
    glutAddMenuEntry("Surface Show-Fill Mode under Light & Material",2);
    glutAddMenuEntry("Surface Show-Design Picture",3);
    glutAddMenuEntry("Surface Show-Image Texture",4);
    glutAttachMenu(GLUT_RIGHT_BUTTON);
    glutReshapeFunc(reshape);
    glutMainLoop();    // 表示开始运行程序，用于程序的结尾

    return 0;
}

void initlights(void)
{
   GLfloat ambient[] = {0.2, 0.2, 0.2, 1.0};
   GLfloat position[] = {0.0, 0.0, 2.0, 1.0};
   GLfloat mat_diffuse[] = {0.6, 0.6, 0.6, 1.0};
   GLfloat mat_specular[] = {1.0, 1.0, 1.0, 1.0};
   GLfloat mat_shininess[] = {50.0};

   glEnable(GL_LIGHTING);
   glEnable(GL_LIGHT0);

   glLightfv(GL_LIGHT0, GL_AMBIENT, ambient);
   glLightfv(GL_LIGHT0, GL_POSITION, position);

   glMaterialfv(GL_FRONT, GL_DIFFUSE, mat_diffuse);
   glMaterialfv(GL_FRONT, GL_SPECULAR, mat_specular);
   glMaterialfv(GL_FRONT, GL_SHININESS, mat_shininess);
}
```

```
// 画控制点
    {
    int i,j;        // 计数变量

    // 点的大小
    glPointSize(5.0f);

    // 循环画控制点
    glBegin(GL_POINTS);
    for(i = 0; i < nNumPoints; i++)
        for(j = 0; j < 3; j++)
               glVertex3fv(ctrlpoints[i][j]);
    glEnd();
    }

void display(void)
{
   glClear(GL_COLOR_BUFFER_BIT | GL_DEPTH_BUFFER_BIT);
   glColor3f(1.0, 1.0, 1.0);
   glMatrixMode(GL_MODELVIEW);
   glLoadIdentity();

 if (flag==0)
 {
    glDisable(GL_LIGHTING);
   DrawPoints();
 }
 if (flag==1)  {
    glDisable(GL_LIGHTING);
    glEvalMesh2(GL_LINE, 0, 20, 0, 20);
 }
 if (flag==2)
 {
    initlights();
    // glDisable(GL_TEXTURE_2D);
    glEvalMesh2(GL_FILL, 0, 20, 0, 20);
 }
    // glFlush();
    glutSwapBuffers();

}

void init(void)
{
   glMap2f(GL_MAP2_VERTEX_3, 0, 1, 3, 4,
           0, 1, 12, 4, &ctrlpoints[0][0][0]);
   glMap2f(GL_MAP2_TEXTURE_COORD_2, 0, 1, 2, 2,
           0, 1, 4, 2, &texpts[0][0][0]);
   glEnable(GL_MAP2_TEXTURE_COORD_2);
   glEnable(GL_MAP2_VERTEX_3);
   glMapGrid2f(20, 0.0, 1.0, 20, 0.0, 1.0);
   glEnable(GL_DEPTH_TEST);
   glShadeModel  (GL_SMOOTH);
```

```
}

void reshape(int w, int h)
{
   glViewport(0, 0, (GLsizei) w, (GLsizei) h);
   glMatrixMode(GL_PROJECTION);
   glLoadIdentity();
   if (w <= h)
      glOrtho(-4.0, 4.0, -4.0*(GLfloat)h/(GLfloat)w,
               4.0*(GLfloat)h/(GLfloat)w, -4.0, 4.0);
   else
      glOrtho(-4.0*(GLfloat)w/(GLfloat)h,
               4.0*(GLfloat)w/(GLfloat)h, -4.0, 4.0, -4.0, 4.0);
   glMatrixMode(GL_MODELVIEW);
   glLoadIdentity();
}

void mymenu(int value)
{
      flag=value;
      glutPostRedisplay();
}
```

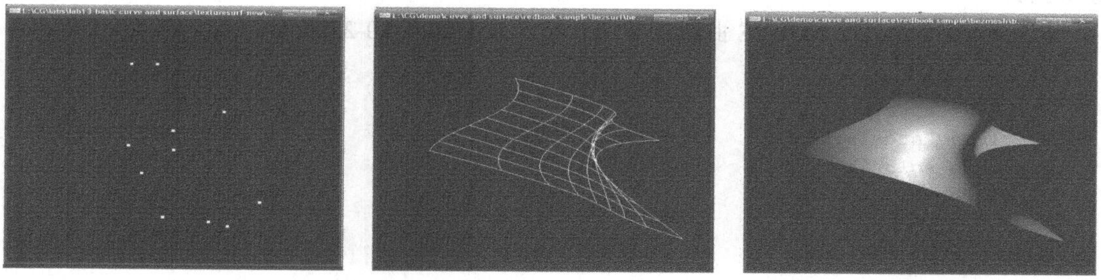

a) b) c)

图 10-21 Bézier 曲面

10.7.2 NURBS 曲线曲面绘制

1. NURBS 曲线绘制

（1）创建 NURBS 曲面对象

```
GLUnurbsObj *theNurb;                     // 声明 NURBS 对象
theNurb = gluNewNurbsRenderer();          // 创建 NURBS 对象 theNurb
```

（2）设置 NURBS 曲线属性

设置 NURBS 曲线属性的函数原型为：

```
void gluNurbsProperty(GLUnurbsObj* nobj, GLenum property, GLfloat value)
```

其中参数 nobj 为指向 NURBS 对象的指针，参数 property 为需设置的属性，参数 value 设置指定属性 property 的值，参数 property 和 value 的名称、含义和可选值参见表 10-3。

表 10-3　参数 property 和 value 名称、含义和可选值

属性名称	含义	可选值及说明
GLU_AUTO_LOAD_MATRIX	是否调用投影矩阵	TRUE/FALSE
GLU_CULLING	是否裁剪	TRUE/FALSE
GLU_DISPLAY_MODE	显示模式	GLU_FILL/ GLU_OUTLINE_POLYGON/ GLU_OUTLINE_PATCH
GLU_SAMPLING_TOLERANCE	采样长度	整数，以像素为单位

（3）NURBS 曲线定义和绘制

进行 NURBS 曲线绘制首先要使用函数 gluBeginSurface(nobj) 定义 NURBS 曲线，函数返回值为 void，参数 GLUnurbsObj* nobj 为指向 NURBS 对象的指针。

中间使用函数 gluNurbsCurve 定义并绘制曲面，其函数原型为：

```
void gluNurbsCurve（GLUnurbsObj *nobj, GLint nknots, GLfloat *knot, Glint stride,
GLfloat *ctlarray, GLint order, GLenum type）
```

其中 nobj 为指向 NURBS 对象的指针；nknots 为结点数，结点数等于控制点数加上阶数。knot 为 nknots 数组非递减结点值；stride 为相邻控制点的偏移量；ctlarray 为指向 NURBS 的控制点数组的指针；order 为 NURBS 曲线的阶数，阶数比维数大 1；type 为曲线的类型。

最后以 gluBeginCurve(nobj) 结束绘制。函数返回值为 void，参数 nobj 为指向 NURBS 对象的指针。

以下程序段为实现 NURBS 曲线的实例，运行效果如图 10-22 所示。

```
//NURBS 曲线绘制
//NURBS Curve.cpp //
#include "stdafx.h"
#include <glut.h>
#include <windows.h>

GLUnurbsObj *theNurb;

GLfloat ctrlpoints[12][3] = {{4,0,0},{2.828,2.828,0},{0,4,0},{-2.828,2.828,0},
{-4,0,0},{-2.828,-2.828,0},{0,-4,0},{2.828,-2.828,0},
{4,0,0},{2.828,2.828,0},{0,4,0},{2.828,2.828,0}};// 控制点

GLfloat color[12][3]={{1.0,0.0,0.0},{1.0,1.0,0.0},{0.0,1.0,0.0},{-1.0,1.0,0.0},
{-1.0,0.0,0.0},{-1.0,-1.0,0.0},{0.0,-1.0,0.0},{1.0,-1.0,0.0},
{1.0,0.0,0.0},{1.0,1.0,0.0},{0.0,1.0,0.0},{1.0,1.0,0.0}};

GLfloat knots[15] = {1,2,3,4,5,6,7,8,9,10,11,12,13,14,15};

int APIENTRY _tWinMain(HINSTANCE hInstance,
                       HINSTANCE hPrevInstance,
                       LPTSTR    lpCmdLine,
                       int       nCmdShow)
{
    UNREFERENCED_PARAMETER(hPrevInstance);
    UNREFERENCED_PARAMETER(lpCmdLine);
    char *argv[] = {"hello ", " "};
    int argc = 2;
```

```
    glutInit(&argc, argv);              //初始化GLUT库
    glutInitDisplayMode(GLUT_DOUBLE | GLUT_RGB);    //设置显示模式(缓存，颜色类型)
    glutInitWindowSize(500, 500);
    glutInitWindowPosition(1024 / 2 - 250, 768 / 2 - 250);
    glutCreateWindow("NURBS Curve");    //创建窗口
    myInit();
    glutDisplayFunc(myDisplay);         //用于绘制当前窗口
    glutReshapeFunc(myReshape);
    glutMainLoop();                     //表示开始运行程序，用于程序的结尾
    return 0;
}

void myInit(void)
{
glClearColor(1.0,1.0,1.0,0.0);          //设置背景色
theNurb = gluNewNurbsRenderer();        //创建NURBS对象theNurb
gluNurbsProperty(theNurb,GLU_SAMPLING_TOLERANCE,10);
}

/*绘制曲线*/
void  myDisplay(void)
{
int i;

glClear(GL_COLOR_BUFFER_BIT|GL_DEPTH_BUFFER_BIT);
glColor3f(0.0,0.0,0.0);
glLineWidth(3.0);

/*绘制曲线*/
gluBeginCurve(theNurb);
gluNurbsCurve(theNurb,15,knots,3,&ctrlpoints[0][0],3,GL_MAP1_VERTEX_3);
gluNurbsCurve(theNurb,15,color,3,&ctrlpoints[0][0],3,GL_MAP1_COLOR_4);
gluEndCurve(theNurb);

/*绘制点*/
glColor3f(1.0,0.0,0.0);
glPointSize(5.0);
glBegin(GL_POINTS);
for(i = 0;i < 8;i++)
glVertex2fv(&ctrlpoints[i][0]);
glEnd();

glutSwapBuffers();
}

void  myReshape(GLsizei w,GLsizei h)
{
glViewport(0,0,w,h);
glMatrixMode(GL_PROJECTION);
glLoadIdentity();

if(w <=h)
glOrtho(-10.0,10.0,-10.0*(GLfloat)h/(GLfloat)w,10.0*(GLfloat)h/(GLfloat)w,-10.0,10.0);
else
```

```
glOrtho(-10.0*(GLfloat)w/(GLfloat)h,10.0*(GLfloat)w/(GLfloat)h,-10.0,10.0,-10.0,10.0);

glMatrixMode(GL_MODELVIEW);
glLoadIdentity();
glTranslatef(0.0,0.0,-9.0);
}
```

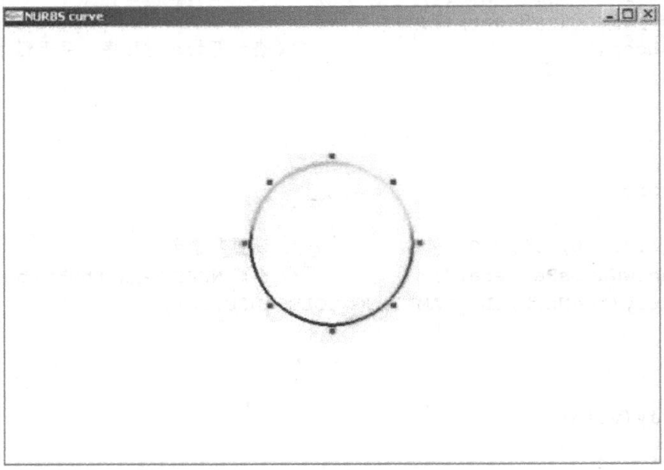

图 10-22 NURBS 曲线运行效果

2. NURBS 曲面绘制

NURBS 曲面绘制步骤如下。

（1）创建 NURBS 曲面对象

```
GLUnurbsObj *theNurb1;  //声明 NURBS 对象
theNurb1 = gluNewNurbsRenderer();// 创建 NURBS 对象 theNurb1
```

（2）设置 NURBS 曲面属性

设置 NURBS 曲面属性的函数原型为：

```
void gluNurbsProperty(GLUnurbsObj* nobj, GLenum property, GLfloat value)
```

其中参数 nobj 为指向 NURBS 对象的指针，参数 property 为需设置的属性，参数 value 设置指定属性 property 的值，参数 property 和 value 的名称、含义和可选值参见表 10-3。

（3）定义并绘制 NURBS 曲面

首先由 gluBeginSurface(nobj) 开始定义，返回值为 void，参数 nobj 为指向 NURBS 对象的指针。

中间使用函数 gluNurbsSurface 定义形状并绘制 NURBS 曲面，函数原型为：

```
void gluNurbsSurface(GLUnurbsObj *nobj, Glint uknot_count, GLfloat *uknot ,GLfloat
vknot_count, GLfloat *vknot, Glint u_stride, Glint v_stride, GLfloat *ctlarry,
GLint uorder, GLint vorder,GLenum type);
```

其中参数 nobj 为指向 NURBS 对象的指针；uknot_count 参数化 u 方向上的结点数；uknot 为参数化 u 方向上的非递减结点值；vknot_count 为参数化 u 方向上的结点数；vknot 为参数化 v 方向上的非递减结点值；u_stride 为在 ctlarry 中参数化 u 方向上相邻控制点的偏移量；v_stride 为在 ctlarry 中参数化 v 方向上相邻控制点的偏移量；ctlarry 为 NURBS 的控制点数

组；uorder 为参数化 u 方向上 NURBS 的阶数，阶数比维数大 1；vorder 为参数化 v 方向上 NURBS 的阶数，阶数比维数大 1；type 为曲面类型。

最后以 gluEndSurface(nobj) 结束定义，返回值为 void，参数 nobj 为指向 NURBS 对象的指针。

以下程序为绘制两个相同形状的 NURBS 曲面，不同之处是一个为线框式，一个是由实多边形组成。运行后可以看到其中的区别，如图 10-23 所示。

```
//NURBS 曲面绘制
#include <windows.h>
#include <glut.h>
GLUnurbsObj *theNurb1;
GLUnurbsObj *theNurb2;

GLfloat ctrlpoints[5][5][3] = {{{-3,0.5,0},{-1,1.5,0},{-2,2,0},{1,-1,0},{-5,0,0}},
{{-3,0.5,-1},{-1,1.5,-1},{-2,2,-1},{1,-1,-1},{-5,0,-1}},
{{-3,0.5,-2},{-1,1.5,-2},{-2,2,-2},{1,-1,-2},{-5,0,-2}},
{{-3,0.5,-3},{-1,1.5,-3},{-2,2,-3},{1,-1,-3},{-5,0,-3}},
{{-3,0.5,-4},{-1,1.5,-4},{-2,2,-4},{1,-1,-4},{-5,0,-4}}};// 控制点

GLfloat mat_diffuse[] = {1.0,0.5,0.1,1.0};
GLfloat mat_specular[] = {1.0,1.0,1.0,1.0};
GLfloat mat_shininess[] = {100.0};
GLfloat light_position[] = {0.0,-10.0,0.0,1.0};

int APIENTRY _tWinMain(HINSTANCE hInstance,
                     HINSTANCE hPrevInstance,
                     LPTSTR    lpCmdLine,
                     int       nCmdShow)
{
    UNREFERENCED_PARAMETER(hPrevInstance);
    UNREFERENCED_PARAMETER(lpCmdLine);
    char *argv[] = {"hello ", " "};
    int argc = 2;
/* 初始化 */
glutInit(&argc,argv);
glutInitDisplayMode(GLUT_DOUBLE|GLUT_RGB|GLUT_DEPTH);
glutInitWindowSize(600,400);
glutInitWindowPosition(200,200);

/* 创建窗口 */
glutCreateWindow("NURBS surface");

/* 绘制与显示 */
myInit();
glutKeyboardFunc(myKey);
glutReshapeFunc(myReshape);
glutDisplayFunc(myDisplay);

/* 进入 GLUT 事件处理循环 */
glutMainLoop();
return(0);
}

void myInit(void)
```

```
{
glClearColor(1.0,1.0,1.0,0.0);                          //设置背景色

/* 为光照模型指定材质参数 */
glMaterialfv(GL_FRONT,GL_DIFFUSE,mat_diffuse);
glMaterialfv(GL_FRONT,GL_SPECULAR,mat_specular);
glMaterialfv(GL_FRONT,GL_SHININESS,mat_shininess);

glLightfv(GL_FRONT,GL_POSITION,light_position);  //设置光源参数
glLightModeli(GL_LIGHT_MODEL_TWO_SIDE,GL_TRUE);  //设置光照模型参数

/* 激活光照 */
glEnable(GL_LIGHTING);
glEnable(GL_LIGHT0);

glDepthFunc(GL_LEQUAL);
glEnable(GL_DEPTH_TEST);
glEnable(GL_LEQUAL);
glEnable(GL_AUTO_NORMAL);
glEnable(GL_NORMALIZE);

/* 设置特殊效果 */
glBlendFunc(GL_SRC_ALPHA,GL_ONE_MINUS_SRC_ALPHA);
glHint(GL_LINE_SMOOTH_HINT,GL_DONT_CARE);
glEnable(GL_BLEND);

glFrontFace(GL_CW);
glShadeModel(GL_SMOOTH);
glEnable(GL_LINE_SMOOTH);

theNurb1 = gluNewNurbsRenderer();                    //创建 NURBS 对象 theNurb1
gluNurbsProperty(theNurb1,GLU_SAMPLING_TOLERANCE,25.0);
gluNurbsProperty(theNurb1,GLU_DISPLAY_MODE,GLU_OUTLINE_POLYGON);

theNurb2 = gluNewNurbsRenderer();                    //创建 NURBS 对象 theNurb2
gluNurbsProperty(theNurb2,GLU_SAMPLING_TOLERANCE,25.0);
gluNurbsProperty(theNurb2,GLU_DISPLAY_MODE,GLU_FILL);
}

int spin = 0;

/* 接收键盘指令 */
static void myKey(unsigned char key,int x,int y)
{
switch(key)
{
case'd':
spin = spin + 1;
glRotatef(spin,1.0,1.0,0.0);
glutPostRedisplay();
break;
case 27:
exit(0);
default:
break;
}
```

```
}

/* 绘制曲面 */
void myDisplay(void)
{
GLfloat knots[10] = {0.0,0.0,0.0,0.0,0.0,1.0,1.0,1.0,1.0,1.0};

glClear(GL_COLOR_BUFFER_BIT|GL_DEPTH_BUFFER_BIT);
glRotatef(50.0,1.0,1.0,0.0);

/* 第一个曲面 */
glPushMatrix();
glTranslatef(1.0,0.0,0.0);
gluBeginSurface(theNurb1);
/* 定义曲面形状 */
gluNurbsSurface(theNurb1,10,knots,10,knots,5*3,3,&ctrlpoints[0][0][0],5,5,
GL_MAP2_VERTEX_3);
gluEndSurface(theNurb1);
glPopMatrix();

/* 第二个曲面 */
glPushMatrix();
glTranslatef(7.0,0.0,0.0);
gluBeginSurface(theNurb2);
/* 定义曲面形状 */
gluNurbsSurface(theNurb2,10,knots,10,knots,5*3,3,&ctrlpoints[0][0][0],5,5,
GL_MAP2_VERTEX_3);
gluEndSurface(theNurb2);
glPopMatrix();

glutSwapBuffers();
}

void myReshape(GLsizei w,GLsizei h)
{
glViewport(0,0,w,h);
glMatrixMode(GL_PROJECTION);
glLoadIdentity();
gluPerspective(50.0,(GLfloat)w/(GLfloat)h,1.0,15.0);
glMatrixMode(GL_MODELVIEW);
glLoadIdentity();
glTranslatef(0.0,0.0,-9.0);
}
```

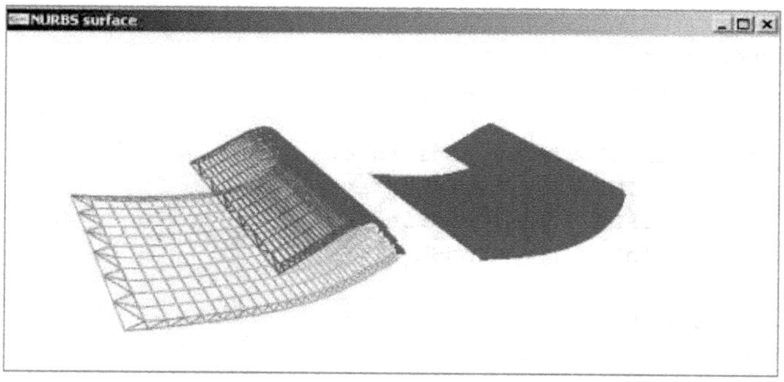

图 10-23　NURBS 曲面

10.7.3 控制点基函数曲线曲面绘制

OpenGL 只提供了 Bézier 曲线曲面和 NURBS 曲线曲面的专用绘制方法，其他如 B 样条、多结点样条等曲线曲面将如何绘制？本节讨论只要给定一组控制点和基函数，就能绘制出曲线曲面，控制点基函数曲线曲面绘制的步骤如下：

1）定义控制点数组。

2）定义基函数。

3）确定曲线曲面的等分数。

4）根据曲线曲面参数方程的定义，通过循环等分数，计算曲线曲面上的细节型值点。

5）通过线段或三角面片的形式将这些型值点连接成折线或三角网格。

下面以多结点样条曲线曲面为例，给出利用该方法绘制曲线曲面的程序实例。

- 多结点样条曲线绘制程序

```
//CurveShow.cpp
#include "stdafx.h"
#include <math.h>
#include <glut.h>
#include <stdio.h>

float rotX=0,rotZ=0;
GLint interval=1;
float m_location[129][3];

float ctrlpts[10][3]={{20,20,20},{20,0,30},{0,0,40},{0,30,50},{30,30,60},{30,0,70},
{0,0,80},{0,40,90},{50,50,100},{50,0,110}};

float nt=9;
int nx;
float x,y,z;

void curvedata();
void writenq();
float  ManyKnotBase3( float ymid);
float BSplineBase3(float x);
void ManyKnotCurve(float t, float (* ff)[3]);
void myidle();
void Draw(void);
void Reshape(int w, int h);
void myidle();
void Init();
void Key(unsigned char key, int x, int y);
void SpecialKey(int key, int x, int y);

int APIENTRY _tWinMain(HINSTANCE hInstance,
                     HINSTANCE hPrevInstance,
                     LPTSTR    lpCmdLine,
                     int       nCmdShow)
{
    UNREFERENCED_PARAMETER(hPrevInstance);
    UNREFERENCED_PARAMETER(lpCmdLine);
```

```
    char *argv[] = {"hello ", " "};
    int argc = 2;

    glutInit(&argc, argv);                          // 初始化 GLUT 库
    glutInitDisplayMode(GLUT_DOUBLE | GLUT_RGB); // 设置显示模式（缓存，颜色类型）
    glutInitWindowSize(500, 500);
    glutInitWindowPosition(1024 / 2 - 250, 768 / 2 - 250);
    glutCreateWindow(" 曲线绘制程序 ");              // 创建窗口，标题为“曲线绘制程序”
    glutReshapeFunc(Reshape);
    Init();
    glutDisplayFunc(Draw);                          // 用于绘制当前窗口
    glutKeyboardFunc(Key);
    glutSpecialFunc(SpecialKey);
    glutIdleFunc(myidle);
    glutMainLoop();                                 // 表示开始运行程序，用于程序的结尾
    return 0;
}

void Init(void)
{

     glClearColor(0,0,0,1);
     glColor3f (1,1,1);
glLineWidth(5.0);
glPointSize(6.0);
   curvedata();
}

void Reshape(int width, int height)
{
    glMatrixMode(GL_PROJECTION);
    glLoadIdentity();
    glViewport(0, 0, width, height);
    gluPerspective(90,width/height,2,2000);
    glMatrixMode(GL_MODELVIEW);
    glLoadIdentity();
}

void Key(unsigned char key, int x, int y)
{

     switch (key)
     {
     case  65:
     case  97:
     interval=interval+1;
     interval=interval%10;
     if (interval==0)
        interval++;
        glutPostRedisplay();
        break;
     case 27:
       exit(0);
    }
}
```

```
/*static*/ void SpecialKey(int key, int x, int y)
{

    switch (key) {
    case GLUT_KEY_DOWN:
      rotX -= 5;
      glutPostRedisplay();
      break;
    case GLUT_KEY_UP:
      rotX += 5;
      glutPostRedisplay();
      break;
    case GLUT_KEY_LEFT:
      rotZ -= 5;
      glutPostRedisplay();
      break;
    case GLUT_KEY_RIGHT:
      rotZ += 5;
      glutPostRedisplay();
      break;
    }
}

void Draw(void)
{
     glClear (GL_COLOR_BUFFER_BIT );
     glMatrixMode(GL_MODELVIEW);
     glLoadIdentity();

     gluLookAt(50,100,100,0,0,0,0,1,0);

     glRotatef(rotZ, 0, 1, 0);
     glRotatef(rotX, 1, 0, 0);
      for(int i=0;i<=nx-2*interval;i=i+interval)
     {
     glBegin(GL_LINE_STRIP);
        glVertex3f(m_location[i][0],m_location[i][1],m_location[i][2]);
     glVertex3f(m_location[i+interval][0],m_location[i+interval][1],
     m_location[i+interval][2]);

     glEnd();
     }

    glColor3f(0,0,1);
    for (int i=0; i<=9;i++)
    {
    glBegin(GL_POINTS);
      glVertex3f(ctrlpts[i][0],ctrlpts[i][1],ctrlpts[i][2]);
    glEnd();
    }


  glutSwapBuffers();
```

```
}

void myidle()
{
     rotZ+=0.2;
     rotX+=0.2;

  if (rotZ>=360) rotZ=0;
  if (rotX>=360) rotX=0;

  glutPostRedisplay();

}

void curvedata()
{
  float t;


 int i=0;

   for(t=0;t<=nt;t+=0.1)
   {
     ManyKnotCurve(t,  ctrlpts);
     m_location[i][0]=x;
     m_location[i][1]=y;
     m_location[i][2]=z;
     i++;
   }

  nx=i;

}

float BSplineBase3(float x)
{
   float x0,ymid, part1, part2;

   if (x<0) x0=-x;
   else x0=x;

   part1=2.0-x0;

   if (part1<0) part1=0;
   part2=1.0-x0;
   if (part2<0) part2=0;
   ymid=(float)(pow((double)part1,3)-4.0*pow((double)part2,3))/6.0;
    return ymid;
}

float  ManyKnotBase3( float ymid)
{
   float y, part1,part2,part3;
    part1=BSplineBase3(ymid);
    part2=BSplineBase3(ymid+0.5)+BSplineBase3(ymid-0.5);
    part3=BSplineBase3(ymid+1.0)+BSplineBase3(ymid-1.0);
```

```
    y=10.0*part1/3.0-4.0*part2/3.0+part3/6.0;
    return y;
}


void ManyKnotCurve(float t, float (* ff)[3])
{

   float ym;
   int jj, jj0;
   float tmp;
   x=0;
   y=0;
   z=0;

   for(jj=(int)t-2;jj<=(int)t+3;jj++)
   {

      if (jj<0) jj0=0;
      else if (jj>9) jj0=9;
      else jj0=jj;

      ym=ManyKnotBase3(t-jj);

      tmp=*(*(ff+jj0));
      tmp=*(*(ff+jj0)+1);
      tmp=*(*(ff+jj0)+2);

      x=x+*(*(ff+jj0)+0)*ym;
      y=y+*(*(ff+jj0)+1)*ym;
      z=z+*(*(ff+jj0)+2)*ym;

   }
}
```

- 多结点样条曲面绘制程序

```
//SurfaceShow.cpp
#include "stdafx.h"
#include <math.h>
#include <glut.h>
#include <stdio.h>
#include "Texture.h"

GLuint textureid[1];                //纹理 id
GLint rotX = -65, rotZ = 90;        //旋转角
#define K1 6                        //控制点数量
#define K2 6                        //控制点数量
#define W 1000                      //数组宽度
#define H 1000                      //数组高度

float wx,wy,wz;

//控制点
float ctrlpts[K1][K2][3]={
```

```
    {{20,20,20},{50,20,20},{80,20,20},{110,20,20},{140,20,20},{170,20,20}},
    {{20,50,20},{50,40,20},{80,40,20},{110,60,20},{135,60,20},{170,50,20}},
    {{20,80,20},{55,85,20},{75,75,20},{115,85,20},{135,77,20},{170,80,20}},
    {{20,110,20},{40,115,20},{85,125,20},{110,120,20},{120,130,20},{170,110,20}},
    {{20,140,20},{34,128,20},{88,144,20},{118,156,20},{156,148,20},{170,140,20}},
    {{20,170,20},{50,170,20},{80,170,20},{110,170,20},{140,170,20},{170,170,20}}
};

//网格点
float m_location[W][H][3];
float prectrlpts[K1+4][K2+4][3];
GLint m_drawmode=0,m_texmode=0;
float rotatex=0,rotatey=0;
int nu,nv;                          //参数u和v数量

struct cvPoint                      //点结构
{
    float x, y, z;                  //点的坐标
};

void myidle();
void vect_mult(struct cvPoint *A, struct cvPoint *B, struct cvPoint *C);
void Init();
void Reshape(int w, int h);
void Key(unsigned char key, int x, int y);
void Draw();
void myidle();
void preprocess();
void surfdata();
float BSplineBase3(float x);
float  ManyKnotBase3( float ymid);
void ManyKnotSurf(float u,float v,float  (* ff)[K2+4][3]);


int APIENTRY _tWinMain(HINSTANCE hInstance,
                    HINSTANCE hPrevInstance,
                    LPTSTR   lpCmdLine,
                    int      nCmdShow)
{
    UNREFERENCED_PARAMETER(hPrevInstance);
    UNREFERENCED_PARAMETER(lpCmdLine);

    char *argv[] = {"hello ", " "};
    int argc = 2;

    glutInit(&argc, argv);                              //初始化GLUT库
    glutInitDisplayMode(GLUT_DOUBLE | GLUT_RGB);        //设置显示模式(缓存，颜色类型)
    glutInitWindowSize(500, 500);
    glutInitWindowPosition(1024 / 2 - 250, 768 / 2 - 250);
    glutCreateWindow("曲面绘制");                       //创建窗口，标题为“曲面绘制”
     glutReshapeFunc(Reshape);
    Init();
    glutDisplayFunc(Draw);                              //用于绘制当前窗口
     glutKeyboardFunc(Key);
    glutIdleFunc(myidle);
```

```
    glutMainLoop();                              // 表示开始运行程序，用于程序的结尾

    return 0;
}

// 矢量相乘 C = A×B
void vect_mult(struct cvPoint *A, struct cvPoint *B, struct cvPoint *C)
{
    C->x = A->y*B->z - A->z*B->y;
    C->y = A->z*B->x - A->x*B->z;
    C->z = A->x*B->y - A->y*B->x;
}


void Init(void)
{

            glClearColor(1.0,1.0,1.0,1.0);

            glColor3f(1,0,0);
   glClearColor(1,1,1,1);


// 光源1位置
     GLfloat light_position1[]={340,340,-340,0.0};
     //    GLfloat light_position1[]={0,0,0,0.0};
     GLfloat light_position2[]={-340,-340, 340,0.0};

     // 光源1颜色
     GLfloat light_ambient1[]={1.0,1.0,0.4,1.0};
     GLfloat light_diffuse1[]={1.0,1.0,0.4,1.0};
     GLfloat light_specular1[]={1.0,1.0,0.4,1.0};

     // 光源2颜色
     GLfloat light_ambient2[]={0.7,1.0,0.4,1.0};
     GLfloat light_diffuse2[]={0.4,1.0,0.7,1.0};
     GLfloat light_specular2[]={0.6,1.0,0.5,1.0};

     // 全局光模式
     GLfloat lmodel_ambient[]={0.2,0.2,1.0,1.0};
     glLightModelfv(GL_LIGHT_MODEL_AMBIENT, lmodel_ambient);
     glLightModeli(GL_LIGHT_MODEL_LOCAL_VIEWER,GL_TRUE);


     // 光源1位置
     glLightfv(GL_LIGHT0,GL_POSITION,light_position1);
     glLightfv(GL_LIGHT1,GL_POSITION,light_position2);

     // 光源1颜色
     glLightfv(GL_LIGHT0,GL_AMBIENT,light_ambient1);
     glLightfv(GL_LIGHT0,GL_DIFFUSE,light_diffuse1);
     glLightfv(GL_LIGHT0,GL_SPECULAR,light_specular1);

     // 光源2颜色
```

```
        glLightfv(GL_LIGHT1,GL_AMBIENT,light_ambient2);
        glLightfv(GL_LIGHT1,GL_DIFFUSE,light_diffuse2);
        glLightfv(GL_LIGHT1,GL_SPECULAR,light_specular2);

  /*
        //材质与颜色相匹配
        glEnable(GL_COLOR_MATERIAL);
        glColorMaterial(GL_FRONT,GL_AMBIENT_AND_DIFFUSE);

  */


        //启用光源
        glEnable(GL_LIGHTING);
        glEnable(GL_LIGHT0);
        glEnable(GL_LIGHT1);

        //颜色模式
        glShadeModel(GL_SMOOTH);
        // glShadeModel(GL_FLAT);


        GLfloat mat_specular1[]={1.0,1.0,1.0,1.0};
        GLfloat mat_shininess1[]={80.0};
        glMaterialfv(GL_FRONT,GL_SPECULAR,mat_specular1);
        glMaterialfv(GL_FRONT,GL_SHININESS,mat_shininess1);
                  BuildTexture("smile.jpg", textureid[0]);
             glEnable(GL_DEPTH_TEST);
        glEnable(GL_NORMALIZE);
        glShadeModel(GL_SMOOTH);
        //glShadeModel(GL_FLAT);

              preprocess();
              surfdata();

 }


  void Reshape(int w, int h)
 {
        glViewport(0,0,(GLsizei)w,(GLsizei)h);
        glMatrixMode(GL_PROJECTION);
        glLoadIdentity();

        gluPerspective(30,(float)w/(float)h,1,2000);   //透视投影
        glViewport(0,0,w,h);
        glMatrixMode(GL_MODELVIEW);
 }

 void Key(unsigned char key, int x, int y)
 {

        switch (key) {
        case  83:
        case  115:
```

```
    m_drawmode++;
    m_drawmode=m_drawmode%2;
    glutPostRedisplay();
    break;

    case 84:
    case 116:
    m_texmode++;
    m_texmode=m_texmode%2;
    glutPostRedisplay();

    break;
    case 27:
    exit(0);
    }
}


void Draw(void)
{

    cvPoint  a, b, c;

    glClear (GL_COLOR_BUFFER_BIT | GL_DEPTH_BUFFER_BIT);
    glMatrixMode(GL_MODELVIEW);
    glLoadIdentity();
    gluLookAt(780,180,100,50,50,100,0,1,0);  //设置观察点
    glRotatef(rotatey,0,1,0);  //绕 y 轴旋转
    glRotatef(rotatex,1,0,0);  //绕 x 轴旋转

/*
    glHint(GL_PERSPECTIVE_CORRECTION_HINT, GL_FASTEST);
    glDepthFunc(GL_LESS);
*/

//  glPushMatrix();

    glBindTexture(GL_TEXTURE_2D, textureid[0]);
    glEnable(GL_TEXTURE_2D);

    if (m_drawmode ==1)
    glPolygonMode(GL_FRONT_AND_BACK,GL_LINE);
    else
    glPolygonMode(GL_FRONT_AND_BACK,GL_FILL);

    if (m_texmode ==0)
        glEnable(GL_TEXTURE_2D);
    else
        glDisable(GL_TEXTURE_2D);

           for(int i=0;i<nu-1;i++)
             {
                  for(int j=0;j<nv-1;j++)
               {
                        glBegin(GL_TRIANGLE_FAN);
```

```
                              // 计算矢量A
                              a.x = m_location[i][j][0]-m_location[i-11][j][0];
                              a.y = m_location[i][j][1]-m_location[i-11][j][1];
                              a.z = m_location[i][j][2]-m_location[i-11][j][2];


                             // 计算矢量B
                              b.x = m_location[i][j+1][0]-m_location[i][j][0];
                              b.y = m_location[i][j+11][1]-m_location[i][j][1];
                              b.z = m_location[i][j+1][2]-m_location[i][j][2];

                              // 计算矢量C = A×B
                        vect_mult(&a, &b, &c);
                        glNormal3f(c.x, c.y, c.z);

                        glTexCoord3f((float)j/(float)nu,(float)i/(float)nv,0);
glVertex3f(m_location[i][j][0],m_location[i][j][1],m_location[i][j][2]);
                        glTexCoord3f((float)(j)/(float)nu,(float)(i+1)/(float)nv,0);
glVertex3f(m_location[i+11][j][0],m_location[i+1][j][1],m_location[i+1][j][2]);
                        glTexCoord3f((float)(j+1)/(float)nu,(float)(i+1)/(float)nv,0);
glVertex3f(m_location[i+1][j+1][0],m_location[i+1][j+1][1],m_location[i+1][j+1][2]);
                        glTexCoord3f((float)(j+1)/(float)nu,(float)(i)/(float)nv,0);
glVertex3f(m_location[i][j+1][0],m_location[i][j+1][1],m_location[i][j+1][2]);
                         glEnd();
                        }
          }
   glDisable (GL_TEXTURE_2D);
   glutSwapBuffers();
   // glPopMatrix();
}


void preprocess()
{

   //边界预处理
int i,j;
     for(i=2;i<=K1+1;i++)
      for(j=2;j<=K2+1;j++)
       {
         prectrlpts[i][j][0]=ctrlpts[i-2][j-2][0];
           prectrlpts[i][j][1]=ctrlpts[i-2][j-2][1];
             prectrlpts[i][j][2]=ctrlpts[i-2][j-2][2];
       }


       //顶边
       for(i=1;i>=0;i--)
        for(j=2;j<=K2+1;j++)
         {
          prectrlpts[i][j][0]=2*prectrlpts[i+1][j][0]-prectrlpts[i+2][j][0];
           prectrlpts[i][j][1]=2*prectrlpts[i+1][j][1]-prectrlpts[i+2][j][1];
            prectrlpts[i][j][2]=2*prectrlpts[i+1][j][2]-prectrlpts[i+2][j][2];
           }
```

```
        //底边
        for(i=K1+2;i<=K1+3;i++)
         for(j=2;j<=K2+1;j++)
          {
            prectrlpts[i][j][0]=2*prectrlpts[i-1][j][0]-prectrlpts[i-2][j][0];
             prectrlpts[i][j][1]=2*prectrlpts[i-1][j][1]-prectrlpts[i-2][j][1];
              prectrlpts[i][j][2]=2*prectrlpts[i-1][j][2]-prectrlpts[i-2][j][2];
             }

        //左边
        for(i=0;i<=K1+3;i++)
         for(j=1;j>=0;j--)
          {
            prectrlpts[i][j][0]=2*prectrlpts[i][j+1][0]-prectrlpts[i][j+2][0];
             prectrlpts[i][j][1]=2*prectrlpts[i][j+1][1]-prectrlpts[i][j+2][1];
              prectrlpts[i][j][2]=2*prectrlpts[i][j+1][2]-prectrlpts[i][j+2][2];
            }

       //右边
       for(i=0;i<=K1+3;i++)
        for(j=K2+2;j<=K2+3;j++)
         {
            prectrlpts[i][j][0]=2*prectrlpts[i][j-1][0]-prectrlpts[i][j-2][0];
             prectrlpts[i][j][1]=2*prectrlpts[i][j-1][1]-prectrlpts[i][j-2][1];
              prectrlpts[i][j][2]=2*prectrlpts[i][j-1][2]-prectrlpts[i][j-2][2];
             }
}

void surfdata()
{
  float u,v;
 int i=0,j=0;

  for(u=0;u<=(K1-1);u+=0.1)
  {
      j=0;

   for(v=0;v<=(K2-1);v+=0.1)
   {

   ManyKnotSurf(u,v,prectrlpts);

     m_location[i][j][0]=wx;
     m_location[i][j][1]=wy;
     m_location[i][j][2]=wz;
     j++;
   }
    i++;
  }
nu=i;
  nv=j;
```

```
}

  void myidle()
{
    ::Sleep(200);
    rotatex+=1;
    rotatey+=1;
    glutPostRedisplay();

}



float BSplineBase3(float x)
{
    float x0,ymid, part1, part2;
    if (x<0) x0=-x;
    else x0=x;
    part1=2.0-x0;
    if (part1<0) part1=0;
    part2=1.0-x0;
    if (part2<0) part2=0;
    ymid=(float)(pow((double)part1,3)-4.0*pow((double)part2,3))/6.0;
    return ymid;
}

float  ManyKnotBase3( float ymid)
{
    float y, part1,part2,part3;

    part1=BSplineBase3(ymid);
    part2=BSplineBase3(ymid+0.5)+BSplineBase3(ymid-0.5);
    part3=BSplineBase3(ymid+1.0)+BSplineBase3(ymid-1.0);
    y=10.0*part1/3.0-4.0*part2/3.0+part3/6.0;
    return y;
}

void ManyKnotSurf(float u,float v,float  (* ff)[K2+4][3])
{
    float pm;
    int ii,jj;
    wx=0;
    wy=0;
    wz=0;
    for(ii=(int)u-2;ii<=(int)u+3;ii++)
    for(jj=(int)v-2;jj<=(int)v+3;jj++)
    {
        pm=ManyKnotBase3(u-ii)*ManyKnotBase3(v-jj);
        wx=wx+(*(ff+ii+2))[jj+2][0]*pm;
        wy=wy+(*(ff+ii+2))[jj+2][1]*pm;
        wz=wz+(*(ff+ii+2))[jj+2][2]*pm;

     }
}
```

本章小结

曲线曲面造型是计算机图形学的重要组成部分。本章首先介绍了曲线曲面的数学表示相关知识，然后介绍了 Bézier、B 样条以及 NURBS 这几种典型的曲线曲面构造方法的理论基础，并给出这几种算法的比较和应用场合。在这些理论的基础上，结合 Microsoft Visual Studio 和 OpenGL 图形开发库所提供的绘制曲线曲面的接口函数，按照不同的曲线曲面构造方法实现了自由曲线曲面的绘制。

习题 10

1. 曲线曲面大致可以分为两类，一类是 ______________，包括平面、圆柱面、圆锥面、球面、圆环面等；一类是 ______________，如飞机、汽车、轮船外形等。

2. 试分别举出曲面的显式表示和隐式表示的实例。

3. 什么是曲线曲面的型值点和控制点？

4. 什么是曲线曲面的参数连续性和几何连续性？

5. 试用图表示插值和逼近的不同。

6. 基函数为什么一般使用 3 次多项式？

7. 简述 Bézier 方法的局限性。

8. 对于两段相邻曲线 $C_i(t)$ 和 $C_{i+1}(t)$，若在连接点 P 处满足 $C_i(t)=C_{i+1}(t)$，则表示两端曲线在连接点 P 处 ______________。若两段曲线在满足以上条件的基础上，还满足条件 ______________，则表示两段曲线是 C^1 连续的。

9. 两条曲线（曲面）要保证光滑连接，则在连接点必须保证 ______________。

10. n 个控制点可构造出最高 ______________ 次 Bézier 曲线。一段 n 次 Bézier 曲线有 ______________ 个控制点。如果 100 个控制点要构成 3 次 Bézier 曲线，则必须对这些控制点进行 ______________，每 ______________ 个控制点为一组。

11. 已知控制点 $P_0=(-4,\ 0,\ 0)$,$P_1=(-6,4,0)$,$P_2=(6,-4,0)$,$P_3=(4,0,0)$，试计算 Bézier 曲线参数 t=0 和 t=1 的端点坐标，以及两端点的切矢量。

12. B 样条曲线与 Bézier 曲线方法有何不同？

13. NURBS 曲线曲面造型方法有何优点？

第 11 章　三维形体的表示

三维形体表示主要研究如何在计算机中建立恰当的模型来表示不同物体对象的技术。它从诞生到现在，在几十年的历史中得到了迅速的发展，已经出现了许多以三维几何造型作为核心的实用化系统，在航空航天、汽车、造船、机械、建筑和电子等行业得到了广泛的应用。

描述物体的三维模型有三种，即线框模型、表面模型和实体模型。在计算机图形学和CAD/CAM 领域中，线框模型是最早用来表示物体的模型，计算机绘图是这种模型的一个重要应用。线框模型的缺点是明显的，它用顶点和棱边来表示物体，由于没有面的信息，不能表示表面含有曲面的物体。另外，它不能明确地定义给定点与物体之间的关系（点在物体内部、外部或表面上），所以线框模型不能处理许多重要问题，如不能生成剖切图、消隐图、明暗色彩图，不能用于数控加工等，应用范围受到了很大的限制。

表面模型在线框模型的基础上，增加了物体中面的信息，用面的集合来表示物体，而用环来定义面的边界。表面模型扩大了线框模型的应用范围，能够满足面面求交、线面消隐、明暗色彩图、数控加工等需求。但在该模型中，只有一张张面的信息，物体究竟存在于表面的哪一侧，并没有给出明确的定义，无法计算和分析物体的整体性质，如物体的表面积、体积、重心等，也不能将这个物体作为一个整体去考察它与其他物体相互关联的性质，如是否相交等。

实体模型是最高级的三维物体模型，它能完整地表示物体的所有形状信息，可以无歧义地确定一个点是在物体外部、内部或表面上，这种模型能够进一步满足物性计算、有限元分析等应用的要求。本章将主要介绍有关实体的造型技术。

11.1　构造实体几何表示法

构造实体几何（Constructive Solid Geometry，CSG) 表示法是先定义一些形状比较简单的常用体素，如方块、圆柱、圆锥、球、棱柱等。然后用集合运算并、交、差或图形变换把体素修改成复杂形状的形体。

CSG 表示法可以看成一棵有序的二叉树，其终端结点或是体素，或是形体变换参数；非终端结点或是正则集合运算，或是变换（平移和 / 或旋转）操作，这种运算或变换只对其紧接着的子结点（子形体）起作用。每棵子树（非变换叶子结点）表示其下两个结点组合及变换的结果，如图 11-1 所示。

CSG 树是无二义性的，但不是唯一的，它的定义域取决于其所用体素以及所允许的几何变换和正则集合运算算子。若体素是正则集，则只要体素叶子是合法的，正则集的性质就保证了任何 CSG 树都是合法的正则集。

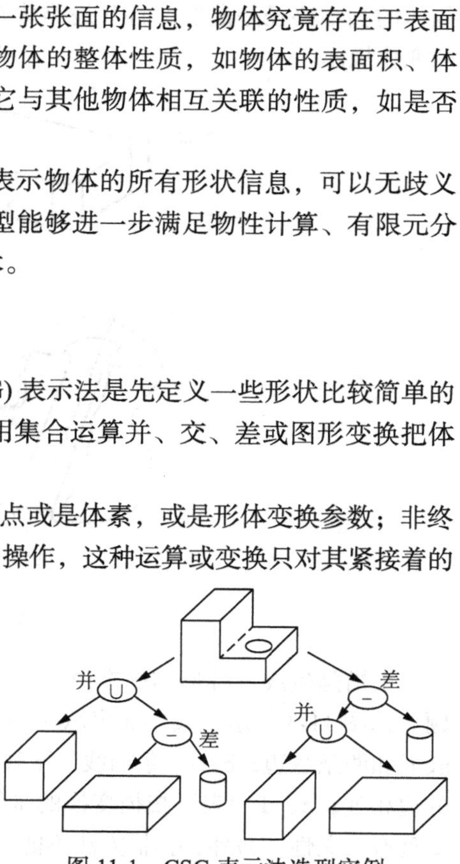

图 11-1　CSG 表示法造型实例

CSG 表示法的优点：

1）数据结构比较简单，数据量比较小，内部数据的管理比较容易。

2）CSG 表示可方便地转换成边界（Brep）表示。

3）CSG 方法表示的形体的形状比较容易修改。

CSG 表示法的缺点：

1）对形体的表示受体素的种类和对体素操作种类的限制，也就是说，CSG 方法表示形体的覆盖域有较大的局限性。

2）对形体的局部操作不易实现，如不能对基本体素的交线倒圆角。

3）由于形体的边界几何元素（点、边、面）是隐含地表示在 CSG 中，故显示与绘制 CSG 表示的形体需要较长时间。

11.2　扫描表示法

扫描表示法的原理很简单，即空间中的一个点、一条边或一个面沿某一路径扫描时，所形成的轨迹将定义一个一维、二维或三维的物体。形成一个物体有两个要素：一是做扫描运动的物体（一般也称为基体），二是扫描运动的轨迹。在三维形体的表示中，应用最多的是平移扫描体和旋转扫描体。

图 11-2 给出了扫描表示的一些例子 ,a 是拉伸体（扫描路径是直线），c 是回转体，b、d 扫描体的扫描路径是曲线，且 b 是等截面扫描，d 是变截面扫描，变截面扫描还需要给出截面的变化规律。

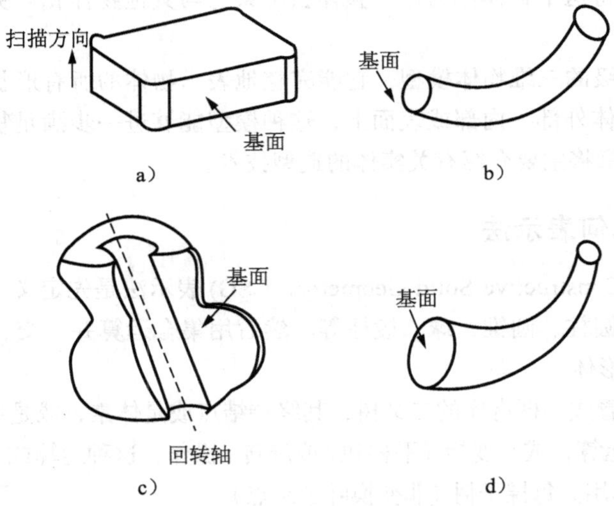

图 11-2　扫描表示法实例

扫描是生成三维形体的有效方法，但是用扫描变换产生的形体可能出现维数不一致的问题。如图 11-3 所示，其中 a 表示一条曲线经平移（扫描路径是直线）扫描变换后产生了一个表面和两条悬边；b 中一条曲线经平移扫描变换后产生的形体是两个二维的表面间有一条一维的边相连；c、d 中表示扫描变换的基体本身维数不一致，因而产生的结果形体也是维数不一致且有二义性。另外，扫描方法不能直接获取形体的边界信息，表示形体的覆盖域非常有限。

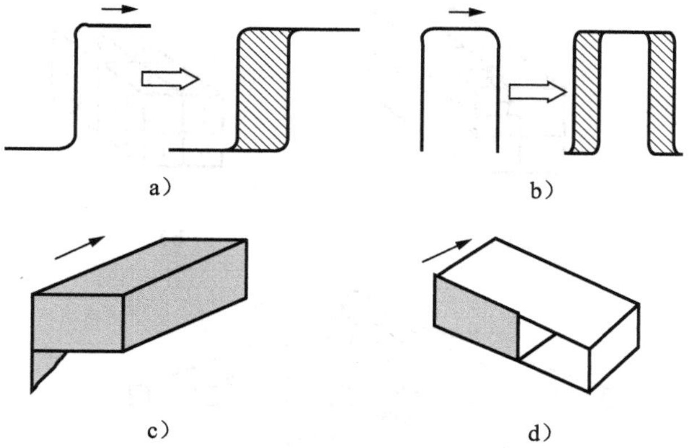

图 11-3 扫描表示法的局限性

平移扫描法的特点是扫描得到的物体都有相同的截面；简单旋转扫描法的特点是都是轴对称物体。如果在扫描过程中允许物体的截面随扫描过程变化，就可以得到不等截面的平移扫描体和非轴对称的旋转扫描体，这种方法统称为广义扫描法，图 11-4 为一个广义扫描法的实例。

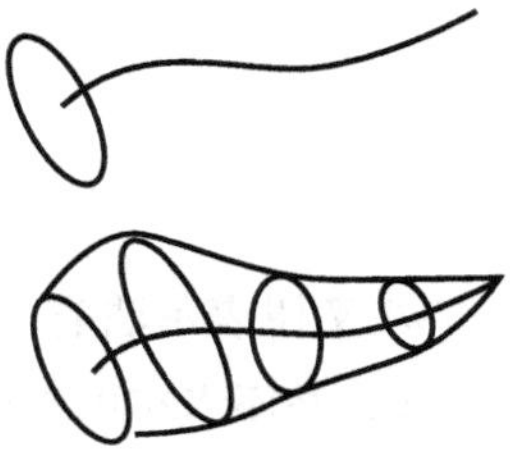

图 11-4 广义扫描法实例

在扫描表示法中，由于三维空间的实体和曲面可分别由二维平面及曲线通过平移扫描或旋转扫描来实现，因此只需定义二维平面曲线即可，较易于实现。

扫描表示法的优点是容易构建，适合做图形输入手段。缺点是绘制需要前处理，不能直接获取形体的边界信息，且表示形体的覆盖域有限。

11.3 分解模型表示法

分解模型表示法（简称分解表示）是将形体按某种规则分解为小的、更易于描述的部分，每一小部分又可分为更小的部分，这种分解过程直至每一小部分都能够直接描述为止。分解表示的一种特殊形式是每一个小的部分都是一种固定形状（正方形、立方体等）的单元，形体被分解成这些分布在空间网格位置上的具有邻接关系的固定形状单元的集合，单元的大小决定了单元分解形式的精度。根据基本单元的不同形状，常用四叉树、八叉树和多叉树等表示方法。

分解表示中一种比较原始的表示方法是将形体空间细分为小的立方体单元，与此相对应，在计算机内存中开辟一个三维数组。凡是形体占有的空间，存储单元中记为 1；其余空间记为 0。这种表示方法的优点是简单，容易实现形体的交、并、差计算，但是占用的存储量太大，物体的边界面没有显式的解析表达式，不便于运算，实际上并未采用。

图 11-5 是八叉树表示形体的一个实例。八叉树法表示形体的过程是这样的，首先对形体定义一个外接立方体，再把它分解成 8 个子立方体，并对立方体依次编号为 0、1、2、…、7。如果子立方体单元已经一致，即为满（该立方体充满形体）或为空（没有形体在其中），则该子立方体可停止分解；否则，需要对该立方体做进一步分解，再分为 8 个子立方体。在八叉树中，非叶结点的每个结点都有 8 个分支。

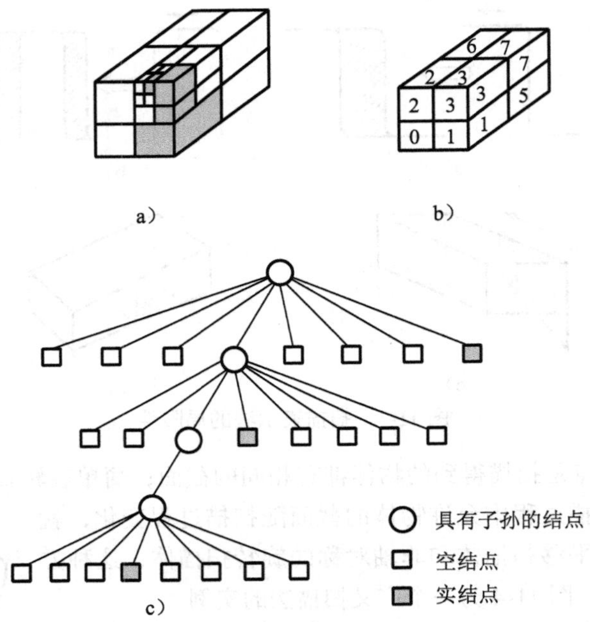

图 11-5 八叉树表示法实例

八叉树表示法有一些优点，近年来受到人们的关注。这些优点主要是：

1）形体表示的数据结构简单。

2）简化了形体的集合运算。对形体执行交、并、差运算时，只须同时遍历参加集合运算的两形体相应的八叉树，无须进行复杂的求交运算。

3）简化了隐藏线（或面）的消除，因为在八叉树表示中，形体上各元素已按空间位置排成了一定的顺序。

4）分析算法适合于并行处理。

八叉树表示法的缺点也是明显的，主要是占用的存储多、只能近似表示形体，以及不易获取形体的边界信息等。

11.4 边界表示法

边界表示（boundary representation）也称为 BR 表示或 Brep 表示，它是几何造型中最成熟、无二义的表示法。它的基本思想是一个实体可以通过它的面的集合来表示，而实体的边界通常是由面的并集来表示，而每个面又由它所在的曲面的定义加上其边界来表示，面的边界是边的并集，而边又是由点来表示的，点通过三个坐标值来定义。边界表示的一个重要特点是在该表示法中，描述形体的信息包括几何（geometry）信息和拓扑（topology）信息两个方面。拓扑信息描述形体上的顶点、边、面的连接关系，拓扑信息形成物体边界表示的“骨架”。形体的几何信息犹如附着在“骨架”上的肌肉，例如形体的某个表面位于某一个曲面上，定义这一曲面方程的数据就是几何信息。此外，边的形状、顶点在三维空间中的位置（点的坐标）等都是几何信息，一般说来，几何信息描述形体的大小、尺寸、位置、形状等。

边界表示法强调实体外表的细节，详细记录了构成物体的所有几何信息和拓扑信息，将面、边、顶点的信息分层记录，建立层与层之间的联系。图 11-6 给出了一个边界表示法的实例。

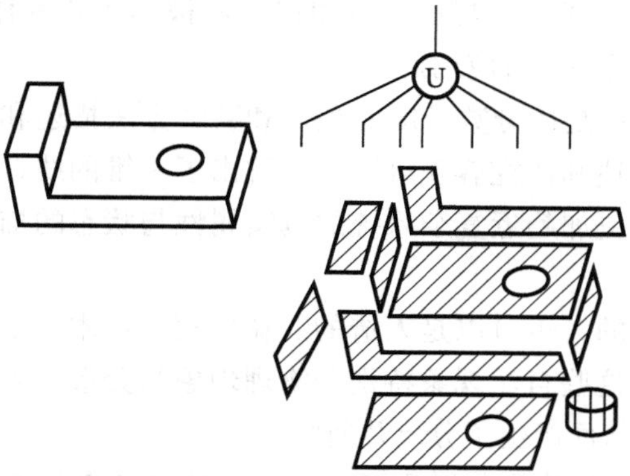

图 11-6 边界表示法实例

在边界表示法中，按照体 - 面 - 环 - 边 - 点的层次，详细记录了构成形体的所有几何元素的几何信息及其相互连接的拓扑关系。在进行各种运算和操作中，就可以直接取得这些信息。

Brep 表示法的优点是：

1）表示形体的点、边、面等几何元素是显式表示的，使得绘制 Brep 表示的形体的速度较快，而且比较容易确定几何元素间的连接关系。

2）容易支持对物体的各种局部操作，比如进行倒角，我们不必修改形体的整体数据结构，而只需提取被倒角的边和与它相邻两面的有关信息，然后施加倒角运算就可以了。

3）便于在数据结构上附加各种非几何信息，如精度、表面粗糙度等。

Brep 表示法的缺点是：

1）数据结构复杂，需要大量的存储空间，维护内部数据结构的程序比较复杂。

2）Brep 表示不一定对应一个有效形体，通常运用欧拉操作来保证 Brep 表示形体的有效性、正则性等。

由于 Brep 表示覆盖域大，原则上能表示所有的形体，而且易于支持形体的特征表示等，其已成为当前 CAD/CAM 系统的主要表示方法。

11.5 分形几何法

11.5.1 分形几何概念

分形几何理论诞生于 20 世纪 70 年代中期，创始人是美国数学家曼德布罗特 (B B Mandelbrot)，他在 1982 年出版的《大自然的分形几何学》(The Fractal Geometry of Nature) 是这一学科经典之作。分形 (fractal) 是 20 多年来科学前沿领域提出的一个非常重要的概念。曼德布罗特最先引入“分形”一词，意为“破碎的，不规则的”，通常被定义为“一个粗糙或零碎的几何形状，可以分成数个部分，且每一部分都（至少近似地）是整体缩小后的形状”，即具有自相似的性质。例如，一块磁铁中的每一部分都像整体一样具有南北两极，不断分割下去，每一部分都具有和整体磁铁相同的磁场。将这种自相似的层次结构适当地放大或缩小几何尺寸，整个结构不变。分形几何物体具有一个基本特征：**无限的自相似性**。一个数学意义上分形的生成是基于一个不断迭代的方程式，即一种基于递归的反馈系统。分形有几种类型，可以分别依据表现出的精确自相似性、半自相似性和统计自相似性来定义。虽然分形是一个数学构造，但它们普遍存在于自然界中，这使得它们被划入艺术作品的范畴。分形在医学、土力学、地震学和技术分析中都有应用。

分形理论的最基本特点是用分数维度的视角和数学方法描述和研究客观事物，也就是用分形分维的数学工具来描述和研究客观事物。它跳出了一维的线、二维的面、三维的立体乃至四维时空的传统藩篱，更加趋近复杂系统的真实属性与状态的描述，更加符合客观事物的多样性与复杂性。

分形可以是自然存在的，也可以是人造的。花椰菜、树木、山川、云朵、脑电图、材料断口等都是典型的分形。这些自然现象特别是物理现象与分形有着密切的关系，这些现象促使数学家进一步的研究，从而产生了分形几何学。

计算机图形显示协助人们推开分形几何的大门。图 11-7 显示了部分大自然分形图像。

a）珊瑚

b）雪花

c）树叶

图 11-7　大自然分形图像

11.5.2　分形几何模型

1. 三分康托集

1883 年，德国数学家康托 (G Cantor) 提出了如今广为人知的三分康托集，或称康托尔集。三分康托集是很容易构造的，然而它却显示出许多最典型的分形特征。它是从单位区间出发，再由这个区间不断地去掉部分子区间的过程，如图 11-8 所示。其详细构造过程是：第一步，把闭区间 [0, 1] 平均分为三段，去掉中间的 1/3 部分段，则只剩下两个闭区间 [0, 1/3] 和 [2/3, 1]；第二步，再将剩下的两个闭区间各自平均分为三段，同样去掉中间的区间段，这时剩下四段闭区间即 [0，1/9]、[2/9，1/3]、[2/3，7/9] 和 [8/9，1]；第三步，重复删除每个小区间中间的 1/3 段。如此不断地分割下去，最后剩下的各个小区间段就构成了三分康托集。

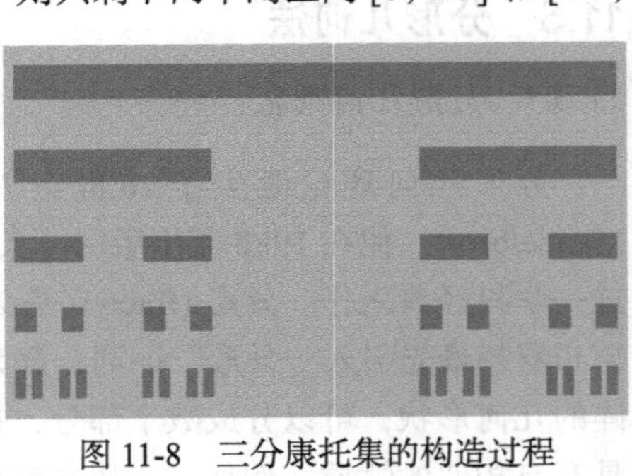

图 11-8　三分康托集的构造过程

2. Koch 曲线

1904 年，瑞典数学家科赫 (Koch) 构造了“Koch 曲线”几何图形。科赫从一个正方形的“岛”出发，始终保持面积不变，把它的“海岸线”变成无限曲线，其长度也不断增加，并趋向于无穷大。Koch 曲线大于一维，具有无限的长度，但是又小于二维。它和三分康托集一样，是一个典型的分形。根据分形的次数不同，生成的 Koch 曲线也有很多种，如三次 Koch 曲线、四次 Koch 曲线等。下面以三次 Koch 曲线为例介绍 Koch 曲线的构造方法，其他的可依此类推。

三次 Koch 曲线的构造过程主要分为三大步骤：第一步，给定一个初始图形——一条线段；第二步，将这条线段中间的 1/3 处向外折起；第三步，按照第二步的方法不断地把各段线段中间的 1/3 处向外折起。这样无限地进行下去，最终即可构造出 Koch 曲线。其图例构造过程如图 11-9 所示（迭代了 6 次的图形）。

3. Julia 集

Julia 集是由法国数学家 Gaston Julia 和 Pierre Faton 在 20 世纪 70 年代中期发展了复变函数迭代的基础理论后获得的。Julia 集也是一个典型的分形，Julia 集由一个复变函数：

$$f(z)=z^2+c \tag{11-1}$$

生成，其中 c 为给定的复常数，z 为复数。当式（11-1）进行迭代时，则序列 z_0、z_1、z_2、z_3…可能消逝于无穷，而且这个过程进行得很快，但它们也可能保持有界，即离出发点不超越一个有限的距离。使迭代序列保持有界的复数 z 的集合叫 Julia 集。

尽管这个复变函数看起来很简单，然而它却能够生成很复杂的分形图形。图 11-10 为 Julia 集生成的图形，由于 c 可以是任意值，所以当 c 取不同的值时，绘制的图形也不相同。

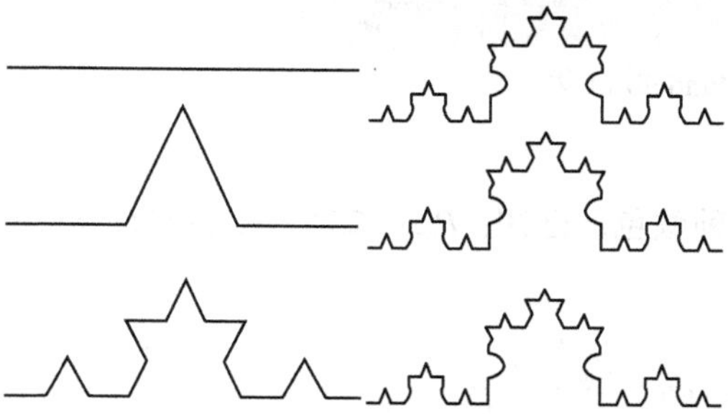

图 11-9　Koch 曲线的生成过程

图 11-10　Julia 集

4. Mandelbrot 集

Mandelbrot 集（Mandelbrot set）是人类有史以来做出的最奇异、最瑰丽的几何图形，它是由美国数学家曼德布罗特教授于 1975 年夏天一个寂静的夜晚，在冥思苦想之余翻看儿子的拉丁文字典时想到的，其拉丁文的原意是“产生无规则的碎片”。它是一个在复平面上组成分形的点的集合，曾被称为“上帝的指纹”。 这个点集均出自以下公式：

$$Z_n+1=(Z_n)\hat{}2+c \tag{11-2}$$

其中 c 是一个复参数，序列 Z_n 也是复数。对于每一个 c，从 z=0 开始对 Z_{n+1} 进行迭代。序列 $(0,Z_1,Z_2,\cdots, Z_n)$ 的值或者延伸到无限大，或者只停留在有限半径的圆盘内。Mandelbrot 集就是使以上序列不延伸至无限大的所有 c 点的集合。

从数学上来讲，Mandelbrot 集是一个复数的集合。一个给定的复数 c 或者属于 Mandelbrot 集，或者不是。Mandelbrot 集是一个大千世界，从它出发可以产生无穷无尽的美丽图案，图 11-11 中有的地方像日冕，有的地方像燃烧的火焰，只要你计算的点足够多，不管你把图案放大多少倍，都能显示出更加复杂的局部。这些局部既与整体不同，又有某种相似的地方，好像这梦幻般的图案具有无穷无尽的细节和自相似性。曼德布罗特教授称此为“魔鬼的聚合物”。

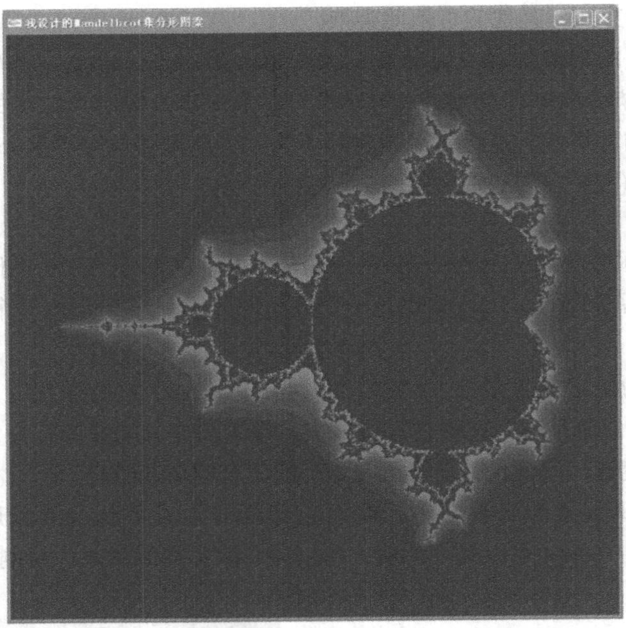

图 11-11 Mandelbrot 集

下面给出 Mandelbrot 集图形的绘制步骤。

假定窗口大小 $X_{max} \times Y_{max}$，可显示 K+1=4096 种颜色，已知：P_{min}=−2.25，P_{max}=0.75，q_{min}=−1.5，q_{max}=1.5，M=100，令

$$dp = \frac{p_{max} - p_{min}}{X_{max} - 1}, \quad dq = \frac{q_{max} - q_{min}}{Y_{max} - 1}$$

对窗口屏幕上所有的点 (x, y) 完成如下步骤：

1）计算 $p = p_{min} + x \cdot dp, \quad q = q_{min} + y \cdot dq$ 。

开始颜色置为黑色，k=0；设置迭代序列的初始值 $nx_k = 0, \quad ny_k = 0$ 。

2）计算迭代序列，计数 k=k+1：

$$nx_{k+1} = nx_k^2 - ny_k^2 + p$$

$$ny_{k+1} = 2 \times nx_k \times ny_k + q$$

3）计算每次迭代后模的平方：

$$r = nx_k^2 + ny_k^2$$

如果 k=K, 则选择黑色对点 (x,y) 着色，继续屏幕下一点的循环；如果 r>M, 则选择第 k 种颜色对点 (x,y) 着色，继续屏幕下一点的循环；如果 $r \leqslant M$, 且 k<K, 返回到步骤 2，继续迭代。

11.5.3 OpenGL 分形实现举例

以下程序为实现 Mandelbrot 集的绘制实例，运行效果参见图 11-11。读者可自行思考其他分形图像的计算机生成。

```
//Mandelbrot 集分形图绘制
#include"stdafx.h"                                          // 标准库
#include <glut.h>                                           //GLUT 库
#include <math.h>                                           // 数学库

void Display(void);                                         // 绘制函数
void Reshape(int w, int h);                                 // 窗口改变
void mytime(int value);                                     // 时间函数
void myinit(void);                                          // 初始化函数

void selectFont(int size, int charset, const char* face);  // 选择字体
void drawCNString(const char* str);                         // 生成中文字体函数

int xmax=700,ymax=700;                                      // 窗口大小
int k=0;                                                    // 第 k 种颜色变量
int K=4095;                                                 // 颜色种类 -1
float pmin=-2.25,pmax=0.75, qmin=-1.5,qmax=1.5;  // 分形参数 p、q 的最小和最大值
int R;                                                      // 模半径
int M=1000;                                                 // 最大模半径大小
float dp,dq;                                                //p、q 范围和窗口大小的比值
float p,q;                                                  // 分形参数 p、q 变量
float x,y;                                                  // 窗口内点的位置
float nx=0,ny=0,tmp;                                        // 迭代变量、中间变量
float r,g,b;                                                // 颜色 R、G、B 变量

int APIENTRY _tWinMain(HINSTANCE hInstance,
                       HINSTANCE hPrevInstance,
                       LPTSTR    lpCmdLine,
                       int       nCmdShow)
{
    UNREFERENCED_PARAMETER(hPrevInstance);
    UNREFERENCED_PARAMETER(lpCmdLine);
    char *argv[] = {"hello"," "};
    int argc = 2;
    glutInit(&argc, argv);                                  // 初始化 GLUT 库
    glutInitWindowSize(700,700);                            // 设置显示窗口大小
    glutInitDisplayMode(GLUT_SINGLE| GLUT_RGB);             // 设置显示模式 (注意单缓存)
    glutCreateWindow(" 我设计的 Mandelbrot 集分形图案 ");   //  创建显示窗口
    glutDisplayFunc(Display);                               // 注册显示回调函数
    glutReshapeFunc(Reshape);                               // 注册窗口改变回调函数
    myinit();                                               // 初始化设置
    glutMainLoop();                                         // 进入事件处理循环
    return 0;
}

void myinit()
{


    /* 反走样代码 */
    glBlendFunc(GL_SRC_ALPHA, GL_ONE_MINUS_SRC_ALPHA);
    glEnable(GL_BLEND);
    glEnable(GL_POINT_SMOOTH);
    glHint(GL_POINT_SMOOTH_HINT, GL_NICEST);
    glEnable(GL_LINE_SMOOTH);
```

```
    glHint(GL_LINE_SMOOTH_HINT, GL_NICEST);
    glEnable(GL_POLYGON_SMOOTH);
    glHint(GL_POLYGON_SMOOTH_HINT, GL_NICEST);
}

void Display(void)
{
    glClear(GL_COLOR_BUFFER_BIT);   //清屏，默认为黑背景色

    dp=(pmax-pmin)/xmax;
    dq=(qmax-qmin)/ymax;

    //对窗口屏幕上所有的点(x,y)循环完成如下步骤
    for (x=0;x<=xmax;x++)
     for(y=0;y<=ymax;y++)
    {
        k=0;  //开始颜色置为黑色，k=0
        /*设置迭代序列的初始值*/
        nx=0;
        ny=0;
        /*设置每点的p,q值*/
        p=pmin+x*dp;
        q=qmin+y*dq;

        do
        {
            /*计算迭代序列*/
            tmp=nx;
            nx=nx*nx-ny*ny+p;
            ny=2*tmp*ny+q;

            /*计算模半径平方和*/
            R=nx*nx+ny*ny;

            /*计数 k=k+1*/
            k++;

            /*如果 k=K，则选择黑色对点(x,y)着色，继续屏幕下一点的循环*/
            if (k==K)
            {
                glBegin(GL_POINTS);
                  glColor3f(0,0,0);
                    glVertex2f(x,y);
                glEnd();
                break;
            }


            /*如果 r>M，则选择第 k 种颜色对点(x,y)着色，继续屏幕下一点的循环*/
            if (R>M)
            {

                r=(float)((k>>8)&15)/15;
                g=(float)((k>>4)&15)/15;
                b=(float)(k&15)/15;
```

```
                /*  r=(float)((k>>8)&15)/15.0;
                g=(float)((k>>4)&15)/15.0;
                b=(float)(k&15)/15.0;*/

                glBegin(GL_POINTS);
                  glColor3f(r,g,b);
                  glVertex2f(x,y);
                glEnd();
                break;
            }


            /* 如果 r<=M，且 k<K，返回到步骤 2，继续迭代 */
            if  ((R<=M)&&(k<K))
            continue;
        } while(1); // for do
    } // for for
        glFlush();                                  // 单缓存的刷新模式
}



void Reshape(GLsizei w,GLsizei h)
{
    glMatrixMode(GL_PROJECTION);                // 投影矩阵模式
    glLoadIdentity();                           // 矩阵堆栈清空
    glViewport(0,0,w,h);                        // 设置视区大小
    gluOrtho2D(0,w,0,h);                        // 设置裁剪窗口大小
    glMatrixMode(GL_MODELVIEW);                 // 模型矩阵模式
    glLoadIdentity();                           // 矩阵堆栈清空
    xmax=w;                                     // 获取窗口的宽度
    ymax=h;                                     // 获取窗口的高度

}

/*************************************************************************/
/* 选择字体函数                                                           */
/*************************************************************************/
void selectFont(int size, int charset, const char* face)
{
    HFONT hFont = CreateFontA(size, 0, 0, 0, FW_MEDIUM, 0, 0, 0,
        charset, OUT_DEFAULT_PRECIS, CLIP_DEFAULT_PRECIS,
        DEFAULT_QUALITY, DEFAULT_PITCH | FF_SWISS, face);
    HFONT hOldFont = (HFONT)SelectObject(wglGetCurrentDC(), hFont);
    DeleteObject(hOldFont);
}

/*************************************************************************/
/* 生成中文字体函数                                                       */
/*************************************************************************/
void drawCNString(const char* str)
{
    int len, i;
```

```
    wchar_t* wstring;
    HDC hDC = wglGetCurrentDC();
    GLuint list = glGenLists(1);

    // 计算字符的个数
    // 如果是双字节字符的（比如中文字符），两个字节才算一个字符
    // 否则一个字节算一个字符
    len = 0;
    for(i=0; str[i]!='\0'; ++i)
    {
        if( IsDBCSLeadByte(str[i]) )
            ++i;
        ++len;
    }

    // 将混合字符转化为宽字符
    wstring = (wchar_t*)malloc((len+1) * sizeof(wchar_t));
    MultiByteToWideChar(CP_ACP, MB_PRECOMPOSED, str, -1, wstring, len);
    wstring[len] = L'\0';

    // 逐个输出字符
    for(i=0; i<len; ++i)
    {
        wglUseFontBitmapsW(hDC, wstring[i], 1, list);
        glCallList(list);
    }

    // 回收所有临时资源
    free(wstring);
    glDeleteLists(list, 1);
}
```

11.6 粒子系统

11.6.1 粒子系统介绍

粒子系统（particle system）表示三维计算机图形学中模拟一些特定的模糊现象的技术，而这些现象用其他传统的渲染技术难以实现具有真实感的物理特性。使用粒子系统模拟的现象有火、爆炸、烟、水流、火花、落叶、云、雾、雪、尘、流星尾迹或者像发光轨迹这样的抽象视觉效果等。伴随着互联网技术和 CG 技术日新月异的发展，在影视及动画中，粒子系统特效的出现已经对影视及动画的发展起到了革命性的改造。很多三维软件和后期合成软件中都有粒子系统特效，粒子系统特效可以模拟现实世界中物体间的相互作用，在未来影视中的地位和前景占据不可替代的地位。它可以帮助我们在影视中实现现实生活中不可能完成的拍摄镜头或是很难完成的拍摄镜头，其快速、方便的功能及有趣、多样化的效果，其所创造的能够给人耳目一新的感觉和强烈的视觉震撼效果，可让人们叹为观止。图 11-12 显示了部分粒子系统效果。

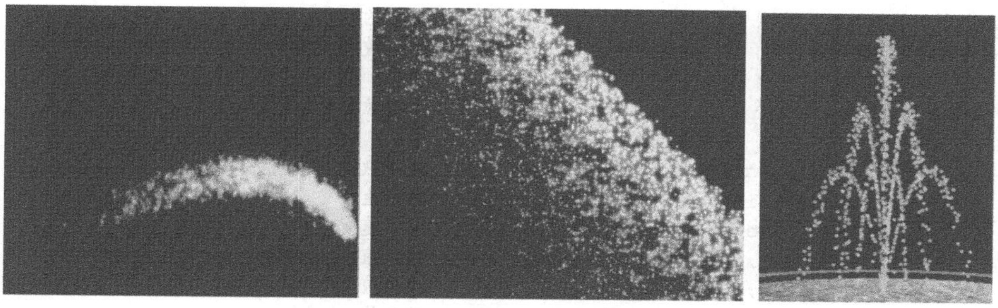

图 11-12 粒子系统

粒子系统方法尤其擅长描述随时间变化的物体，包括随机过程模拟、运动路径模拟和力学模拟等。

通常粒子系统在三维空间中的位置与运动是由发射器控制的。发射器主要由一组粒子行为参数以及在三维空间中的位置所表示。粒子行为参数可以包括粒子生成速度（即单位时间粒子生成的数目）、粒子初始速度向量（例如什么时候向什么方向运动）、粒子寿命（经过多长时间粒子湮灭）、粒子颜色、在粒子生命周期中的变化以及其他参数等。使用大概值而不是绝对值的模糊参数占据全部或者绝大部分是很正常的，一些参数定义了中心值以及允许的变化。

典型的粒子系统更新循环可以划分为两个不同的阶段：参数更新 / 模拟阶段以及渲染阶段。每个循环执行每一帧动画。

粒子系统是由总体具有相同的表现规律，个体却随机表现出不同特征的大量显示元素构成的集合。这个定义有几个要素：

1）群体性：粒子系统是由“大量显示元素”构成的。因此，用粒子系统来描述一群蜜蜂是正确的，但描述一只蜜蜂没有意义。

2）统一性：粒子系统的每个元素具有相同的表现规律。比如组成火堆的每一个火苗都是红色、发亮、向上跳动，并且会在上升途中逐渐变小以至消失。

3）随机性：粒子系统的每个元素又随机表现出不同特征。比如蜂群中的每一只蜜蜂，它的飞行路线可能会弯弯曲曲，就像布朗运动一般无规则可寻，但整个蜂群却是看起来向一个方向运动（即统一性）。

11.6.2 OpenGL 粒子系统

以下程序段 OpenGL 粒子系统代码来自 NeHe 开源网站，读者可自行检测运行效果。

```
//OpenGL 粒子系统代码示例
#define     MAX_PARTICLES  1000          // 定义最大的粒子数
bool        rainbow=true;                // 是否为彩虹模式
bool        sp;                          // 空格键是否被按下
bool        rp;                          // 回车键是否被按下

float       slowdown=2.0f;               // 减速粒子
float       xspeed;                      // X 方向的速度
float       yspeed;                      // Y 方向的速度
float       zoom=-40.0f;                 // 沿 Z 轴缩放

GLuint      loop;                        // 循环变量
```

```
GLuint      col;                                // 当前的颜色
GLuint      delay;                              // 彩虹效果延迟

typedef struct                                  // 创建粒子数据结构
{
        bool  active;                           // 是否激活
        float life;                             // 粒子生命
        float fade;                             // 衰减速度
        float r;                                // 红色值
        float g;                                // 绿色值
        float b;                                // 蓝色值
        float x;                                // X 位置
        float y;                                // Y 位置
        float z;                                // Z 位置
        float xi;                               // X 方向
        float yi;                               // Y 方向
        float zi;                               // Z 方向
        float xg;                               // X 方向重力加速度
        float yg;                               // Y 方向重力加速度
        float zg;                               // Z 方向重力加速度
}
particles;                                      // 粒子数据结构

particles particle[MAX_PARTICLES];              // 保存 1000 个粒子的数组

static GLfloat colors[12][3]=                   // 彩虹颜色
{
        {1.0f,0.5f,0.5f},{1.0f,0.75f,0.5f},{1.0f,1.0f,0.5f},{0.75f,1.0f,0.5f},
        {0.5f,1.0f,0.5f},{0.5f,1.0f,0.75f},{0.5f,1.0f,1.0f},{0.5f,0.75f,1.0f},
        {0.5f,0.5f,1.0f},{0.75f,0.5f,1.0f},{1.0f,0.5f,1.0f},{1.0f,0.5f,0.75f}

};

        if (TextureImage[0]=LoadBMP("Data/Particle.bmp"))   // 载入粒子纹理
        glDisable(GL_DEPTH_TEST);                            //禁止深度测试

        for (loop=0;loop<MAX_PARTICLES;loop++)               //初始化所有的粒子
        {
                particle[loop].active=true;       // 使所有的粒子为激活状态
                particle[loop].life=1.0f;         // 所有的粒子生命值为最大

        particle[loop].fade=float(rand()%100)/1000.0f+0.003f; // 随机生成衰减速率
        particle[loop].r=colors[loop*(12/MAX_PARTICLES)][0]; // 粒子的红色颜色
        particle[loop].g=colors[loop*(12/MAX_PARTICLES)][1]; // 粒子的绿色颜色
        particle[loop].b=colors[loop*(12/MAX_PARTICLES)][2]; // 粒子的蓝色颜色

particle[loop].xi=float((rand()%50)-26.0f)*10.0f;          // 随机生成 X 轴方向速度
                particle[loop].yi=float((rand()%50)-25.0f)*10.0f;
                                                           // 随机生成 Y 轴方向速度

                particle[loop].zi=float((rand()%50)-25.0f)*10.0f;
                                                           // 随机生成 Z 轴方向速度

                particle[loop].xg=0.0f;   // 设置 X 轴方向加速度为 0
                particle[loop].yg=-0.8f;  // 设置 Y 轴方向加速度为 -0.8

                particle[loop].zg=0.0f;   // 设置 Z 轴方向加速度为 0
```

```
    }
int DrawGLScene(GLvoid)                              // 绘制粒子
{
glClear(GL_COLOR_BUFFER_BIT | GL_DEPTH_BUFFER_BIT);  // 以黑色背景清楚
glLoadIdentity();                                    // 重置模型变换矩阵
for (loop=0;loop<MAX_PARTICLES;loop++)               // 循环所有的粒子
{
        if (particle[loop].active)                   // 如果粒子为激活的

        float x=particle[loop].x;                    // 返回 X 轴的位置
        float y=particle[loop].y;                    // 返回 Y 轴的位置

        float z=particle[loop].z+zoom;               // 返回 Z 轴的位置

        // 设置粒子颜色
        glColor4f(particle[loop].r,particle[loop].g,particle[loop].b,particle
                [loop].life);
        glBegin(GL_TRIANGLE_STRIP);                  // 绘制三角形带
        glTexCoord2d(1,1); glVertex3f(x+0.5f,y+0.5f,z);
        glTexCoord2d(0,1); glVertex3f(x-0.5f,y+0.5f,z);
        glTexCoord2d(1,0); glVertex3f(x+0.5f,y-0.5f,z);
        glTexCoord2d(0,0); glVertex3f(x-0.5f,y-0.5f,z);
        glEnd();

        particle[loop].x+=particle[loop].xi/(slowdown*1000);
                          // 更新 X 坐标的位置
        particle[loop].y+=particle[loop].yi/(slowdown*1000);
                          // 更新 Y 坐标的位置
        particle[loop].z+=particle[loop].zi/(slowdown*1000);
                          // 更新 Z 坐标的位置

        particle[loop].xi+=particle[loop].xg; // 更新 X 轴方向速度大小
        particle[loop].yi+=particle[loop].yg; // 更新 Y 轴方向速度大小
        particle[loop].zi+=particle[loop].zg; // 更新 Z 轴方向速度大小
        particle[loop].life-=particle[loop].fade;  // 减少粒子的生命值

        if (particle[loop].life<0.0f)       // 如果粒子生命值小于 0
        {
                    particle[loop].life=1.0f;
                                // 产生一个新的粒子
                    particle[loop].fade=float(rand()%100)/1000
                    .0f+0.003f;     // 随机生成衰减速率
                    particle[loop].x=0.0f;
                                // 新粒子出现在屏幕的中央
                    particle[loop].y=0.0f;
                    particle[loop].z=0.0f;
                    particle[loop].xi=xspeed+float((rand()%60)
                    -32.0f);        // 随机生成粒子速度
                    particle[loop].yi=yspeed+float((rand()%60)
                    -30.0f);
                    particle[loop].zi=float((rand()%60)-30.0f);
```

```
                                        particle[loop].r=colors[col][0];
                                                  // 设置粒子颜色
                                        particle[loop].g=colors[col][1];

                                        particle[loop].b=colors[col][2];

                                        }
    // 如果小键盘 8 被按住，增加 Y 轴方向的加速度
    if (keys[VK_NUMPAD8] && (particle[loop].yg<1.5f)) particle[loop].yg+=0.01f;
    // 如果小键盘 2 被按住，减少 Y 轴方向的加速度

    if (keys[VK_NUMPAD2] && (particle[loop].yg>-1.5f)) particle[loop].yg-=0.01f;
    // 如果小键盘 6 被按住，增加 X 轴方向的加速度
    if (keys[VK_NUMPAD6] && (particle[loop].xg<1.5f)) particle[loop].xg+=0.01f;
    // 如果小键盘 4 被按住，减少 X 轴方向的加速度
    if (keys[VK_NUMPAD4] && (particle[loop].xg>-1.5f)) particle[loop].xg-=0.01f;
    if (keys[VK_TAB]) // 按 Tab 键，使粒子回到原点
            {
            particle[loop].x=0.0f;
            particle[loop].y=0.0f;
            particle[loop].z=0.0f;
            particle[loop].xi=float((rand()%50)-26.0f)*10.0f;     // 随机生成速度
            particle[loop].yi=float((rand()%50)-25.0f)*10.0f;
            particle[loop].zi=float((rand()%50)-25.0f)*10.0f;
            }
    }
       }
    return TRUE;       // 绘制完毕成功返回
    }
    if (keys[VK_ADD] && (slowdown>1.0f)) slowdown-=0.01f;          // 按 + 号，加速粒子
    if (keys[VK_SUBTRACT] && (slowdown<4.0f)) slowdown+=0.01f;     // 按 - 号，减速粒子
    if (keys[VK_PRIOR]) zoom+=0.1f;              // 按 Page Up 键，让粒子靠近视点
    if (keys[VK_NEXT]) zoom-=0.1f;               // 按 Page Down，让粒子远离视点
    if (keys[VK_RETURN] && !rp)                  // 按住回车键，切换彩虹模式
            {
                 rp=true;
                 rainbow=!rainbow;
            }

    if (!keys[VK_RETURN]) rp=false;
    if ((keys[' '] && !sp) || (rainbow && (delay>25)))       // 空格键，变换颜色
                          {
                                if (keys[' ']) rainbow=false;
                                               sp=true;
                                               delay=0;
                                               col++;

                               if (col>11) col=0;

                                            }
                 if (!keys[' '])   sp=false;        // 如果释放空格键，记录这个状态

                 // 按“上”键增加粒子 Y 轴正方向的速度
                 if (keys[VK_UP] && (yspeed<200)) yspeed+=1.0f;
```

```
// 按“下”键减少粒子Y轴正方向的速度
if (keys[VK_DOWN] && (yspeed>-200)) yspeed-=1.0f;
// 按“右”键增加粒子X轴正方向的速度
if (keys[VK_RIGHT] && (xspeed<200)) xspeed+=1.0f;
// 按“左”键减少粒子X轴正方向的速度
if (keys[VK_LEFT] && (xspeed>-200)) xspeed-=1.0f;
    delay++;                        // 增加彩虹模式的颜色切换延迟
```

本章小结

本章介绍了三维形体造型的各种表示方法，包括CSG表示法、扫描表示法、分解模型表示法、边界表示法、分形几何法和粒子系统。我们可以通过这些方法构造更加复杂的三维物体，其中分形几何法和粒子系统可以表示传统的三维造型方法中所不能表达的特殊大自然现象。

习题 11

1. 三维形体有哪些表示方法，各有什么优点和缺点?
2. 试用CSG表示法构造一个三维物体，并画出构造的二叉树。
3. 试用扫描表示法构造一个三维物体，并用计算机实现。
4. 编写一个程序，实现雪花曲线在三维场景中的应用。
5. 编写一个程序，实现粒子系统在三维场景中的应用。

实验一　OpenGL 图形编程入门

一、实验目的

1. 了解和掌握 OpenGL 的安装。
2. 掌握一个简单的基于 OpenGL 的 C++ 程序结构。
3. 掌握 Win32 程序框架。
4. 掌握 OpenGL 中若干基本图形的绘制。

二、实验环境

硬件要求：

PC，主流配置，最好为独立显卡，显存 512MB 以上。

软件环境：

操作系统：Windows 7/Windows 8。

语言开发工具：Microsoft Visual Studio 2010,Visual C++。

程序框架：

Win32 应用程序。

本书其他实验的实验环境与此相同，以后不再赘述。

三、实验要求与内容

要求：将所有实验步骤生成的效果截图拷贝到实验报告文档里备查，并附上相应的代码。Word 文档命名方式为“学号姓名 - 实验序号 - 实验名称”。后面的实验与此要求一致。

内容：

1. 准备好 OpenGL 库文件。

- Glut32.dll 路径为 %system root%\ SysWOW64。
- Glut32.lib 路径为 PATH\lib。
- Glut.h 路径为 PATH\Include。
- system root 为 Windows 7 或 Windows 8 安装路径。
- PATH 为 Visual Studio 2010 的安装路径。

2. 建立一个工程文件，并运行样本程序 my_first_program.cpp，观看结果。

1）启动 Microsoft Visual Studio 2010，在菜单栏中单击“文件”→“新建”→“项目”，如实验图 1-1 所示。

2）在“新建项目”对话框中选择 Visual C++ 的 Win32 项目，然后输入项目名称（例如 lab1-basis），选择项目的保存位置（或者使用默认保存路径），如实验图 1-2 所示，单击“确定”按钮。

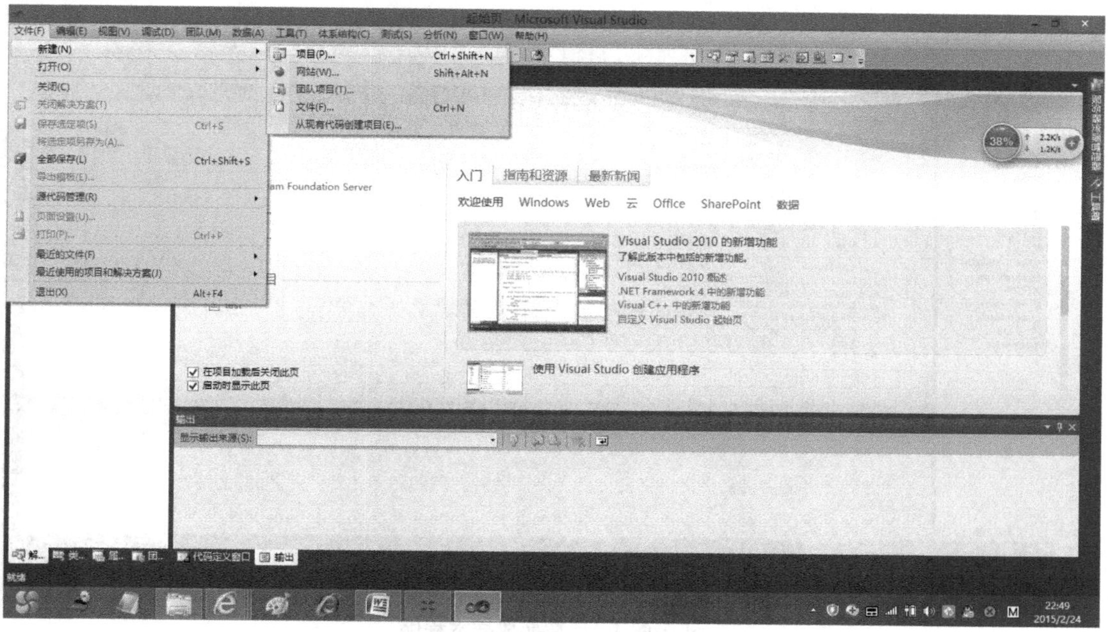

实验图 1-1　新建项目

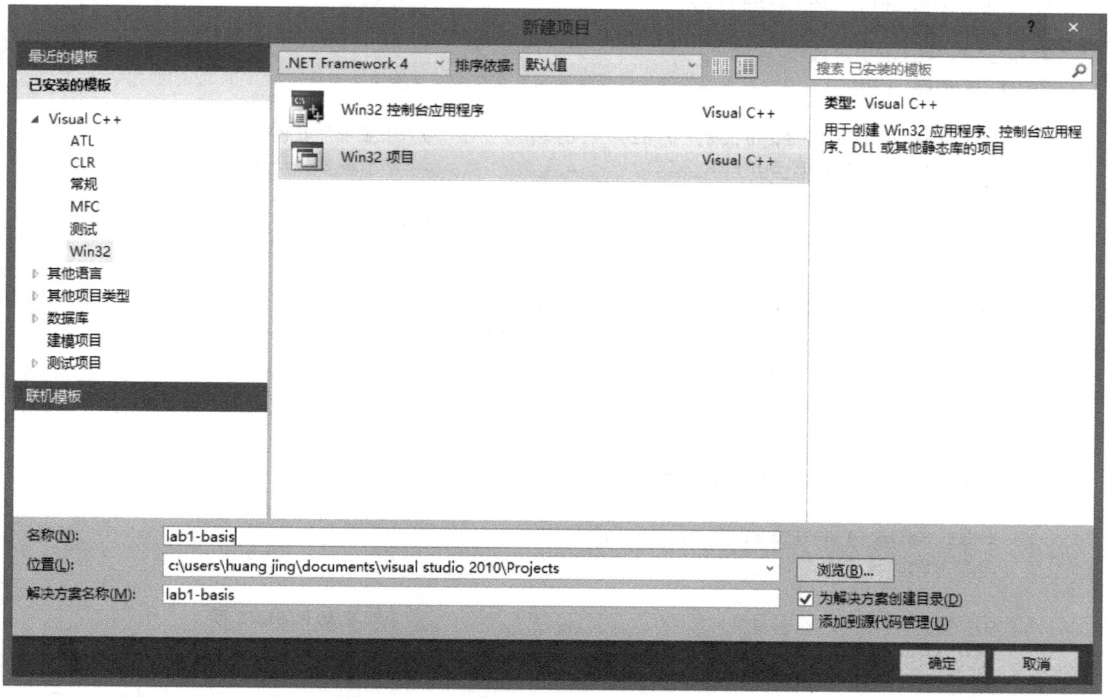

实验图 1-2　Win32 项目

3）将工程文件的“源文件”中的 C++ 源文件 (lab1-basis.cpp) 替换成以下样本程序（参见实验图 1-3）：

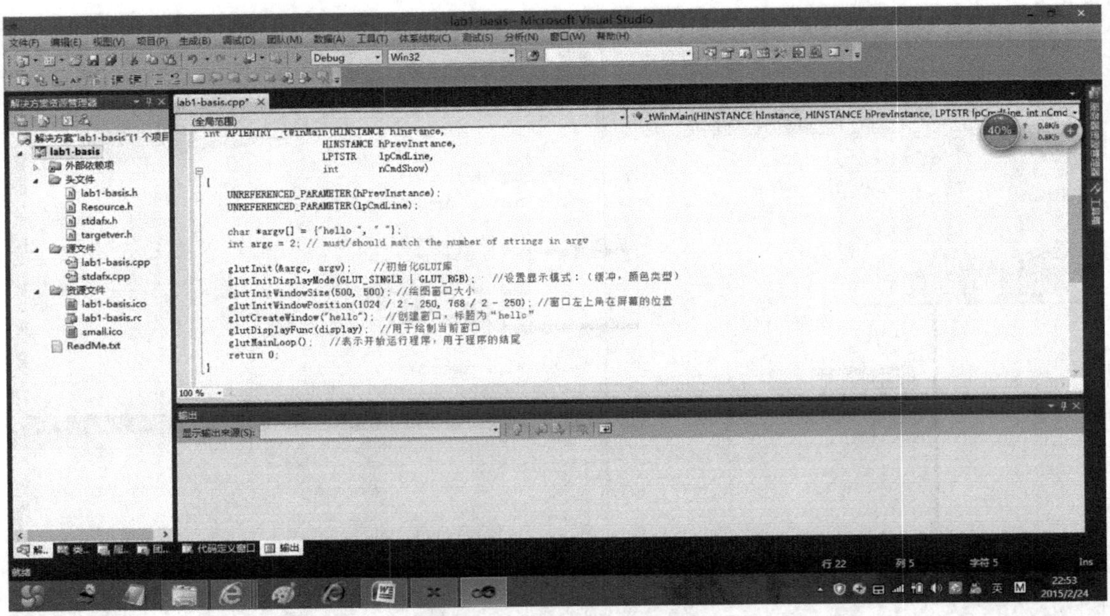

实验图 1-3 替换成样本程序

```
//样本程序 my_first_program.cpp
#include"stdafx.h"
#include <glut.h>
void display(void)
{
    glClearColor(0.0f, 0.0f, 0.0f, 1.0f);        //设置清屏颜色
    glClear(GL_COLOR_BUFFER_BIT);                 //刷新颜色缓存区

    glFlush();    //用于刷新命令队列和缓存区，使所有尚未被执行的OpenGL命令得到执行
}

int APIENTRY _tWinMain(HINSTANCE hInstance,
                     HINSTANCE hPrevInstance,
                     LPTSTR    lpCmdLine,
                     int       nCmdShow)
{
    UNREFERENCED_PARAMETER(hPrevInstance);
    UNREFERENCED_PARAMETER(lpCmdLine);

    char *argv[] = {"hello ", " "};
    int argc = 2;

    glutInit(&argc, argv);                              //初始化GLUT库
    glutInitDisplayMode(GLUT_SINGLE | GLUT_RGB);       //设置显示模式:(缓存，颜色类型)
    glutInitWindowSize(500, 500);                       //绘图窗口大小
    glutInitWindowPosition(1024 / 2 - 250, 768 / 2 - 250); //窗口左上角在屏幕的位置
    glutCreateWindow("hello");     //创建窗口，标题为“hello”
    glutDisplayFunc(display);      //用于绘制当前窗口
    glutMainLoop();                //表示开始运行程序，用于程序的结尾
    return 0;
}
```

以上样本程序的运行结果是创建一个名为“hello”的窗口，如实验图 1-4 所示。

3. 认真阅读以上样本程序，理解每个函数的作用，并修改窗口标题，让其显示为“我的第一个 OpenGL 程序”，运行结果如实验图 1-5 所示。

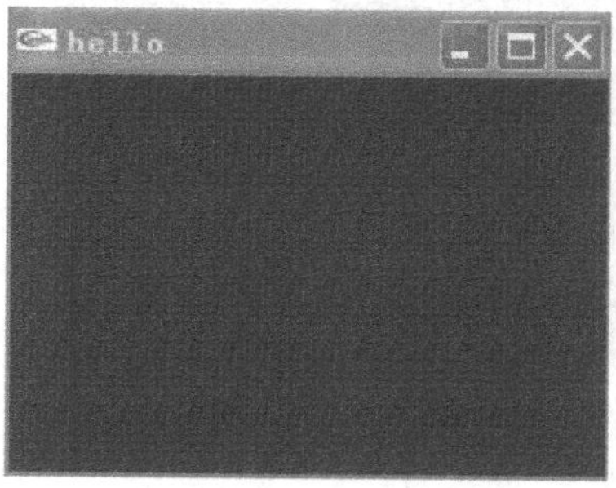

实验图 1-4　hello 窗口

实验图 1-5　我的第一个 OpenGL 程序

4. 窗口的设置。

在默认情况下，窗口的位置出现在屏幕的左上角，大小为 300×300。

要求：

1）修改窗口位置，使之处于屏幕正中央。

2）将窗口大小改为整个屏幕大小。

3）修改窗口大小为其他尺寸。

参考函数：

```
glutInitWindowPosition(int x, int y);
// 为窗口指定初始位置，窗口左上角在屏幕的位置为 (x,y)
// 如果不写该函数，或者写成“glutInitWindowPosition(0,0);”均表示窗口的位置出现在屏幕的左上角
glutInitWindowSize(int width, int height); // 设置窗口大小
// 如果不写该函数，表示窗口的大小为默认的 300×300
```

5. 背景色的设置。

在默认情况下，背景色是黑色。

要求：

1）将窗口背景设置为白色，如实验图 1-6 所示。

2）将窗口背景设置为其他颜色，如实验图 1-7 所示。

参考函数：

```
glClearColor(r,g,b,alpha);// 设置背景色，此函数放在 display() 中，并且放在“glClear(GL_
                          //COLOR_BUFFER_BIT);”语句的前面
```

其中 r、g、b 取值范围是 [0,1]，可以是浮点数；alpha 取值范围为 0 ～ 1，在这里其值不起作用，以后再讨论该参数。

例如 glClearColor(0,0,0,0) 为黑色背景，glClearColor3f(1,1,1,0) 为白色背景，其他颜色应该如何设置请读者思考。

6. 基本图形绘制。

绘制函数一般放置在清屏语句

```
glClear(GL_COLOR_BUFFER_BIT);    // 刷新颜色缓存区
```

和刷新语句

```
glFlush();    //用于刷新命令队列和缓冲区，使所有尚未被执行的 OpenGL 命令得到执行
```

之间。

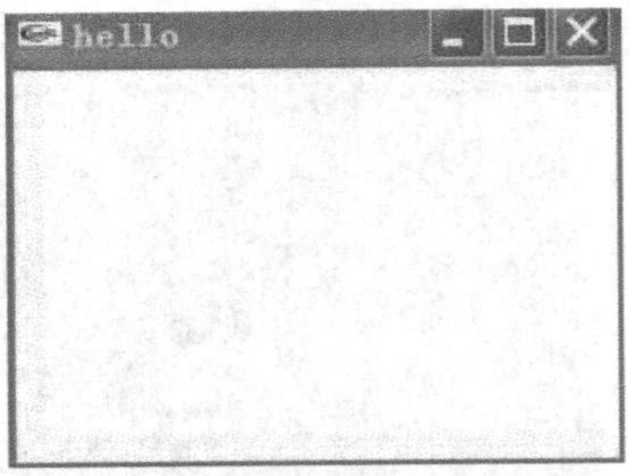

实验图 1-6　白背景

实验图 1-7　红背景

矩形绘制：

1）在 display 绘图函数的“glClear(GL_COLOR_BUFFER_BIT);”语句后面增加“glRectf (0,0,1,1);”，运行程序查看效果，如实验图 1-8 所示。

2）修改矩形的对角坐标，看看有什么变化和问题，如实验图 1-9 所示。

实验图 1-8　矩形绘制

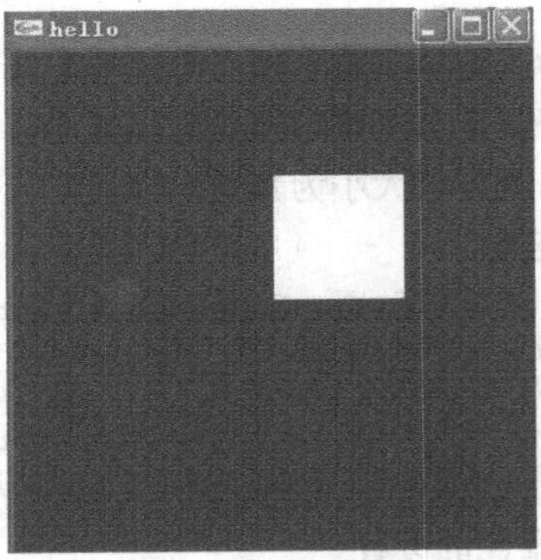

实验图 1-9　矩形坐标改变

3）根据给出的函数，试画出直线和三角形等基本图形。

```
//绘制直线
glBegin(GL_LINES);
glVertex2f(0,0);
glVertex2f(0.8,0.8);
glEnd();

//画三角形，x1、y1、x2、y2、x3、y3 为三角形顶点坐标
glBegin(GL_TRIANGLES);
glVertex2f(0,0);
glVertex2f(0.5,0.5);
glVertex2f(0.0,0.8);
glEnd();
```

图形分别如实验图 1-10 和实验图 1-11 所示。

7. 绘图色的设置。

1）将绘制的图形修改成红色，如实验图 1-12 所示。

2）将绘制的不同基本图元设为不同的颜色，如实验图 1-13 所示。

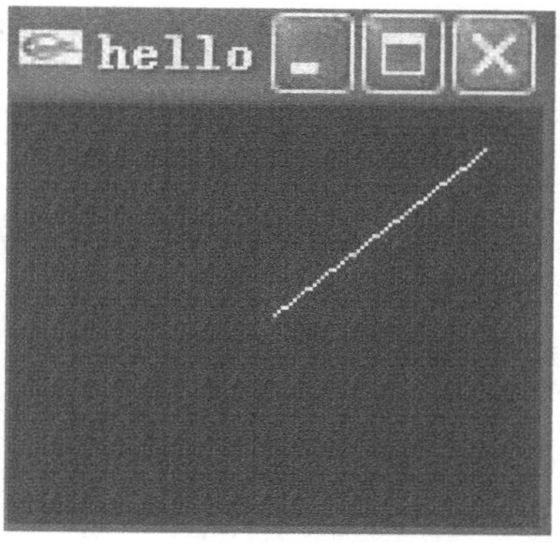

实验图 1-10　直线绘制

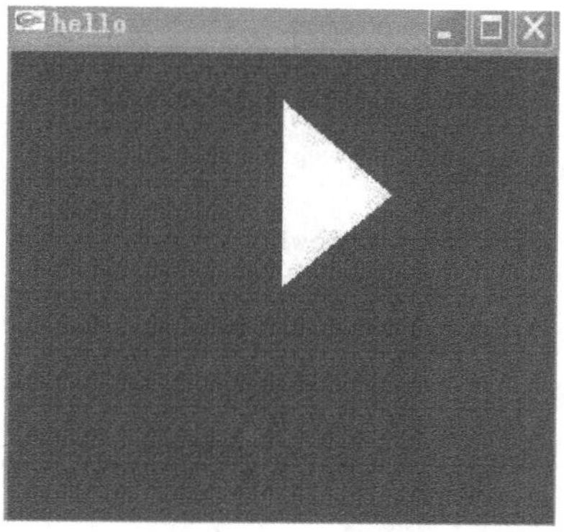

实验图 1-11　三角形绘制

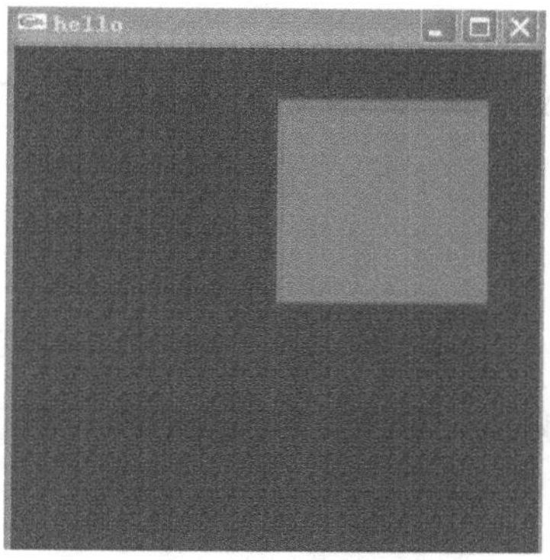

实验图 1-12　红色矩形

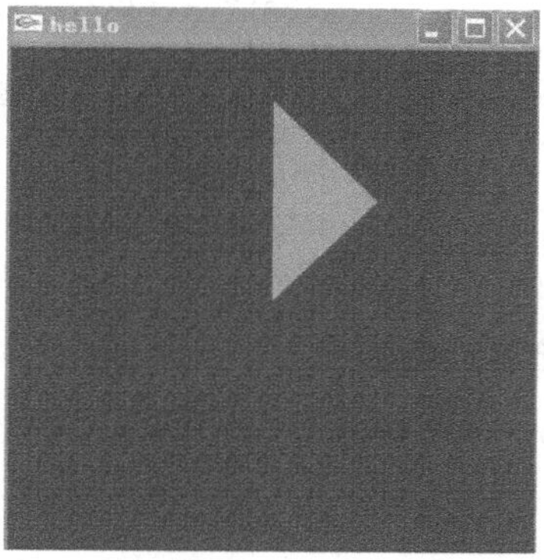

实验图 1-13　三角形绘制

参考函数：

```
glColor3f(r,g,b); // 设置绘图色 r、g、b 取值范围为 [0,1]，可以为浮点数
```

例如：

```
glColor3f(1,0,0); // 设置为红色
glColor3f(0,1,0); // 设置为绿色
glColor3f(0,0,1); // 设置为蓝色
```

其他绘图颜色应如何设置请读者思考。

8. 绘制几何图形。

1）更改标题栏，加上学号、姓名。

2）绘制两个以上基本几何形状。

3）设置三种颜色。

四、思考题

1. 默认窗口位置在屏幕的什么位置？如果要改变窗口在屏幕的位置应该如何处理？如何改变窗口的大小？

2. 本实验中默认的绘图坐标原点在窗口中的什么位置？

3. 如何修改背景颜色和绘图颜色？绘图颜色的顺序与位置有什么要求？

4. 对于“#include<glut.h>”，头文件 glut.h 放在哪个文件夹下？

5. 图形函数的顺序与位置有什么要求？试改变程序中一些图形函数的顺序，看运行结果是否有变化。

五、参考函数

```
1. glutInitWindowPosition(int x, int y);// 为即将创建的窗口指定初始位置，窗口左上角在屏幕
                                        // 上的位置为 (x,y)
2. glutInitWindowSize(int width, int height);    // 设置窗口大小
3. glClearColor(r,g,b,alpha);     // 设置清屏颜色
4. glColor3f(r,g,b);              // 设置绘图色
   //r、g、b、alpha 取值范围为 0 ～ 1，可以为浮点数
5. glRectf(x1,y1,x2,y2);          // 画矩形命令，x1、y1 和 x2、y2 分别为矩形对角线顶点坐标
6. glBegin(GL_LINES);             // 画线命令，x1、y1 和 x2、y2 分别为直线段端点坐标
           glVertex2f(x1,y1);
           glVertex2f(x2,y2);
       glEnd();
7. glBegin(GL_TRIANGLES);    // 画三角形命令，x1、y1、x2、y2、x3、y3 分别为三角形顶点坐标
           glVertex2f(x1,y1);
           glVertex2f(x2,y2);
           glVertex2f(x3,y3);
       glEnd();
```

六、实验演示录像

lab1-win32 project.exe（可从华章网站 www.hzbook.com 下载，其余实验演示录像文件与此相同）。

实验二　OpenGL 的简单动画

一、实验目的

1. 掌握 OpenGL 的闲置函数。

2. 掌握 OpenGL 的时间函数。

3. 掌握 OpenGL 的简单动画功能。

4. 了解 OpengGL 裁剪窗口、视区、显示窗口的概念和它们之间的关系。

5. 进一步掌握 OpenGL 基本图元的绘制。

二、实验内容

1. 闲置函数的使用与简单动画。

1）旋转的六边形如实验图 2-1 所示。

阅读 6.3.3 节中旋转的六边形样本程序，分析程序的实现步骤。运行该程序，观察旋转动画效果。

思考：*如果要调整旋转速度，旋转更快或更慢，应该如何修改程序？*

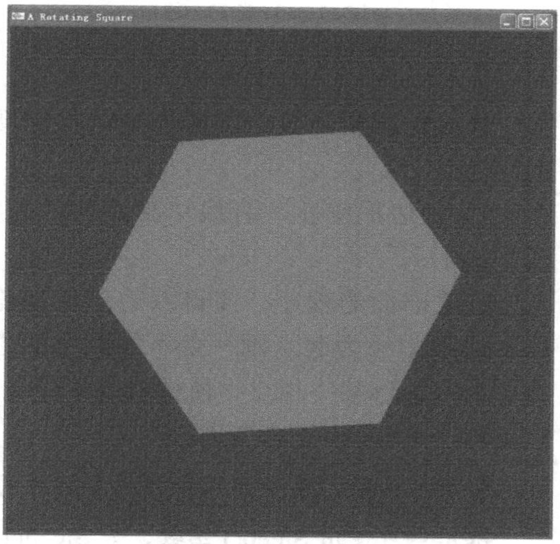

实验图 2-1　六边形绘制

2）线框六边形。

在 display 函数中，添加多边形模式设置语句观看效果。

```
glPolygonMode(GL_FRONT_AND_BACK,GL_LINE);          // 线框模式
```

添加线宽语句观看效果。

```
glLineWidth(2.0);                                  // 设置线宽
```

重回多边形填充模式：

```
glPolygonMode(GL_FRONT_AND_BACK,GL_LINE);          // 填充模式
```

3）在图形中添加字符 “Hello”，观察结果，然后将 “Hello” 字符改为自己名字的拼音或英文名字。

提示：*在图形中添加如下代码。*

```
glColor3f(1,0,0);                                  // 设置红色绘图颜色
glRasterPos2i(30,20);                              // 定位当前光标，起始字符位置
glutBitmapCharacter(GLUT_BITMAP_9_BY_15,'H');      // 写字符"H"
glutBitmapCharacter(GLUT_BITMAP_9_BY_15,'e');      // 写字符"e"
glutBitmapCharacter(GLUT_BITMAP_9_BY_15,'l');      // 写字符"l"
glutBitmapCharacter(GLUT_BITMAP_9_BY_15,'l');      // 写字符"l"
glutBitmapCharacter(GLUT_BITMAP_9_BY_15,'o');      // 写字符"o"
```

4）变色技术举例。

在程序头部设置全部变量：

```
int k=0;
```

在 myidle 函数中添加代码：

```
if (k==1)
   { glColor3f(1,0,0) ;
     k=0;
   }
else
     {
        glColor3f(1,1,0) ;
        k=1;
     }
```

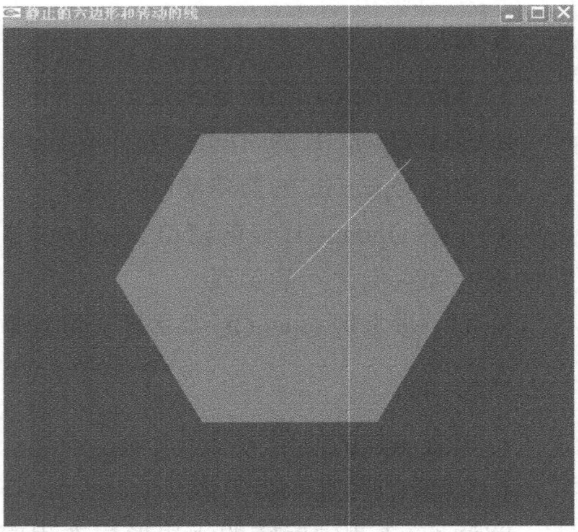

实验图 2-2　六边形和直线

然后在绘制函数中屏蔽原来的绘制颜色，运行查看效果。

5）六边形静止，直线单独旋转，如实验图 2-2 所示。

修改前面的程序，使得六边形保持静止，以六边形中心为起点画一条不同颜色的直线，终点为六边形某一顶点，使得直线不停绕中心点旋转。代码保存下来备用。

思考： 如果需要直线保持与机器时钟的秒针节拍吻合，应该如何修改？

提示： 可使用 Sleep() 函数，如 Sleep(1000) 表示延时 1 秒，放在 myidle 函数中。

2. 时间函数的使用与简单动画。将以上程序中的闲置函数替换为时间函数。

1）主程序中：

```
glutIdleFunc(myidle);      //注册闲置回调函数
```

改为：

```
glutTimerFunc(1000, mytime,10); //1000毫秒后调用时间函数 mytime
```

2）myidle() 闲置回调函数改为时间函数 mytime(t)，在程序顶部函数声明语句也要相应更改：

```
void myidle();
```

改为：

```
void mytime( int t);
```

3）在时间函数 mytime(t) 最后再添加：

```
glutTimerFunc(1000, mytime,10); //1000毫秒后调用时间函数 mytime
```

3. 简单时钟的设计。

1）在程序头部定义系统时间变量、时分秒变量：

```
SYSTEMTIME timeNow;
float hh,mm,ss;
```

2）在程序头部定义 π 常量：

```
#define PI 3.1415926
```

3）在程序头部引入数学头文件、时间头文件：

```
#include"math.h"
#include"time.h"
```

4）在初始化函数中获取系统时间。

在主程序中顶部声明初始化子函数：

```
void init();
```

在 main 函数中添加子函数调用语句，可放在创建窗口之后：

```
init();
```

在 main 函数后面添加初始化子函数，并在函数中添加获取系统时间语句：

```
void init()
{
  GetLocalTime(&timeNow);          //获取系统时间
 hh=timeNow.wHour;                 //获取小时时间
 mm=timeNow.wMinute;               //获取分钟时间
 ss=timeNow.wSecond;               //获取秒时间
}
```

5）在绘制函数中计算时、分、秒，确定绘制时分秒针起始点坐标，例如：

```
//xc,yc 为时针中心点坐标
//xs,ys 为秒针终止点坐标
//xm,ym 为分针终止点坐标
  xs=xc+R*cos(PI/2.0-ss/60*2*PI);
  ys=yc+R*sin(PI/2.0-ss/60*2*PI);
xm=xc+R*cos(PI/2.0-(mm+ss/60.0)/60.0*2.0*PI);
ym=yc+R*sin(PI/2.0-(mm+ss/60.0)/60.0*2.0*PI);
xh=xc+(R-5)*cos(PI/2.0-(hh+(mm+ss/60.0)/60.0)/12.0*2.0*PI);
yh=yc+(R-5)*sin(PI/2.0-(hh+(mm+ss/60.0)/60.0)/12.0*2.0*PI);
```

6）在绘制函数中以直线方式简易绘制时、分、秒针：

```
glColor3f(1,0,0);
glBegin(GL_LINES);
glVertex2f(xc,yc);
glVertex2f(xs,ys);
glEnd();

glColor3f(1,1,0);
glBegin(GL_LINES);
glVertex2f(xc,yc);
glVertex2f(xm,ym);
glEnd();


glColor3f(0,1,1);
glBegin(GL_LINES);
 glVertex2f(xc,yc);
```

```
glVertex2f(xh,yh);
glEnd();
```

7）闲置函数中或时间函数中重复获取系统时间：

```
GetLocalTime(&timeNow);           //获取系统时间
hh=timeNow.wHour;                 //获取小时时间
mm=timeNow.wMinute;               //获取分钟时间
ss=timeNow.wSecond;               //获取秒时间
```

三、参考函数和相关知识

1）void glutIdleFunc((*f) (void))//注册闲置响应函数

2）void myidle() //闲置响应回调函数

```
{
    //当时间空闲时系统要做的事情
}
```

3）void glPolygonMode(GLenum face,GLenum mode)//多边形线框模型设置

4）void glutTimerFunc(unsigned int msecs, void (*Func)(int value), int value);

//注册一个回调函数，当指定时间值到达后，由 GLUT 调用注册的函数一次

- msecs 是等待的时间单位。
- Func 是注册的函数，它的参数 value 是指定的一个数值，用来传递到回调函数 Func 中。

5）glutPostRedisplay(); //重画函数，相当于重新调用 display()，改变后的变量得以传给绘制函数

6）时钟相关知识。

系统时间转换成角度技术

① 把系统时间取出后，分钟应考虑秒钟的影响，时钟应考虑分钟的影响。例如，

```
mm=mm+ss/60
hh=hh+mm/60
```

② 角度坐标提示。窗体角度坐标如实验图 2-3、实验图 2-4 所示。

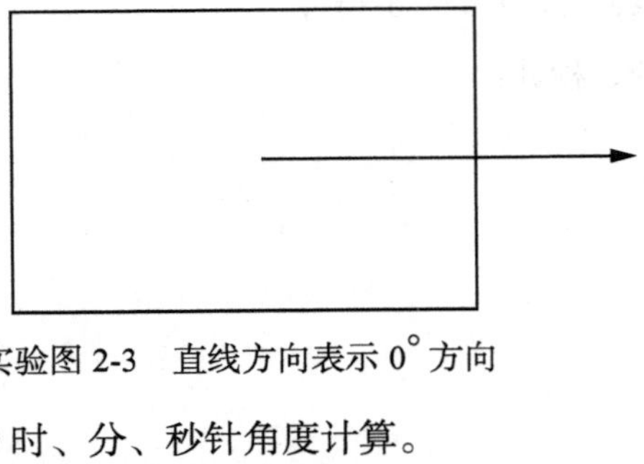

实验图 2-3　直线方向表示 0° 方向

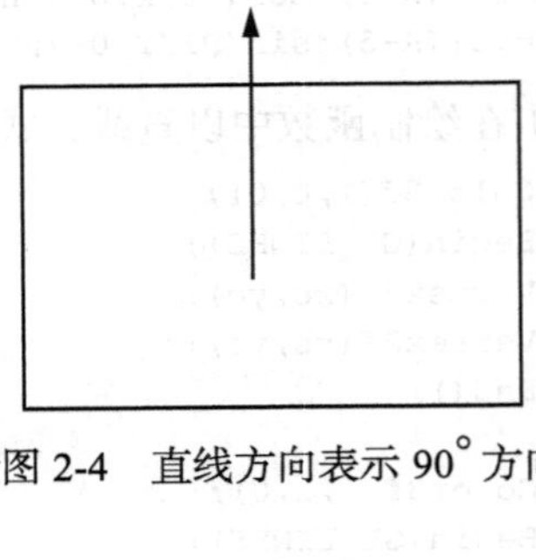

实验图 2-4　直线方向表示 90° 方向

③ 时、分、秒针角度计算。

秒针：当 ss=0 时，秒针角度 = 90°=1/2 × Pi 弧度；60 秒转一圈，即 1 秒钟转 360/ 60=6°=Pi/30 弧度。

分针：当 mm=0 时，分针角度 =90°=1/2 × Pi 弧度；60 分转一圈，即 1 分钟转 360/60= 6°=Pi/30 弧度。

时针：当 hh=0 时，时针角度 =90°=1/2 × Pi 弧度；12 小时转一圈，即 1 小时转 360/12= 30°=Pi/6 弧度。

时、分、秒针绘制技术

关键是获取时、分、秒针终止点的坐标。假设时针中心点 (x_c, y_c)，秒针、分针和时针长度分别为 slength、mlength、hlength：

秒针终止点：x_c+slength × Cos(1/2 × 3.14+ss × 3.14/30), y_c+slength × sin(1/2 × 3.14+ss × 3.14/30)

分针终止点：x_c+mlength × Cos(1/2 × 3.14+mm × 3.14/30), y_c+mlength × sin(1/2 × 3.14+mm × 3.14/30)

时针终止点：x_c+hlength × cos(3/2 × 3.14+hh × 3.14/6), y_c+hlength × sin(3/2 × 3.14+hh × 3.14/6)

四、实验演示录像

My_clock.exe。

实验三　OpenGL 的键盘交互绘制

一、实验目的

1. 理解 OpenGL 坐标系的概念，掌握 OpenGL 裁剪窗口、视区、显示窗口的概念和它们之间的关系，学会计算世界坐标和屏幕坐标。

2. 学会 OpenGL 的简单键盘交互操作。

3. 学会 OpenGL 的简单字符绘制。

4. 进一步掌握 OpenGL 点、直线、多边形的绘制。

二、实验内容

1. 调出实验一的源代码运行，调整修改使得显示窗口在屏幕中央保持默认大小（300×300），绘制的矩形在显示窗口中央，如实验图 3-1 所示。

提示：

1）添加修改窗口位置的函数 glutInitWindowPosition (int x, int y)，其中 (x，y) 为窗口左上角在屏幕上的位置。

2）显示窗口的左下角坐标为 (−1,−1)，右上角坐标为 (1,1)。

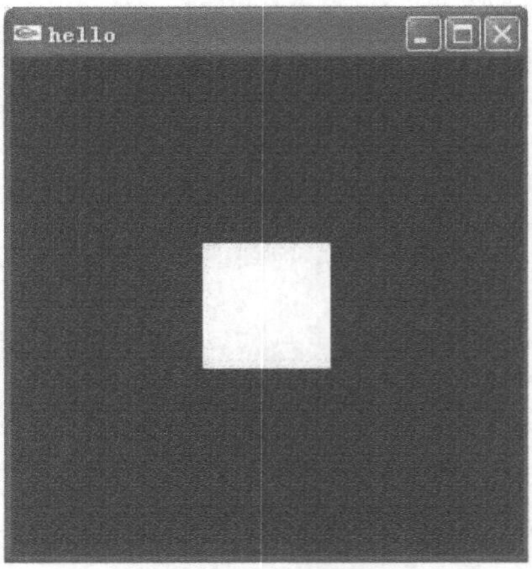

实验图 3-1　中央矩形

2. 在实验一的基础上添加键盘交互，按 W 键绘制的矩形上移，按 S 键矩形下移，按 A 键矩形左移，按 D 键矩形右移，如实验图 3-2 所示。参考步骤如下：

1）在主函数里添加键盘注册回调函数：

```
glutKeyboardFunc(mykeyboard);
```

此函数可放在 glutDisplayFunc(display) 后面。

2）在 display() 绘制函数中修改绘制矩形代码，用变量代替数值参数。

例如：

```
glRectf(-0.5,-0.5,0.5,0.5);
```

改为：

```
glRectf(x1,y1,x2,y2);
```

程序前面加上变量声明和初始值，如：

```
float x1=-0.5,y1=-0.5,x2=0.5,y2=0.5;
```

注意语句的位置。

3）在程序中增加 mykeyboard 键盘子函数，并在如下代码中进行修改，实现键盘控制矩形移动，运行程序自行测试。

```
void mykeyboard(unsigned char key, int x, int y)
{
    switch(key)
    {    case'W':
        Case'w':// 矩形对角坐标变量修改使得矩形上移
                y1+=0.1; y2+=0.1;
                 break;
        case'S':
        case's':// 矩形对角坐标变量修改使得矩形下移
                 y1-=0.1;y2-=0.1;
                break;
        case'A':
        case'a':// 矩形对角坐标变量修改使得矩形左移
                 x1-=0.1; x2-=0.1;
                break;
        case'D':
        case'd':// 矩形对角坐标变量修改使得矩形右移
                x1+=0.1; x2+=0.1;
                break;
    }
    // 参数修改后调用重画函数，屏幕图形将发生改变
    glutPostRedisplay();
}
```

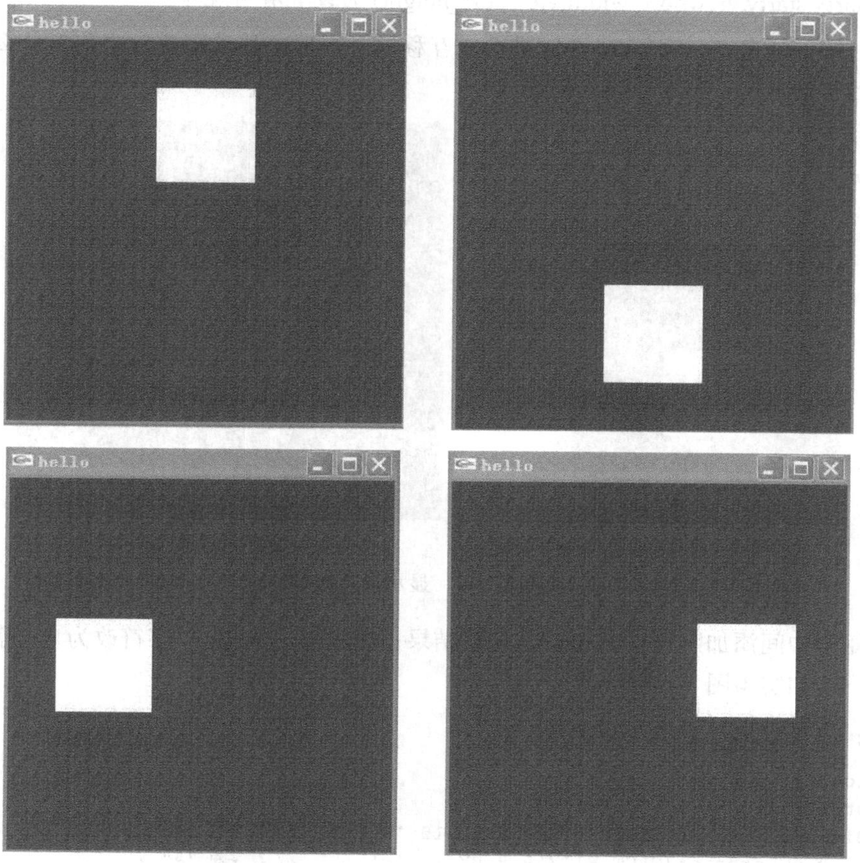

实验图 3-2　矩形的上、下、左、右移动

3. 设置窗口改变回调函数，使得矩形的长度和宽度等于 100，程序启动时矩形仍在窗口中央，当显示窗口最大化时，绘制矩形也随之增大，如实验图 3-3 所示。

1）在 main 函数里添加注册窗口变化函数：

```
glutReshapeFunc(myreshape);// 放在 glutMainLoop() 之前
```

2）在程序中添加窗口改变子函数，参数 w、h 为当前显示窗口的宽和高：

```
void myreshape(GLsizei w, GLsizei h)
{
    glViewport(0,0,w,h);                    // 设置视区位置
    glMatrixMode(GL_PROJECTION);            // 设置投影变换模式
    glLoadIdentity();                       // 调用单位矩阵，清空当前矩阵堆栈
   gluOrtho2D(0,300,0,300);

}
```

3）此时，矩形的初始变量经重新计算后为：

```
float x1=100,x1=100,x2=200,y2=200;
```

注意： 请读者思考为什么矩形的初始变量由原来的 (−0.5,−0.5,0.5,0.5) 变为 (100,100,200,200)？裁剪窗口设置函数 gluOrtho2D(xwmin,xwmax,ywmin,ywmax) 和视区设置函数 glViewport(startx,starty,viewport_width,viewport_height) 的设置有何规律？

此时，按下键盘 W、A、D、S 键进行交互移动，矩形的移动距离较之前有什么变化？要保持以前的移动频率，程序应该如何修改？

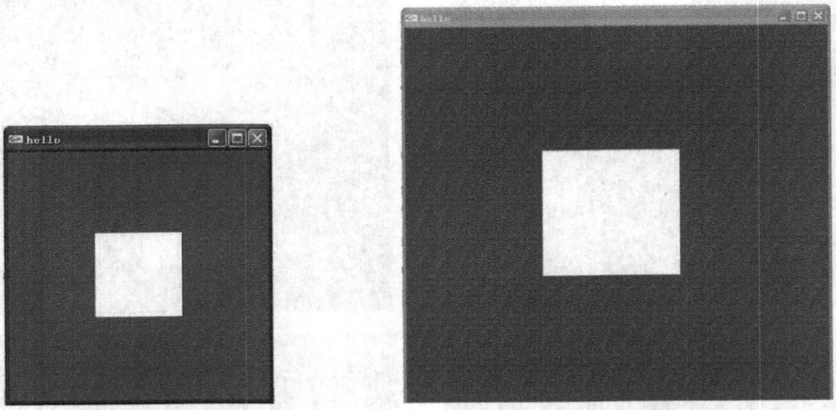

a）显示窗口改变前　　b）显示窗口变大后

实验图 3-3　显示窗口改变

4. 在矩形中间添加字符“Hello”，观察结果；然后将“Hello”字符改为自己名字的拼音或英文名字。如实验图 3-4 所示。

提示： 在绘制矩形后添加如下代码。

```
glColor3f(1,0,0);
glRasterPos2i((x1+x2)/2,(y1+y2)/2);                  // 定位当前光标
glutBitmapCharacter(GLUT_BITMAP_9_BY_15,'H');        // 写字符 "H"
glutBitmapCharacter(GLUT_BITMAP_9_BY_15,'e');        // 写字符 "e"
glutBitmapCharacter(GLUT_BITMAP_9_BY_15,'l');        // 写字符 "l"
```

```
glutBitmapCharacter(GLUT_BITMAP_9_BY_15,'l');    //写字符"l"
glutBitmapCharacter(GLUT_BITMAP_9_BY_15,'o');    //写字符"o"
```

注意：运行程序，效果如实验图 3-4 所示。但是如果此时按下键盘 W、A、D、S 键进行交互移动，程序会发生什么变化？要保持矩形白色、字符红色，程序应该如何修改？

如果字符颜色设置语句 glColor3f(1,0,0) 放在定位光标语句 glRasterPos2i((x1+x2)/2,(y1+y2)/2) 之后，运行又会发生什么变化？请读者自己总结设置字符颜色语句的顺序规律。

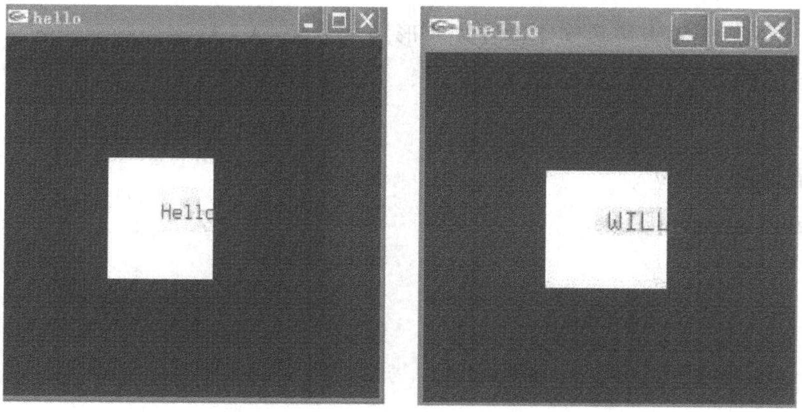

实验图 3-4 添加字符

5. 参照教材按照自己的构思画二维平面图形，将上面的矩形替换成自己构思的二维平面图形实现交互功能，注意顶点的顺序，并在画面上标注自己的姓名。

三、思考题

按下列步骤操作，并分析裁剪窗口、视区和显示窗口的关系。

1）修改视区大小为原来的一半，如实验图 3-5a 所示。

2）修改裁剪窗口的大小为原来的一半；视区保持不变，如实验图 3-5b 所示。

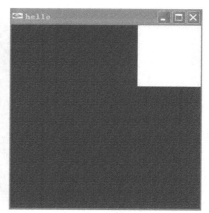

a）修改视区　　b）修改窗口

实验图 3-5 修改视区与窗口

参考函数：

- **裁剪窗口设置函数：**

gluOrtho2D(xwmin,xwmax,ywmin,ywmax);//xwmin、xwmax、ywmin、ywmax 为裁剪窗口在世界坐标系的位置，分别为 x 最小、x 最大、y 最小、y 最大

- **视区设置函数：**

glViewport(startx,starty,viewport_width,viewport_height);// 绘图区在显示窗口中的位置，以屏幕坐标系为参考，startx、starty、viewport_width、viewport_height 分别为绘图区在显示窗口的起点位置，以及绘图区的宽度和高度

3）修改以上程序使得按数字 1 键实现矩形用 W、S、A、D 键控制上、下、左、右移动，按 2 键显示自己构思的其他 2D 图形（三角形、点或多边形等），用 W、S、A、D 键控制上、下、左、右移动。

四、实验演示录像

win32_lab2_interactive.exe。

实验四　OpenGL 的鼠标交互绘制

一、实验目的

1. 掌握 OpenGL 的鼠标按钮响应函数。
2. 掌握 OpenGL 的鼠标移动响应函数。
3. 进一步巩固 OpenGL 的基本图元绘制基础。

二、实验内容

1. 鼠标画草图——实现鼠标点到哪，线就画到哪。

思路：

1）在主程序注册鼠标响应和鼠标移动子函数：

```
glutMouseFunc(mymouse);
glutMotionFunc(mymotion);
```

放在 display 注册之后和 mainloop 之前。

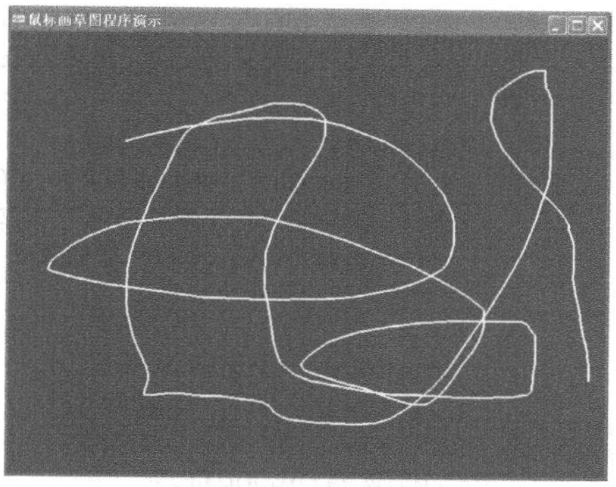

实验图 4-1　鼠标画草图

2）在程序头部声明鼠标响应和鼠标移动子函数：

```
void myMouse(int button,int state,int x,int y);
  void myMotion(int x,int y);
```

3）构造鼠标响应子函数：

```
   //鼠标按钮响应事件
void myMouse(int button,int state,int x,int y)
{
      //鼠标左键按下——确定起始点
      //鼠标左键松开——画最后一个顶点，画线结束

}
```

4）构造鼠标移动子函数：

```
    //鼠标移动时获得鼠标移动中的坐标
-----------------------------------------------------
void myMotion(int x,int y)
{
   //  鼠标移动——线画到哪

}
```

5）修改显示函数 Display()：

```
//画直线程序框架

   #include "stdafx.h"
  #include <glut.h>
  int ww,hh;      // 显示窗口宽和高
```

```
void Myinit(void);
void Reshape(int w, int h);
void Display(void);

int APIENTRY _tWinMain(HINSTANCE hInstance,
                     HINSTANCE hPrevInstance,
                     LPTSTR    lpCmdLine,
                     int       nCmdShow)
{
    UNREFERENCED_PARAMETER(hPrevInstance);
    UNREFERENCED_PARAMETER(lpCmdLine);

    char *argv[] = {"hello ", " "};
    int argc = 2; // argv中的字符串数

     glutInit(&argc, argv);                                  //初始化GLUT库
     glutInitWindowSize(800, 600);                           //设置显示窗口大小
     glutInitDisplayMode(GLUT_DOUBLE | GLUT_RGB);            //设置显示模式(注意双缓存)
     glutCreateWindow("鼠标画线小程序演示");                  //创建显示窗口
      Myinit();

    glutDisplayFunc(Display);      //注册显示回调函数
    glutReshapeFunc(Reshape);      //注册窗口改变回调函数

      glutMainLoop();              //进入事件处理循环
      return 0;
}


void Myinit(void)
{
glClearColor(0.0,0.0,0.0,0.0);
glLineWidth(3.0);
}

//渲染绘制子程序
--------------------------------------------------------------------------
void Display(void)
{
   glClear(GL_COLOR_BUFFER_BIT); //刷新颜色缓存区
     glBegin(GL_LINES);
       glVertex2f(0,0);
       glVertex2f(ww,hh);
      glEnd();
    glutSwapBuffers();             //双缓存的刷新模式
}

//-----------------------------------------------
void Reshape(int w, int h)         //窗口改变时自动获取显示窗口的宽w和高h
{
   glMatrixMode(GL_PROJECTION);    //投影矩阵模式
   glLoadIdentity();               //矩阵堆栈清空
   glViewport(0, 0, w, h);         //设置视区大小
   gluOrtho2D(0, w, 0, h);         //设置裁剪窗口大小
   ww=w;
   hh=h;
}
```

2. 鼠标画线。阅读 OpenGL 鼠标画线程序，能够实现在绘制窗口用鼠标交互绘制若干条直线，鼠标左键首先按下确定直线的起始点，鼠标左键按下同时移动，看到画线过程，鼠标左键松开时确定直线的终点，可重复画多条直线。

思路：

1）写出画静止若干条直线程序框架，坐标用变量替代。

2）在主函数里注册鼠标按钮响应函数和鼠标移动响应函数。

3）在鼠标按钮响应子函数里给出鼠标按钮响应事件。

4）在鼠标移动响应子函数里给出鼠标移动响应事件。

5）读懂程序并分析程序，保留程序。

```
//鼠标画线小程序
#include "stdafx.h"
#include <glut.h>

#define N 1000                    //线段最大条数
int ww,hh;                        //显示窗口宽和高
int line[N][4], k=0;              //线段坐标存储数组，线段计数

void Myinit(void);
void Reshape(int w, int h);
void myMouse(int button,int state,int x,int y);
void myMotion(int x,int y);
void Display(void);
void  drawlines();

int APIENTRY _tWinMain(HINSTANCE hInstance,
                       HINSTANCE hPrevInstance,
                       LPTSTR    lpCmdLine,
                       int       nCmdShow)
{
    UNREFERENCED_PARAMETER(hPrevInstance);
    UNREFERENCED_PARAMETER(lpCmdLine);

    char *argv[] = {"hello ", " "};
    int argc = 2; // must/should match the number of strings in argv

     glutInit(&argc, argv);                            //初始化 GLUT 库
     glutInitWindowSize(800, 600);                     //设置显示窗口大小
     glutInitDisplayMode(GLUT_DOUBLE | GLUT_RGB);      //设置显示模式（注意双缓存）
     glutCreateWindow(" 鼠标画线小程序演示 ");          // 创建显示窗口
      Myinit();
       glutDisplayFunc(Display);                       //注册显示回调函数
    glutMouseFunc(myMouse);                            //注册鼠标按钮回调函数
    glutMotionFunc(myMotion);                          //注册鼠标移动回调函数
    glutReshapeFunc(Reshape);                          //注册窗口改变回调函数
       glutMainLoop();                                 //进入事件处理循环
      return 0;
}

void Myinit(void)
{
glClearColor(0.0,0.0,0.0,0.0);
```

```
glLineWidth(3.0);
}

//渲染绘制子程序
-----------------------------------------------------------------------------
void Display(void)
{
   glClear(GL_COLOR_BUFFER_BIT);              //刷新颜色缓存区
    drawlines();                              //画线子程序
    glutSwapBuffers();                        //双缓存的刷新模式
}

//--------------------------------------------
void Reshape(int w, int h)                    //窗口改变时自动获取显示窗口的宽w和高h
{
   glMatrixMode(GL_PROJECTION);               //投影矩阵模式
   glLoadIdentity();                          //矩阵堆栈清空
   glViewport(0, 0, w, h);                    //设置视区大小
   gluOrtho2D(0, w, 0, h);                    //设置裁剪窗口大小
   ww=w;
   hh=h;
}


//鼠标按钮响应事件
void myMouse(int button,int state,int x,int y)
{
    if(button==GLUT_LEFT_BUTTON&&state==GLUT_DOWN)
    {
       line[k][0]=x;                          //线段起点x坐标
       line[k][1]=hh-y;                       //线段终点y坐标
    }

    if(button==GLUT_LEFT_BUTTON&&state==GLUT_UP)
    {
         line[k][2]=x;                        //线段起点x坐标
         line[k][3]=hh-y;                     //线段终点y坐标
         k++;
      glutPostRedisplay();
     }
}

//鼠标移动时获得鼠标移动中的坐标
-----------------------------------------------------
void myMotion(int x,int y)
{
    //get the line's motion point
      line[k][2]=x;                           //动态终点的x坐标
      line[k][3]=hh-y;                        //动态终点的y坐标
    glutPostRedisplay();
}

//画线子程序
void  drawlines()
{
```

```
        for(int i=0;i<=k;i++) //********
         {
           glBegin(GL_LINES);
           glVertex2f(line[i][0],line[i][1]);
           glVertex2f(line[i][2],line[i][3]);
           glEnd();
         }
}
```

鼠标画线程序运行后，程序效果如实验图 4-2 所示。

3. 鼠标绘制矩形。修改鼠标画线程序，要求：能够实现在绘制窗口用鼠标交互绘制若干矩形，鼠标左键首先按下确定矩形对角线的起始点，鼠标左键按下同时移动时看到画矩形过程，鼠标左键松开确定矩形对角线的另一点，可重复画多个矩形。如实验图 4-3 所示。

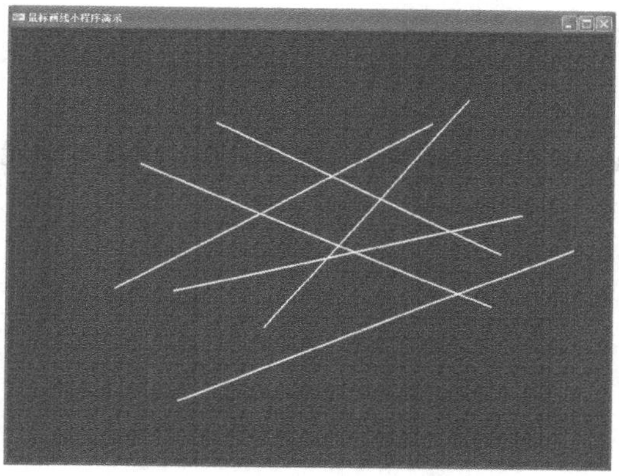

实验图 4-2 鼠标画线

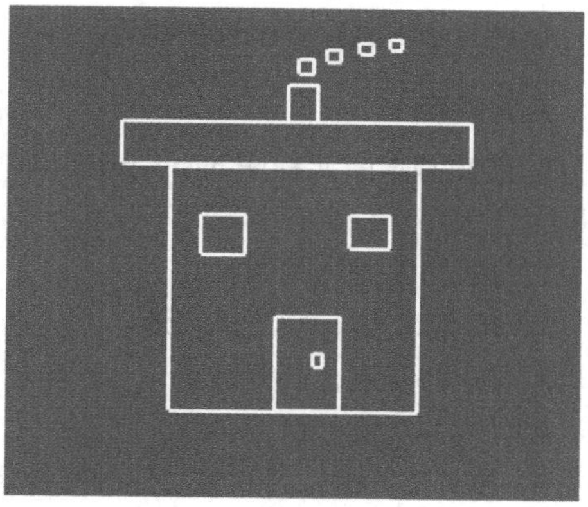

实验图 4-3 鼠标画矩形

4. 思考题：鼠标画圆。鼠标画圆应如何修改代码？

三、参考函数与代码

基本图元绘制函数参考教材第 5 章，鼠标交互函数参考第 6 章。

1）裁剪窗口设置函数：

```
gluOrtho2D(xwmin,xwmax,ywmin,ywmax);
```

2）视区设置函数：

```
glViewport(startx,starty,viewport_width,viewport_height);
```

3）鼠标绘制折线代码示例：

```
// 鼠标按下时开始画折线，鼠标按钮松开时结束
 glutMotionFunc(mymotion);
 void mymotion(int x,int y)
 {…
    if(first_time_called)
     glBegin(GL_LINE_STRIP);
       glVertex2f(sx*(GLfloat)x,sy*(GLfloat)(h-y));
     …
 }
     // 注意：鼠标按钮松开时产生 glEnd()
```

实验五　基本图元的生成算法

一、实验目的

1. 掌握 DDA 直线生成算法。
2. 掌握中点 Bresenham 画圆法的生成算法。
3. 掌握反走样思想和算法。
4. 进一步提高综合编程的能力。

二、实验内容

1. 已知基本图元程序 basic_primitive_generation_algorithm.cpp（参见“五、附基本图元程序”），该程序实现：

1）按“1”键，画圆。
2）按“2”键，画正多边形。
3）按“3”键，画胖圆。
4）按“4”键，鼠标画线。
5）按“R”键，圆和多边形的外径增大。
6）按“r”键，圆和多边形的外径变小。
7）按“I”键，圆的内径增大。
8）按“i”键，圆的内径变小。
9）按“N”键，多边形边数递增。
10）按“n”键，多边形边数递减。
11）按“S”键，反走样采样数递增。
12）按“s”键，反走样采样数递减。
13）按“a”键，取消反走样。
14）按“A”键，启用反走样。

程序效果如实验图 5-1 所示。

a）圆的半径变小　　b）圆的半径变大　　c）正多边形边数减少

实验图 5-1　基本图元算法效果图

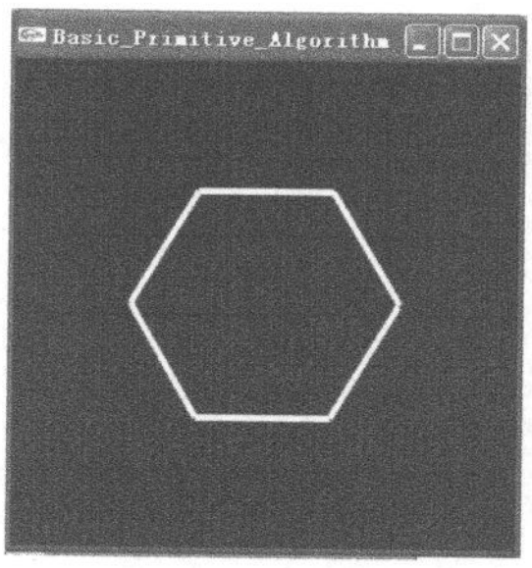

d）正多边形边数增大

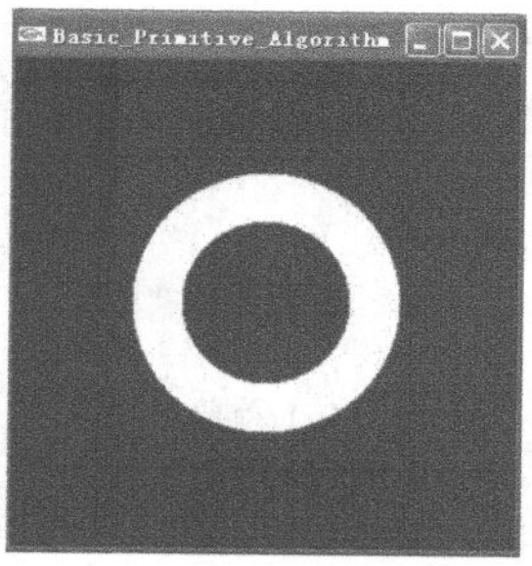

e）胖圆走样效果

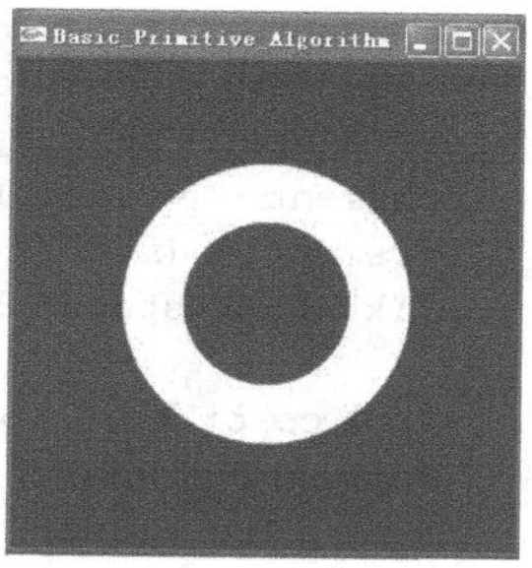

f）胖圆反走样效果

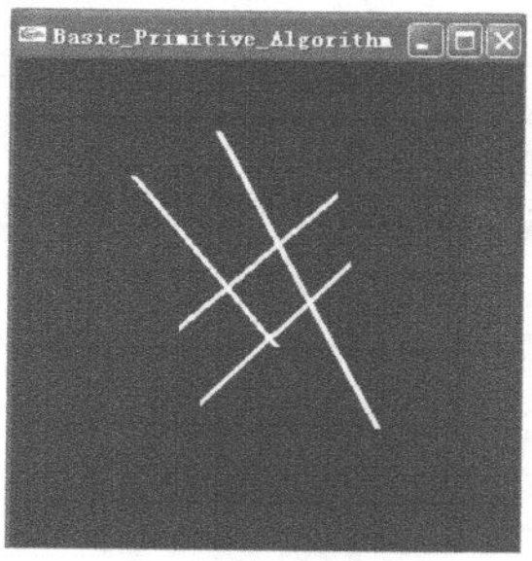

g）鼠标画线锯齿效应

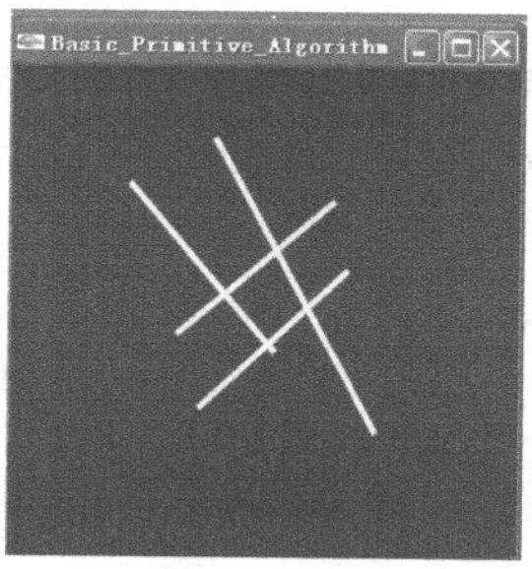

h）鼠标画线反走样效果

实验图 5-1 （续）

读懂程序，了解程序的结构和代码的含义。

2. 用 DDA 算法替代程序中的直线绘制语句，验证 DDA 直线生成算法。

3. 用中点 Bresenham 画圆法替代程序中圆的绘制方法，验证中点画圆生成算法。

三、参考函数

1. 反走样代码。

反走样代码，点、直线、多边形的抗锯齿：

```
glBlendFunc(GL_SRC_ALPHA, GL_ONE_MINUS_SRC_ALPHA);
glEnable(GL_BLEND);
glEnable(GL_POINT_SMOOTH);
glHint(GL_POINT_SMOOTH_HINT, GL_NICEST);
glEnable(GL_LINE_SMOOTH);
glHint(GL_LINE_SMOOTH_HINT, GL_NICEST);
glEnable(GL_POLYGON_SMOOTH);
glHint(GL_POLYGON_SMOOTH_HINT, GL_NICEST);
```

取消抗锯齿：

```
glDisable(GL_BLEND);
glDisable(GL_LINE_SMOOTH);
glDisable(GL_POINT_SMOOTH);
glDisable(GL_POLYGON_SMOOTH);
```

2. DDA 直线生成伪代码。

```
  void DDA_line(int x0, int y0, int x1, int y1,int color)
  //参数 x0、y0 表示直线的起始点 ,x1、y1 表示直线的终止点，color 表示直线的绘制颜色
{
  int  dx = x1 - x0, dy = y1 - y0, k;
```

```
    float xIncrement , yIncrement ,steps, x = x0, y = y0;
    if (abs (dx) > abs (dy))         steps = abs (dx);
    else  steps = abs (dy);
    xIncrement   = (float) (dx) /steps;
    yIncrement = (float) (dy) /steps;
    for (k =0; k<steps; k++)
    {
       //用 color 颜色在 round(x)、round(y) 处绘制一点
       Putpixel(round(x), round(y),color);
       x += xIncrement;  y += yIncrement;
    }
}
```

3. 中点 Bresenham 画圆生成算法伪代码。

```
void MidPoint_Circle(int x0,int y0,double radius, int color)
  //参数 x0、y0 表示圆心坐标，radius 表示圆的半径，color 表示圆的绘制颜色
{
    int x, y, h ;
    x=0; y=int(radius); h=1-int(radius);
    CirPot(x0,y0,x,y,color);
    while(x<y)
    {
        if(h<0)   h+=2*x+3;
        else { h+=2*(x-y)+5;  y--;  }
        x++;
        CirPot(x0,y0,x,y,color);
    }
 }
 void CirPot(x0,y0,x,y,color)
{
//根据圆的对称性绘出 8 个对称点
    putpixel(x0+x,y0+y,color); //用 color 颜色在 (x0+x,y0+y) 处绘制一点
    putpixel(x0+x,y0-y,color);
    putpixel(x0-x,y0+y,color);
    putpixel(x0-x,y0-y,color);
    putpixel(x0+y,y0+x,color);
    putpixel(x0+y,y0-x,color);
    putpixel(x0-y,y0+x,color);
    putpixel(x0-y,y0-x,color);
}
```

四、思考题

按下键盘不同键值将出现不同的绘制图形，程序结构应注意哪些地方？ 你能再按下键盘的不同键值绘制新的图形吗？

五、附基本图元程序

```
//basic_primitive_generation_algorithm.cpp

#include "stdafx.h"
#include <glut.h>
//#include <stdio.h>
//#include <stdlib.h>
#include <math.h>
```

```
#define N 1000

int cx=150,cy=150,radius=80,ri=50,ro=80,n=3,samples=1,flag=1;
int ww,hh;
int line[N][4], k=0;

void Myinit(void);
void plotC(int x,int y,int xc,int yc);
void Bresenham_Circle_Algorithm(int cx, int cy, int radius);
void DrawOneLine(int x1,int y1,int x2,int y2);
void NSidedPolygon(int n, int cx, int cy, int radius);
void SampleCircle(int inner, int outer, int samples, int cx, int cy);
void Keyboard(unsigned char key, int x, int y);
void Display(void);
void Reshape(int w, int h);
void Drawlines();
void myMouse(int button,int state,int x,int y);
void myMotion(int x,int y);

int APIENTRY _tWinMain(HINSTANCE hInstance,
                       HINSTANCE hPrevInstance,
                       LPTSTR    lpCmdLine,
                       int       nCmdShow)
{
    UNREFERENCED_PARAMETER(hPrevInstance);
    UNREFERENCED_PARAMETER(lpCmdLine);
    char *argv[] = {"hello ", " "};
    int argc = 2;

    glutInit(&argc, argv);
    glutInitDisplayMode(GLUT_DOUBLE | GLUT_RGB);
    glutCreateWindow("Basic_Primitive_Algorithm");
    Myinit();  //初始设置
    glutDisplayFunc(Display);      //注册绘制响应回调函数
    glutKeyboardFunc(Keyboard);    //注册键盘响应回调函数
    glutReshapeFunc(Reshape);      //注册窗口改变回调函数
    glutMouseFunc(myMouse);        //注册鼠标按钮回调函数
    glutMotionFunc(myMotion);      //注册鼠标移动回调函数
    glutMainLoop();
    return 0;
}

void Myinit(void)
{
    glClearColor(0.0,0.0,0.0,0.0);          //背景色
    glLineWidth(4.0);                       //线宽
}

void Display(void)
{
    glClear(GL_COLOR_BUFFER_BIT);
    glMatrixMode(GL_MODELVIEW);    //设置矩阵模式为模型变换模式，表示在世界坐标系下
    glLoadIdentity();              //将当前矩阵设置为单位矩阵
```

```
    if (flag==1)                    //画圆
      Bresenham_Circle_Algorithm(cx,cy,radius);
    if (flag==2)                    //画多边形
      NSidedPolygon(n,cx,cy,radius);
    if (flag==3)                    //画胖圆
       SampleCircle(ri,radius,samples,cx,cy);
    if (flag==4)                    //鼠标画线
      Drawlines();
     glutSwapBuffers();
}

void Keyboard(unsigned char key, int x, int y)
{
   switch(key)
  {
   Case'r':
        if ((flag==1)&&(radius>1))  radius--;     //画单个圆时半径变小
        if ((flag==3)&&(radius>ri)) radius--;     //画胖圆时外径变小
        break;
   case'R':
        if ((radius<ww/2)&&(radius<hh/2))
          radius++;                               //半径增加
        break;
   case'n':
        if ((flag==2)&&(n>3)) n--;                //多边形边数递减
        break;
   case'N':
        if (flag==2) n++;                         //多边形边数递增
        break;
   case'I':
        if ((flag==3)&&(ri>1)) ri--;              //画胖圆时内径变小
        break;
   case'I':
        if ((flag==3)&&(ri<radius)) ri++;         //画胖圆时内径变大
        break;
   case's':
        if (samples>1) samples--;                 //采样数减少
        break;
   case'S':
        samples++;                                //采样数增加
        break;
   case'a':
       //取消反走样
        glDisable(GL_BLEND);
        glDisable(GL_LINE_SMOOTH);
        glDisable(GL_POINT_SMOOTH);
        glDisable(GL_POLYGON_SMOOTH);
        break;
   case'A':
        //启用反走样
        glBlendFunc(GL_SRC_ALPHA, GL_ONE_MINUS_SRC_ALPHA);
        glEnable(GL_BLEND);
        glEnable(GL_POINT_SMOOTH);
```

```
        glHint(GL_POINT_SMOOTH_HINT, GL_NICEST);
        glEnable(GL_LINE_SMOOTH);
        glHint(GL_LINE_SMOOTH_HINT, GL_NICEST);
        glEnable(GL_POLYGON_SMOOTH);
        break;
    case'1':
        flag=1;  //画圆
        break;
    case'2':
        flag=2;  //画多边形
        break;
    case'3':
        flag=3;   //画胖圆
        //取消反走样
        glDisable(GL_BLEND);
        glDisable(GL_LINE_SMOOTH);
        glDisable(GL_POINT_SMOOTH);
        glDisable(GL_POLYGON_SMOOTH);
        break;
    case'4':
        flag=4;  //鼠标画线
        for (int i=0;i<=k;i++)
        {
          line[i][0]=0;
          line[i][1]=0;
          line[i][2]=0;
          line[i][3]=0;
        }
        k=0;
        break;
      case 27:
        exit(0);
    }
      glutPostRedisplay();
}

void Reshape(int w, int h)
{
   glMatrixMode(GL_PROJECTION);
   glLoadIdentity();
   glViewport(0, 0, w, h);
   gluOrtho2D(0, w, 0, h);
   ww=w;
   hh=h;
   cx=w/2;
   cy=h/2;
}

void Bresenham_Circle_Algorithm(int cx, int cy, int radius)
{
   /* 请在这里填写你的代码 */

    glColor3f(1,1,1);
    glTranslatef(cx,cy,0);
```

```
    glutWireSphere(radius,40,40);

}

void NSidedPolygon(int n, int cx, int cy, int radius)
{
    int x[100],y[100];
    double angle;

    angle=2*3.1415926/n;
    glColor3f(1,1,1);
    for (int i=0;i<=n;i++)
    {
       x[i]=(int)(cx+radius*cos(i*angle));
       y[i]=(int)(cy+radius*sin(i*angle));
    }
    for (int i=0;i<=(n-1);i++)
    {
       DrawOneLine(x[i],y[i],x[i+1], y[i+1]);
    }
}

void DrawOneLine(int xa, int ya, int xb, int yb)
{

    /* 请在这里填写你的代码 */

    glColor3f(1,1,1);
    glBegin(GL_LINES);
    glVertex2f(xa,ya);
    glVertex2f(xb,yb);
    glEnd();

}

void  Drawlines()
{
    for(int i=0;i<=k;i++) //********
    {
    DrawOneLine(line[i][0],line[i][1], line[i][2],line[i][3]);

    }
}

void SampleCircle(int inner, int outer, int samples, int cx, int cy)
{

    float r2, ro2,ri2;      //r2 为子像素的半径
    int x,y,nx,ny;          //x,y 为胖圆内的一点
    float color_value;                //颜色亮度
    int count;                        //计数合格的子像素

    //计算胖圆外径和内径
    ro2=outer*outer;                  //胖圆外径平方
```

```
        ri2=inner*inner;              // 胖圆内径平方


        //1/4 胖圆内的点测试
        for (x=0;x<outer;x++)
        for (y=0;y<=outer;y++)
        {
          // 计数合格的子像素
          count=0;
          // 每个点切分成 smaples×samples 个子像素
          // 判断子像素是否在胖圆内
          for (nx=0;nx<=samples; nx++)
          for (ny=0;ny<=samples;ny++)
          {
          r2=(x+(float)nx/(float)samples)*(x+(float)nx/(float)samples);
          r2=r2+(y+(float)ny/(float)samples)*(y+(float)ny/(float)samples);

          if ((r2<=ro2) && (r2>=ri2))  count++; // 计数合格的子像素
          }
          // 计算设定每个像素的亮度等级
          color_value=((float)count)/(((float)samples+1.0)*((float)samples+1.0));
          glColor3f(color_value,color_value,color_value);
          // 对称画点
          glBegin(GL_POINTS);
          glVertex2f(cx+x,cy+y);
          glVertex2f(cx+x,cy-y);
          glVertex2f(cx-x,cy+y);
          glVertex2f(cx-x,cy-y);
          glEnd();
        }
}

// 鼠标按钮响应事件
void myMouse(int button,int state,int x,int y)
{

    if(button==GLUT_LEFT_BUTTON&&state==GLUT_DOWN)
    {
         line[k][0]=x;             // 线段起点 x 坐标
         line[k][1]=hh-y;                 // 线段起点 y 坐标
    }

    if(button==GLUT_LEFT_BUTTON&&state==GLUT_UP)
    {
         line[k][2]=x;             // 线段终点 x 坐标
         line[k][3]=hh-y;          // 线段终点 y 坐标
         k++;
         glutPostRedisplay();
     }

}

// 鼠标移动时获得鼠标移动中的坐标
------------------------------------------------------
```

```
void myMotion(int x,int y)
{

      //get the line's motion point
      line[k][2]=x;                //动态终点的x坐标
      line[k][3]=hh-y;             //动态终点的y坐标
      glutPostRedisplay();

}
```

实验六　2D 图形变换

一、实验目的

1. 了解和掌握 2D 图形变换：学会使用 OpenGL 平移、旋转和比例缩放函数，掌握基本图形变换和复合图形变换实现的方法。

2. 综合运用 2D 图形变换函数、人机交互函数，设计 2D 交互图形程序。

二、实验内容

要求使用 OpenGL 几何变换函数改写代码。

1）使用 glTranslatef() 函数，实现 2D 图形平移，可以改写实验二的矩形交互移动程序，如实验图 6-1 所示。

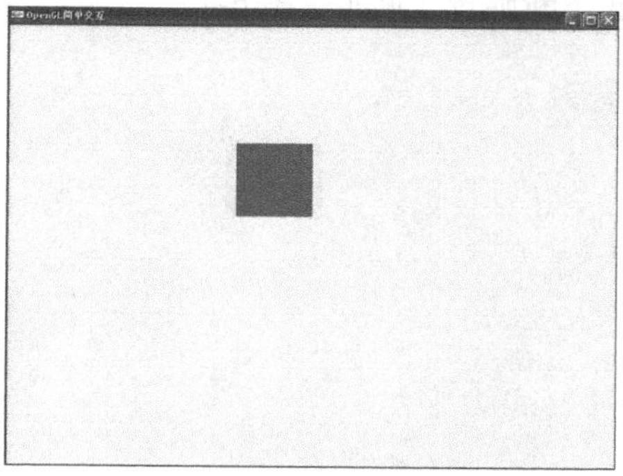

a）平移前

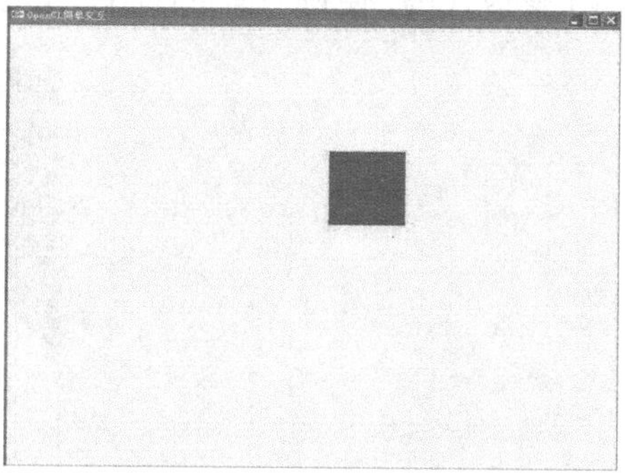

b）平移后

实验图 6-1　平移变换

2）使用 glRotatef() 函数，实现 2D 图形绕平面固定点旋转，可以改写实验三的六边形旋转程序，如实验图 6-2 所示。

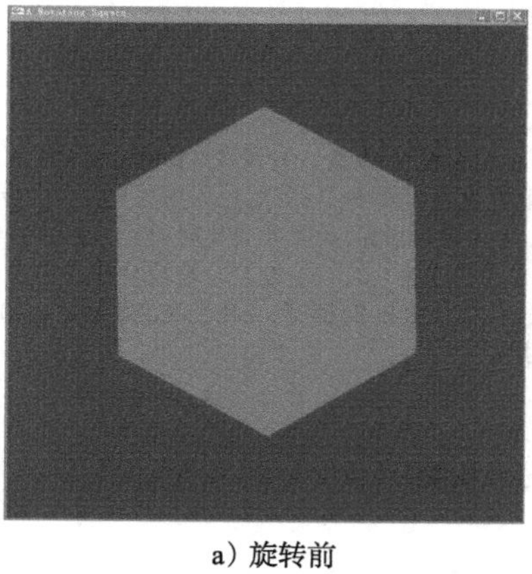

a）旋转前

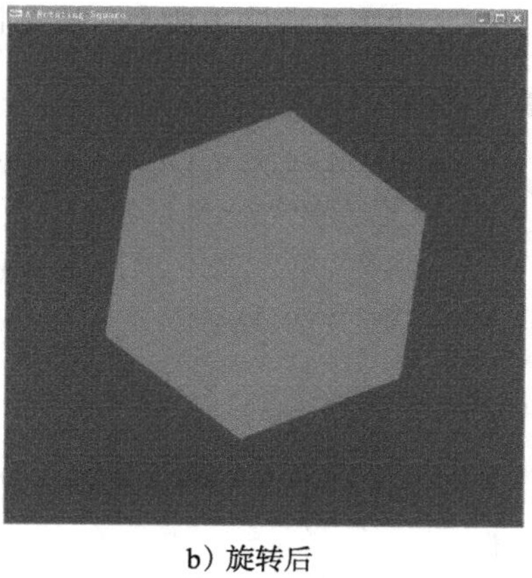

b）旋转后

实验图 6-2　旋转变换

3）使用 glScalef() 函数，实现绕固定点缩放 2D 图形，在前面程序基础上设计修改，如实验图 6-3 所示。

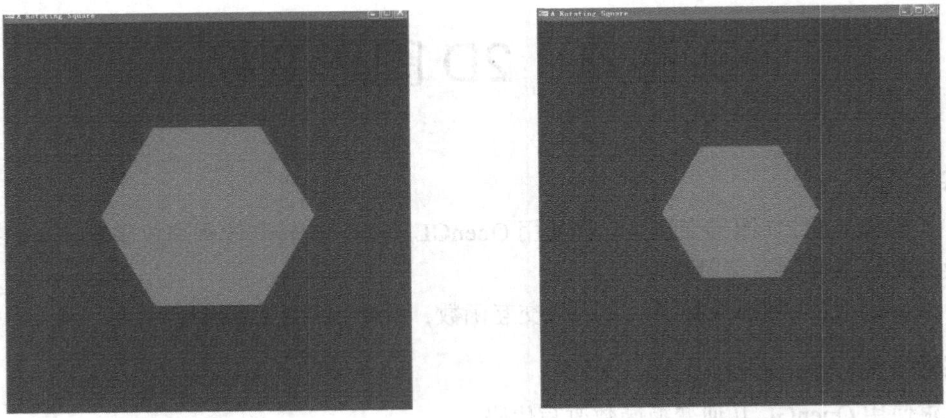

a）缩放前　　b）缩放后

实验图 6-3　比例变换

4）修改代码，使得一面带杆小三角红旗沿着杆底不断旋转，见实验图 6-4。

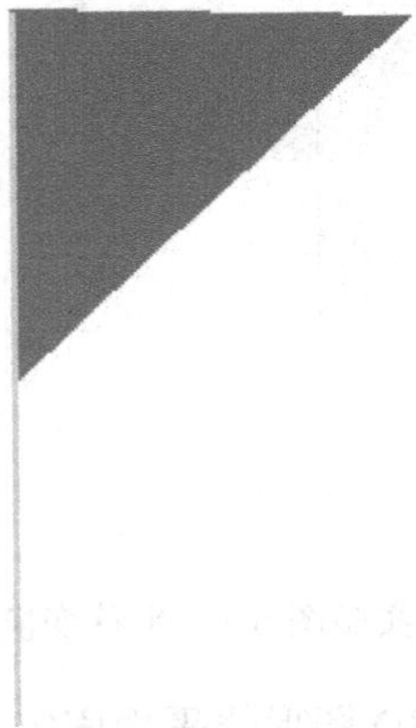

实验图 6-4　旋转的小红旗

5）正六边形边旋转边放大，放大到接近整个显示屏后再不停缩小，如此反复。

三、参考函数

```
1. gltranslatef(x,y,z);     //x、y、z 分别代表 x、y、z 方向的平移量，对于 2D 图形，z=0
2. glrotatef(Q,x,y,z);      //Q 为逆时针方向旋转的角度度数（0 ～ 360），(x, y, z) 为旋转轴的方
                            向矢量，(x,y,z) =(0, 0, 1) 时代表沿 z 轴方向旋转；(x,y,z) = (1, 0,
                            0) 代表沿 x 轴方向旋转；(x,y,z) = (0, 1, 0) 代表沿 y 轴方向旋转
3. glscalef(x,y,z);         //x、y、z 分别表示 x、y、z 方向的比例因子。对于 2D 图形，z=0。比例
                            因子取 -1 时，产生对称变换
```

四、代码示例

1. 某图形沿水平方向和垂直方向分别平移 Tx、Ty 段距离。

```
清屏
glMatrixMode(GL_MODELVIEW);         // 设置矩阵模式为模型变换模式，表示在世界坐标系下
```

```
glLoadIdentity();                    //将当前矩阵设置为单位矩阵
glTranslatef(Tx,Ty,0);
DrawSomeShape();
刷新
```

2. 某图形绕任意点（cx，cy）旋转 ALPHA 角度。

```
清屏
glMatrixMode(GL_MODELVIEW);          //设置矩阵模式为模型变换模式，表示在世界坐标系下
glLoadIdentity();                    //将当前矩阵设置为单位矩阵
glTranslatef(cx,cy,0);               //平移回去
glRotatef(ALPHA,0,0,1);              //绕原点旋转 ALPHA 角度
glTranslatef(-cx,-cy,0);             //平移回原点
DrawSomeShape();
刷新
```

3. 某图形绕任意点（cx，cy）缩放 Sx、Sy 比例因子。

```
清屏
glMatrixMode(GL_MODELVIEW);          //设置矩阵模式为模型变换模式，表示在世界坐标系下
glLoadIdentity();                    //将当前矩阵设置为单位矩阵
glTranslatef(cx,cy,0);               //平移回去
glScalef(Sx,Sy,1);                   //绕原点水平缩放系数 Sx，垂直缩放系数 Sy
glTranslatef(-cx,-cy,0);             //平移回原点
DrawSomeShape();
刷新
```

五、思考题

1. 绕某个固定点旋转时，代码的顺序改写为：

```
glTranslatef(-cx,-cy,0);             //平移回原点
glRotatef(ALPHA,0,0,1);              //绕原点旋转 ALPHA 角度
glTranslatef(cx,cy,0);               //平移回去
```

图形将变成怎样？

2. 绕某个固定点进行比例缩放时，代码的顺序改写为：

```
glTranslatef(-cx,-cy,0);             //平移回原点
glScalef(Sx,Sy,1);                   //绕原点水平缩放系数 Sx，垂直缩放系数 Sy
glTranslatef(cx,cy,0);               //平移回去
```

图形将变成怎样？为什么？

六、参考程序与演示

1. 平移、旋转、缩放代码参考 7.4.3 节。

2. 2D_transformation.exe。

实验七　2D 太阳系绘制

一、实验目的

1. 掌握 2D 太阳系绘制方法。
2. 掌握矩阵堆栈流程。
3. 进一步掌握复合 2D 图形变换。

二、实验内容

1. 已知太阳半径 R_s，地球半径 R_e, 月球半径 R_m，每个星球都会自转，地球绕太阳公转，月球绕地球公转。

2. 基本框架程序 2DSunSystem.cpp 见“五、附基本框架程序。”

3. 设计世界坐标系，见实验图 7-1，设计裁剪窗口大小，编写 2D 太阳系代码。

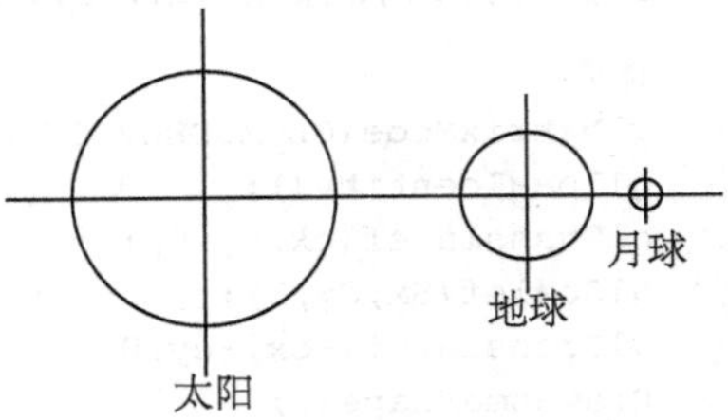

实验图 7-1　2D 太阳系坐标设置

4. 效果截图见实验图 7-2。

5. 分别在太阳、地球、月球位置添加中文字体“太阳”、“地球”、“月球”，见实验图 7-3。

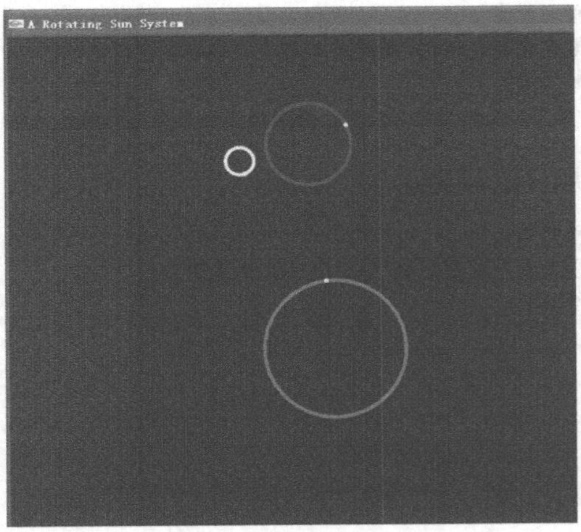

实验图 7-2　2D 太阳系效果

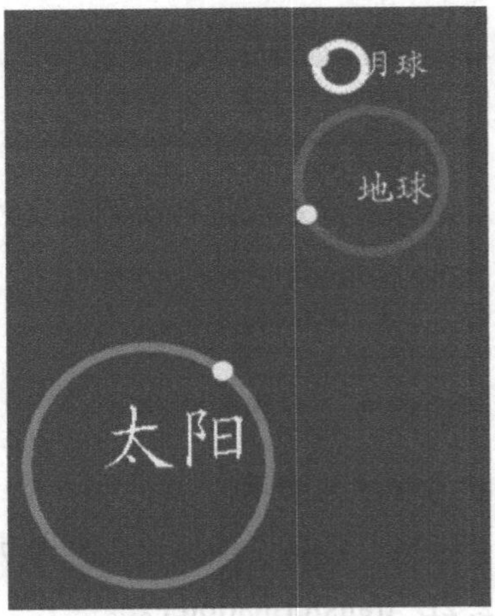

实验图 7-3　添加文字

6. 在修改的代码上加上一些点缀修饰性图形。

三、参考函数

1. `void glPushMatrix(void)`
2. `void glPopMatrix(void)`
3. 相关参数设置：

```
glPointSize(16);                //设置点大小
 glLineWidth(10);               //设置线宽
```

4. 中文字体绘制。

1）在程序头部声明所用到的字体函数：

```
void selectFont(int size, int charset, const char* face);    //选择字体
void drawCNString(const char* str);                          //生成中文字体函数
```

2）程序尾部定义选择字体函数和生成中文字体函数：

```
/*************************************************************************/
/* 选择字体函数 */
/*************************************************************************/
void selectFont(int size, int charset, const char* face)
{
  HFONT hFont = CreateFontA(size, 0, 0, 0, FW_MEDIUM, 0, 0, 0,
  charset, OUT_DEFAULT_PRECIS, CLIP_DEFAULT_PRECIS,
  DEFAULT_QUALITY, DEFAULT_PITCH | FF_SWISS, face);
  HFONT hOldFont = (HFONT)SelectObject(wglGetCurrentDC(), hFont);
  DeleteObject(hOldFont);
}

/*************************************************************************/
/* 生成中文字体函数 */
/*************************************************************************/
void drawCNString(const char* str)
{
  int len, i;
  wchar_t* wstring;
  HDC hDC = wglGetCurrentDC();
  GLuint list = glGenLists(1);

  // 计算字符的个数
  // 如果是双字节字符的（比如中文字符），两个字节才算一个字符
  // 否则一个字节算一个字符
  len = 0;
  for(i=0; str[i]!='\0'; ++i)
  {
      if( IsDBCSLeadByte(str[i]) )
         ++i;
      ++len;
  }

  // 将混合字符转化为宽字符
  wstring = (wchar_t*)malloc((len+1) * sizeof(wchar_t));
  MultiByteToWideChar(CP_ACP, MB_PRECOMPOSED, str, -1, wstring, len);
  wstring[len] = L'\0';

  // 逐个输出字符
  for(i=0; i<len; ++i)
  {
      wglUseFontBitmapsW(hDC, wstring[i], 1, list);
      glCallList(list);
  }
```

```
  // 回收所有临时资源
  free(wstring);
  glDeleteLists(list, 1);
}
```

3）在绘制部分需要的地方调用字体函数，写中文字：

```
selectFont(48, GB2312_CHARSET,"楷体_GB2312");    //设置楷体48号字
glRasterPos2f(250, 550);              //在世界坐标(250,250)处定位首字位置
 drawCNString("Hello，大家好");      //写“Hello，大家好”
```

四、思考题

1. 如果太阳在平面任意位置，程序应该如何修改？

2. OpenGL 图形变换靠什么来完成？在 OpenGL 中完成矩阵操作需要注意哪些问题？

3. glPushMatrix()、glPopMatrix() 是如何工作的？试运用这两个函数设计其他复合（或动画）图形。

五、附基本框架程序

```
//2DSunSystem.cpp
#include"stdafx.h"
#include <glut.h>
#include <math.h>

void Display(void);
void Reshape(int w, int h);
void mytime(int value);
void myinit(void);

int APIENTRY _tWinMain(HINSTANCE hInstance,
        HINSTANCE hPrevInstance,
        LPTSTR    lpCmdLine,
        int       nCmdShow)
{
 UNREFERENCED_PARAMETER(hPrevInstance);
 UNREFERENCED_PARAMETER(lpCmdLine);
 char *argv[] = {"hello ", " "};
 int argc = 2;
 glutInit(&argc, argv);              //初始化GLUT库
 glutInitWindowSize(700,700);        //设置显示窗口大小
 glutInitDisplayMode(GLUT_DOUBLE | GLUT_RGB);    //设置显示模式(注意双缓存)
 glutCreateWindow("A Rotating Sun System");     // 创建显示窗口
 glutDisplayFunc(Display);           //注册显示回调函数
 glutReshapeFunc(Reshape);           //注册窗口改变回调函数
   myinit();
 glutTimerFunc(200, mytime, 10);
 glutMainLoop();                     //进入事件处理循环
 return 0;
}

void myinit()
{

}
```

```
void Display(void)
{
 glClear(GL_COLOR_BUFFER_BIT);
 glMatrixMode(GL_MODELVIEW);          //设置矩阵模式为模型变换模式，表示世界坐标系下
 glLoadIdentity();                    //将当前矩阵设置为单位矩阵


 glutSwapBuffers();                   //双缓存的刷新模式
}

void mytime(int value)
{

 glutPostRedisplay();                 //重画，相当于重新调用Display()

 glutTimerFunc(200, mytime, 10);

}
void Reshape(GLsizei w,GLsizei h)
{
 glMatrixMode(GL_PROJECTION);         //投影矩阵模式
 glLoadIdentity();                    //矩阵堆栈清空
  glViewport(0,0,w,h);                //设置视区大小

  gluOrtho2D(0,w,0,h);                //设置裁剪窗口大小
 glMatrixMode(GL_MODELVIEW);          //模型矩阵模式

}
```

实验八　线段裁剪算法

一、实验目的

1. 通过线段裁剪编程了解二维裁剪的主要思想和算法。

2. 验证梁友栋 -Barsky 裁剪算法和编码裁剪算法。

3. 了解单、双缓冲绘制模式的区别。

二、实验内容

本实验主要结合鼠标画线程序来验证梁友栋 -Barsky 直线裁剪算法和编码裁剪算法。

将实验四的鼠标画线程序 mouse_draw_lines.cpp 按如下步骤修改：

1）按下键盘“1”，可用鼠标在窗口画若干任意条直线，如实验图 8-1a 所示。

2）按下键盘“2”，可用鼠标在窗口添加一个任意大小的裁剪窗口，如实验图 8-1b 所示。

3）一旦窗口画完（鼠标松开）即完成直线的裁剪，分别使用梁友栋 -Barsky 裁剪算法和编码裁剪算法实现裁剪效果，如实验图 8-1c 所示。

4）重新按键盘“1”、“2”又可多次重复操作。

提示： 画矩形结束时，同时把若干条直线的起点坐标和终点作为参数循环调用裁剪算法，达到线段裁剪的目的。

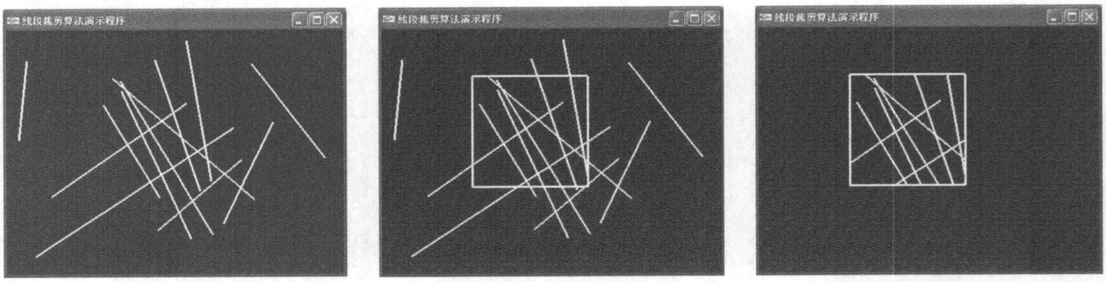

a）鼠标画线　　b）绘制任意窗口　　c）裁剪线段

实验图 8-1　直线裁剪效果

5）能看出梁友栋 -Barsky 线段裁剪算法和编码裁剪算法的主要差别吗？

三、函数参考

1. 单缓冲：

```
glutInitDisplayMode(GLUT_SINGLE | GLUT_RGB);  // 设单缓存显示模式
glFlush();                                    // 单缓存的刷新模式
```

2. 双缓冲：

```
glutInitDisplayMode(GLUT_DOUBLE | GLUT_RGB);      // 设双缓存显示模式
glutSwapBuffers();                                 // 双缓存的刷新模式
```

四、思考题

1. 通过读代码，你能掌握裁剪算法的原理吗？
2. 在网上查找参考资料，实现其他分形实验图案。

五、参考程序与演示

1. 梁友栋 -Barsky 裁剪算法和编码裁剪算法函数 C 语言实现参见 7.4.4 节。
2. 裁剪算法演示效果文件 line-clipping.exe。

实验九　3D 编程基础

一、实验目的

1. 熟悉 3D 基本编程。
2. 熟悉视点观察函数的设置和使用。
3. 熟悉投影变换函数的设置和使用。
4. 熟悉基本 3D 图元的绘制。

二、实验内容

1. 读懂以下 3D 物体程序，并结合本书内容理解一些新的绘制函数和投影变换函数的含义：3D Cube.cpp（见后面参考程序）为正交投影下的旋转 3D 立方体，按下鼠标可实现不同方向的旋转，效果图参见实验图 9-1，分析 3D 编程代码与程序结构。

对于以下操作需要记录不同效果图和修改的相应参数：

1）让静止的立方体绕 *Z* 轴不停旋转。

2）修改不同视点，目标点不变，观看显示效果。

3）修改目标点，视点不动，观看显示效果。

4）视点与目标点同时修改，观看显示效果。

5）视点与目标点不变，修改观察体大小，观看显示效果。

6）将正交投影观察体改为透视投影观察体，并设置其大小，观察显示效果。

7）将立方体替换为茶壶，观看显示效果。

8）将立方体替换为圆环，观看显示效果。

2. 构思绘制茶壶和圆环造型程序 Teapot_Torus.cpp 。在紧挨着茶壶下方添加一个平行的圆环，茶壶和圆环不停绕中心轴旋转，观看显示效果，效果图参见实验图 9-2。

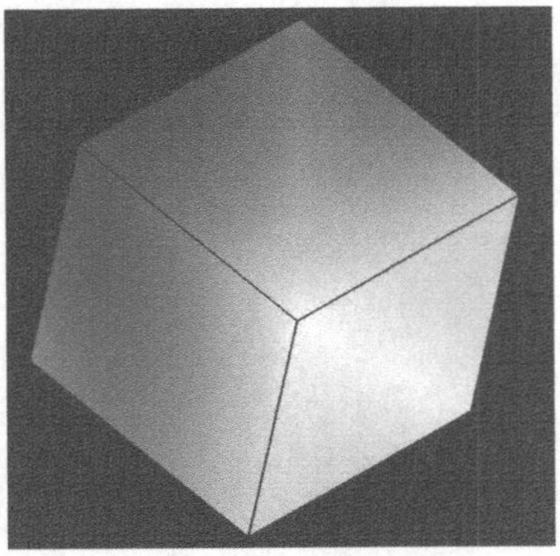

实验图 9-1　旋转立方体

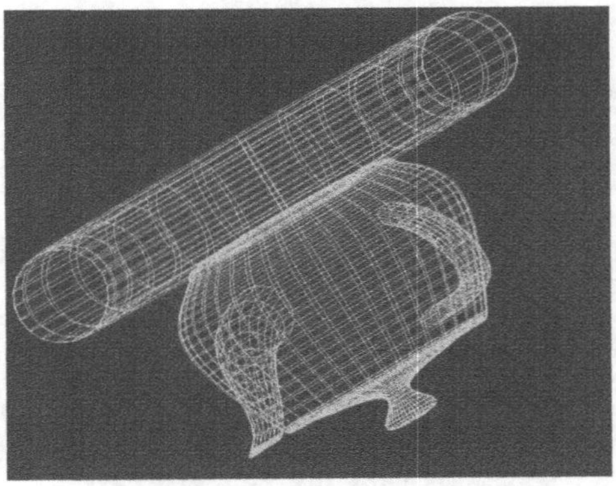

实验图 9-2　旋转茶壶和圆环

3. 编写或改写程序，构造自己的 3D 物体场景造型。

三、函数参考

1. 视点设置函数：

```
void gluLookAt(GLdouble eyex, GLdouble eyey,GLdouble eyez,GLdouble atx,GLdouble
aty,GLdouble atz,GLdouble upx,GLdouble upy,GLdouble upz)
```

2. 正交投影变换设置函数：

```
void glOrtho(GLdouble left,GLdouble right,GLdouble bottom,GLdouble top,GLdouble
near,GLdouble far)
```

3. 透视投影变换设置函数：

```
void gluPerspective(GLdouble fov,GLdouble aspect, GLdouble near,GLdouble far)
```

4. 三维基本图形绘制函数：

1）立方体绘制函数：

```
void glutWireCube(GLdouble size)          // 线框模式
void glutSolidCube(GLdouble size)         // 实体模式
```

功能：绘制一个边长为 size 的线框或实心立方体，立方体的中心位于原点。

2）小球绘制函数：

```
void glutWireSphere(GLdouble Radius, Glint slices,Glint stacks)         // 线框模式
void glutSolidSphere(GLdouble Radius, Glint slices,Glint stacks);       // 实体模式
```

功能：绘制一个半径为 Radius 的线框或实心小球，小球的中心点位于原点，slices 为小球的经线数目，stacks 为小球的纬线数目。

```
gluSphere(GLUquadricObj *obj,GLdouble radius,GLint slices,GLint stacks);
```

用法如下：

```
GLUquadricObj *sphere;              // 定义二次曲面对象
sphere=gluNewQuadric();             // 生成二次曲面对象
gluSphere(sphere,8,50,50);          // 半径为 8，球心在原点，经线和纬线数目为 50 的小球
```

3）茶壶绘制函数：

```
void glutWireTeapot(GLdouble size);       // 线框模式
void glutSolidTeapot(GLdouble size);      // 实体模式
```

功能：绘制一个半径为 size 的线框或实心茶壶，茶壶的中心位于原点。

参数说明：参数 size 为茶壶的近似半径，以 size 为半径的球体可完全包容这个茶壶。

4）圆环绘制函数：

```
void glutWireTorus(GLdouble innerRadius, GLdouble outerRadius,Glint slices,Glint
stacks);    // 线框模式
void glutSolidTorus(GLdouble innerRadius, GLdouble outerRadius,Glint slices,Glint
stacks);    // 实体模式
```

功能：绘制一个半径为 size 的线框或实心圆环体，圆环体的中心位于原点，圆环的内径和外径由参数 innerRadius、outerRadius 指定。

参数说明：innerRadius 为圆环体的内径；outerRadius 为圆环体的外径；slices 为圆环体的经线数目；stacks 为圆环体的纬线数目。

5）正八面体绘制函数：

```
void glutWireOctahedron(void);           // 线框模式
void glutSolidOctahedron(void);          // 实体模式
```

功能：绘制一个线框的或实心的正八面体，其中心位于原点，半径为 1。

6）正十二面体绘制函数：

```
void glutWireDodehedron(void);           // 线框模式
void glutSolidDodehedron(void);          // 实体模式
```

功能：绘制一个线框的或实心的正十二面体，其中心位于原点，半径为 3 的平方根。

7）正二十面体绘制函数：

```
void glutWireIcosahedron(void);          // 线框模式
void glutSolidIcosahedron(void);         // 实体模式
```

功能：绘制一个线框的或实心的正二十面体，其中心位于原点，半径为 1。

8）正四面体绘制函数：

```
void glutWireTetrahedron(void);          // 线框模式
void glutSolidTetrahedron(void);         // 实体模式
```

功能：绘制一个线框的或实心的正四面体，其中心位于原点，半径为 3 的平方根。

9）裁剪平面函数：

```
void glClipPlane(GLenum plane, const GLdouble *equation)
```

定义一个附加的裁减平面。plane 指出要定义的附加裁减平面名称，取值为 GL_CLIP_PLANEi,i=0 ～ 5；equation 指向由平面方程 $Ax+By+Cz+D=0$ 的 4 个系数 A、B、C、D 构成的数组，以定义一个裁减平面。调用此函数，先启用 glEnable(GL_CLIP_PLANEi)，需要时用 glDisable(GL_CLIP_PLANEi) 关闭某裁减平面。

5. 图形变换函数：

1）glTranslatef(x,y,z)

2）glRotatef(Q,x,y,z)

3）glScalef(x,y,z)

6. void glPushMatrix(void) 函数

7. void glPopMatrix(void) 函数

8. void glutIdleFunc((*f) (void))　　// 注册闲置响应函数

9. void myidle()　　// 闲置响应回调函数

```
{
        // 当时间空闲时系统要做的事情
}
```

四、思考题

1. 修改目标点与视点，显示结果有何不同？
2. 视点与目标点不变，修改观察体大小，显示结果有什么规律？
3. 正交投影与透视投影有何不同？

五、课后加分题

如何编写程序从不同角度观看物体模型？如按“A”键，视点越来越远；按“S”键视点越来越近？如何切换俯视、侧视或正视？

六、附属程序

```
//3D Cube.cpp，旋转立方体参考程序
#include"stdafx.h"
#include <glut.h>

int flag=0;
//GLfloat vertices[][3]={{-1.0,-1.0,1.0},{-1.0,1.0,1.0},{1.0,1.0,1.0},{1.0,-1.0,1.0},
{-1.0,-1.0,-1.0},
//{-1.0,1.0,-1.0},{1.0,1.0,-1.0},{1.0,-1.0,-1.0}};

GLfloat vertices[][3]={{-1.0,-1.0,-1.0},{1.0,-1.0,-1.0},{1.0,1.0,-1.0},{-1.0,1.0,
-1.0},{-1.0,-1.0,1.0},
{1.0,-1.0,1.0},{1.0,1.0,1.0},{-1.0,1.0,1.0}};

GLfloat colors[][3]={{1.0,0.0,0.0},{0.0,1.0,1.0},{1.0,1.0,0.0},{0.0,1.0,0.0},{0.0,
0.0,1.0},
{1.0,0.0,1.0},{0.0,1.0,1.0},{1.0,1.0,1.0}};

static GLfloat theta[]={0.0,0.0,0.0};
static GLint axis=2;

void reshape(int w,int h);
void init();
void display();
void mouse(int btn, int state,int x, int y);
void polygon(int a,int b,int c,int d);
void colorcube(void);
void spinCube();

int APIENTRY _tWinMain(HINSTANCE hInstance,
                       HINSTANCE hPrevInstance,
                       LPTSTR    lpCmdLine,
                       int       nCmdShow)
{
    UNREFERENCED_PARAMETER(hPrevInstance);
    UNREFERENCED_PARAMETER(lpCmdLine);
    char *argv[] = {"hello ", " "};
    int argc = 2;
    glutInit(&argc, argv);      // 初始化 GLUT 库
    glutInitDisplayMode(GLUT_DOUBLE|GLUT_RGB|GLUT_DEPTH);
    glutInitWindowSize(800,800);

    glutCreateWindow("colorcube");
    init();
    glutReshapeFunc(reshape);
    glutDisplayFunc(display);
    glutIdleFunc(spinCube);
    glutMouseFunc(mouse);
```

```
    glutMainLoop();
    return 0;
}

void display()
 {
     glClear(GL_COLOR_BUFFER_BIT|GL_DEPTH_BUFFER_BIT);
     glLoadIdentity();
     gluLookAt(3,3,3,0,0,0,0,1,0);
     glRotatef(theta[0],1.0,0.0,0.0);
     glRotatef(theta[1],0.0,1.0,0.0);
     glRotatef(theta[2],0.0,0.0,1.0);
     glPolygonMode(GL_FRONT_AND_BACK,GL_FILL);
     flag=0;
     colorcube();   //绘制彩色立方体
     glPolygonMode(GL_FRONT_AND_BACK,GL_LINE);
     flag=1;
     colorcube();   //绘制彩色立方体
     glutSwapBuffers();
 }

void init()
{
     glPolygonMode(GL_FRONT_AND_BACK,GL_FILL);
     glEnable(GL_DEPTH_TEST);
     glLineWidth(3);

}

void polygon(int a,int b,int c,int d)
{

     /* draw a polygon via list of vertices */

     if (flag==0)
     {
        glBegin(GL_POLYGON);
        glColor3fv(colors[a]);
        glVertex3fv(vertices[a]);
        glColor3fv(colors[b]);
        glVertex3fv(vertices[b]);
        glColor3fv(colors[c]);
        glVertex3fv(vertices[c]);
        glColor3fv(colors[d]);
        glVertex3fv(vertices[d]);
        glEnd();
     }
     else
     {
        glColor3f(0,0,0);
        glBegin(GL_POLYGON);
        glVertex3fv(vertices[a]);
        glVertex3fv(vertices[b]);
        glVertex3fv(vertices[c]);
        glVertex3fv(vertices[d]);
```

```
        glEnd();
      }
  }

  void colorcube(void)
  {
    /*  map  vertices to faces  */
        polygon(0,3,2,1);
         polygon(2,3,7,6);
          polygon(0,4,7,3);
           polygon(1,2,6,5);
            polygon(4,5,6,7);
             polygon(0,1,5,4);

  }

  void mouse(int btn, int state,int x, int y)
   {
        if (btn==GLUT_LEFT_BUTTON && state==GLUT_DOWN) axis=0;
        if (btn==GLUT_MIDDLE_BUTTON && state==GLUT_DOWN) axis=1;
        if (btn==GLUT_RIGHT_BUTTON && state==GLUT_DOWN) axis=2;
   }

   void reshape(int w,int h)
   {
        glViewport(0,0,w,h);
        glMatrixMode(GL_PROJECTION);
        glLoadIdentity();

        // 定义正交投影观察体
        if (w<=h)

        glOrtho(-2.0,2.0,-2.0*(GLfloat)h/(GLfloat)w,2.0*(GLfloat)h/(GLfloat)w,1.0,20.0);
        else

        glOrtho(-2.0*(GLfloat)w/(GLfloat)h,2.0*(GLfloat)w/(GLfloat)h,-2.0,2.0,1.0,20.0);
        //gluPerspective(120,w/h,1,60);    // 定义透视投影观察体
        glMatrixMode(GL_MODELVIEW);
        glLoadIdentity();
   }

    void spinCube()
   {
        theta[axis]+=1.0;
        if (theta[axis]>360.0) theta[axis]-=360.0;
        glutPostRedisplay();

   }
```

实验十　3D 机器人

一、实验目的

1. 熟悉视点观察函数的设置和使用。
2. 熟悉 3D 图形变换的设置和使用。
3. 进一步熟悉基本 3D 图元的绘制。
4. 体验透视投影和正交投影的不同效果。
5. 掌握 3D 太阳系和简单机器人编程。

二、实验内容

1. 简单机器人。设计如实验图 10-1 所示。机器人由四大部分组成，即头、身、双手、双腿，分别由立方体经过图形变换而成。

头——宽为 1；高为 1；厚为 0.5。

身——宽为 4；高为 4；厚为 0.5。

手——宽为 1；高为 3；厚为 0.5，手与身心距离 2.5，手与肩齐平。

腿——宽为 1；高为 3；厚为 0.5，腿与身心距离 1。

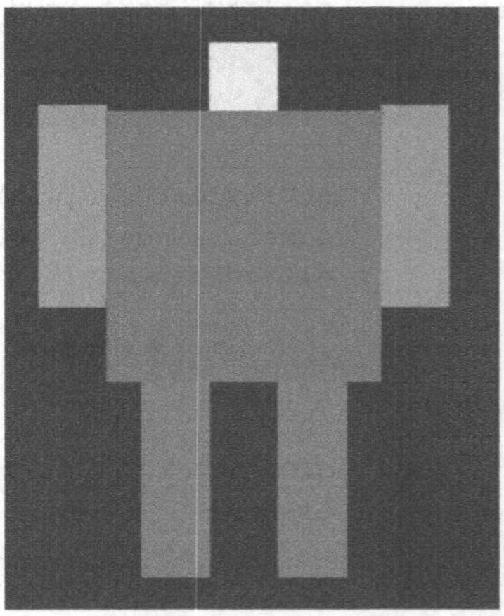

实验图 10-1　简单机器人

后附简单机器人框架程序 3DRobot.cpp，请填写核心代码。要求如实验图 10-2 所示。

1）双手前后来回摆动。

2）双腿前后来回摆动。

3）调整观察角度，以便达到更好的显示效果。

4）机器人沿着地面走动。

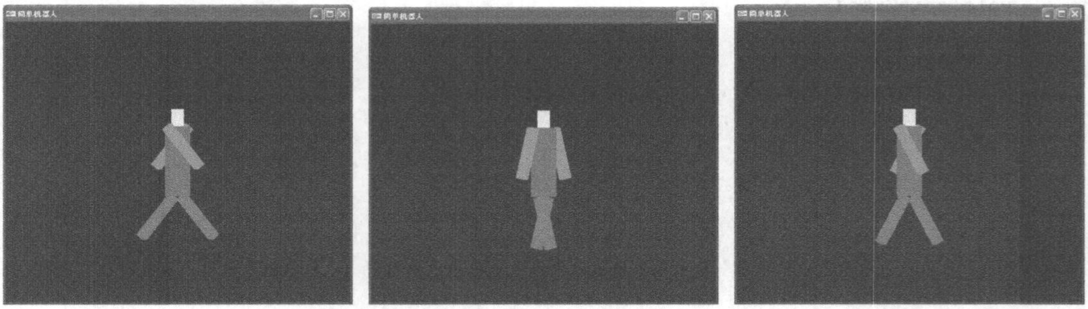

实验图 10-2　机器人来回走动

2. 课后 3D 太阳系作业。

修改实验七的 2D 太阳系代码，使之成为 3D 太阳系，如实验图 10-3 所示，调整合适的观察角度以达到较好的观察效果。

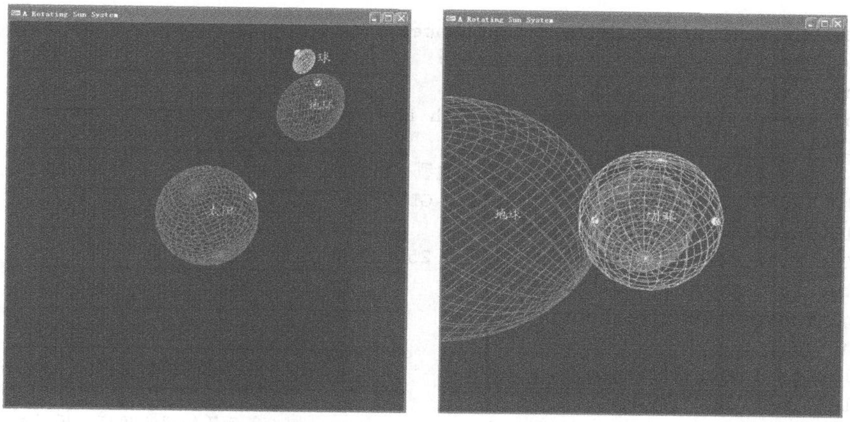

实验图 10-3　3D 太阳系

三、函数参考

1. 基本 3D 函数参考实验九。
2. 深度检测效果参考 9.4.3 节。

四、思考题

1. 三维图形变换函数与二维图形变换函数有何不同？
2. 根据两次 3D 实验的体会，你认为三维图形程序与二维图形的主要区别是什么？
3. 透视投影和正交投影效果有何不同？
4. 2D 太阳系修改为 3D 太阳系代码，两者有何不同？
5. 对于 3D 机器人，你认为关键点在哪里？

五、课后加分题

机器人的手和腿分别分为两大模块，中间分别为手关节和腿关节。手和腿的下半部可分别随自己的关节转动，让机器人变得更加灵活。机器人在真正的地面（增加一个绘制地面，可用四边形等拼凑而成）走起来，要求有两个不同的机器人从不同方向走动。选择合适的观察角度以获得较佳观察效果。

六、附属程序

```
//3DRobot.cpp 简单机器人框架程序
#include"stdafx.h"
#include <glut.h>

void reshape(int w,int h);
void init();
void display();
void mytime(int value);
```

```
int APIENTRY _tWinMain(HINSTANCE hInstance,
                       HINSTANCE hPrevInstance,
                       LPTSTR    lpCmdLine,
                       int       nCmdShow)
{
    UNREFERENCED_PARAMETER(hPrevInstance);
    UNREFERENCED_PARAMETER(lpCmdLine);
    char *argv[] = {"hello ", " "};
    int argc = 2; // must/should match the number of strings in argv
    glutInit(&argc, argv);                          //初始化 GLUT 库
    //设置深度检测下的显示模式(缓存,颜色类型,深度值)
    glutInitDisplayMode(GLUT_DOUBLE | GLUT_RGB|GLUT_DEPTH);
    glutInitWindowSize(600, 500);
    glutInitWindowPosition(1024 / 2 - 250, 768 / 2 - 250);
    glutCreateWindow("简单机器人");                  //创建窗口
     glutReshapeFunc(reshape);
    init();
    glutDisplayFunc(display);                       //用于绘制当前窗口
    glutTimerFunc(100,mytime,10);
    glutMainLoop();                                 //表示开始运行程序,用于程序的结尾
    return 0;
}

  void reshape(int w,int h)
{   glViewport(0,0,w,h);
    glMatrixMode(GL_PROJECTION);
    glLoadIdentity();
    glOrtho(-10,10,-10*h/w,10*h/w,1,200);          //定义三维观察体
    //gluPerspective(60,w/h,1,200);
    glMatrixMode(GL_MODELVIEW);
   glLoadIdentity();
}
void init()
{

   glBlendFunc(GL_SRC_ALPHA, GL_ONE_MINUS_SRC_ALPHA);
        glEnable(GL_BLEND);
        glEnable(GL_POINT_SMOOTH);
        glHint(GL_POINT_SMOOTH_HINT, GL_NICEST);
        glEnable(GL_LINE_SMOOTH);
        glHint(GL_LINE_SMOOTH_HINT, GL_NICEST);
      glEnable(GL_POLYGON_SMOOTH);

    glLineWidth(3);
    glEnable(GL_DEPTH_TEST);                        //启用深度检测

  }

void mytime(int value)
{

    //你的代码放在这里;

    glutPostRedisplay();
    glutTimerFunc(100,mytime,10);
```

```
}

void display()
 {

// glClear(GL_COLOR_BUFFER_BIT);  //清屏
//启用深度检测下的清屏模式
      glClear(GL_COLOR_BUFFER_BIT|GL_DEPTH_BUFFER_BIT);
      glMatrixMode(GL_MODELVIEW);  //矩阵模式设置
      glLoadIdentity();   //清空矩阵堆栈
        gluLookAt(0,0,10,0.0,0.0,0.0,0.0,1.0,0.0);  //设置视点

       //你的代码放在这里

       glPushMatrix();
         glColor3f(1,0,0);
         //你的代码放在这里
         glutSolidCube(1);  //绘制立方体身
       glPopMatrix();

       glPushMatrix();
         glColor3f(1,1,0);
         //你的代码放在这里
         glutSolidCube(1);  //绘制立方体头
       glPopMatrix();

       glPushMatrix();
         glColor3f(1,0.5,0.2);
         //你的代码放在这里
         glutSolidCube(1);  //绘制立方体手
       glPopMatrix();

       glPushMatrix();
         glColor3f(1,0.5,0.2);
         //你的代码放在这里
         glutSolidCube(1);  //绘制立方体手
       glPopMatrix();

       glPushMatrix();
         glColor3f(0.5,0.5,1);
         //你的代码放在这里
         glutSolidCube(1);  //绘制立方体腿
       glPopMatrix();

       glPushMatrix();
         glColor3f(0.5,0.5,1);
          //你的代码放在这里
         glutSolidCube(1);  //绘制立方体腿
        glPopMatrix();

     glutSwapBuffers();  //双缓冲下的刷新方法
}
```

实验十一　交互的 3D 漫游世界

一、实验目的

1. 进一步掌握 3D 编程概念。

2. 主要掌握视点和目标的改变对场景生成的影响。

3. 掌握 3D 漫游场景的基本技巧。

二、实验内容

附属程序 rotating_torus.cpp 为一视点保持不变的 3D 旋转程序，3D 场景为一个圆环、一个小球和一个以四边形为基本单位的方块墙包围盒，且小球和圆环在“方块墙”的包围盒中。视点设在正前方观察物体，小球和圆环一起绕着环心不停旋转，如实验图 11-1 所示。

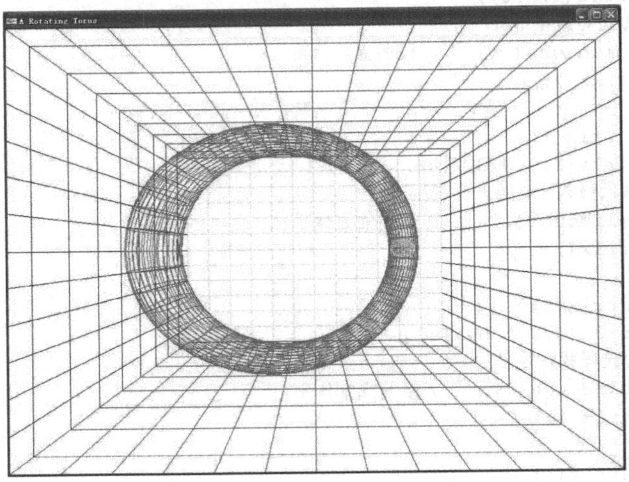

实验图 11-1　旋转的 3D 世界

添加键盘响应函数，使得：

1）按键盘的“W”、“S”键，可实现视点前后移动（直走：前进或倒退）（此时应该视点与目标点的距离保持不变，且视线方向保持不变）。

2）按键盘的“A”、“D”键，可实现视点左右旋转（左看右看）（此时应该视点固定，目标点围绕视点旋转，视点与目标点的距离仍然保持不变）。

3）视点左右旋转一定角度后，再按键盘的“W”、“S”键仍可实现视线直走，即沿着旋转后的视线方向行走。

4）程序修改后观看效果，并用键盘验证。在实验报告中写出前后直走和左转右转的关键点和核心代码。

5）如果圆环中心要加一个不断自转的茶壶，代码如何实现？将效果截图、核心代码粘贴到实验报告中。

6）修改场景，在场景既定的位置增加自己想要的 3D 物体，将效果截图、核心代码粘贴到实验报告中。

三、思考题

1. 透视投影函数中远裁剪平面离相机的距离在本例中为何设为：2*outer+8*inner+250？有何依据？

2. 如果用鼠标移动（鼠标坐标为二维坐标）来进行左、右、上、下拖拽整个场景（三维世界坐标），程序又该如何修改？

3. 在此基础上再实现镜头的放大、缩小、俯视等，程序应该如何修改？

四、函数参考

参考实验九和实验十。

五、演示程序

3D_Rotating_World.exe。

六、课后加分题

在场景内，靠近视点的视线方向前面放置一个小机器人（上次实验课已编写机器人代码），前后走时机器人跟着走，左右看时机器人也左右看，相当于场景中的一个角色。

七、课后作业题

参考本次实验的代码，搭建你自己的 3D 场景。

八、附属程序

```
//rotating_torus.cpp
#include "stdafx.h"
#include <math.h>
#include <glut.h>
#define PI 3.14159
float theta=-90.0;  //旋转角
int inner=10,outer=80;
float s=outer+4*inner+50;
float eyex=0,eyey=0,eyez=s;
float atx=0,aty=0,atz=0;
int ww,hh;
bool flag=true;

void Display(void);
void Reshape(int w, int h);
void mytime(int value);
void drawground();
void drawsphere();
void drawwall();
void init();
void mykeyboard(unsigned char key, int x, int y);


int APIENTRY _tWinMain(HINSTANCE hInstance,
                     HINSTANCE hPrevInstance,
                     LPTSTR    lpCmdLine,
```

```
                     int          nCmdShow)
   {
       UNREFERENCED_PARAMETER(hPrevInstance);
       UNREFERENCED_PARAMETER(lpCmdLine);
       char *argv[] = {"hello ", " "};
       int argc = 2; // must/should match the number of strings in argv
       glutInit(&argc, argv);            //初始化GLUT库
       glutInitDisplayMode(GLUT_DOUBLE | GLUT_RGB); //设置显示模式(缓存,颜色类型)
       glutInitWindowSize(500, 500);
       glutInitWindowPosition(1024 / 2 - 250, 768 / 2 - 250);
       glutCreateWindow("Rotating 3D World");  //创建窗口,标题为“Rotating 3D World”
       glutReshapeFunc(Reshape);
       init();
       glutDisplayFunc(Display);        //用于绘制当前窗口
       glutKeyboardFunc(mykeyboard);
       glutTimerFunc(100,mytime,10);
       glutMainLoop();                  //表示开始运行程序,用于程序的结尾
       return 0;
   }

   void init()
   {
       glClearColor(1,1,1,1);
       glPixelStorei(GL_PACK_ALIGNMENT, 1);
       glPolygonMode(GL_FRONT_AND_BACK,GL_LINE);
   }

   void mykeyboard(unsigned char key, int x, int y)
   {
         switch(key)
        {    case 'W':
             case 'w'://向前直走
             //你的代码放在这里
                break;
             case 'S':
             case 's'://向后退
             //你的代码放在这里
                       break;
             case 'A':
             case 'a'://左看
             //你的代码放在这里
                       break;
             case 'D':
             case 'd'://右看
             //你的代码放在这里
                        break;
         }
         glutPostRedisplay();//参数修改后调用重画函数,屏幕图形将发生改变
   }

   void Display(void)
   {
       glClear(GL_COLOR_BUFFER_BIT);
       glMatrixMode(GL_MODELVIEW);
       glLoadIdentity();
       gluLookAt(eyex,eyey,eyez,atx,aty,atz,0,1,0);
       glPushMatrix();
       glColor3f(0.0,0.0,1.0);
       drawwall();
```

```
    glColor3f(1.0,0,0);
    drawground();
    drawsphere();
    glPopMatrix();
    glutSwapBuffers();
}

void drawsphere()
{
    float tr;
    tr=(outer+3*inner);
    glRotatef(theta,0,1,0);
    glPushMatrix();
      glPushMatrix();
        glColor3f(1.0,0,1.0);
        glutWireTorus(inner,outer,30,50);
      glPopMatrix();

      glPushMatrix();
        glTranslatef(outer,0,0);
        glRotatef(theta,0,1,0);
        glTranslatef(-outer,0,0);

        glPushMatrix();
          glTranslatef(tr,0,0);
          glRotatef(-45,1,0,0);
                glColor3f(0.0,1.0,0);
          glutWireSphere(inner,20,20);
        glPopMatrix();
      glPopMatrix();
    glPopMatrix();
}

void drawground()
{
  //ground
   for (int i=-outer-4*inner;i<outer+4*inner;i+=2*inner)
       for (int j=-outer-4*inner;j<outer+4*inner;j+=2*inner)
       {
       glBegin(GL_QUADS);
         glVertex3d(j,-outer-4*inner,i);
         glVertex3d(j,-outer-4*inner,i+2*inner);
         glVertex3d(j+2*inner,-outer-4*inner,i+2*inner);
         glVertex3d(j+2*inner,-outer-4*inner,i);
       glEnd();
       }

//top
 for ( int i=-outer-4*inner;i<outer+4*inner;i+=2*inner)
       for (int j=-outer-4*inner;j<outer+4*inner;j+=2*inner)
       {
       glBegin(GL_QUADS);
        glVertex3d(j,outer+4*inner,i);
        glVertex3d(j,outer+4*inner,i+2*inner);
          glVertex3d(j+2*inner,outer+4*inner,i+2*inner);
        glVertex3d(j+2*inner,outer+4*inner,i);
       glEnd();
       }
}
```

```
void drawwall()
{   int i,j;

    glPolygonMode(GL_FRONT_AND_BACK,GL_LINE);

    //left
    for (i=-outer-4*inner;i<outer+4*inner;i+=2*inner)
      for (j=-outer-4*inner;j<outer+4*inner;j+=2*inner)
  {
      glBegin(GL_QUADS);
       glVertex3d(-outer-4*inner,j,i);
       glVertex3d(-outer-4*inner,j+2*inner,i);
       glVertex3d(-outer-4*inner,j+2*inner,i+2*inner);
       glVertex3d(-outer-4*inner,j,i+2*inner);
      glEnd();
  }
      //right
    for (i=-outer-4*inner;i<=outer+4*inner-2*inner;i+=2*inner)    //for z
      for (j=-outer-4*inner;j<=outer+4*inner-2*inner;j+=2*inner)    //for y
  {
      glBegin(GL_QUADS);
       glVertex3f(outer+4*inner,j,i);
       glVertex3f(outer+4*inner,j+2*inner,i);
       glVertex3f(outer+4*inner,j+2*inner,i+2*inner);
       glVertex3f(outer+4*inner,j,i+2*inner);
      glEnd();
  }
        glColor3f(1.0,1.0,0.0);
 //front
    for (i=-outer-4*inner;i<=outer+4*inner-2*inner;i+=2*inner)    //for z
      for (j=-outer-4*inner;j<=outer+4*inner-2*inner;j+=2*inner)    //for y
  {
      glBegin(GL_QUADS);
       glVertex3f(j,i,-outer-4*inner);
       glVertex3f(j+2*inner,i,-outer-4*inner);
       glVertex3f(j+2*inner,i+2*inner,-outer-4*inner);
       glVertex3f(j,i+2*inner,-outer-4*inner);
      glEnd();
  }
}
void mytime(int value)
{
    theta+=0.5;
    if (theta>=360.0) theta-=360.0;
    glutPostRedisplay();
    glutTimerFunc(100,mytime,10);
}
void Reshape(GLsizei w,GLsizei h)
{
    glMatrixMode(GL_PROJECTION);
    glLoadIdentity();
    gluPerspective(90,w/h,10,2*outer+8*inner+250);
    glViewport(0,0,w,h);
    glMatrixMode(GL_MODELVIEW);
    ww=w;
    hh=h;
}
```

实验十二　简单光照和材质

一、实验目的

1. 进一步掌握 3D 编程概念。

2. 了解和掌握三维场景中如何设置简单光照和材质效果。

3. 掌握添加音乐程序。

二、实验内容

1. 3D 旋转世界的光照和材质设置。

附属程序 3D_scene_with_roaming.cpp 为交互的 3D 场景，可用键盘 W、S、A、D 键来实现直走和左右看，相当于场景的漫游效果。3D 场景为一个圆环、一个小球和一个以四边形为基本单位的方块墙包围盒，且小球和圆环在“方块墙”的包围盒中。视点设在正前方观察物体，小球绕着环心某处不停旋转，并与圆环一起绕着环心不停旋转。改写程序，实现光照材质效果，圆环和小球用不同材质颜色，墙面、地面和天花实现不同颜色方块交替排列。运行查看光照效果，如实验图 12-1 所示，并进一步了解 OpenGL 光照材质程序代码编写规则。

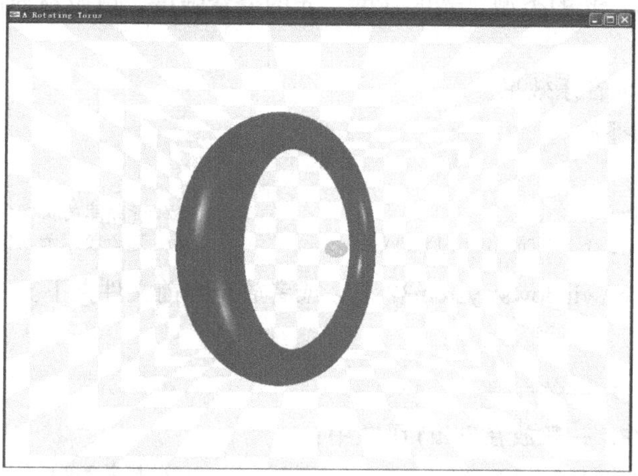

实验图 12-1　带光照和材质效果的 3D 场景

OpenGL 光照材质程序主要思路：

1）将线框模型改为实体或面模型，多边形模式设为填充模式：

```
glPolygonMode(GL_FRONT_AND_BACK,GL_FILL);
```

2）启用深度检测效果：

- 在主函数中指定一个 32 位深度缓存区：

```
glutInitDisplayMode(GLUT_RGB|GLUT_DOUBLE|GLUT_DEPTH);
```

- 在初始化设置函数中启用深度检测：

```
glEnable(GL_DEPTH_TEST);
```

- 在绘制函数中清除上一次的深度缓存：

```
glClear(GL_COLOR_BUFFER_BIT|GL_DEPTH_BUFFER_BIT);
```

3）设置光源类型、光源数量、光源位置和方向、光源强度（一般在初始化程序中）。

4）启用光源（一般在初始化程序中）。

5）颜色设为光滑模式（一般在初始化程序中）：

```
glShadeModel(GL_SMOOTH);
```

6）设置物体材质各参数。

7）测试修改参数。

8）光照材质设置代码示例见 9.5 节中的“5. 光照材质设置代码示例”。

回答下列问题：

1）程序用到几个光源？光源的性质？光源的位置相对于物体位置如何？

2）改变光源参数，如光源的位置、光的三个分量强度、光源的数量等参数，光照效果受到什么影响？

3）改变材质参数，如材质分量、材质系数等，光照效果又会受到什么影响？

4）将 3D 小球物体替换为一个立方体、一个茶壶或其他 3D 物体查看效果。

5）记录和保存各种不同光照条件下的效果图及其相应的光照参数、材质参数，相互进行比较，分析光的距离、光的类型、光的强度、光的分量强度，以及材质的分量强度对场景效果有什么影响？

2. 给以上程序添加音乐效果。

（1）MP3 音乐的播放。

1）准备：

```
#include"fmod.h"                                    // 音频库的头文件
#pragma comment(lib, "fmodvc.lib")                  // 把音频库加入链接器中
```

将 fmod.dll 放至 c:\windows\system32 下，或者放至当前文件夹下。

2）变量定义：

```
FSOUND_STREAM *mp3back;
```

3）载入音频文件，一般放在 init() 函数中：

```
if (FSOUND_Init(44100, 32, 0))                      // 把声音初始化为 44kHz
{
    // 载入文件 1.mp3
    mp3back = FSOUND_Stream_OpenFile("1.mp3", FSOUND_LOOP_NORMAL, 0);
}
```

4）音乐播放：

```
FSOUND_Stream_Play(FSOUND_FREE,mp3back);
```

5）停止播放：

```
FSOUND_Stream_Stop(mp3back);
```

6）关闭音乐：

```
FSOUND_Stream_Close(mp3back);
```

（2）wav 音乐的播放。

```
#include "windows.h"
PlaySound("data/Impack.wav",NULL,SND_ALIAS|SND_ASYNC|SND_NOSTOP);
```

三、函数参考

1. 光照设置函数：

```
void glLight{if} (GLenum light, GLenum pname,TYPE paramvalue); void glLight{if}
v(GLenum light, GLenum pname,TYPE paramvalue);
```

2. 材质定义函数：

```
void glMaterial{if} (GLenum face,GLenum pname,TYPE param);
void glMaterial{if}v (GLenum face,GLenum pname,TYPE param);
```

3. 材质颜色相符函数：

```
glColorMaterial(GLenum face,GLenum mode);
```

4. 中文字体绘制函数参考实验七。

5. 创建快捷菜单。

1）在主程序中创建菜单：

```
glutCreateMenu(mymenu);              //创建菜单
glutAddMenuEntry("线框模型",1);      //第一个菜单名为“线框模型”，设置 1 为该菜单参数
glutAddMenuEntry("实体模型",2);      //第二个菜单名为“实体模型”，设置 2 为该菜单参数
glutAddMenuEntry("音乐播放",3);      //第三个菜单名为“音乐播放”，设置 3 为该菜单参数
glutAddMenuEntry("音乐停止",4);      //第四个菜单名为“音乐停止”，设置 4 为该菜单参数
glutAttachMenu(GLUT_RIGHT_BUTTON);// 菜单附到鼠标右键
```

2）声明菜单函数：

```
void mymenu(int value);   //在程序头部声明菜单子函数
```

3）定义菜单函数：

```
   void mymenu(int value)
{
      //如果菜单参数为 1，则执行线框模式
if(value==1) glPolygonMode(GL_FRONT_AND_BACK,GL_LINE);
//如果菜单参数为 2，则执行实心模式
if(value==4) glPolygonMode(GL_FRONT_AND_BACK,GL_FILL);
//如果菜单参数为 3，则播放音乐
if (value==3)  FSOUND_Stream_Play(FSOUND_FREE,mp3back);
//如果菜单参数为 4，则音乐停止
if (value==4)   FSOUND_Stream_Stop(mp3back);
}
```

四、思考题

1. 如果用鼠标进行左、右、上、下拖拽整个场景，程序又该如何修改？
2. 在此基础上再实现镜头的放大缩小，俯视等，程序应该如何修改？
3. 本程序中用到什么技巧使颜色规律变换？

五、演示程序

1）3D_Rotating_World_with_lingt_&_Material.exe。

2）Material.exe。

3）light sphere.exe。

4）light control.exe。

六、课后作业题

1. 小球的光照和材质设置

附属程序中 Material.cpp 程序为场景光照不变，小球的材质不同则小球的显示效果各不相同，运行查看光照效果（见实验图 12-2）。修改程序，改变小球材质参数，观看效果。

改变小球材质的参数，光照效果受到什么影响？记录和保存原始效果图及其参数，以及各种参数修改后的效果截图和具体光照参数，看能否得出一些结论。

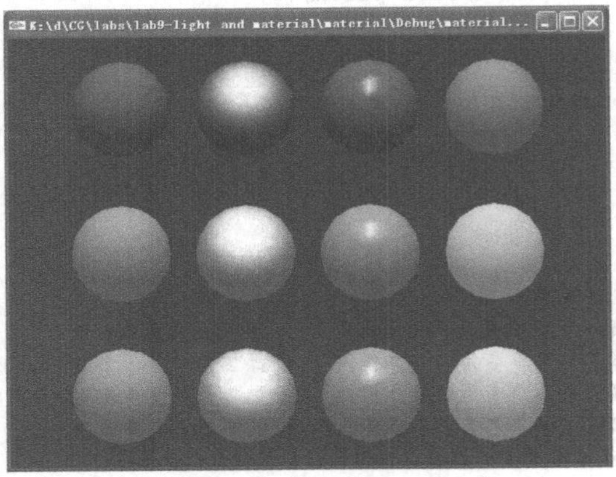

实验图 12-2　材质小球

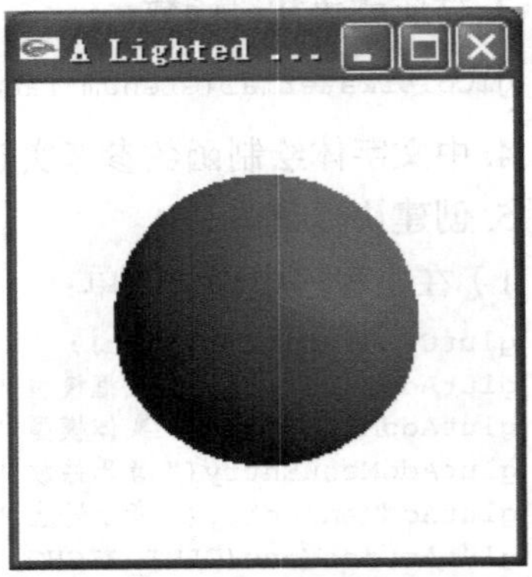

实验图 12-3　光照材质小球

另一个程序 light sphere.cpp 只绘制了一个小球（见实验图 12-3），包括有灯光和材质的设置，也可参考。

2. 光源位置控制程序

运行附属程序 lightcontrol.cpp, 单击鼠标后，小球（即光源）位置会发生变化，从而光照效果发生变化，查看光照位置对光照效果的影响（见实验图 12-4）。

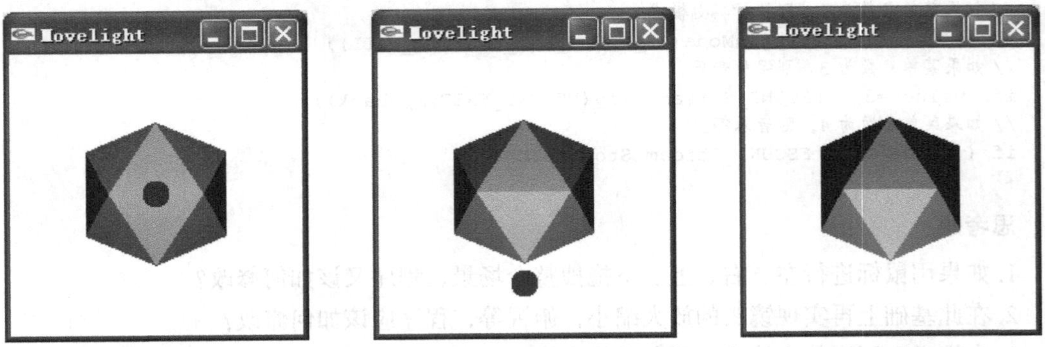

a）位置 1　　b）位置 2　　c）位置 3

实验图 12-4　光照位置控制程序效果

七、附属程序

1. 3D_scene_with_roaming.cpp。

```
#include "stdafx.h"
#include <math.h>
#include <glut.h>
#define PI 3.14159
float theta=-90.0;                          //旋转角
int inner=10,outer=80;                      //圆环内径和外径
float s=outer+4*inner+50;
float eyex=0,eyey=0,eyez=s;                 //视点初始位置
float atx=0,aty=0,atz=0;                    //目标点初始位置
int ww,hh;                                  //获取窗口宽和高的变量
bool flag=true;
float angle=0;                              //视线和 Z 轴的夹角初值
float r=s;                                  //视点和目标点距离
float step=r/10;                            //前进和后退步长

void Display(void);
void Reshape(int w, int h);
void mytime(int value);
void drawground();
void drawsphere();
void drawwall();
void init();
void mykeyboard(unsigned char key, int x, int y);

int APIENTRY _tWinMain(HINSTANCE hInstance,
                       HINSTANCE hPrevInstance,
                       LPTSTR    lpCmdLine,
                       int       nCmdShow)
{
    UNREFERENCED_PARAMETER(hPrevInstance);
    UNREFERENCED_PARAMETER(lpCmdLine);
    char *argv[] = {"hello ", " "};
    int argc = 2;
    glutInit(&argc, argv);                  //初始化 GLUT 库
    glutInitDisplayMode(GLUT_RGB|GLUT_DOUBLE|GLUT_DEPTH);
    glutInitWindowSize(500, 500);
    glutInitWindowPosition(1024 / 2 - 250, 768 / 2 - 250);
    glutCreateWindow("Rotating 3D World");  //创建窗口，标题为“Rotating 3D World”
     glutReshapeFunc(Reshape);
    init();
    glutDisplayFunc(Display);               //用于绘制当前窗口
    glutKeyboardFunc(mykeyboard);
    glutTimerFunc(100,mytime,10);
    glutMainLoop();                         //表示开始运行程序，用于程序的结尾
    return 0;
}

void init()
{
glClearColor(1,1,1,1);
glEnable(GL_DEPTH_TEST);
  glPixelStorei(GL_PACK_ALIGNMENT, 1);
```

```
  glPolygonMode(GL_FRONT_AND_BACK,GL_LINE);
}

void mykeyboard(unsigned char key, int x, int y)
{
      switch(key)
     {    case'W':
          Case'w':// 向前直走
          //你的代码放在这里
           eyex=eyex-step*sin(angle*PI/180.0);
           eyez=eyez-step*cos(angle*PI/180.0);
           atx=atx-step*sin(angle*PI/180.0);
           atz=atz-step*cos(angle*PI/180.0);
           break;
         case 'S':
          case 's':// 向后退
          //你的代码放在这里
           eyex=eyex+step*sin(angle*PI/180.0);
           eyez=eyez+step*cos(angle*PI/180.0);
           atx=atx+step*sin(angle*PI/180.0);
           atz=atz+step*cos(angle*PI/180.0);
                   break;
          case 'A':
          case 'a':// 左看
           //你的代码放在这里
           angle=angle+1;
           atx=eyex-r*sin(angle*PI/180.0);
           atz=eyez-r*cos(angle*PI/180.0);
                   break;
          case 'D':
          case 'd':// 右看
           //你的代码放在这里
           angle=angle-1;
           atx=eyex-r*sin(angle*PI/180.0);
           atz=eyez-r*cos(angle*PI/180.0);
                    break;
      }
      glutPostRedisplay();// 参数修改后调用重画函数，屏幕图形将发生改变
}

void Display(void)
{
    glClear(GL_COLOR_BUFFER_BIT|GL_DEPTH_BUFFER_BIT);
    glMatrixMode(GL_MODELVIEW);
    glLoadIdentity();
    gluLookAt(eyex,eyey,eyez,atx,aty,atz,0,1,0);
    glPushMatrix();
    glColor3f(0.0,0.0,1.0);
    drawwall();
    glColor3f(1.0,0,0);
    drawground();
    drawsphere();
    glPopMatrix();
    glutSwapBuffers();
}
```

```
void drawsphere()
{
    float tr;
    tr=(outer+3*inner);
    glRotatef(theta,0,1,0);
    glPushMatrix();
      glPushMatrix();
        glColor3f(1.0,0,1.0);
        glutWireTorus(inner,outer,30,50);
      glPopMatrix();

      glPushMatrix();
        glTranslatef(outer,0,0);
        glRotatef(theta,0,1,0);
        glTranslatef(-outer,0,0);

        glPushMatrix();
          glTranslatef(tr,0,0);
          glRotatef(-45,1,0,0);
                glColor3f(0.0,1.0,0);
          glutWireSphere(inner,20,20);
        glPopMatrix();
      glPopMatrix();
      glPopMatrix();
}

void drawground()
{
  //地板
   for (int i=-outer-4*inner;i<outer+4*inner;i+=2*inner)
       for (int j=-outer-4*inner;j<outer+4*inner;j+=2*inner)
   {
       glBegin(GL_QUADS);
        glVertex3d(j,-outer-4*inner,i);
        glVertex3d(j,-outer-4*inner,i+2*inner);
        glVertex3d(j+2*inner,-outer-4*inner,i+2*inner);
        glVertex3d(j+2*inner,-outer-4*inner,i);
       glEnd();
   }

//顶部
 for ( int i=-outer-4*inner;i<outer+4*inner;i+=2*inner)
       for (int j=-outer-4*inner;j<outer+4*inner;j+=2*inner)
   {
       glBegin(GL_QUADS);
        glVertex3d(j,outer+4*inner,i);
        glVertex3d(j,outer+4*inner,i+2*inner);
        glVertex3d(j+2*inner,outer+4*inner,i+2*inner);
        glVertex3d(j+2*inner,outer+4*inner,i);
       glEnd();
   }
}

void drawwall()
```

```
{   int i,j;

 glPolygonMode(GL_FRONT_AND_BACK,GL_LINE);

   //左墙
     for (i=-outer-4*inner;i<outer+4*inner;i+=2*inner)
       for (j=-outer-4*inner;j<outer+4*inner;j+=2*inner)
   {
       glBegin(GL_QUADS);
        glVertex3d(-outer-4*inner,j,i);
        glVertex3d(-outer-4*inner,j+2*inner,i);
        glVertex3d(-outer-4*inner,j+2*inner,i+2*inner);
        glVertex3d(-outer-4*inner,j,i+2*inner);
       glEnd();
   }

   //右墙
     for (i=-outer-4*inner;i<=outer+4*inner-2*inner;i+=2*inner)   //for z
       for (j=-outer-4*inner;j<=outer+4*inner-2*inner;j+=2*inner)   //for y
   {
       glBegin(GL_QUADS);
        glVertex3f(outer+4*inner,j,i);
        glVertex3f(outer+4*inner,j+2*inner,i);
        glVertex3f(outer+4*inner,j+2*inner,i+2*inner);
        glVertex3f(outer+4*inner,j,i+2*inner);
       glEnd();
   }

         glColor3f(1.0,1.0,0.0);
  //前墙
     for (i=-outer-4*inner;i<=outer+4*inner-2*inner;i+=2*inner)   //for z
       for (j=-outer-4*inner;j<=outer+4*inner-2*inner;j+=2*inner)   //for y
   {
       glBegin(GL_QUADS);
        glVertex3f(j,i,-outer-4*inner);
        glVertex3f(j+2*inner,i,-outer-4*inner);
        glVertex3f(j+2*inner,i+2*inner,-outer-4*inner);
        glVertex3f(j,i+2*inner,-outer-4*inner);
       glEnd();
   }
}

void mytime(int value)
{
    theta+=0.5;
    if (theta>=360.0) theta-=360.0;
    glutPostRedisplay();
    glutTimerFunc(100,mytime,10);
}

void Reshape(GLsizei w,GLsizei h)
{
    glMatrixMode(GL_PROJECTION);
    glLoadIdentity();
    gluPerspective(90,w/h,10,2*outer+8*inner+250);
```

```
    glViewport(0,0,w,h);
    glMatrixMode(GL_MODELVIEW);
    ww=w;
    hh=h;
}
```

2. 材质小球程序 Material.cpp。

```
#include <stdlib.h>
#include <GL/glut.h>

//初始化设置
void init(void)
{
   GLfloat ambient[] = { 0.0, 0.0, 0.0, 1.0 };
   GLfloat diffuse[] = { 1.0, 1.0, 1.0, 1.0 };
   GLfloat specular[] = { 1.0, 1.0, 1.0, 1.0 };
   GLfloat position[] = { 0.0, 3.0, 2.0, 0.0 };
   GLfloat lmodel_ambient[] = { 0.4, 0.4, 0.4, 1.0 };
   GLfloat local_view[] = { 0.0 };

   glClearColor(0.0, 0.1, 0.1, 0.0);
   glEnable(GL_DEPTH_TEST);
   glShadeModel(GL_SMOOTH);

   glLightfv(GL_LIGHT0, GL_AMBIENT, ambient);
   glLightfv(GL_LIGHT0, GL_DIFFUSE, diffuse);
   glLightfv(GL_LIGHT0, GL_POSITION, position);
   glLightModelfv(GL_LIGHT_MODEL_AMBIENT, lmodel_ambient);
   glLightModelfv(GL_LIGHT_MODEL_LOCAL_VIEWER, local_view);

   glEnable(GL_LIGHTING);
   glEnable(GL_LIGHT0);
}

//  绘制 3 行 4 列小球
void display(void)
{
   GLfloat no_mat[] = { 0.0, 0.0, 0.0, 1.0 };
   GLfloat mat_ambient[] = { 0.7, 0.7, 0.7, 1.0 };
   GLfloat mat_ambient_color[] = { 0.8, 0.8, 0.2, 1.0 };
   GLfloat mat_diffuse[] = { 0.1, 0.5, 0.8, 1.0 };
   GLfloat mat_specular[] = { 1.0, 1.0, 1.0, 1.0 };
   GLfloat no_shininess[] = { 0.0 };
   GLfloat low_shininess[] = { 5.0 };
   GLfloat high_shininess[] = { 100.0 };
   GLfloat mat_emission[] = {0.3, 0.2, 0.2, 0.0};

   glClear(GL_COLOR_BUFFER_BIT | GL_DEPTH_BUFFER_BIT);

/*  绘制函数第一行第一列小球
 *  只有漫反射，无环境光或镜面反射
 */
   glPushMatrix();
   glTranslatef (-3.75, 3.0, 0.0);
   glMaterialfv(GL_FRONT, GL_AMBIENT, no_mat);
```

```
    glMaterialfv(GL_FRONT, GL_DIFFUSE, mat_diffuse);
    glMaterialfv(GL_FRONT, GL_SPECULAR, no_mat);
    glMaterialfv(GL_FRONT, GL_SHININESS, no_shininess);
    glMaterialfv(GL_FRONT, GL_EMISSION, no_mat);
    glutSolidSphere(1.0, 16, 16);
    glPopMatrix();

/*  绘制函数第一行第二列小球
 *  有漫反射和镜面反射，低反射，无环境光
 */
    glPushMatrix();
    glTranslatef (-1.25, 3.0, 0.0);
    glMaterialfv(GL_FRONT, GL_AMBIENT, no_mat);
    glMaterialfv(GL_FRONT, GL_DIFFUSE, mat_diffuse);
    glMaterialfv(GL_FRONT, GL_SPECULAR, mat_specular);
    glMaterialfv(GL_FRONT, GL_SHININESS, low_shininess);
    glMaterialfv(GL_FRONT, GL_EMISSION, no_mat);
    glutSolidSphere(1.0, 16, 16);
    glPopMatrix();

/*  绘制函数第一行第三列小球
 *  有漫反射和镜面反射，高反射，无环境光
 */
    glPushMatrix();
    glTranslatef (1.25, 3.0, 0.0);
    glMaterialfv(GL_FRONT, GL_AMBIENT, no_mat);
    glMaterialfv(GL_FRONT, GL_DIFFUSE, mat_diffuse);
    glMaterialfv(GL_FRONT, GL_SPECULAR, mat_specular);
    glMaterialfv(GL_FRONT, GL_SHININESS, high_shininess);
    glMaterialfv(GL_FRONT, GL_EMISSION, no_mat);
    glutSolidSphere(1.0, 16, 16);
    glPopMatrix();

/*  绘制函数第一行第四列小球
 *  有漫反射，辐射，无环境光或镜面反射
 */
    glPushMatrix();
    glTranslatef (3.75, 3.0, 0.0);
    glMaterialfv(GL_FRONT, GL_AMBIENT, no_mat);
    glMaterialfv(GL_FRONT, GL_DIFFUSE, mat_diffuse);
    glMaterialfv(GL_FRONT, GL_SPECULAR, no_mat);
    glMaterialfv(GL_FRONT, GL_SHININESS, no_shininess);
    glMaterialfv(GL_FRONT, GL_EMISSION, mat_emission);
    glutSolidSphere(1.0, 16, 16);
    glPopMatrix();

/*  绘制函数第二行第一列小球
 *  有环境光和漫反射，无镜面反射
 */
    glPushMatrix();
    glTranslatef (-3.75, 0.0, 0.0);
    glMaterialfv(GL_FRONT, GL_AMBIENT, mat_ambient);
    glMaterialfv(GL_FRONT, GL_DIFFUSE, mat_diffuse);
    glMaterialfv(GL_FRONT, GL_SPECULAR, no_mat);
    glMaterialfv(GL_FRONT, GL_SHININESS, no_shininess);
```

```
    glMaterialfv(GL_FRONT, GL_EMISSION, no_mat);
    glutSolidSphere(1.0, 16, 16);
    glPopMatrix();

/*  绘制函数第二行第二列小球
 *  有环境光，漫反射和镜面反射，低反射
 */
    glPushMatrix();
    glTranslatef (-1.25, 0.0, 0.0);
    glMaterialfv(GL_FRONT, GL_AMBIENT, mat_ambient);
    glMaterialfv(GL_FRONT, GL_DIFFUSE, mat_diffuse);
    glMaterialfv(GL_FRONT, GL_SPECULAR, mat_specular);
    glMaterialfv(GL_FRONT, GL_SHININESS, low_shininess);
    glMaterialfv(GL_FRONT, GL_EMISSION, no_mat);
    glutSolidSphere(1.0, 16, 16);
    glPopMatrix();

/*  绘制函数第二行第三列小球
 *  有环境光，漫反射和镜面反射，高反射
 */
    glPushMatrix();
    glTranslatef (1.25, 0.0, 0.0);
    glMaterialfv(GL_FRONT, GL_AMBIENT, mat_ambient);
    glMaterialfv(GL_FRONT, GL_DIFFUSE, mat_diffuse);
    glMaterialfv(GL_FRONT, GL_SPECULAR, mat_specular);
    glMaterialfv(GL_FRONT, GL_SHININESS, high_shininess);
    glMaterialfv(GL_FRONT, GL_EMISSION, no_mat);
    glutSolidSphere(1.0, 16, 16);
    glPopMatrix();

/*  绘制函数第二行第四列小球
 *  有环境光，漫反射和辐射，无镜面反射
 */
    glPushMatrix();
    glTranslatef (3.75, 0.0, 0.0);
    glMaterialfv(GL_FRONT, GL_AMBIENT, mat_ambient);
    glMaterialfv(GL_FRONT, GL_DIFFUSE, mat_diffuse);
    glMaterialfv(GL_FRONT, GL_SPECULAR, no_mat);
    glMaterialfv(GL_FRONT, GL_SHININESS, no_shininess);
    glMaterialfv(GL_FRONT, GL_EMISSION, mat_emission);
    glutSolidSphere(1.0, 16, 16);
    glPopMatrix();

/*  绘制函数第三行第一列小球
 *  有彩色环境光和漫反射，无镜面反射
 */
    glPushMatrix();
    glTranslatef (-3.75, -3.0, 0.0);
    glMaterialfv(GL_FRONT, GL_AMBIENT, mat_ambient_color);
    glMaterialfv(GL_FRONT, GL_DIFFUSE, mat_diffuse);
    glMaterialfv(GL_FRONT, GL_SPECULAR, no_mat);
    glMaterialfv(GL_FRONT, GL_SHININESS, no_shininess);
    glMaterialfv(GL_FRONT, GL_EMISSION, no_mat);
    glutSolidSphere(1.0, 16, 16);
    glPopMatrix();
```

```
/*  绘制函数第三行第二列小球
 *  有彩色环境光，漫反射和镜面反射，低反射
 */
   glPushMatrix();
   glTranslatef (-1.25, -3.0, 0.0);
   glMaterialfv(GL_FRONT, GL_AMBIENT, mat_ambient_color);
   glMaterialfv(GL_FRONT, GL_DIFFUSE, mat_diffuse);
   glMaterialfv(GL_FRONT, GL_SPECULAR, mat_specular);
   glMaterialfv(GL_FRONT, GL_SHININESS, low_shininess);
   glMaterialfv(GL_FRONT, GL_EMISSION, no_mat);
   glutSolidSphere(1.0, 16, 16);
   glPopMatrix();

/*  绘制函数第三行第三列小球
 *  有彩色环境光，漫反射和镜面反射，高反射
 */
   glPushMatrix();
   glTranslatef (1.25, -3.0, 0.0);
   glMaterialfv(GL_FRONT, GL_AMBIENT, mat_ambient_color);
   glMaterialfv(GL_FRONT, GL_DIFFUSE, mat_diffuse);
   glMaterialfv(GL_FRONT, GL_SPECULAR, mat_specular);
   glMaterialfv(GL_FRONT, GL_SHININESS, high_shininess);
   glMaterialfv(GL_FRONT, GL_EMISSION, no_mat);
   glutSolidSphere(1.0, 16, 16);
   glPopMatrix();

/*  绘制函数第三行第四列小球
 *  有彩色环境光，漫反射和辐射，无镜面反射
 */
   glPushMatrix();
   glTranslatef (3.75, -3.0, 0.0);
   glMaterialfv(GL_FRONT, GL_AMBIENT, mat_ambient_color);
   glMaterialfv(GL_FRONT, GL_DIFFUSE, mat_diffuse);
   glMaterialfv(GL_FRONT, GL_SPECULAR, no_mat);
   glMaterialfv(GL_FRONT, GL_SHININESS, no_shininess);
   glMaterialfv(GL_FRONT, GL_EMISSION, mat_emission);
   glutSolidSphere(1.0, 16, 16);
   glPopMatrix();
   glFlush();
}

void reshape(int w, int h)
{
   glViewport(0, 0, w, h);
   glMatrixMode(GL_PROJECTION);
   glLoadIdentity();
   if (w <= (h * 2))
      glOrtho (-6.0, 6.0, -3.0*((GLfloat)h*2)/(GLfloat)w,
         3.0*((GLfloat)h*2)/(GLfloat)w, -10.0, 10.0);
   else
      glOrtho (-6.0*(GLfloat)w/((GLfloat)h*2),
         6.0*(GLfloat)w/((GLfloat)h*2), -3.0, 3.0, -10.0, 10.0);
   glMatrixMode(GL_MODELVIEW);
   glLoadIdentity();
```

```
}

void keyboard(unsigned char key, int x, int y)
{
   switch (key) {
      case 27:
         exit(0);
         break;
   }
}

int main(int argc, char** argv)
{
   glutInit(&argc, argv);
   glutInitDisplayMode (GLUT_SINGLE | GLUT_RGB | GLUT_DEPTH);
   glutInitWindowSize (600, 450);
   glutCreateWindow(argv[0]);
   init();
   glutReshapeFunc(reshape);
   glutDisplayFunc(display);
   glutKeyboardFunc (keyboard);
   glutMainLoop();
   return 0;
}
```

3. 小球光照材质程序 light sphere.cpp。

```
#include <GL/glut.h>
#include "windows.h"
void Display(void);
void Reshape(int w, int h);
void init();

int main(int argc, char** argv)
{
    glutInit(&argc, argv);
    glutInitWindowPosition(0,0);
    glutInitWindowSize(200,200);
    glutInitDisplayMode(GLUT_DOUBLE | GLUT_RGB|GLUT_DEPTH);
    glutCreateWindow("A Lighted sphere");
    init();
    glutDisplayFunc(Display);
    glutReshapeFunc(Reshape);
    glutMainLoop();
    return 0;
}

void Display(void)
{
    glClearColor(1,1,1,1);
    glClear(GL_COLOR_BUFFER_BIT|GL_DEPTH_BUFFER_BIT);
    glMatrixMode(GL_MODELVIEW);
    glLoadIdentity();
    glTranslatef(0.0,0.0,-3.0);
    glRotatef(60.0,1.0,0.0,0.0);
    glutSolidSphere(1.0,30,60);
    glutSwapBuffers();
```

```
}

void Reshape(GLsizei w,GLsizei h)
{
    if (h==0) h=1;
    glMatrixMode(GL_PROJECTION);
    glLoadIdentity();
     gluPerspective(60,w/h,1,20);
    glViewport(0,0,w,h);
    glMatrixMode(GL_MODELVIEW);
    glLoadIdentity();
}

void init()
{
    //定义光源位置
    GLfloat light_position[]={1.0,1.0,1.0,0.0};
    //GLfloat light color
    GLfloat light_ambient[]={1.0,0.0,0.0,1.0};
    GLfloat light_diffuse[]={1.0,0.0,0.0,1.0};
    GLfloat light_specular[]={1.0,0.0,0.0,1.0};

    //定义光源方向
    GLfloat light_direction[]={0.0,0.0,-1.0};

    // 设置光源位置
    glLightfv(GL_LIGHT0,GL_POSITION,light_position);

    // 设置光源强度
    glLightfv(GL_LIGHT0,GL_AMBIENT,light_ambient);
    glLightfv(GL_LIGHT0,GL_DIFFUSE,light_diffuse);
    glLightfv(GL_LIGHT0,GL_SPECULAR,light_specular);


    //设置聚光光源参数
    glLightfv(GL_LIGHT0,GL_SPOT_DIRECTION,light_direction);
    glLightf(GL_LIGHT0,GL_SPOT_EXPONENT,0.0);
    glLightf(GL_LIGHT0,GL_SPOT_CUTOFF,180);

    //设置光源衰减度
    glLightf(GL_LIGHT0,GL_CONSTANT_ATTENUATION,1.0);
    glLightf(GL_LIGHT0,GL_LINEAR_ATTENUATION,0.0);
    glLightf(GL_LIGHT0,GL_QUADRATIC_ATTENUATION,1.0);

    //定义材质属性
    GLfloat mat_specular[]={1.0,1.0,1.0,1.0};
    GLfloat mat_shininess[]={50.0};
    glMaterialfv(GL_FRONT,GL_SPECULAR,mat_specular);
    glMaterialfv(GL_FRONT,GL_SHININESS,mat_shininess);

    glClearColor(1.0,1.0,1.0,1.0);
    glShadeModel(GL_SMOOTH);

    //启用光源
    glEnable(GL_LIGHTING);
```

```
    glEnable(GL_LIGHT0);

    glEnable(GL_DEPTH_TEST);

}
```

4. 光线位置控制程序 lightcontrol.cpp。

```
#include <windows.h>
#include <GL/glut.h>

int step=0;
void myinit(void)
{
  glClearColor(1.0,1.0,1.0,1.0);
  glShadeModel(GL_SMOOTH);
  glEnable(GL_LIGHTING);
  glEnable(GL_LIGHT0);
  glEnable(GL_DEPTH_TEST);

}

void display(void)
{

    // 设置光源
    GLfloat position[]={0.0,0.0,4.0,1.0};
    glClear(GL_COLOR_BUFFER_BIT|GL_DEPTH_BUFFER_BIT);

    glMatrixMode(GL_MODELVIEW);
    glLoadIdentity();
    glPushMatrix();
    glTranslatef(0,0,-10);
    glPushMatrix();

    //旋转光源
    glRotatef(step,1.0,0.0,0.0);
    glLightfv(GL_LIGHT0,GL_POSITION,position);

    glPushMatrix();
    //蓝球作为光源
    glTranslatef(0,0,4);
    glDisable(GL_LIGHTING);
    glColor3f(0,0,1);
    glutSolidSphere(0.1,20,16);

    glPopMatrix();

    glPopMatrix();
    glEnable(GL_LIGHTING);

    //绘制 20 面体被光源照耀
    glutSolidIcosahedron();

    glPopMatrix();
    glFlush();
```

```
}

// 按鼠标左键旋转光源
void mouse(int button, int state,int x,int y)
{
    switch(button){
      case GLUT_LEFT_BUTTON:
         step+=5;
         display();
         break;
        default:
         break;
    }
}

void myreshape(int w,int h)
{
    glViewport(0,0,w,h);
    glMatrixMode(GL_PROJECTION);
    glLoadIdentity();
    gluPerspective(20.0,(GLfloat)w/(GLfloat)h,1,20);
    glMatrixMode(GL_MODELVIEW);
    glLoadIdentity();
}

int main(int argc,char **argv)
{
    glutInit(&argc,argv);
    glutInitDisplayMode(GLUT_SINGLE|GLUT_RGB);
    glutInitWindowSize(200,200);                  //屏幕分辨率1024×768
    glutInitWindowPosition(150,150);                     //左上角为原点
    glutCreateWindow("Movelight");
    myinit();
    glutDisplayFunc(display);
    glutReshapeFunc(myreshape);
    glutMouseFunc(mouse);

    glutMainLoop();
    return 0;
}
```

实验十三　雾、透明和阴影

一、实验目的

1. 了解雾的绘制与效果。

2. 利用 OpenGL 的 Blending 和对称功能实现透明效果。

3. 利用投影变换矩阵可实现阴影效果。

二、实验内容

1. 雾的生成。

对实验十二的 3D 场景添加雾化效果，见实验图 13-1。分别修改雾的颜色、雾的起始距离、雾的模式和雾的密度，观察雾化效果的变化，保存效果截图及其相应参数。

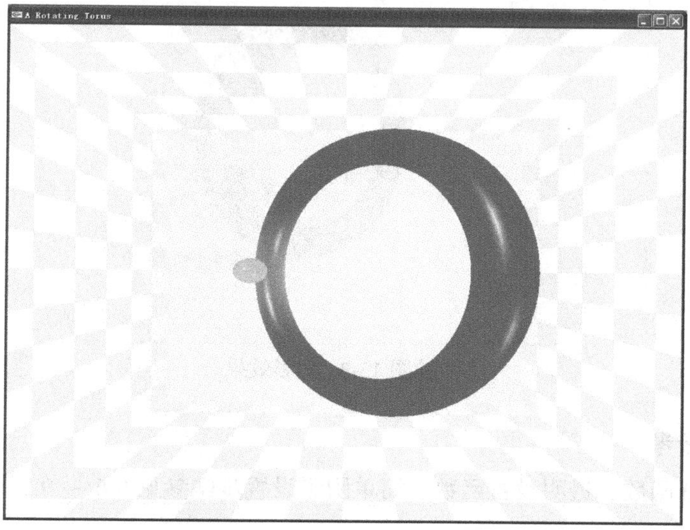

实验图 13-1　带雾化效果的 3D 场景

2. 透明的效果。

在实验十二的 3D 光照场景上添加透明效果，见实验图 13-2。分别修改透明度 alpha，修改调和因子、调和方式，修改调和颜色，查看透明的效果，保存效果截图及其相应参数。

思考：调和因子与透明度的关系，了解 OpenGL 雾的设置代码编写。

3. 阴影的效果。

附属程序 rotating torus-shadow.cpp 生成的仍是上述例子所描述的场景，所不同的是在基本光照效果上添加了阴影的效果，参见实验图 13-3。仔细研读程序，运行查看效果。

分别修改阴影色及其背景透明度 alpha 值、光源的位置和光照颜色，查看阴影效果，保存效果截图及其相应参数。

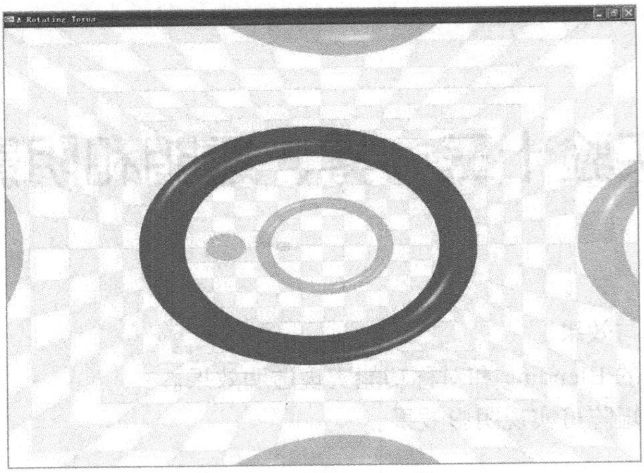

实验图 13-2　透明效果

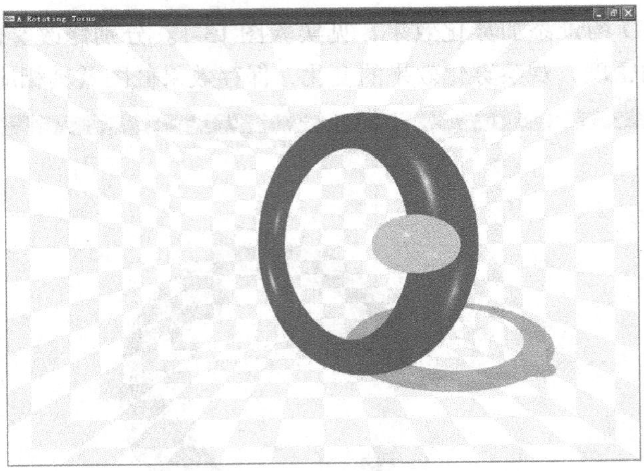

实验图 13-3　阴影效果

三、函数与设置参考

雾化效果设置函数、透明设置函数、简单阴影设置步骤参见 9.6 ~ 9.8 节。

四、加分题

设计 3D 小场景，同时加上光照材质、雾、透明和阴影效果。你能将三者的效果综合在一起吗?

五、演示程序

1. 阴影效果 shadow.exe。
2. 雾效果 fog.exe。
3. 透明效果 transparency.exe。

六、附属程序

阴影程序除主阴影程序外，还需在工程文件中添加几个辅助程序：

```
(1) GLTools.h                 // 工具头文件
(2) MatrixMath.cpp            // 有关矩阵运算
(3) VectorMath.cpp            // 有关数学公式，如平面方程等

// 主阴影程序  rotating torus-shadow.cpp
#include "stdafx.h"
#include <math.h>
#include <windows.h>
#include "GLTools.h"
#include <glut.h>             // OpenGL toolkit

#define PI 3.14159

float theta=-90.0;            // 圆环旋转角
float angle=10;               // 左转右转旋转步长角
float sightangle=-90;
float s=10;         // 前后直走步长
float R=100;
int inner=10,outer=80;

float eyex=0,eyey=0,eyez=outer+4*inner+50;          // 初始视点位置
float atx=0,aty=0,atz=0;                            // 初始目标点位置
float atx1,atz1,eyex1,eyez1;

float tt=0,tt2=0;

GLTMatrix mShadowMatrix;
GLTVector3 vPoints[3] = {{ 0.0f, -outer-4*inner, 0.0f },
                         { 10.0f, -outer-4*inner, 0.0f },
                         { 5.0f, -outer-4*inner, -5.0f }};

// void specialkeyboard(int key, int x, int y);
void mykeyboard(unsigned char key, int x, int y);
void Display(void);
void Reshape(int w, int h);
void myidle();
void drawground();
void drawsphere(int flag);
void drawwall();
void init();

int APIENTRY _tWinMain(HINSTANCE hInstance,
                     HINSTANCE hPrevInstance,
                     LPTSTR    lpCmdLine,
                     int       nCmdShow)
{
    UNREFERENCED_PARAMETER(hPrevInstance);
    UNREFERENCED_PARAMETER(lpCmdLine);

    char *argv[] = {"hello ", " "};
    int argc = 2;

    glutInit(&argc, argv);                          // 初始化 GLUT 库
    glutInitDisplayMode(GLUT_DOUBLE | GLUT_RGB); // 设置显示模式（缓存，颜色类型）
    glutInitWindowSize(500, 500);
```

```
    glutInitWindowPosition(1024 / 2 - 250, 768 / 2 - 250);
    glutCreateWindow("Rotating 3D World");  //创建窗口，标题为“Rotating 3D World”
     glutReshapeFunc(Reshape);
    init();
    glutDisplayFunc(Display);      //用于绘制当前窗口
     glutKeyboardFunc(mykeyboard);
    glutIdleFunc(myidle);
    glutMainLoop();                //表示开始运行程序，用于程序的结尾

    return 0;
}

void init()
{
    glClearColor(1,1,1,1);

    //定义光源 1 和光源 2 位置
    GLfloat light_position1[]={-outer,outer,outer+inner,0.0};
    //GLfloat light_position1[]={0,0,0,0.0};
    GLfloat light_position2[]={+outer,-outer,outer+inner,0.0};

    //定义光源 1 强度
    GLfloat light_ambient1[]={1.0,1.0,1.0,1.0};
    GLfloat light_diffuse1[]={1.0,1.0,1.0,1.0};
    GLfloat light_specular1[]={1.0,1.0,1.0,1.0};

    //定义光源 2 强度
    GLfloat light_ambient2[]={0.8,0.8,0.8,1.0};
    GLfloat light_diffuse2[]={0.8,0.8,0.8,1.0};
    GLfloat light_specular2[]={0.8,0.8,0.8,1.0};

    // 全局光模式设置
    GLfloat lmodel_ambient[]={0.8,0.2,0.2,1.0};
    glLightModelfv(GL_LIGHT_MODEL_AMBIENT, lmodel_ambient);
    glLightModeli(GL_LIGHT_MODEL_LOCAL_VIEWER,GL_TRUE);


    //设置光源位置
    glLightfv(GL_LIGHT0,GL_POSITION,light_position1);
    glLightfv(GL_LIGHT1,GL_POSITION,light_position2);

    //设置光源 1 强度
    glLightfv(GL_LIGHT0,GL_AMBIENT,light_ambient1);
    glLightfv(GL_LIGHT0,GL_DIFFUSE,light_diffuse1);
    glLightfv(GL_LIGHT0,GL_SPECULAR,light_specular1);

    //设置光源 2 强度
    glLightfv(GL_LIGHT1,GL_AMBIENT,light_ambient2);
    glLightfv(GL_LIGHT1,GL_DIFFUSE,light_diffuse2);
    glLightfv(GL_LIGHT1,GL_SPECULAR,light_specular2);

    //设置材质附和指定的颜色
    glEnable(GL_COLOR_MATERIAL);
    glColorMaterial(GL_FRONT,GL_AMBIENT_AND_DIFFUSE);
```

```
    // 启用光源
    glEnable(GL_LIGHTING);
    glEnable(GL_LIGHT0);
    glEnable(GL_LIGHT1);

    // 设置颜色光滑模式
    glShadeModel(GL_SMOOTH);
    // glShadeModel(GL_FLAT);

    // 多边形模式
    glPolygonMode(GL_FRONT,GL_FILL);

    GLfloat mat_specular1[]={1.0,1.0,1.0,1.0};
    GLfloat mat_shininess1[]={80.0};
    glMaterialfv(GL_FRONT,GL_SPECULAR,mat_specular1);
    glMaterialfv(GL_FRONT,GL_SHININESS,mat_shininess1);

    // 计算阴影矩阵
    gltMakeShadowMatrix(vPoints, light_position1, mShadowMatrix);

     // 深度检测
     glEnable(GL_DEPTH_TEST);
}

void Display(void)
{
    glClearColor(1,1,1,1);
//      glClear(GL_COLOR_BUFFER_BIT);
    glClear(GL_COLOR_BUFFER_BIT|GL_DEPTH_BUFFER_BIT);

    glMatrixMode(GL_MODELVIEW);
    glLoadIdentity();
//      gluLookAt(0,-10,350,0,0,0,0,1,0);
    gluLookAt(eyex,eyey,eyez,atx,aty,atz,0,1,0);

    // 先绘制阴影
        glDisable(GL_DEPTH_TEST);
        glDisable(GL_LIGHTING);
        glPushMatrix();
            glMultMatrixf(mShadowMatrix);
            drawsphere(0);
        glPopMatrix();
        glEnable(GL_LIGHTING);
        glEnable(GL_DEPTH_TEST);

        glEnable(GL_BLEND);
        glBlendFunc(GL_SRC_ALPHA,GL_ONE_MINUS_SRC_ALPHA);
        drawground();
        drawwall();

        // 绘制正常物体
         drawsphere(1);
    glutSwapBuffers();
//      glFlush();
}
```

```
void drawsphere(int flag)
{
    float tr;
    tr=(outer+3*inner);
    glRotatef(theta,0,1,0);
    glPushMatrix();
      glPushMatrix();
        if (flag==1)
            glColor3f(1.0,0,0.0);
        else
            glColor3f(0.5,0.5,0.5);
         glutSolidTorus(inner,outer,50,80);
      glPopMatrix();

      glPushMatrix();
        glTranslatef(outer,0,0);
        glRotatef(theta,0,1,0);
        glTranslatef(-outer,0,0);

        glPushMatrix();
          glTranslatef(tr,0,0);
          glRotatef(-45,1,0,0);
          if (flag==1)
                glColor3f(0.0,1.0,0);
          else
                glColor3f(0.5,0.5,0.5);
          glutSolidSphere(inner,40,40);
        glPopMatrix();
      glPopMatrix();
      glPopMatrix();

}

void drawground()
{
    int colorflag=1;
    GLfloat mat_specular1[]={1.0,1.0,1.0,1.0};
    GLfloat mat_shininess1[]={80.0};
    glMaterialfv(GL_FRONT,GL_SPECULAR,mat_specular1);
    glMaterialfv(GL_FRONT,GL_SHININESS,mat_shininess1);
    glNormal3f(0,1,0);
    for (int i=-outer-4*inner;i<outer+4*inner;i+=2*inner)
    {
      if (colorflag>0)    glColor4f(1.0,1.0,0.0,0.6);
          else            glColor4f(1.0,1.0,1.0,0.6);
          colorflag=-colorflag;
      for (int j=-outer-4*inner;j<outer+4*inner;j+=2*inner)
      {
        if (colorflag>0)    glColor4f(1.0,1.0,0.0,0.6);
          else            glColor4f(1.0,1.0,1.0,0.6);
          colorflag=-colorflag;
        glBegin(GL_QUADS);
        glVertex3d(j,-outer-4*inner,i);
        glVertex3d(j,-outer-4*inner,i+2*inner);
```

```
            glVertex3d(j+2*inner,-outer-4*inner,i+2*inner);
            glVertex3d(j+2*inner,-outer-4*inner,i);
          glEnd();
      }
    }

    glNormal3f(0,-1,0);
     colorflag=1;
  for ( int i=-outer-4*inner;i<outer+4*inner;i+=2*inner)
  {
      if (colorflag>0)    glColor4f(1.0,1.0,0.0,0.6);
          else          glColor4f(1.0,1.0,1.0,0.6);
          colorflag=-colorflag;
       for (int j=-outer-4*inner;j<outer+4*inner;j+=2*inner)
    {
         if (colorflag>0)    glColor4f(1.0,1.0,0.0,0.6);
          else          glColor4f(1.0,1.0,1.0,0.6);
          colorflag=-colorflag;
       glBegin(GL_QUADS);
        glVertex3d(j,outer+4*inner,i);
        glVertex3d(j,outer+4*inner,i+2*inner);
        glVertex3d(j+2*inner,outer+4*inner,i+2*inner);
        glVertex3d(j+2*inner,outer+4*inner,i);
       glEnd();
    }
  }
}
void drawwall()
{
   int i,j;
 glNormal3f(1,0,0);
  int colorflag=1;
   //左墙
     for (i=-outer-4*inner;i<outer+4*inner;i+=2*inner)
     {
        if (colorflag>0)    glColor4f(1.0,1.0,0.0,0.6);
          else          glColor4f(1.0,1.0,1.0,0.6);
          colorflag=-colorflag;
      for (j=-outer-4*inner;j<outer+4*inner;j+=2*inner)
   {
         if (colorflag>0)    glColor4f(1.0,1.0,0.0,0.6);
          else          glColor4f(1.0,1.0,1.0,0.6);
          colorflag=-colorflag;
      glBegin(GL_QUADS);
       glVertex3d(-outer-4*inner,j,i);
       glVertex3d(-outer-4*inner,j+2*inner,i);
       glVertex3d(-outer-4*inner,j+2*inner,i+2*inner);
       glVertex3d(-outer-4*inner,j,i+2*inner);
      glEnd();
   }
     }
    colorflag=1;
    glNormal3f(0,-1,0);
   //右墙
     for (i=-outer-4*inner;i<=outer+4*inner-2*inner;i+=2*inner)    //for z
```

```
{
    if (colorflag>0)    glColor4f(1.0,1.0,0.0,0.6);
        else          glColor4f(1.0,1.0,1.0,0.6);
        colorflag=-colorflag;
   for (j=-outer-4*inner;j<=outer+4*inner-2*inner;j+=2*inner)   //for y
 {
   if (colorflag>0)    glColor4f(1.0,1.0,0.0,0.6);
        else          glColor4f(1.0,1.0,1.0,0.6);
        colorflag=-colorflag;
   glBegin(GL_QUADS);
    glVertex3f(outer+4*inner,j,i);
    glVertex3f(outer+4*inner,j+2*inner,i);
    glVertex3f(outer+4*inner,j+2*inner,i+2*inner);
    glVertex3f(outer+4*inner,j,i+2*inner);
   glEnd();
 }
    }
  colorflag=1;
  glNormal3f(0,0,1);

// 前墙
  for (i=-outer-4*inner;i<=outer+4*inner-2*inner;i+=2*inner)   //for z
  {
    if (colorflag>0)    glColor4f(1.0,1.0,0.0,0.6);
        else          glColor4f(1.0,1.0,1.0,0.6);
        colorflag=-colorflag;
   for (j=-outer-4*inner;j<=outer+4*inner-2*inner;j+=2*inner)   //for y
 {
   if (colorflag>0)    glColor4f(1.0,1.0,0.0,0.6);
        else          glColor4f(1.0,1.0,1.0,0.6);
        colorflag=-colorflag;
   glBegin(GL_QUADS);
    glVertex3f(j,i,-outer-4*inner);
    glVertex3f(j+2*inner,i,-outer-4*inner);
    glVertex3f(j+2*inner,i+2*inner,-outer-4*inner);
    glVertex3f(j,i+2*inner,-outer-4*inner);
   glEnd();
 }
  }
}

void myidle()
{
    theta+=0.5;
//    if (theta>=360.0) theta-=360.0;
    glutPostRedisplay();
}

void Reshape(GLsizei w,GLsizei h)
{
    glMatrixMode(GL_PROJECTION);
    glLoadIdentity();
//  glOrtho(-outer-6*inner,outer+6*inner,-outer-4*inner,outer+4*inner,20,2*outer+8*inner+50);
    gluPerspective(90,w/h,10,2*outer+8*inner+250);
    glViewport(0,0,w,h);
```

```
    glMatrixMode(GL_MODELVIEW);
}

void mykeyboard(unsigned char key, int x, int y)
{
   switch(key)
       {
 case 'W':
 case 'w':// 向前走
      eyex1=eyex-s*sin(sightangle*2*PI/360-PI/2);
      eyez1=eyez-s*cos(sightangle*2*PI/360-PI/2);
      atx1=atx-s*sin(sightangle*2*PI/360-PI/2);
      atz1=atz-s*cos(sightangle*2*PI/360-PI/2);

      eyex=eyex1;
      eyez=eyez1;
      atz=atz1;
      atx=atx1;
       break;
case 'S':
case 's':// 向后走
      eyex1=eyex+s*sin(sightangle*2*PI/360-PI/2);
      eyez1=eyez+s*cos(sightangle*2*PI/360-PI/2);
      atx1=atx+s*sin(sightangle*2*PI/360-PI/2);
      atz1=atz+s*cos(sightangle*2*PI/360-PI/2);
      eyex=eyex1;
      eyez=eyez1;
      atz=atz1;
      atx=atx1;
        break;
case 'A':
case 'a':// 左转

atx1=eyex+(atx-eyex)*cos(angle*2*PI/360.0)+(eyez-atz)*sin(angle*2*PI/360.0);

      atz1=eyez-(eyez-atz)*cos(angle*2*PI/360.0)-(-atx+eyex)*sin(angle*2*PI/360.0);
      atx=atx1;
      atz=atz1;
      sightangle=sightangle+angle;
          break;
case 'D':
case 'd':// 右转

      atx1=eyex+(atx-eyex)*cos(angle*2*PI/360.0)-(eyez-atz)*sin(angle*2*PI/360.0);

      atz1=eyez-(eyez-atz)*cos(angle*2*PI/360.0)+(-atx+eyex)*sin(angle*2*PI/360.0);
      atx=atx1;
      atz=atz1;
       sightangle=sightangle-angle;
        break;
                  }
  // 参数修改后调用重画函数，屏幕图形将发生改变
                  glutPostRedisplay();
}
```

（1）GLTools.h

```
// GLTools.h
#ifndef __GLTOOLS__LIBRARY
#define __GLTOOLS__LIBRARY

// Windows
#ifdef WIN32
#include <windows.h>
#include <winnt.h>
#include <gl\gl.h>
#include <gl\glu.h>
#endif

// Mac OS X
#ifdef __APPLE__
#include <Carbon/Carbon.h>
#include <OpenGL/gl.h>
#include <OpenGL/glu.h>
#include <OpenGL/glext.h>
#include <sys/time.h>
#endif

// 通用包含库
#include <math.h>

/////////////////////////////////////////////////////////
//有用常量
#define GLT_PI      3.14159265358979323846
#define GLT_PI_DIV_180 0.017453292519943296
#define GLT_INV_PI_DIV_180 57.2957795130823229

////////////////////////////////////////////////////////////////////////////////
#define gltDegToRad(x)      ((x)*GLT_PI_DIV_180)
#define gltRadToDeg(x)      ((x)*GLT_INV_PI_DIV_180)

/////////////////////////////////////////////////////////
//一些数据类型
typedef GLfloat GLTVector2[2];
typedef GLfloat GLTVector3[3];
typedef GLfloat GLTVector4[4];
typedef GLfloat GLTMatrix[16];

typedef struct{
    GLTVector3 vLocation;
    GLTVector3 vUp;
    GLTVector3 vForward;
    } GLTFrame;

typedef struct
    {
    #ifdef WIN32
    LARGE_INTEGER m_LastCount;
    #else
    struct timeval last;
    #endif
    } GLTStopwatch;
```

```
///////////////////////////////////////////////////////
#define BYTE_SWAP(x)    x = ((x) >> 8) + ((x) << 8)


// vector functions in VectorMath.c
void gltAddVectors(const GLTVector3 vFirst, const GLTVector3 vSecond, GLTVector3 vResult);
void gltSubtractVectors(const GLTVector3 vFirst, const GLTVector3 vSecond,
GLTVector3 vResult);
void gltScaleVector(GLTVector3 vVector, const GLfloat fScale);
GLfloat gltGetVectorLengthSqrd(const GLTVector3 vVector);
GLfloat gltGetVectorLength(const GLTVector3 vVector);
void gltNormalizeVector(GLTVector3 vNormal);
void gltGetNormalVector(const GLTVector3 vP1, const GLTVector3 vP2, const
GLTVector3 vP3, GLTVector3 vNormal);
void gltCopyVector(const GLTVector3 vSource, GLTVector3 vDest);
GLfloat gltVectorDotProduct(const GLTVector3 u, const GLTVector3 v);
void gltVectorCrossProduct(const GLTVector3 vU, const GLTVector3 vV, GLTVector3
vResult);
void gltTransformPoint(const GLTVector3 vSrcPoint, const GLTMatrix mMatrix,
GLTVector3 vPointOut);
void gltRotateVector(const GLTVector3 vSrcVector, const GLTMatrix mMatrix,
GLTVector3 vPointOut);
void gltGetPlaneEquation(GLTVector3 vPoint1, GLTVector3 vPoint2, GLTVector3
vPoint3, GLTVector3 vPlane);
GLfloat gltDistanceToPlane(GLTVector3 vPoint, GLTVector4 vPlane);


/////////////////////////////////////////////
// 在matrixmath.c中的其他矩阵函数
void gltLoadIdentityMatrix(GLTMatrix m);
void gltMultiplyMatrix(const GLTMatrix m1, const GLTMatrix m2, GLTMatrix mProduct );
void gltRotationMatrix(float angle, float x, float y, float z, GLTMatrix mMatrix);
void gltTranslationMatrix(GLfloat x, GLfloat y, GLfloat z, GLTMatrix mTranslate);
void gltScalingMatrix(GLfloat x, GLfloat y, GLfloat z, GLTMatrix mScale);
void gltMakeShadowMatrix(GLTVector3 vPoints[3], GLTVector4 vLightPos, GLTMatrix
destMat);
void gltTransposeMatrix(GLTMatrix mTranspose);
void gltInvertMatrix(const GLTMatrix m, GLTMatrix mInverse);

/////////////////////////////////////////////
// 在FrameMath.c中的帧函数
void gltInitFrame(GLTFrame *pFrame);
void gltGetMatrixFromFrame(GLTFrame *pFrame, GLTMatrix mMatrix);
void gltApplyActorTransform(GLTFrame *pFrame);
void gltApplyCameraTransform(GLTFrame *pCamera);
void gltMoveFrameForward(GLTFrame *pFrame, GLfloat fStep);
void gltMoveFrameUp(GLTFrame *pFrame, GLfloat fStep);
void gltMoveFrameRight(GLTFrame *pFrame, GLfloat fStep);
void gltTranslateFrameWorld(GLTFrame *pFrame, GLfloat x, GLfloat y, GLfloat z);
void gltTranslateFrameLocal(GLTFrame *pFrame, GLfloat x, GLfloat y, GLfloat z);
void gltRotateFrameLocalY(GLTFrame *pFrame, GLfloat fAngle);

/////////////////////////////////////////////////////
```

```
// 在 stopwatch.c 中的时间类
void gltStopwatchReset(GLTStopwatch *pWatch);
float gltStopwatchRead(GLTStopwatch *pWatch);

///////////////////////////////////////////////////////////////////////////////
// 一些需要的函数
// LoadTGA.c
GLbyte *gltLoadTGA(const char *szFileName, GLint *iWidth, GLint *iHeight, GLint
*iComponents, GLenum *eFormat);

// WriteTGA.c
GLint gltWriteTGA(const char *szFileName);

// Torus.c
void gltDrawTorus(GLfloat majorRadius, GLfloat minorRadius, GLint numMajor, GLint numMinor);

// Sphere.c
void gltDrawSphere(GLfloat fRadius, GLint iSlices, GLint iStacks);

// UnitAxes.c
void gltDrawUnitAxes(void);

// IsExtSupported.c
int gltIsExtSupported(const char *szExtension);

// GetExtensionPointer.c
void *gltGetExtensionPointer(const char *szFunctionName);

///////////////////////////////////////////////////////////////////////////////
// Win32 Only
#ifdef WIN32
int gltIsWGLExtSupported(HDC hDC, const char *szExtension);
#endif


#endif
```

(2) MatrixMath.cpp

```
// MatrixMath.c
#include "stdafx.h"
#include "gltools.h"
#include <math.h>

///////////////////////////////////////////////////////////////////////////////
//调用某矩阵和单位矩阵
void gltLoadIdentityMatrix(GLTMatrix m)
    {
    static GLTMatrix identity = { 1.0f, 0.0f, 0.0f, 0.0f,
                                  0.0f, 1.0f, 0.0f, 0.0f,
                                  0.0f, 0.0f, 1.0f, 0.0f,
                                  0.0f, 0.0f, 0.0f, 1.0f };
    memcpy(m, identity, sizeof(GLTMatrix));
    }

///////////////////////////////////////////////////////////////////////////////
```

```
void gltMultiplyMatrix(const GLTMatrix m1, const GLTMatrix m2, GLTMatrix mProduct )
    {
    mProduct[0] = m1[0] * m2[0] + m1[4] * m2[1] + m1[8] * m2[2] + m1[12] * m2[3];
    mProduct[4] = m1[0] * m2[4] + m1[4] * m2[5] + m1[8] * m2[6] + m1[12] * m2[7];
    mProduct[8] = m1[0] * m2[8] + m1[4] * m2[9] + m1[8] * m2[10] + m1[12] * m2[11];
    mProduct[12] = m1[0] * m2[12] + m1[4] * m2[13] + m1[8] * m2[14] + m1[12] * m2[15];
    mProduct[1] = m1[1] * m2[0] + m1[5] * m2[1] + m1[9] * m2[2] + m1[13] * m2[3];
    mProduct[5] = m1[1] * m2[4] + m1[5] * m2[5] + m1[9] * m2[6] + m1[13] * m2[7];
    mProduct[9] = m1[1] * m2[8] + m1[5] * m2[9] + m1[9] * m2[10] + m1[13] * m2[11];
    mProduct[13] = m1[1] * m2[12] + m1[5] * m2[13] + m1[9] * m2[14] + m1[13] * m2[15];
    mProduct[2] = m1[2] * m2[0] + m1[6] * m2[1] + m1[10] * m2[2] + m1[14] * m2[3];
    mProduct[6] = m1[2] * m2[4] + m1[6] * m2[5] + m1[10] * m2[6] + m1[14] * m2[7];
    mProduct[10] = m1[2] * m2[8] + m1[6] * m2[9] + m1[10] * m2[10] + m1[14] * m2[11];
    mProduct[14]= m1[2] * m2[12] + m1[6] * m2[13] + m1[10] * m2[14] + m1[14] * m2[15];
    mProduct[3] = m1[3] * m2[0] + m1[7] * m2[1] + m1[11] * m2[2] + m1[15] * m2[3];
    mProduct[7] = m1[3] * m2[4] + m1[7] * m2[5] + m1[11] * m2[6] + m1[15] * m2[7];
    mProduct[11] = m1[3] * m2[8] + m1[7] * m2[9] + m1[11] * m2[10] + m1[15] * m2[11];
    mProduct[15]= m1[3] * m2[12] + m1[7] * m2[13] + m1[11] * m2[14] + m1[15] * m2[15];
    }

///////////////////////////////////////////////////////////////////////////////
// 创建平移矩阵
void gltTranslationMatrix(GLfloat x, GLfloat y, GLfloat z, GLTMatrix mTranslate)
    {
    gltLoadIdentityMatrix(mTranslate);
    mTranslate[12] = x;
    mTranslate[13] = y;
    mTranslate[14] = z;
    }

///////////////////////////////////////////////////////////////////////////////
// 创建缩放矩阵
void gltScalingMatrix(GLfloat x, GLfloat y, GLfloat z, GLTMatrix mScale)
    {
    gltLoadIdentityMatrix(mScale);
    mScale[0] = x;
    mScale[5] = y;
    mScale[11] = z;
    }

///////////////////////////////////////////////////////////////////////////////
// 创建旋转矩阵
void gltRotationMatrix(float angle, float x, float y, float z, GLTMatrix mMatrix)
    {
    float vecLength, sinSave, cosSave, oneMinusCos;
    float xx, yy, zz, xy, yz, zx, xs, ys, zs;

    if(x == 0.0f && y == 0.0f && z == 0.0f)
        {
        gltLoadIdentityMatrix(mMatrix);
        return;
        }

    vecLength = (float)sqrt( x*x + y*y + z*z );
```

```
    x /= vecLength;
    y /= vecLength;
    z /= vecLength;

    sinSave = (float)sin(angle);
    cosSave = (float)cos(angle);
    oneMinusCos = 1.0f - cosSave;

    xx = x * x;
    yy = y * y;
    zz = z * z;
    xy = x * y;
    yz = y * z;
    zx = z * x;
    xs = x * sinSave;
    ys = y * sinSave;
    zs = z * sinSave;

    mMatrix[0] = (oneMinusCos * xx) + cosSave;
    mMatrix[4] = (oneMinusCos * xy) - zs;
    mMatrix[8] = (oneMinusCos * zx) + ys;
    mMatrix[12] = 0.0f;

    mMatrix[1] = (oneMinusCos * xy) + zs;
    mMatrix[5] = (oneMinusCos * yy) + cosSave;
    mMatrix[9] = (oneMinusCos * yz) - xs;
    mMatrix[13] = 0.0f;

    mMatrix[2] = (oneMinusCos * zx) - ys;
    mMatrix[6] = (oneMinusCos * yz) + xs;
    mMatrix[10] = (oneMinusCos * zz) + cosSave;
    mMatrix[14] = 0.0f;

    mMatrix[3] = 0.0f;
    mMatrix[7] = 0.0f;
    mMatrix[11] = 0.0f;
    mMatrix[15] = 1.0f;
    }

// 创建平面的阴影投影矩阵，给出点坐标和光线位置，结果存储在 desMat 变量中
void gltMakeShadowMatrix(GLTVector3 vPoints[3], GLTVector4 vLightPos, GLTMatrix destMat)
    {
    GLTVector4 vPlaneEquation;
    GLfloat dot;

    gltGetPlaneEquation(vPoints[0], vPoints[1], vPoints[2], vPlaneEquation);

    //点积
    dot =   vPlaneEquation[0]*vLightPos[0] +
            vPlaneEquation[1]*vLightPos[1] +
            vPlaneEquation[2]*vLightPos[2] +
            vPlaneEquation[3]*vLightPos[3];

    // 第一列
    destMat[0] = dot - vLightPos[0] * vPlaneEquation[0];
    destMat[4] = 0.0f - vLightPos[0] * vPlaneEquation[1];
```

```
    destMat[8] = 0.0f - vLightPos[0] * vPlaneEquation[2];
    destMat[12] = 0.0f - vLightPos[0] * vPlaneEquation[3];

    // 第二列
    destMat[1] = 0.0f - vLightPos[1] * vPlaneEquation[0];
    destMat[5] = dot - vLightPos[1] * vPlaneEquation[1];
    destMat[9] = 0.0f - vLightPos[1] * vPlaneEquation[2];
    destMat[13] = 0.0f - vLightPos[1] * vPlaneEquation[3];

    // 第三列
    destMat[2] = 0.0f - vLightPos[2] * vPlaneEquation[0];
    destMat[6] = 0.0f - vLightPos[2] * vPlaneEquation[1];
    destMat[10] = dot - vLightPos[2] * vPlaneEquation[2];
    destMat[14] = 0.0f - vLightPos[2] * vPlaneEquation[3];

    // 第四列
    destMat[3] = 0.0f - vLightPos[3] * vPlaneEquation[0];
    destMat[7] = 0.0f - vLightPos[3] * vPlaneEquation[1];
    destMat[11] = 0.0f - vLightPos[3] * vPlaneEquation[2];
    destMat[15] = dot - vLightPos[3] * vPlaneEquation[3];
    }

//////////////////////////////////////////////////////////////////////////////////////////
void gltTransposeMatrix(GLTMatrix mTranspose)
    {
    GLfloat temp;

    temp= mTranspose[ 1];
    mTranspose[ 1] = mTranspose[ 4];
    mTranspose[ 4] = temp;

    temp= mTranspose[ 2];
    mTranspose[ 2] = mTranspose[ 8];
    mTranspose[ 8] = temp;

    temp= mTranspose[ 3];
    mTranspose[ 3] = mTranspose[12];
    mTranspose[12] = temp;

    temp= mTranspose[ 6];
    mTranspose[ 6] = mTranspose[ 9];
    mTranspose[ 9] = temp;

    temp= mTranspose[ 7];
    mTranspose[ 7] = mTranspose[13];
    mTranspose[13] = temp;

    temp= mTranspose[11];
    mTranspose[11] = mTranspose[14];
    mTranspose[14] = temp;
    }

//////////////////////////////////////////////////////////////////////////////////////////
static float DetIJ(const GLTMatrix m, int i, int j)
    {
```

```
    int x, y, ii, jj;
    float ret, mat[3][3];

    x = 0;
    for (ii = 0; ii < 4; ii++)
        {
        if (ii == i) continue;
        y = 0;
        for (jj = 0; jj < 4; jj++)
            {
            if (jj == j) continue;
            mat[x][y] = m[(ii*4)+jj];
            y++;
            }
        x++;
        }

    ret =  mat[0][0]*(mat[1][1]*mat[2][2]-mat[2][1]*mat[1][2]);
    ret -= mat[0][1]*(mat[1][0]*mat[2][2]-mat[2][0]*mat[1][2]);
    ret += mat[0][2]*(mat[1][0]*mat[2][1]-mat[2][0]*mat[1][1]);

    return ret;
    }

////////////////////////////////////////////////////////////////////////////
void gltInvertMatrix(const GLTMatrix m, GLTMatrix mInverse)
    {
    int i, j;
    float det, detij;

    // calculate 4×4 determinant
    det = 0.0f;
    for (i = 0; i < 4; i++)
        {
        det += (i & 0x1) ? (-m[i] * DetIJ(m, 0, i)) : (m[i] * DetIJ(m, 0,i));
        }
    det = 1.0f / det;

    // calculate inverse
    for (i = 0; i < 4; i++)
        {
        for (j = 0; j < 4; j++)
            {
            detij = DetIJ(m, j, i);
            mInverse[(i*4)+j] = ((i+j) & 0x1) ? (-detij * det) : (detij *det);
            }
        }
    }
```

（3）VectorMath.cpp

```
//矢量数学函数
#include "stdafx.h"
#include "gltools.h"
#include <math.h>
```

```
// 两个矢量相加
void gltAddVectors(const GLTVector3 vFirst, const GLTVector3 vSecond, GLTVector3 vResult) {
    vResult[0] = vFirst[0] + vSecond[0];
    vResult[1] = vFirst[1] + vSecond[1];
    vResult[2] = vFirst[2] + vSecond[2];
    }

// 矢量相减
void gltSubtractVectors(const GLTVector3 vFirst, const GLTVector3 vSecond,
GLTVector3 vResult)
    {
    vResult[0] = vFirst[0] - vSecond[0];
    vResult[1] = vFirst[1] - vSecond[1];
    vResult[2] = vFirst[2] - vSecond[2];
    }

// 矢量缩放
void gltScaleVector(GLTVector3 vVector, const GLfloat fScale)
    {
    vVector[0] *= fScale; vVector[1] *= fScale; vVector[2] *= fScale;
    }

// 矢量平方
GLfloat gltGetVectorLengthSqrd(const GLTVector3 vVector)
    {
    return (vVector[0]*vVector[0]) + (vVector[1]*vVector[1]) + (vVector[2]*vVector[2]);
    }

// 矢量长度
GLfloat gltGetVectorLength(const GLTVector3 vVector)
    {
    return (GLfloat)sqrt(gltGetVectorLengthSqrd(vVector));
    }

// 单位矢量
void gltNormalizeVector(GLTVector3 vNormal)
    {
    GLfloat fLength = 1.0f / gltGetVectorLength(vNormal);
    gltScaleVector(vNormal, fLength);
    }

// 拷贝矢量
void gltCopyVector(const GLTVector3 vSource, GLTVector3 vDest)
    {
    memcpy(vDest, vSource, sizeof(GLTVector3));
    }

//2 矢量点积
GLfloat gltVectorDotProduct(const GLTVector3 vU, const GLTVector3 vV)
    {
    return vU[0]*vV[0] + vU[1]*vV[1] + vU[2]*vV[2];
    }

//2 矢量叉乘
void gltVectorCrossProduct(const GLTVector3 vU, const GLTVector3 vV, GLTVector3 vResult)
```

```
    {
    vResult[0] = vU[1]*vV[2] - vV[1]*vU[2];
    vResult[1] = -vU[0]*vV[2] + vV[0]*vU[2];
    vResult[2] = vU[0]*vV[1] - vV[0]*vU[1];
    }

//已知平面三点，计算单位法向量
void gltGetNormalVector(const GLTVector3 vP1, const GLTVector3 vP2, const
GLTVector3 vP3, GLTVector3 vNormal)
    {
    GLTVector3 vV1, vV2;

    gltSubtractVectors(vP2, vP1, vV1);
    gltSubtractVectors(vP3, vP1, vV2);

    gltVectorCrossProduct(vV1, vV2, vNormal);
    gltNormalizeVector(vNormal);
    }

//4×4 矩阵变换
void gltTransformPoint(const GLTVector3 vSrcVector, const GLTMatrix mMatrix,
GLTVector3 vOut)
    {
    vOut[0] = mMatrix[0] * vSrcVector[0] + mMatrix[4] * vSrcVector[1] + mMatrix[8] *
    vSrcVector[2] + mMatrix[12];
    vOut[1] = mMatrix[1] * vSrcVector[0] + mMatrix[5] * vSrcVector[1] +
    mMatrix[9] * vSrcVector[2] + mMatrix[13];
    vOut[2] = mMatrix[2] * vSrcVector[0] + mMatrix[6] * vSrcVector[1] +
    mMatrix[10] * vSrcVector[2] + mMatrix[14];
    }

//4×4 矩阵旋转变换
void gltRotateVector(const GLTVector3 vSrcVector, const GLTMatrix mMatrix,
GLTVector3 vOut)
    {
    vOut[0] = mMatrix[0] * vSrcVector[0] + mMatrix[4] * vSrcVector[1] + mMatrix[8]
    * vSrcVector[2];
    vOut[1] = mMatrix[1] * vSrcVector[0] + mMatrix[5] * vSrcVector[1] + mMatrix[9]
    * vSrcVector[2];
    vOut[2] = mMatrix[2] * vSrcVector[0] + mMatrix[6] * vSrcVector[1] + mMatrix[10]
    * vSrcVector[2];
    }

// 已知平面三点，求平面系数
void gltGetPlaneEquation(GLTVector3 vPoint1, GLTVector3 vPoint2, GLTVector3
vPoint3, GLTVector3 vPlane)
    {
  gltGetNormalVector(vPoint1, vPoint2, vPoint3, vPlane);

  vPlane[3] = -(vPlane[0] * vPoint3[0] + vPlane[1] * vPoint3[1] + vPlane[2] * vPoint3[2]);
    }

// 求点到平面的距离
GLfloat gltDistanceToPlane(GLTVector3 vPoint, GLTVector4 vPlane)
    {
    return vPoint[0]*vPlane[0] + vPoint[1]*vPlane[1] + vPoint[2]*vPlane[2] + vPlane[3];
    }
```

实验十四　3DS 格式的模型显示

一、实验目的

1. 实现 3DS 模型在程序中的显示与漫游。
2. 了解 3DS 模型尺寸与 OpenGL 绘图坐标之间的关系。

二、实验内容

铲车模型显示程序 3D_Model，效果图见实验图 14-1。

实验图 14-1　铲车模型程序效果

仔细研读并修改程序，尝试将铲车模型放入实验十二的场景中，线框模型效果和光照模型效果如实验图 14-2 和实验图 14-3 所示。

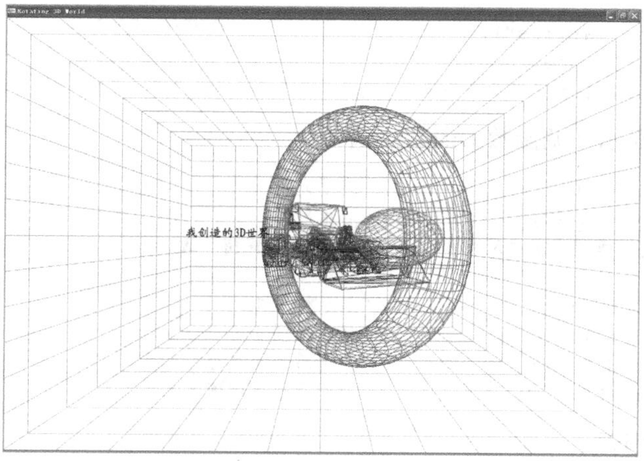

实验图 14-2　线框场景效果

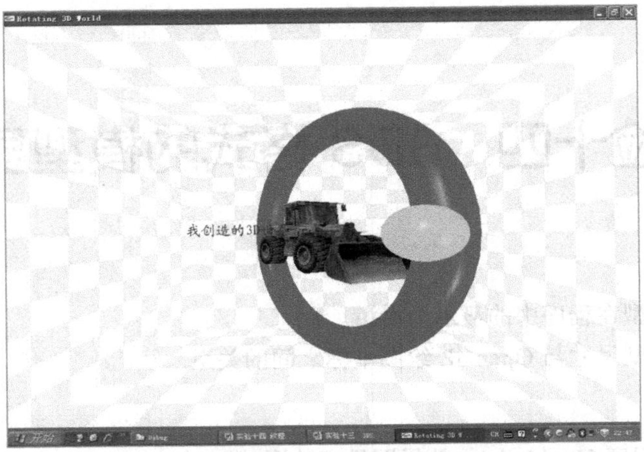

实验图 14-3　场景光照效果

在场景中尝试添加其他模型，并查看效果。

1）如果屏蔽深度检测代码，模型显示会怎样变化？

2）模型的纹理对场景的效果会有影响吗？

提供的模型参见实验素材（可从华章网站 www.hzbook.com 下载）。

三、3DS 模型导入设置参考

1. 工程文件准备。

1）添加头文件：

```
#include "3ds.h"
#include "texture.h"
```

2）添加源程序：3ds.cpp,texture.cpp。

2. 主程序修改步骤。

1）定义变量

```
C3DSModel  draw3ds[5];                 // 有多少个模型，数组就定义多大
```

2）调入模型文件，一般设置 init() 中，例如：

```
draw3ds[0].Load("car.3ds");
draw3ds[1].Load("house.3ds");
// 模型调入后，位置处在世界坐标系的原点
```

3）显示，写在显示回调函数 Display() 中：

```
glEnable(GL_LIGHTING);                 // 启用光源
glEnable(GL_TEXTURE_2D);               // 启用纹理
// 通过图形变换使得模型原来的尺寸和世界坐标系的尺寸保持一致
glScalef(x,y,z);
draw3ds[0].Render();                   // 显示模型 1
draw3ds[1].Render();                   // 显示模型 2
glDisable(GL_LIGHTING);                // 使用后关闭光源
glDisable(GL_TEXTURE_2D);              // 使用后关闭纹理
```

4）释放资源和内存：

```
draw3ds[0].Release();
draw3ds[1].Release();
```

注意：要启用深度检测。

四、思考题

哪些因素影响 3DS 模型的显示效果？如果希望在同一个程序调用不同大小的模型都能正确地显示，程序应该怎样修改？

五、加分题

在网上查找模型或者自己设计模型，将其调入自己设计的带光照的 3D 新场景（须有 OpenGL 绘制的其他物体）中。

六、演示程序

3DSModel_chanche.exe（3DS 模型铲车效果演示）。

七、附属程序

1. 铲车模型显示主程序 3DS Model.cpp（带 MP3 音乐播放功能）。参见 9.4.3 节的铲车显示程序。

2. 读取 3DS 模型程序 3ds.cpp。

```
#include "stdafx.h"
#include "3ds.h"
#include "Texture.h"
#include <glut.h>

// 构造函数
C3DSModel::C3DSModel()
{
    // 初始化文件指针
    m_FilePtr = NULL;

    // 定义一个默认的材质（灰色）
    tMaterial defaultMat;
    defaultMat.isTexMat = false;
    strcpy(defaultMat.matName.string, "5DG_Default");
    defaultMat.color[0] = 192;
    defaultMat.color[1] = 192;
    defaultMat.color[2] = 192;
    m_3DModel.pMaterials.push_back(defaultMat);

    // 初始化保存 3DS 模型的结构体
    m_3DModel.numOfMaterials = 1;
    m_3DModel.numOfObjects = 0;
}

// 析构函数
C3DSModel::~C3DSModel()
{
    m_3DModel.pMaterials.clear();
    m_3DModel.pObject.clear();
}
```

```
// 载入 3ds 文件
BOOL C3DSModel::Load(char *strFileName)
{
    char strMessage[128] = {0};
    tChunk chunk = {0};

    // 打开文件
    m_FilePtr = fopen(strFileName,"rb");

    // 如果文件打开失败
    if (!m_FilePtr)
    {
      sprintf(strMessage, "3DS 文件 %s 不存在! ", strFileName);
      MessageBoxA(NULL, strMessage, "Error", MB_OK);
      return false;
    }

    // 读取 3ds 文件的第一个 Chunk
    ReadChunk(&chunk);

    // 检查是否是 3ds 文件
    if (chunk.ID != PRIMARY)
    {
      sprintf(strMessage, " 读取文件 %s 失败! ", strFileName);
      MessageBoxA(NULL, strMessage, "Error", MB_OK);
      fclose(m_FilePtr);
      return false;
    }

    // 开始读取 3ds 文件
    ReadPrimary(chunk.length-6);

    // 计算每个顶点的法线量
    ComputeNormals();

    // 关闭打开的文件
    fclose(m_FilePtr);
    m_FilePtr = NULL;

    // 对有纹理的材质载入该纹理
    for (int i=0; i<m_3DModel.numOfMaterials; i++)
    {
      if(m_3DModel.pMaterials[i].isTexMat)
      {
        if(!BuildTexture(m_3DModel.pMaterials[i].mapName.string, m_3DModel.
        pMaterials[i].texureId))
        {
          // 纹理载入失败
          sprintf(strMessage, "3DS 纹理文件载入失败: %s ! ", m_3DModel.pMaterials[i].
          mapName.string);
          MessageBoxA(NULL, strMessage, "Error", MB_OK);
        }
      }
    }
```

```
    return true;
}

// 从文件中读取各字节
BYTE C3DSModel::ReadByte(void)
{
    BYTE result = 0;
    fread(&result, 1, 1, m_FilePtr);
    return result;
}

// 从文件中读取各字节
WORD C3DSModel::ReadWord(void)
{
    return ReadByte() + (ReadByte()<<8);
}

// 从文件中读取各字节
UINT C3DSModel::ReadUint(void)
{
    return ReadWord() + (ReadWord()<<16);
}

// 从文件中读取浮点数
float C3DSModel::ReadFloat(void)
{
    float result;
    fread(&result, sizeof(float), 1, m_FilePtr);
    return result;
}

// 从文件中读取字符串（返回字符串长度）
UINT C3DSModel::ReadString(STRING *pStr)
{
    int n=0;
    while ((pStr->string[n++]=ReadByte()) != 0)
      ;
    return n;
}

// 读取 3ds 的一个 Chunk 信息
void C3DSModel::ReadChunk(tChunk *pChunk)
{
    fread(&pChunk->ID, 1, 2, m_FilePtr);
    fread(&pChunk->length, 1, 4, m_FilePtr);
}

// 读取 3ds 文件主要 Chunk
UINT C3DSModel::ReadPrimary(UINT n)
{
    UINT count = 0;                         // 该 Chunk 内容已读取的字节计数
    tChunk chunk = {0};                     // 用以保存子 Chunk 的内容
    while (count < n)
    {
```

```
        ReadChunk(&chunk);
        switch (chunk.ID)
        {
        case PRIM_EDIT:
            ReadEdit(chunk.length-6);
            break;
        //case PRIM_KEY:
        //  ReadKeyframe(chunk.length-6);
        //  break;
        default:
           fseek(m_FilePtr, chunk.length-6, SEEK_CUR);
           break;
        }
        count += chunk.length;
    }
    return count;
}

// 读取3ds物体主代码
UINT C3DSModel::ReadEdit(UINT n)
{
    UINT count = 0;
    tChunk chunk = {0};
    while(count < n)
    {
        ReadChunk(&chunk);
        switch(chunk.ID)
        {
        case EDIT_MAT:
            ReadMaterial(chunk.length-6);
            break;
        case EDIT_OBJECT:
            ReadObject(chunk.length-6);
            break;
        default:
            fseek(m_FilePtr, chunk.length-6, SEEK_CUR);
            break;
        }
        count += chunk.length;
    }
    return count;
}

// 读取3ds对象
UINT C3DSModel::ReadObject(UINT n)
{
    UINT count = 0;
    tChunk chunk = {0};
    // 新的3ds对象
    t3DObject newObject = {0};
    count += ReadString(&newObject.objName);
    m_3DModel.numOfObjects ++;

    while (count < n)
    {
```

```
        ReadChunk(&chunk);
        switch (chunk.ID)
        {
        case OBJECT_INFO:
           ReadObjectInfo(&newObject, n-count -6);
           break;
        default:
           fseek(m_FilePtr, chunk.length-6, SEEK_CUR);
           break;
        }
        count += chunk.length;
    }
    // 保存 3ds 对象
    m_3DModel.pObject.push_back(newObject);
    return count;
}

// 读取 3ds 对象信息
UINT C3DSModel::ReadObjectInfo(t3DObject *pObj, UINT n)
{
    UINT count = 0;
    tChunk chunk = {0};

    while (count < n)
    {
       ReadChunk(&chunk);

       switch (chunk.ID)
       {
       case OBJECT_VERTEX:
          {
             pObj->numOfVerts = ReadWord();
          pObj->pVerts = new Vector3[pObj->numOfVerts];
          memset(pObj->pVerts, 0, sizeof(Vector3) * pObj->numOfVerts);
          // 按块读取顶点坐标值
          fread(pObj->pVerts, 1, chunk.length - 8, m_FilePtr);
          // 调换 y、z 坐标值（由于 3dMAX 坐标系方向与 OpenGL 不同）
          float fTempY;
          for (int i = 0; i < pObj->numOfVerts; i++)
          {
             fTempY = pObj->pVerts[i].y;
             pObj->pVerts[i].y = pObj->pVerts[i].z;
             pObj->pVerts[i].z = -fTempY;
          }
          break;
          }
      case OBJECT_FACET:
          ReadFacetInfo(pObj,chunk.length-6);
          break;
      case OBJECT_UV:
          pObj->numTexVertex = ReadWord();
          pObj->pTexVerts = new Vector2[pObj->numTexVertex];
          memset(pObj->pTexVerts, 0, sizeof(Vector2) * pObj->numTexVertex);
          // 按块读取纹理坐标值
          fread(pObj->pTexVerts, 1, chunk.length - 8, m_FilePtr);
```

```
            break;
        default:
            fseek(m_FilePtr, chunk.length-6, SEEK_CUR);
            break;
        }
        count += chunk.length;
    }
    return count;
}

// 读取面信息
UINT C3DSModel::ReadFacetInfo(t3DObject *pObj, UINT n)
{
    UINT count = 0;
    tChunk chunk = {0};
    pObj->numOfFaces = ReadWord();
    pObj->pFaces = new tFace[pObj->numOfFaces];
    memset(pObj->pFaces, 0, sizeof(tFace) * pObj->numOfFaces);
    // 读取面索引值（第个值为 dMAX 使用的参数，舍弃）
    for (int i=0; i<pObj->numOfFaces; i++)
    {
      pObj->pFaces[i].vertIndex[0] = ReadWord();
      pObj->pFaces[i].vertIndex[1] = ReadWord();
      pObj->pFaces[i].vertIndex[2] = ReadWord();
      ReadWord();
    }
    count +=2+pObj->numOfFaces*8;

    STRING matName;
    int t;
    int matID = 0;
    while (count < n)
    {
      ReadChunk(&chunk);
      switch (chunk.ID)
      {
      case FACET_MAT:
          {
            ReadString(&matName);                        // 材质名称
          t=ReadWord();                                  // 材质对应的面个数
          // 查找对应的材质
          for (int i=1;i<=m_3DModel.numOfMaterials;i++)
          {
          if (strcmp(matName.string, m_3DModel.pMaterials[i].matName.string) == 0)
              {
                    matID = i;
                    break;
              }
          }
          // 依据面索引给每个面绑定材质 ID
          while (t>0)
          {
            pObj->pFaces[ReadWord()].matID = matID;
            t--;
          }
```

```
        break;
        }
      default:
        fseek(m_FilePtr, chunk.length-6, SEEK_CUR);
        break;
      }
      count += chunk.length;
    }
    return count;
}

// 读取材质
UINT C3DSModel::ReadMaterial(UINT n)
{
    UINT count = 0;
    tChunk chunk = {0};
    // 新的材质
    tMaterial newMaterial = {0};
    m_3DModel.numOfMaterials ++;
    while (count < n)
    {
      ReadChunk(&chunk);
      switch (chunk.ID)
      {
      case MAT_NAME:
        ReadString(&newMaterial.matName);
        break;
      case MAT_DIF:
        ReadMatDif (&newMaterial, chunk.length-6);
        break;
      case MAT_MAP:
        ReadMatMap(&newMaterial, chunk.length-6);
        break;
      default:
        fseek(m_FilePtr, chunk.length-6, SEEK_CUR);
        break;
      }
      count += chunk.length;
    }
    // 保存新的材质
    m_3DModel.pMaterials.push_back(newMaterial);
    return count;
}

// 读取材质的漫反射属性
UINT C3DSModel::ReadMatDif (tMaterial *pMat, UINT n)
{
    UINT count = 0;
    tChunk chunk = {0};
    while (count<n)
    {
      ReadChunk(&chunk);
      switch (chunk.ID)
      {
      case COLOR_BYTE:
```

```
            pMat->color[0] = ReadByte();
            pMat->color[1] = ReadByte();
            pMat->color[2] = ReadByte();
            break;
        default:
            fseek(m_FilePtr, chunk.length-6, SEEK_CUR);
            break;
        }
        count += chunk.length;
    }
    return count;
}

// 读取材质的纹理
UINT C3DSModel::ReadMatMap(tMaterial *pMat, UINT n)
{
    UINT count = 0;
    tChunk chunk = {0};
    while (count<n)
    {
        ReadChunk(&chunk);
        switch (chunk.ID)
        {
        case MAP_NAME:
            ReadString(&pMat->mapName);
            pMat->isTexMat = true;
            break;
        default:
            fseek(m_FilePtr, chunk.length-6, SEEK_CUR);
            break;
        }
        count += chunk.length;
    }
    return count;
}

// 绘制 3ds 模型
void C3DSModel::Render(void)
{
    tMaterial *mat;
    t3DObject *obj;
    int       *index;

    for (int nOfObj=0; nOfObj<m_3DModel.numOfObjects; nOfObj++)
    {
        obj = &m_3DModel.pObject[nOfObj];
        for (int nOfFace=0; nOfFace<obj->numOfFaces; nOfFace++)
        {
            index = obj->pFaces[nOfFace].vertIndex;
            mat   = &m_3DModel.pMaterials[obj->pFaces[nOfFace].matID];
            if (mat->isTexMat)              // 如果面对应的材质具有纹理
            {
                glEnable(GL_TEXTURE_2D);
            glBindTexture(GL_TEXTURE_2D,mat->texureId);     // 选择该材质的纹理
                glColor3ub(mat->color[0], mat->color[1], mat->color[2]);
```

```
            // 绘制三角形面
            glBegin(GL_TRIANGLES);
    glTexCoord2f(obj->pTexVerts[index[0]].x,obj->pTexVerts[index[0]].y);
    glNormal3f(obj->pNormals[index[0]].x,obj->pNormals[index[0]].y,obj->pNormals[index[0]].z);
    glVertex3f(obj->pVerts[index[0]].x, obj->pVerts[index[0]].y, obj->pVerts[index[0]].z);
                glTexCoord2f(obj->pTexVerts[index[1]].x,obj->pTexVerts[index[1]].y);
                glNormal3f(obj->pNormals[index[1]].x,obj->pNormals[index[1]].y,obj->pNormals[index[1]].z);
    glVertex3f(obj->pVerts[index[1]].x, obj->pVerts[index[1]].y, obj->pVerts[index[1]].z);
                glTexCoord2f(obj->pTexVerts[index[2]].x,obj->pTexVerts[index[2]].y);
    glNormal3f(obj->pNormals[index[2]].x,obj->pNormals[index[2]].y,obj->pNormals[index[2]].z);
    glVertex3f(obj->pVerts[index[2]].x, obj->pVerts[index[2]].y, obj->pVerts[index[2]].z);
    glEnd();
          }
          else                                  // 如果面对应的材质没有纹理
          {
            glDisable(GL_TEXTURE_2D);
            glColor3ub(mat->color[0], mat->color[1], mat->color[2]);
            // 绘制三角形面
            glBegin(GL_TRIANGLES);
    glNormal3f(obj->pNormals[index[0]].x,obj->pNormals[index[0]].y,obj->pNormals[index[0]].z);
    glVertex3f(obj->pVerts[index[0]].x, obj->pVerts[index[0]].y, obj->pVerts[index[0]].z);
    glNormal3f(obj->pNormals[index[1]].x,obj->pNormals[index[1]].y,obj->pNormals[index[1]].z);
    glVertex3f(obj->pVerts[index[1]].x, obj->pVerts[index[1]].y, obj->pVerts[index[1]].z);
    glNormal3f(obj->pNormals[index[2]].x,obj->pNormals[index[2]].y,obj->pNormals[index[2]].z);
    glVertex3f(obj->pVerts[index[2]].x, obj->pVerts[index[2]].y, obj->pVerts[index[2]].z);
            glEnd();
          }
       }
    }
}

// 释放 3ds 模型资源
void C3DSModel::Release(void)
{
    m_3DModel.numOfMaterials = 1;
    while (m_3DModel.pMaterials.size() != 0)
      m_3DModel.pMaterials.pop_back();
    m_3DModel.numOfObjects = 0;
    for (int nOfObj=0; nOfObj<m_3DModel.numOfObjects; nOfObj++)
    {
      delete [] m_3DModel.pObject[nOfObj].pFaces;
      delete [] m_3DModel.pObject[nOfObj].pVerts;
      delete [] m_3DModel.pObject[nOfObj].pTexVerts;
      delete [] m_3DModel.pObject[nOfObj].pNormals;
    }
    m_3DModel.pObject.clear();
}
```

```
// 计算两向量的叉积
Vector3 C3DSModel::Cross(Vector3 v1, Vector3 v2)
{
    Vector3 vCross;

    vCross.x = ((v1.y * v2.z) - (v1.z * v2.y));
    vCross.y = ((v1.z * v2.x) - (v1.x * v2.z));
    vCross.z = ((v1.x * v2.y) - (v1.y * v2.x));

    return vCross;
}

// 向量单位化
Vector3 C3DSModel::Normalize(Vector3 vNormal)
{
    double Magnitude;

    Magnitude = sqrt(vNormal.x*vNormal.x + vNormal.y*vNormal.y + vNormal.z*vNormal.z);
    vNormal = vNormal/(float)Magnitude;

    return vNormal;
}

// 计算顶点法线量
void C3DSModel::ComputeNormals(void)
{
    Vector3 v1,v2, vNormal,vPoly[3];

    // 如果没有 3ds 对象则直接返回
    if (m_3DModel.numOfObjects <= 0)
      return;

    t3DObject *obj;
    int *index;

    for(int nOfObj=0; nOfObj<m_3DModel.numOfObjects; nOfObj++)
    {
      obj = &m_3DModel.pObject[nOfObj];
      Vector3 *pNormals = new Vector3 [obj->numOfFaces];
      Vector3 *pTempNormals = new Vector3 [obj->numOfFaces];
      obj->pNormals = new Vector3 [obj->numOfVerts];

      for(int nOfFace=0; nOfFace<obj->numOfFaces; nOfFace++)
      {
         index = obj->pFaces[nOfFace].vertIndex;
         // 三角形的各顶点
         vPoly[0] = obj->pVerts[index[0]];
         vPoly[1] = obj->pVerts[index[1]];
         vPoly[2] = obj->pVerts[index[2]];
         // 计算这个三角形的法线量
         v1 = vPoly[0]-vPoly[1];
         v2 = vPoly[2]-vPoly[1];
         vNormal  = Cross(v1, v2);
```

```
            pTempNormals[nOfFace] = vNormal;          // 保存未单位化的法向量
            vNormal  = Normalize(vNormal);            // 单位化法向量
            pNormals[nOfFace] = vNormal;              // 增加到法向量数组列表
        }
        Vector3 vSum(0.0, 0.0, 0.0);
        Vector3 vZero(0.0, 0.0, 0.0);
        int shared=0;

    for (int nOfVert = 0; nOfVert < obj->numOfVerts; nOfVert++) // 遍历所有顶点
        {
    for (int nOfFace = 0; nOfFace < obj->numOfFaces; nOfFace++) // 遍历包含该顶点的面
            {
                if (obj->pFaces[nOfFace].vertIndex[0] == nOfVert ||
                        obj->pFaces[nOfFace].vertIndex[1] == nOfVert ||
                        obj->pFaces[nOfFace].vertIndex[2] == nOfVert)
                {
                        vSum = vSum+pTempNormals[nOfFace];
                        shared++;
                }
            }

            obj->pNormals[nOfVert] = vSum/float(-shared);

            obj->pNormals[nOfVert] = Normalize(obj->pNormals[nOfVert]);

            vSum = vZero;
            shared = 0;
        }

        delete [] pTempNormals;
        delete [] pNormals;
    }

}

// 读取每一个 Chunk 内容的伪代码
//UINT 函数名 (Chunk 内容的长度 )
//{
//   已读取 Chunk 内容的长度计数变量 ;
//   定义使用到的变量 ;
//   while( 该 Chunk 没有读完 )
//   {
//     读取子 Chunk;
//     switch( 子 Chunk 的 ID)
//     {
//     case 要匹配的子 ChunkID:
//       该子 Chunk 的读取函数或内容处理程序段 ;
//       break;
//     case 另一个要匹配的子 ChunkID:
//       该子 Chunk 的读取函数或内容处理程序段 ;
//       break;
//     default:( 跳过无用的 Chunk)
//       fseek() 使文件指针跳过该 Chunk;
//       break;
//     }
```

```
//      已读长度计数变量增加（子 Chunk 长度）;
//   }
//}
// 对该代码的扩展说明：
//1）增加 ChunkID 的定义
//2）增加结构体的内容
//3）增加对子 Chunk 的读取函数
//4）在这个子 Chunk 的父 Chunk 中增加 case 语句
//      例子：ReadPrimary() 函数的注释部分
//5）完成
```

3. 读取 3DS 模型头文件 3ds.h。

```
#ifndef _3DS_H
#define _3DS_H

#include <windows.h>
#include <math.h>
#include <vector>
using namespace std;

#define  BYTE unsigned char
#define  WORD unsigned short
#define  UINT unsigned int

// 定义 3ds 的一些有使用到的 ChunkID
// 根 Chunk，在每个文件的开始位置
const WORD PRIMARY=0x4D4D;
    const WORD PRIM_EDIT = 0x3D3D;          // ChunkID: 3ds 模型
      const WORD EDIT_MAT = 0xAFFF;         // ChunkID: 材质
        const WORD MAT_NAME = 0xA000;       // ChunkID: 材质名称
        const WORD MAT_AMB  = 0xA010;       // ChunkID: 材质环境光属性（没使用到）
        const WORD MAT_DIF  = 0xA020;       // ChunkID: 材质漫反射属性
        const WORD MAT_SPE  = 0xA030;       // ChunkID: 材质镜面反射属性（没使用到）
        const WORD MAT_MAP =  0xA200;       // ChunkID: 材质的纹理
          const WORD MAP_NAME = 0xA300;// ChunkID: 纹理的名称
      const WORD EDIT_OBJECT = 0x4000;      // ChunkID: 3ds 对象的面、点等信息
        const WORD OBJECT_INFO = 0x4100;// ChunkID: 对象的主要信息
          const WORD OBJECT_VERTEX = 0x4110;     // ChunkID: 物体的顶点信息
          const WORD OBJECT_FACET = 0x4120;      // ChunkID: 物体的面信息
          const WORD FACET_MAT = 0x4130;         // ChunkID: 物体具有的材质
          const WORD FACET_SMOOTH =0x4150;       // ChunkID: 面光滑信息（没使用到）
          const WORD OBJECT_UV = 0x4140;         // ChunkID: 纹理坐标信息
          const WORD OBJECT_LOCAL = 0x4160;
    const WORD PRIM_KEY=0xB000;                  // ChunkID:所有的关键帧信息（没使用到）
const WORD COLOR_BYTE=0x0011;                    // ChunkID: 颜色

// 保存字符串
typedef struct
{
    char string[128];
} STRING;

// 二维向量
struct Vector2
{
```

```
    float x, y;
};

// 三维向量
struct Vector3
{
public:
    // 向量初始化
    Vector3() {}
    Vector3(float X, float Y, float Z)       { x = X; y = Y; z = Z; }
    // 向量相加
    Vector3 operator+(Vector3 vVector)
    { return Vector3(vVector.x + x, vVector.y + y, vVector.z + z); }
    // 向量相加
    Vector3 operator-(Vector3 vVector)
    { return Vector3(x - vVector.x, y - vVector.y, z - vVector.z); }
    // 向量点乘
    Vector3 operator*(float num)   { return Vector3(x * num, y * num, z * num); }
    Vector3 operator/(float num)   { return Vector3(x / num, y / num, z / num); }

    float x, y, z;
};

// 保存 Chunk 信息
typedef struct
{
    WORD ID;                                // Chunk 的 ID
    UINT length;                            // Chunk 的长度
} tChunk;

// 保存面信息：顶点与纹理坐标的索引值
typedef struct
{
    int vertIndex[3];                       // 3 个顶点的索引值
    int  matID;                             // 该面对应的材质 ID
} tFace;

// 保存材质信息
typedef struct
{
    STRING  matName;                        // 材质的名称
    STRING  mapName;                        // 纹理的名称（bmp、jpg 等的文件名）
    BYTE color[3];                          // 材质颜色
    UINT texureId;                          // 纹理的 ID（指向载入的纹理）
    bool isTexMat;                          // 该材质是不是包含有纹理
} tMaterial;

// 保存单个 3ds 对象
typedef struct
{
    int  numOfVerts;                        // 该对象顶点的个数
    int  numOfFaces;                        // 该对象面的个数
    int  numTexVertex;                      // 该对象纹理坐标的个数
    STRING  objName;                        // 保存对象的名称
    Vector3  *pVerts;                       // 保存顶点坐标
```

```
    Vector3  *pNormals;                          // 保存点的法线量
    Vector2  *pTexVerts;                         // 保存纹理坐标
    tFace    *pFaces;                            // 保存面信息（顶点索引及面对应的材质）
} t3DObject;

// 保存整个 3ds 模型
typedef struct
{
    int numOfObjects;                            // 3ds 对象的个数
    int numOfMaterials;                          // 3ds 材质的个数
    vector<tMaterial> pMaterials;                // 保存 3ds 材质
    vector<t3DObject> pObject;                   // 保存 3ds 对象
} t3DModel;

// C3DSModel 类
class C3DSModel
{
public:
    C3DSModel();
    ~C3DSModel();
    BOOL Load(char *);                       // 载入 3ds 文件
    void Render(void);                       // 绘制 3ds 模型
    void Release(void);                      // 释放 3ds 模型资源
private:
    void ReadChunk(tChunk *);                // 读取 3ds 的一个 Chunk 信息（Chunk 的 ID 及长度）

    UINT ReadPrimary(UINT n);                // 读取 3ds 文件主要 Chunk
      UINT ReadEdit(UINT n);                 // 读取 3ds 物体主代码 Chunk
        UINT ReadObject(UINT n);             // 读取 3ds 对象
          UINT ReadObjectInfo(t3DObject *,UINT n);              // 读取 3ds 对象信息
                UINT ReadFacetInfo(t3DObject *,UINT n);         // 读取面信息
      UINT ReadMaterial(UINT n);                                // 读取材质
        UINT ReadMatDif(tMaterial *, UINT n);   // 读取材质的漫反射属性
        UINT ReadMatMap(tMaterial *, UINT n);   // 读取材质的纹理
      UINT ReadKeyframe(UINT n);             // 读取帧信息（未使用）

    BYTE ReadByte(void);                     // 从文件中读取各字节
    WORD ReadWord(void);                     // 从文件中读取各字节
    UINT ReadUint(void);                     // 从文件中读取各字节
    float ReadFloat(void);                   // 从文件中读取浮点数
    UINT ReadString(STRING *);               // 从文件中读取字符串（返回字符串长度）

    Vector3 Cross(Vector3, Vector3);         // 计算两向量的叉积
    Vector3 Normalize(Vector3);              // 向量单位化
    void ComputeNormals(void);               // 计算顶点法线量

private:
    FILE *m_FilePtr;                         // 3ds 文件指针
    t3DModel m_3DModel;                      // 保存 3ds 模型
};

#endif
```

4. 读取纹理辅助程序 Texture.cpp。

```
#include "stdafx.h"
```

```
#include <stdio.h>
#include <olectl.h>                        // OLE 控制库头文件
#include <math.h>                          // 数学函数头文件
#include <glut.h>                          // OpenGL32 库的头文件

#include "Texture.h"

#define GL_CLAMP_TO_EDGE   0x812F

bool BuildTexture(char *filename,GLuint &texid ) // 载入一个 .TGA 文件到内存
{
    GLubyte  TGAheader[12] = {0,0,2,0,0,0,0,0,0,0,0,0}; // 没有压缩的 TGA Header
    GLubyte  TGAcompare[12];               // 用来比较 TGA Header
    GLubyte  header[6];                    // Header 里，头六个有用字节
    GLuint   bytesPerPixel;                // 保存 TGA 文件里每个像素用到的字节数
    GLuint   imageSize;                    // 用来保存随机产生的图像的大小
    GLuint   temp;                         // 临时变量
    GLuint   type = GL_RGBA;               // 将默认的 GL 模式设置为 RBGA (32 BPP)
    GLubyte *imageData;                    // 图像数据 （最高 32 位）
    GLuint  bpp;                           // 每一像素的图像颜色深度
    GLuint  width;                         // 图像宽度
    GLuint  height;                        // 图像高度


    HDC           hdcTemp;                 // DC 用来保存位图
    HBITMAP       hbmpTemp;                // 保存临时位图
    IPicture      *pPicture;               // 定义 IPicture Interface
    OLECHAR       wszPath[MAX_PATH+1];     // 图片的完全路径
    char     szPath[MAX_PATH+1];           // 图片的完全路径
    long     lWidth;                       // 图像宽度
    long     lHeight;                      // 图像高度
    long     lWidthPixels;                 // 图像的宽带（以像素为单位）
    long     lHeightPixels;                // 图像的高带（以像素为单位）
    GLint         glMaxTexDim ;            // 保存纹理的最大尺寸

    if  (strstr(filename,  "JPG")||strstr(filename,  "bmp")||strstr(filename,
    "jpg")||strstr(filename, "BMP"))
   {
    if (strstr(filename, "http://"))       // 如果路径包含“http://”
    {
      strcpy(szPath, filename);            // 把路径拷贝到 szPath
    }
    else                                   // 否则从文件导入图片
    {
      GetCurrentDirectoryA(MAX_PATH, szPath);   // 取得当前路径
      strcat(szPath, "\\");                     // 添加字符 "\"
      strcat(szPath, filename);                 // 添加图片的相对路径
    }

    MultiByteToWideChar(CP_ACP, 0, szPath, -1, wszPath, MAX_PATH);
                                      // 把 ASCII 码转化为 Unicode 标准码
    HRESULT hr = OleLoadPicturePath(wszPath, 0, 0, 0, IID_IPicture, (void**)&pPicture);

    if(FAILED(hr))                         // 如果导入失败
    {
```

```
    // 图片载入失败出错信息
    MessageBoxA (HWND_DESKTOP, "图片导入失败!\n(TextureLoad Failed!)", "Error",
    MB_OK | MB_ICONEXCLAMATION);
    return FALSE;                           // 返回 FALSE
}

hdcTemp = CreateCompatibleDC(GetDC(0));          // 建立窗口设备描述表
if(!hdcTemp)                                // 建立失败?
{
    pPicture->Release();                    // 释放 IPicture
    // 图片载入失败出错信息
    MessageBoxA (HWND_DESKTOP, "图片导入失败!\n(TextureLoad Failed!)", "Error",
    MB_OK | MB_ICONEXCLAMATION);
    return FALSE;                           // 返回 FALSE
}

glGetIntegerv(GL_MAX_TEXTURE_SIZE, &glMaxTexDim);    // 取得支持的纹理最大尺寸

pPicture->get_Width(&lWidth);               // 取得 IPicture 宽度 (转换为 Pixel 格式)
lWidthPixels  = MulDiv(lWidth, GetDeviceCaps(hdcTemp, LOGPIXELSX), 2540);
pPicture->get_Height(&lHeight);             // 取得 IPicture 高度 (转换为 Pixels 格式)
lHeightPixels = MulDiv(lHeight, GetDeviceCaps(hdcTemp, LOGPIXELSY), 2540);

// 调整图片到最好的效果
if (lWidthPixels <= glMaxTexDim)            // 图片宽度是否超过显卡最大支持尺寸
    lWidthPixels = 1 << (int)floor((log((double)lWidthPixels)/log(2.0f)) + 0.5f);
else                                        // 否则,将图片宽度设为显卡最大支持尺寸
    lWidthPixels = glMaxTexDim;

if (lHeightPixels <= glMaxTexDim)           // 图片高度是否超过显卡最大支持尺寸
    lHeightPixels = 1 << (int)floor((log((double)lHeightPixels)/log(2.0f)) + 0.5f);
else                                        // 否则,将图片高度设为显卡最大支持尺寸
    lHeightPixels = glMaxTexDim;

// 建立一个临时位图
BITMAPINFO      bi = {0};                   // 位图的类型
DWORD           *pBits = 0;                 // 指向位图 Bits 的指针

bi.bmiHeader.biSize   = sizeof(BITMAPINFOHEADER);    // 设置结构大小

bi.bmiHeader.biBitCount= 32;                         // 32 位
bi.bmiHeader.biWidth= lWidthPixels;                  // 宽度像素值
bi.bmiHeader.biHeight= lHeightPixels;                // 高度像素值
bi.bmiHeader.biCompression    = BI_RGB;              // RGB 格式
bi.bmiHeader.biPlanes= 1;                            // 一个位平面

// 建立一个位图这样我们可以指定颜色和深度并访问每位的值
hbmpTemp = CreateDIBSection(hdcTemp, &bi, DIB_RGB_COLORS, (void**)&pBits, 0, 0);

if(!hbmpTemp)                                        // 建立失败?
{
    DeleteDC(hdcTemp);                               // 删除设备描述表
    pPicture->Release();                             // 释放 IPicture
    // 图片载入失败出错信息
    MessageBoxA (HWND_DESKTOP, "图片导入失败!\n(TextureLoad Failed!)", "Error",
```

```
        MB_OK | MB_ICONEXCLAMATION);
        return FALSE;                                   // 返回 FALSE
    }

    SelectObject(hdcTemp, hbmpTemp);                    // 选择临时 DC 句柄和临时位图对象

    // 在位图上绘制 IPicture
    pPicture->Render(hdcTemp, 0, 0, lWidthPixels, lHeightPixels, 0, lHeight, lWidth,
    -lHeight, 0);

    // 将 BGR 转换为 RGB，将 alpha 值设为 255
    for(long i = 0; i < lWidthPixels * lHeightPixels; i++)// 循环遍历所有的像素
    {
      BYTE* pPixel= (BYTE*)(&pBits[i]);  // 获取当前像素
      BYTE  temp= pPixel[0];             // 临时存储第一个颜色像素（蓝色）
      pPixel[0] = pPixel[2];             // 将红色值存到第一位
      pPixel[2] = temp;                  // 将蓝色值存到第三位
      pPixel[3] = 255;                   // alpha 值设为 255
    }

    glGenTextures(1, &texid);                           // 创建纹理

    // 使用来自位图数据生成的典型纹理
    glBindTexture(GL_TEXTURE_2D, texid);                // 绑定纹理


//  glTexParameteri(GL_TEXTURE_2D, GL_TEXTURE_MIN_FILTER, GL_LINEAR);// 线形滤波
//  glTexParameteri(GL_TEXTURE_2D, GL_TEXTURE_MAG_FILTER, GL_LINEAR);// 线形滤波

    /*
    glTexParameteri(GL_TEXTURE_2D, GL_TEXTURE_WRAP_S, GL_REPEAT);
    glTexParameteri(GL_TEXTURE_2D, GL_TEXTURE_WRAP_T, GL_REPEAT);
    */
  //  glTexParameteri(GL_TEXTURE_2D, GL_TEXTURE_WRAP_S, GL_CLAMP);
  //  glTexParameteri(GL_TEXTURE_2D, GL_TEXTURE_WRAP_T, GL_CLAMP);

      glTexParameteri(GL_TEXTURE_2D, GL_TEXTURE_WRAP_S, GL_CLAMP_TO_EDGE);
    glTexParameteri(GL_TEXTURE_2D, GL_TEXTURE_WRAP_T, GL_CLAMP_TO_EDGE);

    glTexParameteri(GL_TEXTURE_2D, GL_TEXTURE_MIN_FILTER,GL_LINEAR);
                                          //缩小采用三线性滤波
    glTexParameteri(GL_TEXTURE_2D, GL_TEXTURE_MAG_FILTER, GL_LINEAR);
                                          //放大采用线性滤波
 // glTexParameteri(GL_TEXTURE_2D, GL_TEXTURE_MIN_FILTER, GL_LINEAR_MIPMAP_NEAREST);

   // glTexEnvi(GL_TEXTURE_ENV, GL_TEXTURE_ENV_MODE, GL_MODULATE);
     // glTexEnvi(GL_TEXTURE_ENV, GL_TEXTURE_ENV_MODE, GL_REPLACE);
      // glTexEnvi(GL_TEXTURE_ENV, GL_TEXTURE_ENV_MODE, GL_BLEND);
     //glTexEnvi(GL_TEXTURE_ENV, GL_TEXTURE_ENV_MODE, GL_DECAL);

    // 生成纹理
    //glTexImage2D(GL_TEXTURE_2D, 0, 3, lWidthPixels, lHeightPixels, 0, GL_RGB,
      GL_UNSIGNED_BYTE, pBits);
    //glTexImage2D(GL_TEXTURE_2D,0,GL_RGB,lWidthPixels, lHeightPixels,0,GL_
      RGB,GL_UNSIGNED_BYTE,pBits);
```

```
    gluBuild2DMipmaps(GL_TEXTURE_2D, 3, lWidthPixels, lHeightPixels, GL_RGBA, GL_
    UNSIGNED_BYTE, pBits);

    DeleteObject(hbmpTemp);                    // 删除对象
    DeleteDC(hdcTemp);                         // 删除设备描述表

    pPicture->Release();                       // 释放 IPicture
   }

   else if (strstr(filename, "TGA")||strstr(filename, "tga"))     // 如果路径包含
    "http://"
    {

// GLuint texID;                               // 纹理 ID
    FILE *file = fopen(filename, "rb");        // 打开 TGA 文件
    if (file == NULL)                          // 文件是否已存在
    {
      // 图片载入失败出错信息
      MessageBoxA (HWND_DESKTOP, "图片导入失败!\n(TextureLoad Failed!)", "Error",
      MB_OK | MB_ICONEXCLAMATION);
      return FALSE;                            // 返回 FALSE
    }

    if (fread(TGAcompare,1,sizeof(TGAcompare),file) != sizeof(TGAcompare)
                                               // 是否有十二字节可读?
      || memcmp(TGAheader,TGAcompare,sizeof(TGAheader)) != 0
                                               // header 和我们想要的是否相符?
      || fread(header,1,sizeof(header),file) != sizeof(header)) // 如果是读六字节
    {
      fclose(file);                            // 如果失败,关闭文件
      // 图片载入失败出错信息
      MessageBoxA (HWND_DESKTOP, "实验图片导入失败!\n(TextureLoad Failed!)", "Error",
      MB_OK | MB_ICONEXCLAMATION);
      return FALSE;                            // 返回 FALSE
    }

width  = header[1] * 256 + header[0];          // 确定的 TGA 宽度 (高字节*256+低字节)
height = header[3] * 256 + header[2];          // 确定的 TGA 高度 (高字节*256+低字节)

      if (width   <= 0                         // 宽度是否小于或等于 0
      || height   <= 0                         // 高度是否小于或等于 0
      ||(header[4] != 24 && header[4] != 32))     // TGA 是 24 位或 32 位?
    {
      fclose(file);                            // 任何一个不成立,则关闭文件
      // 图片载入失败出错信息
      MessageBoxA (HWND_DESKTOP, "图片导入失败!\n(TextureLoad Failed!)", "Error",
      MB_OK | MB_ICONEXCLAMATION);
      return FALSE;                            // 返回 FALSE
    }

    bpp  = header[4];                          // 获取 TGA 每个像素的位 (24 或 32)
    bytesPerPixel  = bpp / 8;                  // 除以 8 以取得每个像素的字节
    imageSize          = width*height*bytesPerPixel; // 计算 TGA 数据所需要的内存
```

```
imageData = (GLubyte *)malloc(imageSize); // 开辟一个内存空间用来存储 TGA 数据

  if (imageData == NULL                          // 用来存储的内存是否存在？
    || fread(imageData, 1, imageSize, file) != imageSize)
    // 实验图像大小是否与内存空间大小相符
  {
    if (imageData != NULL)                       // 图像数据是否载入
    {
      free(imageData);                           // 如果是释放图像数据
    }
    fclose(file);                                // 关闭文件
    MessageBoxA (HWND_DESKTOP, "实验图片导入失败!\n(TextureLoad Failed!)", "Error",
    MB_OK | MB_ICONEXCLAMATION);
    return FALSE;                                // 返回 FALSE
  }

  for (GLuint i=0; i<int(imageSize); i+=bytesPerPixel)// 循环遍历图像数据
  {                                              // 交换第一和第三字节（红和蓝）
    temp=imageData[i];                           // 将图像数据 'i' 的值存在临时变量中
    imageData[i] = imageData[i + 2];             // 将第三字节的值存到第一字节里
    imageData[i + 2] = temp;                     // 将临时变量的值存入第三字节（第一字节的值）
  }

  fclose (file);                                 // 关闭文件

  //创建一种纹理
  glGenTextures(1, &texid);                      // 产生 OpenGL 纹理 ID

  glBindTexture(GL_TEXTURE_2D, texid); // 绑定纹理
  glTexParameterf(GL_TEXTURE_2D, GL_TEXTURE_MIN_FILTER, GL_LINEAR);  // 线性滤波
  glTexParameterf(GL_TEXTURE_2D, GL_TEXTURE_MAG_FILTER, GL_LINEAR);  // 线性滤波
  if (bpp == 24)                                 // TGA 图片是不是 24 位的
  {
    type = GL_RGB;
  }
  glTexImage2D(GL_TEXTURE_2D, 0, type, width, height, 0, type, GL_UNSIGNED_BYTE,
  imageData);
  free(imageData);
 }

 DeleteObject(hbmpTemp);                         // 删除对象
  DeleteDC(hdcTemp);                             // 删除设备描述表
  return TRUE;                                   // 纹理创建成功，返回正确
}
```

5. 读取纹理辅助头文件 Texture.h。

```
#include <glut.h>
#ifndef GL_TEXTURE_LOADER
#define GL_TEXTURE_LOADER

typedef struct                                   // 建立一个结构体
{
    GLubyte *imageData;                          // 图像数据 （最高 32 位）
    GLuint  bpp;                                 // 每一像素的图像颜色深度
    GLuint  width;                               // 图像宽度
```

```
    GLuint  height;                              // 图像高度
    GLuint  texID;                               // 纹理 ID
} TextureTga;


// 载入 TGA、BMP、JPG、GIF 等文件
bool BuildTexture(char *filename,GLuint &texid);

#endif
```

6. 音乐播放参见实验十二。

实验十五　纹理映射

一、实验目的

1. 掌握纹理贴图的概念。

2. 掌握纹理贴图编程方法。

3. 掌握纹理坐标和物体几何坐标的映射关系。

二、实验内容

1. 3D 场景纹理效果。

如实验图 15-1 所示是实验十四程序生成的带光照模型的场景例子，试给场景添加纹理，不同物体添加不同纹理，参见实验图 15-2 和实验图 15-3，并给程序添加一个启动画面。

场景纹理任务：

1）墙面纹理。

2）球和圆环纹理。

3）启动画面纹理。

4）透明树贴图。

5）动态火焰贴图。

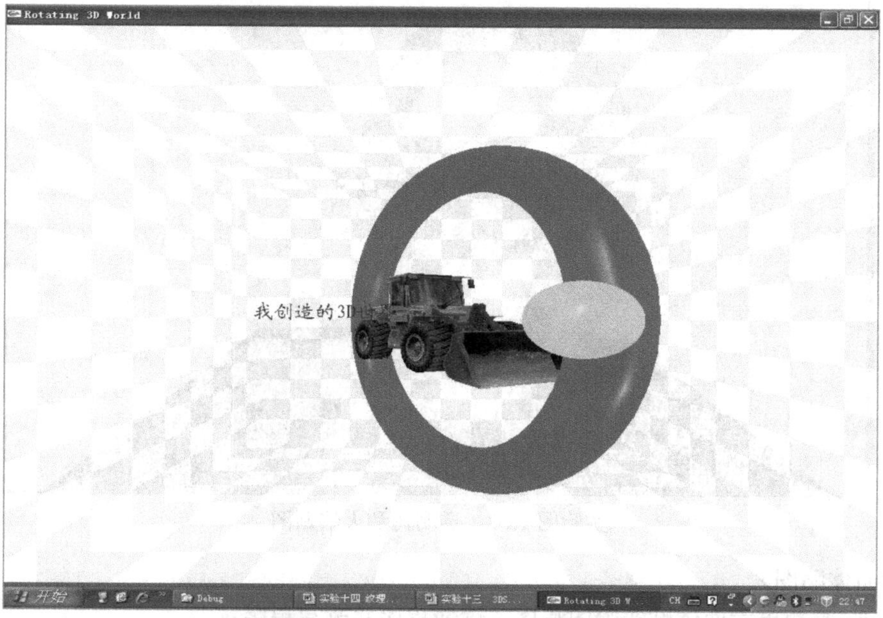

实验图 15-1　带光照模型的 3D 场景

实验图 15-2　3D 带纹理场景效果图

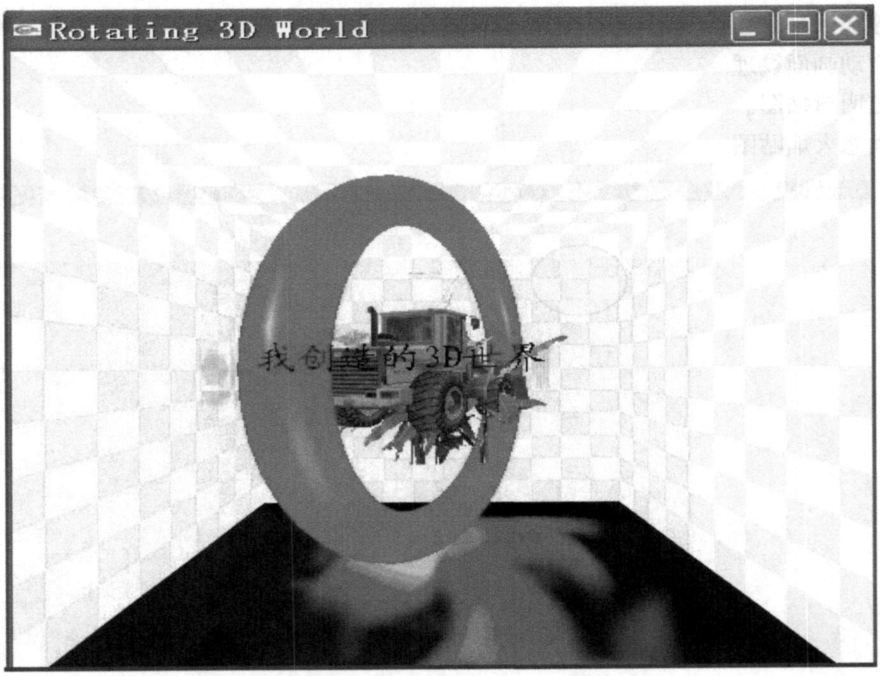

实验图 15-3　透明树和火焰贴图

2. 六面体贴图。

3D cube 是简单六面体贴实验图程序，读懂程序并改写程序：

```
1) Texture.h        // 纹理读取头文件
2) Texture.cpp      // 纹理读取程序
3) 3D cube.cpp      // 纹理六面体主程序
```

程序效果如实验图 15-4 所示。

修改程序，使得：每个面的贴图换成另外的贴图文件，如实验图 15-5 所示；某个面的贴图改为 3×3 块纹理贴图，如实验图 15-6 所示。写出修改部分关键代码并注释。

实验图 15-4　六面体贴图

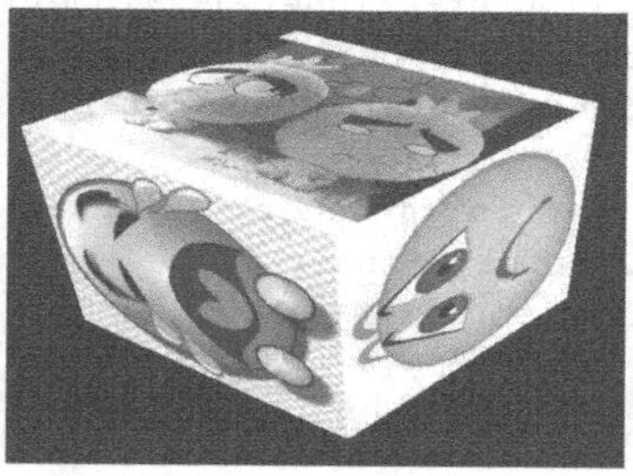

实验图 15-5　六面体贴图更换

实验图 15-6　某面 3×3 块贴图

三、函数与设置参考

1. 纹理设置“三部曲”见 9.9 节。

1）Loading 载入纹理代码示例：

```
  GLuint textureid[4]; // 定义纹理变量
BuildTexture("tu.jpg", textureid[0]);
BuildTexture("tu1.jpg", textureid[1]);
BuildTexture("tu2.jpg", textureid[2]);
BuildTexture("tu3.jpg", textureid[3]);
```

2）Definition 定义纹理代码示例：

```
//纹理参数设置
  glTexParameteri(GL_TEXTURE_2D, GL_TEXTURE_WRAP_S, GL_CLAMP_TO_EDGE);
    glTexParameteri(GL_TEXTURE_2D, GL_TEXTURE_WRAP_T, GL_CLAMP_TO_EDGE);
    glTexParameteri(GL_TEXTURE_2D, GL_TEXTURE_MIN_FILTER,GL_LINEAR); //缩小采用三线性滤波
    glTexParameteri(GL_TEXTURE_2D, GL_TEXTURE_MAG_FILTER, GL_LINEAR);//放大采用线性滤波

    //纹理映射方式
    glTexEnvi(GL_TEXTURE_ENV, GL_TEXTURE_ENV_MODE, GL_MODULATE);  //混合方式
    glTexEnvi(GL_TEXTURE_ENV, GL_TEXTURE_ENV_MODE, GL_REPLACE);   // 替代方式
      glTexEnvi(GL_TEXTURE_ENV, GL_TEXTURE_ENV_MODE, GL_BLEND);   //调和方式
     glTexEnvi(GL_TEXTURE_ENV, GL_TEXTURE_ENV_MODE, GL_DECAL);    //贴花方式

 //生成纹理
    glTexImage2D(GL_TEXTURE_2D,0,GL_RGB,lWidthPixels,
    HeightPixels,0,GL_RGB,GL_UNSIGNED_BYTE,pBits);

    //启用纹理
    glEnable(GL_TEXTURE_2D);
```

3）Mapping 映射纹理代码示例：

```
  glBindTexture(GL_TEXTURE_2D, textureid[1]);  //绑定指定纹理
glBegin(GL_QUADS);
       //   glTexCoord2f(0.0f, 0.0f);
       glTexCoord2f((float)(outer+4*inner+j)/(2*outer+8*inner),
(float)(outer+4*inner+i)/(2*outer+8*inner));
       glVertex3d(j,-outer-4*inner,i);
       // glTexCoord2f(1.0f, 0.0f);
```

```
        glTexCoord2f((float)(outer+4*inner+j)/(2*outer+8*inner),
(float)(outer+4*inner+i+2*inner)/(2*outer+8*inner));
        glVertex3d(j,-outer-4*inner,i+2*inner);
       // glTexCoord2f(1.0f, 1.0f);
        glTexCoord2f((float)(outer+4*inner+j+2*inner)/(2*outer+8*inner),
(float)(outer+4*inner+i+2*inner)/(2*outer+8*inner));
          glVertex3d(j+2*inner,-outer-4*inner,i+2*inner);
       // glTexCoord2f(0.0f, 1.0f);
        glTexCoord2f((float)(outer+4*inner+j+2*inner)/(2*outer+8*inner),
(float)(outer+4*inner+i)/(2*outer+8*inner));
        glVertex3d(j+2*inner,-outer-4*inner,i);
       glEnd();
```

2. 纹理相关函数参考 9.9 节。

3. 读取纹理辅助程序（参见附属程序）。

```
Texture.h
Texture.cpp   //可读取jpg、bmp、tga格式贴图
```

4. 球体纹理贴图。

1）指定纹理，绑定纹理 ID 号：

```
glBindTexture(GL_TEXTURE_2D, textureid[1]);
```

2）启用自动纹理：

```
glEnable(GL_TEXTURE_GEN_S);
glEnable(GL_TEXTURE_GEN_T);
```

3）自动纹理映射：

```
glTexGeni(GL_S, GL_TEXTURE_GEN_MODE, GL_SPHERE_MAP);
glTexGeni(GL_T, GL_TEXTURE_GEN_MODE, GL_SPHERE_MAP);
```

4）关闭自动纹理：

```
glDisable(GL_TEXTURE_GEN_S);
glDisable(GL_TEXTURE_GEN_T);
```

5. 启动画面。

1）设置状态变量：

```
int start=0; //当start=0时为启动画面，当start=1时为3D场景
```

2）窗口改变回调函数中设置两种状态，即 2D 裁剪窗口大小和 3D 透视投影。例如：

```
if (start==0)
      gluOrtho2D(0,100,0,100);
    else
     gluPerspective(90,w/h,10,2*outer+8*inner+250);
```

3）绘制函数中两种状态，即启动矩形贴图画面和 3D 场景画面。例如：

```
    if (start==0)
     {  //绘制启动画面
        //绘制矩形，使得矩形大小和裁剪窗口大小一致
        //给该矩形添加贴图
glEnable(GL_TEXTURE_2D);   //启用纹理
glBindTexture(GL_TEXTURE_2D, textureid[0]);
glBegin(GL_QUADS);
```

```
glTexCoord2f(0,0);
glVertex2f(0,0);
glTexCoord2f(1,0);
glVertex2f(100,0);
glTexCoord2f(1,1);
glVertex2f(100,100);
glTexCoord2f(0,1);
glVertex2f(0,100);
glEnd();
glDisable(GL_TEXTURE_2D);   //启用纹理
    }
   else
    {
      //切换成透视投影
glMatrixMode(GL_PROJECTION);
 glLoadIdentity();
gluPerspective(90,ww/hh,10,2*outer+8*inner+250);
glMatrixMode(GL_MODELVIEW);
glLoadIdentity();
     //绘制 3D 场景
     //略
    }
```

4）键盘事件。按下键盘某键，变回 3D 场景，同时变成透视投影，如按下回车键进入 3D 场景：

```
case 13:
  start=1;
  break;
```

6. 透明贴图。

1）读取带 alpha 通道的透明贴图，为 tga 格式：

```
BuildTexture("shu.tga", textureid[4]);
```

2）启用纹理：

```
glEnable(GL_TEXTURE_2D);
```

3）启用透明和调和模式，参考代码如下：

```
glEnable(GL_BLEND);           //ALPHA 测试
glBlendFunc(GL_SRC_ALPHA, GL_ONE_MINUS_SRC_ALPHA);
glEnable(GL_ALPHA_TEST);
glAlphaFunc(GL_GREATER, 0.1);
```

4）绑定纹理 ID 号，参考代码：

```
glBindTexture(GL_TEXTURE_2D, textureid[4]);
```

5）纹理坐标映射：

```
glBegin(GL_QUADS);
 glTexCoord2f(0,0);
 glVertex3f(-50,-50,0);
 glTexCoord2f(1,0);
 glVertex3f(50,-50,0);
 glTexCoord2f(1,1);
 glVertex3f(50,50,0);
```

```
 glTexCoord2f(0,1);
 glVertex3f(-50,50,0);
glEnd();
```

6）关闭纹理：

```
glDisable(GL_TEXTURE_2D);
```

7. 动态贴图。

1）装载动态贴图所需的若干纹理，代码参考：

```
BuildTexture("fire001.jpg", textureid[4]);
BuildTexture("fire002.jpg", textureid[5]);
BuildTexture("fire003.jpg", textureid[6]);
BuildTexture("fire004.jpg", textureid[7]);
BuildTexture("fire005.jpg", textureid[8]);
BuildTexture("fire006.jpg", textureid[9]);
BuildTexture("fire007.jpg", textureid[10]);
BuildTexture("fire008.jpg", textureid[11]);
BuildTexture("fire009.jpg", textureid[12]);
BuildTexture("fire010.jpg", textureid[13]);
```

2）在需要动态贴图的几何物体前绑定纹理 ID 号：

```
glBindTexture(GL_TEXTURE_2D, textureid[k]);
```

3）在时间函数里，不断变换纹理 ID 号，参考代码如下：

```
if (k<15)  k++;
    else   k=4;
```

四、思考题

1. 3D 场景使用了哪几种不同的纹理映射方法？
2. 当同时存在材质光照和纹理时，它们与纹理是否互相影响？如何影响？
3. 你能将墙面和地面像交错颜色一样错开贴不同的图片吗？

五、加分题

设计你的 3D 小场景，并加上光照和纹理效果，并测试透明贴图和动态贴图效果。

提示：

1）透明贴图采用 tga 格式。

2）动态贴图使用时间函数，不同时间更换该几何物体的纹理 ID 号。绑定纹理时，纹理 ID 号随时间而变，看起来有动态效果，如火焰、喷泉等动画效果。不同贴图具有动态连续性。

代码参考：

```
glBindTexture(GL_TEXTURE_2D, textureid[i]);
```

六、演示程序

1. 3D_cube_texture.exe（六面体纹理演示效果）。
2. Start_picture.exe（启动画面演示效果）。
3. 3D_scene_with_texture.exe（带纹理的 3D 场景演示效果）。

七、附属程序

1. 六面体纹理贴图程序，包括：

1）六面体纹理贴图主程序 3D Cube.cpp。

2）读取纹理贴图头文件 Texture.h（参见实验十四）。

3）读取纹理贴图程序 Texture.cpp（参见实验十四）。

4）六张实验图片 smile.jpg、smile1.jpg、smile2.jpg、smile3.jpg、smile4.jpg、smile5.jpg。

```
// 六面体纹理贴图主程序 3D Cube.cpp
#include "stdafx.h"
#include <stdio.h>
#include <iostream>                      // 标准输入输出头文件
#include <olectl.h>                      // OLE 控制库头文件
#include <math.h>                        // 数学函数头文件
#include "Texture.h"
#include <glut.h>

int width=1024, height=768;
int ww=width,hh=height;                  // get the current window's size
float rotatex=0, rotatey=0;

int edge=50;                             //the cube's edge

GLuint textureid[6];

void init();
void Display(void);
void Reshape(int w,int h);
void myidle(void);
void Cube(void);

int APIENTRY _tWinMain(HINSTANCE hInstance,
                     HINSTANCE hPrevInstance,
                     LPTSTR    lpCmdLine,
                     int       nCmdShow)
{
    UNREFERENCED_PARAMETER(hPrevInstance);
    UNREFERENCED_PARAMETER(lpCmdLine);

    char *argv[] = {"hello ", " "};
    int argc = 2;

    glutInit(&argc, argv);                       // 初始化 GLUT 库
    glutInitDisplayMode(GLUT_DOUBLE | GLUT_RGB); // 设置显示模式（缓存，颜色类型）
    glutInitWindowSize(500, 500);
    glutInitWindowPosition(1024 / 2 - 250, 768 / 2 - 250);
    glutCreateWindow("3D-cube texture");  // 创建窗口
     glutReshapeFunc(Reshape);
    init();
    glutDisplayFunc(Display);                    // 用于绘制当前窗口
    glutIdleFunc(myidle);
    glutMainLoop();                              // 表示开始运行程序，用于程序的结尾
    return 0;
}
```

```
void init(void)
{
    //glClearColor(1.0,1.0,1.0,1.0);
    glLineWidth(1.0);
    glPointSize(1.0);

    glCullFace(GL_BACK);
    glEnable(GL_CULL_FACE);

    BuildTexture("smile.jpg", textureid[0]);
    BuildTexture("smile1.jpg", textureid[1]);
    BuildTexture("smile2.jpg", textureid[2]);
    BuildTexture("smile3.jpg", textureid[3]);
    BuildTexture("smile4.jpg", textureid[4]);
    BuildTexture("smile5.jpg", textureid[5]);

    glEnable(GL_TEXTURE_2D);

}

void Display(void)
{

    glClear(GL_COLOR_BUFFER_BIT);
    glMatrixMode(GL_MODELVIEW);
    glLoadIdentity();

    gluLookAt(2*edge,2*edge, 2*edge,0,0,0,0,1,0);  //set the viewing point
    glRotatef(rotatey,0,1,0);  //rorate about the y axis
    glRotatef(rotatex,1,0,0);  //rorate about the x axis
    Cube();   // draw a cube ,it's center located in the original point
    glutSwapBuffers();
}

void Reshape(GLsizei w,GLsizei h)
{
    glViewport(0,0,(GLsizei)w,(GLsizei)h);
    glMatrixMode(GL_PROJECTION);
    glLoadIdentity();
    ww=w;
    hh=h;
    gluPerspective(50,ww/hh,20,1000);  //透视投影
    glViewport(0,0,w,h);
    glMatrixMode(GL_MODELVIEW);
}


void Cube()
{
    glBindTexture(GL_TEXTURE_2D, textureid[0]);
    glBegin(GL_QUADS);

    //front face
    glNormal3f(0,0,1);
    glTexCoord2f(0.0f, 0.0f);
```

```
glVertex3f(edge/2,edge/2,edge/2);
glTexCoord2f(0.0f, 1.0f);
glVertex3f(-edge/2,edge/2,edge/2);
glTexCoord2f(1.0f, 1.0f);
glVertex3f(-edge/2,-edge/2,edge/2);
glTexCoord2f(1.0f, 0.0f);
glVertex3f(edge/2,-edge/2,edge/2);
glEnd();

glBindTexture(GL_TEXTURE_2D, textureid[1]);

glBegin(GL_QUADS);
//back face
glNormal3f(0,0,-1);
glTexCoord2f(0.0f, 0.0f);
glVertex3f(-edge/2,edge/2,-edge/2);
glTexCoord2f(0.0f, 1.0f);
glVertex3f(edge/2,edge/2,-edge/2);
glTexCoord2f(1.0f, 1.0f);
glVertex3f(edge/2,-edge/2,-edge/2);
glTexCoord2f(1.0f, 0.0f);
glVertex3f(-edge/2,-edge/2,-edge/2);
glEnd();

glBindTexture(GL_TEXTURE_2D, textureid[2]);
glBegin(GL_QUADS);
//left face
glNormal3f(-1,0,0);
glTexCoord2f(0.0f, 0.0f);
glVertex3f(-edge/2,edge/2,edge/2);
glTexCoord2f(0.0f, 1.0f);
glVertex3f(-edge/2,edge/2,-edge/2);
glTexCoord2f(1.0f, 1.0f);
glVertex3f(-edge/2,-edge/2,-edge/2);
glTexCoord2f(1.0f, 0.0f);
glVertex3f(-edge/2,-edge/2,edge/2);
glEnd();

glBindTexture(GL_TEXTURE_2D, textureid[3]);
glBegin(GL_QUADS);
//right face
glNormal3f(1,0,0);
glTexCoord2f(0.0f, 0.0f);
glVertex3f(edge/2,edge/2,-edge/2);
glTexCoord2f(0.0f, 1.0f);
glVertex3f(edge/2,edge/2,edge/2);
glTexCoord2f(1.0f, 1.0f);
glVertex3f(edge/2,-edge/2,edge/2);
glTexCoord2f(1.0f, 0.0f);
glVertex3f(edge/2,-edge/2,-edge/2);
glEnd();

glBindTexture(GL_TEXTURE_2D, textureid[4]);
glBegin(GL_QUADS);
//upper face
```

```
        glNormal3f(0,1,0);
        glTexCoord2f(0.0f, 0.0f);
        glVertex3f(edge/2,edge/2,edge/2);
        glTexCoord2f(0.0f, 1.0f);
        glVertex3f(edge/2,edge/2,-edge/2);
        glTexCoord2f(1.0f, 1.0f);
        glVertex3f(-edge/2,edge/2,-edge/2);
        glTexCoord2f(1.0f, 0.0f);
        glVertex3f(-edge/2,edge/2,edge/2);
        glEnd();

        glBindTexture(GL_TEXTURE_2D, textureid[5]);
        glBegin(GL_QUADS);
        //lower face
        glNormal3f(0,-1,0);
        glTexCoord2f(0.0f, 0.0f);
        glVertex3f(edge/2,-edge/2,edge/2);
        glTexCoord2f(0.0f, 1.0f);
        glVertex3f(-edge/2,-edge/2,edge/2);
        glTexCoord2f(1.0f, 1.0f);
        glVertex3f(-edge/2,-edge/2,-edge/2);
        glTexCoord2f(1.0f, 0.0f);
        glVertex3f(edge/2,-edge/2,-edge/2);
        glEnd();
    }

    void myidle()
    {
        ::Sleep(1);
        rotatex+=1;
        rotatey+=1;
        glutPostRedisplay();
    }
```

2. 启动画面程序，包括：

1）启动画面主程序 start picture.cpp。

2）读取纹理贴图头文件 Texture.h(略)。

3）读取纹理贴图程序 Texture.cpp（略）。

4）14 张 贴 图 文 件：start1.jpg、start2.jpg、start3.jpg、start4.jpg、fire001.jpg、fire002.jpg、fire003.jpg、fire004.jpg、fire005.jpg、fire006.jpg、fire007.jpg、fire008.jpg、fire009.jpg、fire010.jpg。

```
// 启动画面主程序 start picture.cpp
#include "stdafx.h"
#include <stdio.h>
//#include <iostream.h>                     // 标准输入输出头文件
//#include <olectl.h>                       // OLE 控制库头文件
#include <math.h>                           // 数学函数头文件
//#include <gl/gl.h>
//#include <gl/glu.h>
#include <glaux.h>
#include "Texture.h"
#include <glut.h>

int width=512,height=512;
```

```
int ww=width,hh=height;    // get the current window's size
//float rotatex=0, rotatey=0;

int fire=1;
int k=4;
int edge=50;              //the cube's edge

GLuint textureid[16];
int flag=0;

void init();
void Display(void);
void Reshape(int w,int h);
void mymenu(int value);

int APIENTRY _tWinMain(HINSTANCE hInstance,
                       HINSTANCE hPrevInstance,
                       LPTSTR    lpCmdLine,
                       int       nCmdShow)
{
    UNREFERENCED_PARAMETER(hPrevInstance);
    UNREFERENCED_PARAMETER(lpCmdLine);

    char *argv[] = {"hello ", " "};
    int argc = 2;

    glutInit(&argc, argv);                          // 初始化 GLUT 库
    glutInitDisplayMode(GLUT_DOUBLE | GLUT_RGB); // 设置显示模式（缓存，颜色类型）
    glutInitWindowSize(500, 500);
    glutInitWindowPosition(1024 / 2 - 250, 768 / 2 - 250);
    glutCreateWindow("Start Picture");              // 创建窗口

     glutCreateMenu(mymenu);                        // 添加快捷菜单
    glutAddMenuEntry("start picture1-plane shooting",0);
    glutAddMenuEntry("start picture2-roaming system",1);
    glutAddMenuEntry("start picture3-3D box pusher",2);
    glutAddMenuEntry("start picture4-snow man",3);

    glutAttachMenu(GLUT_RIGHT_BUTTON);              // 将菜单赋给鼠标右键

    glutReshapeFunc(Reshape);
    init();
    glutDisplayFunc(Display);                       // 用于绘制当前窗口
    glutMainLoop();                                 // 表示开始运行程序，用于程序的结尾

    return 0;
}

void init(void)
{
//glClearColor(1.0,1.0,1.0,1.0);

//glCullFace(GL_BACK);
//glEnable(GL_CULL_FACE);
```

```
BuildTexture("start1.jpg", textureid[0]);
BuildTexture("start2.jpg", textureid[1]);
BuildTexture("start3.jpg", textureid[2]);
BuildTexture("start4.jpg", textureid[3]);

glEnable(GL_TEXTURE_2D);
}

void Display(void)
{
    glClear(GL_COLOR_BUFFER_BIT);
    glMatrixMode(GL_MODELVIEW);
    glLoadIdentity();

    if (fire==1)
    glBindTexture(GL_TEXTURE_2D, textureid[flag]);

    glBegin(GL_QUADS);
        glTexCoord2f(0.0f, 0.0f);
        glVertex2f(-edge/2,-edge/2);

      glTexCoord2f(1.0f, 0.0f);
      glVertex2f(edge/2,-edge/2);

      glTexCoord2f(1.0f, 1.0f);
      glVertex2f(edge/2,edge/2);

      glTexCoord2f(0.0f, 1.0f);
      glVertex2f(-edge/2,edge/2);
    glEnd();
    glutSwapBuffers();
}

void mymenu(int value)
{

      flag=value;
      glutPostRedisplay();
}

void Reshape(GLsizei w,GLsizei h)
{
    glViewport(0,0,(GLsizei)w,(GLsizei)h);
    glMatrixMode(GL_PROJECTION);
    glLoadIdentity();
    ww=w;
    hh=h;

    gluOrtho2D(-edge/2,edge/2,-edge/2,edge/2);
    glViewport(0,0,w,h);
    glMatrixMode(GL_MODELVIEW);

}
```

实验十六 Bézier 曲线曲面绘制

一、实验目的

1. 了解 OpenGL 绘制 Bézier 曲线曲面的方法。

2. 掌握 OpenGL 绘制 Bézier 曲面的不同纹理映射方法。

二、实验内容

1. Bézier 曲线绘制。仔细阅读 10.7.1 节的 Bézier 曲线绘制实例，并做如下修改：

1）改变控制点，观察曲线和曲面形状的变化，如实验图 16-1 所示，控制点起什么作用？

2）改写 Bezier.cpp, 增加控制点数目，修改控制点位置，使之成为空间封闭曲线，写出修改的关键代码及注释（提示：OpenGL Bézier 曲线绘制方法最多只能有 8 个控制点）。

3）根据 Bézier 曲线的性质改写程序，使之成为两段曲线光滑连接。每段曲线用不同颜色表示，并画出控制点。

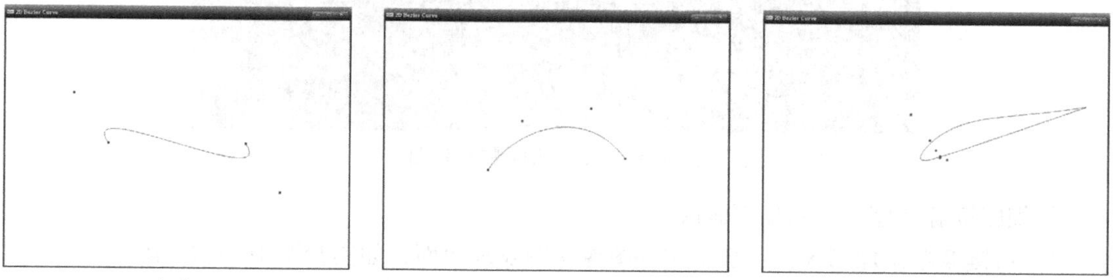

a）位置 1　　b）位置 2　　3）位置 3

实验图 16-1　Bézier 曲线绘制效果

2. Bézier 曲面绘制。

仔细阅读 10.7.1 节的 Bézier 曲面绘制实例，并且按鼠标右键菜单可实现：①显示控制点；②显示网格曲面；③显示光照曲面；④图案纹理曲面，效果如实验图 16-2 所示。

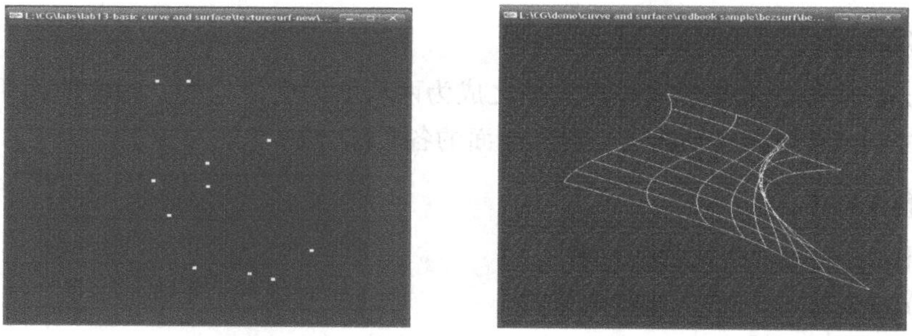

a）曲面控制点　　b）网格曲面

实验图 16-2　Bézier 曲面绘制效果

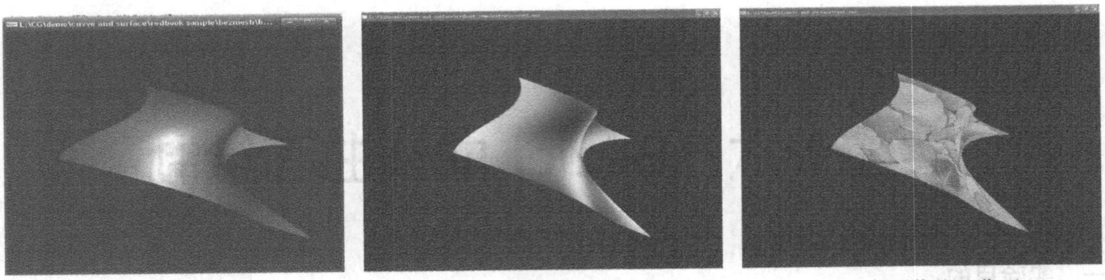

c）光照曲面　　d）纹理图案曲面　　e）文件图像纹理曲面

实验图 16-2 （续）

准备一张贴图文件：texture.jpg，如实验图 16-3 所示。

实验图 16-3　曲面贴实验图

仔细阅读源程序，并做如下修改：

1）右键菜单添加第 5 项：显示文件图像贴图纹理曲面，如实验图 16-2e 所示。

2）改变控制点，观察曲面形状的变化，试问控制点起什么作用?

3）改写 BezierSurface.cpp，增加控制点数目，修改控制点位置，使之成为空间封闭曲面，写出修改的关键代码及注释。

三、函数参考

Bézier 曲线曲面绘制步骤参考 10.7.1 节。

四、思考加分题

根据 Bézier 曲面的性质改写程序，使之成为两段曲面光滑连接。每段曲面用不同颜色表示，并画出控制点。鼠标拖动曲面，看到曲面的各个部分。

五、演示与参考程序

1. BezierCurve.exe（曲线绘制效果）。
2. BezierSurface.exe（曲面绘制效果）。
3. 读取纹理辅助程序 Texture.cpp（参见实验十四）。
4. 读取纹理辅助头文件 Texture.h(参见实验十四)。

实验十七　多结点样条曲线曲面绘制

一、实验目的

1. 进一步掌握自由曲线绘制方法。

2. 进一步掌握控制点基函数自由曲面绘制方法。

3. 进一步掌握自由曲面纹理映射的方法。

二、实验内容

1. 自由曲线绘制。

附属程序 CurveShow.cpp 以多结点样条为例，给出控制点和基函数绘制曲线方法。绘制效果如实验图 17-1 所示。掌握自由曲线绘制方法，仔细阅读源程序，并做如下修改：修改控制点的个数和坐标位置，观察曲线形状的变化（控制点增加不受限制）。

2. 自由曲面绘制。

附属程序 SurfaceShow.cpp 以多结点样条为例，给出控制点和基函数绘制纹理曲面和网格曲面方法。效果如实验图 17-2 所示，实验图中各种形状为修改控制点位置得到的结果。

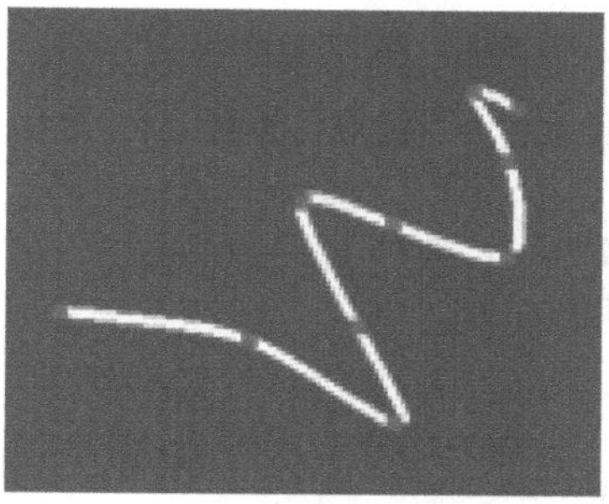

实验图 17-1　多结点样条曲线绘制效果

实验图 17-2　多结点样条纹理曲面的各种绘制效果

仔细阅读源程序，并做如下修改：

1）根据程序代码，调整曲面的显示方式，观察曲面的网格、纹理与光照的效果。

2）修改控制点的坐标，保持曲面仍为空间平面，观察笑脸在空间平面中变形的过程。

3）修改控制点的个数与坐标，观察空间平面变成空间不同曲面的变化。

4）附属程序的曲面为多结点样条曲面，如果把基函数修改为 B 样条基函数，程序应如何修改？控制点不变，多结点样条基函数修改为 B 样条基函数后，曲面形状有无变化？

三、知识参考

多结点样条理论知识参考 10.5 节。

四、思考题

1）附属曲线绘制程序的控制点由数组直接给出，如果控制点由一小段程序设计生成，或者控制点随着时间的改变而改变，能否生成动态可变形状的曲线？

2）附属曲面绘制程序的控制点由数组直接给出，如果控制点由一小段程序设计生成，或者控制点随着时间的改变而改变，能否生成动态可变形状的曲面？

3）附属程序的基函数为多结点样条函数，如果基函数要修改为B样条基函数，程序应如何修改？控制点不变，多结点样条基函数修改为B样条基函数后，曲线形状有无变化？

五、演示程序

1. Curve_Show.exe（自由曲线绘制效果）。
2. Surface_Show.exe（自由曲面绘制效果）。

六、附属程序

1. 曲线绘制程序 CurveShow.cpp。参见 10.7.3 节相应程序。
2. 曲面绘制程序 SurfaceShow.cpp。参见 10.7.3 节相应程序。
3. 读取纹理辅助程序 Texture.cpp（参见实验十四）。
4. 读取纹理辅助头文件 Texture.h（参见实验十四）。

参考文献

[1] Donald Hearn，M Pauline Baker. 计算机图形学（原书第3版）[M]. 蔡士杰，宋继强，蔡敏，译．北京：电子工业出版社，2005.

[2] 唐泽圣，周嘉玉，李新友．计算机图形学基础 [M]. 北京：清华大学出版社，2006.

[3] 成思源，张群瞻．计算机图形学 [M]. 北京：冶金工业出版社，2003.

[4] 陆枫，等．计算机图形学基础 [M]. 北京：电子工业出版社，2008.

[5] 项志刚．计算机图形学 [M]. 北京：清华大学出版社，2008.

[6] 付玉琛，周洞汝．计算机图形学 [M]. 武汉：华中科技大学出版社，2003.

[7] 郭兆荣，等．Visual OpenGL 应用程序开发 [M]. 北京：人民邮电出版社，2006.

[8] Edward Angel.OpenGL 程序设计指南（原书第2版）[M]. 李桂琼，张文详，译．北京：清华大学出版社，2005.

[9] Richard S Wright，Jr. Benjamin Lipchark.OpenGL 超级宝典（原书第5版）[M]. 徐波，译．北京：人民邮电出版社，2012.

[10] Edward Angel. 交互式计算机图形学——基于 OpenGL 的自顶向下方法（原书第5版）[M]. 张荣华，等译．北京：电子工业出版社，2009.

[11] Alan Watt. 3D 计算机图形学（原书第3版）[M]. 包宏，译．北京：机械工业出版社，2005.

[12] 齐东旭．分形及其计算机生成 [M]. 北京：科学出版社，1994.

[13] 齐东旭，李华山．数据逼近的多结点样条技术 [J]. 中国科学E辑，1999.

[14] Dave Shreiner, 等 .OpenGL 编程指南（原书第5版）[M]. 徐伯，等译．北京：机械工业出版社，2006.

[15] 朱心雄．自由曲线曲面造型技术 [M]. 北京：科学出版社，2000.

[16] 黄静．局部插值显式算法的研究及其应用 [D]. 澳门：澳门科技大学资讯科技学院，2005.